高职高专制药技术类专业系列规划教材

药物制剂技术

主　编　王云云

副主编　华燕青　李尽哲

参　编　(按姓氏笔画顺序)

王玉姝　李　磊　杨　勇

吴海港　储玉双

重庆大学出版社

内容提要

本书是高职高专制药技术类专业系列规划教材。全书依据药厂药品生产的流程分为五个部分,第一部分为药品生产常识,介绍药品的剂型、药品生产标准;第二部分为药品生产基础,讲述制药卫生、灭菌方法、制药用水和原料处理方法;第三部分为药品生产技术,依据药品剂型的生产特点,分别讲述了固体制剂、液体制剂、半固体制剂和气雾剂的生产技术和质量检查技术;第四部分为药物稳定性检查方法;第五部分为制剂新技术及新制剂。本书的特点为构思新颖、内容丰富、层次分明、深入浅出,实用性强。

本书可供高职高专药学、药剂学、制药工程、制剂工程、药品质量管理、药品经营与管理、制药设备等相关专业教学使用,也可用于执业药师资格考试、技能鉴定或岗前培训使用。

图书在版编目(CIP)数据

药物制剂技术/王云云主编.—重庆:重庆大学
出版社,2016.8(2024.1重印)
高职高专制药技术类专业系列规划教材
ISBN 978-7-5624-9819-3

Ⅰ.①药… Ⅱ.①王… Ⅲ.①药物—制剂—高等职业
教育—教材 Ⅳ.①TQ460.6

中国版本图书馆 CIP 数据核字(2016)第 116329 号

药物制剂技术

主 编 王云云
副主编 华燕青 李尽哲
策划编辑:袁文华

责任编辑:陈 力 涂 昀 版式设计:袁文华
责任校对:张红梅 责任印制:赵 晟

*

重庆大学出版社出版发行
出版人:陈晓阳
社址:重庆市沙坪坝区大学城西路 21 号
邮编:401331
电话:(023)88617190 88617185(中小学)
传真:(023)88617186 88617166
网址:http://www.cqup.com.cn
邮箱:fxk@cqup.com.cn(营销中心)
全国新华书店经销
POD:重庆新生代彩印技术有限公司

*

开本:787mm×1092mm 1/16 印张:24.75 字数:618 千
2016 年 8 月第 1 版 2024 年 1 月第 2 次印刷
ISBN 978-7-5624-9819-3 定价:55.00 元

高职高专制药技术类专业系列规划教材

编委会

（排名不分先后）

陈胜发	房泽海	符秀娟	郭成栓	郝乾坤
黑育荣	洪伟鸣	胡莉娟	李存法	李荣誉
李小平	林创业	龙凤来	聂小忠	潘志恒
任晓燕	宋丽华	孙 波	孙 昊	王惠霞
王小平	王玉姝	王云云	徐 洁	徐 锐
杨军衡	杨俊杰	杨万波	姚东云	叶兆伟
于秋玲	袁秀平	翟惠佐	张 静	张 叶
赵珍东	朱 艳			

高职高专制药技术类专业系列规划教材

参加编写单位

（排名不分先后）

安徽中医药大学　　　　　　　　　淮南联合大学

安徽中医药高等专科学校　　　　　江苏农牧科技职业学院

毕节职业技术学院　　　　　　　　江西生物科技职业技术学院

重庆广播电视大学　　　　　　　　江西中医药高等专科学校

广东岭南职业技术学院　　　　　　乐山职业技术学院

广东食品药品职业学院　　　　　　辽宁经济职业技术学院

海南医学院　　　　　　　　　　　陕西能源职业技术学院

海南职业技术学院　　　　　　　　深圳职业技术学院

河北化工医药职业技术学院　　　　苏州农业职业技术学院

河南牧业经济学院　　　　　　　　天津渤海职业技术学院

河南医学高等专科学校　　　　　　天津生物工程职业技术学院

河南医药技师学院　　　　　　　　天津现代职业技术学院

黑龙江民族职业学院　　　　　　　潍坊职业学院

黑龙江生物科技职业学院　　　　　武汉生物工程学院

湖北生物科技职业学院　　　　　　信阳农林学院

呼和浩特职业学院　　　　　　　　杨凌职业技术学院

湖南环境生物职业技术学院　　　　淄博职业学院

前　言

　　本书是在重庆大学出版社的统一组织下,依据全国医药类高职高专药学专业的教学计划、对接国家职业岗位标准,针对制药企业的岗位技能要求,由《药物制剂技术》教材编写组编写的高职院校教材,可作为药物制剂技术专业及相关专业的教学使用,也可作为医药行业相关岗位的技术和生产人员业务培训教材。

　　本书编写思想上,注重加强区域针对性和技术实用性,强化制剂生产的技能训练,以药厂常做、生活中常用的药品剂型的生产为主线,以制剂实训为辅助,系统地介绍了药物不同剂型的特点、质量要求、生产方法、质量检测等生产中可能出现的问题及解决方法,简要地介绍了制剂生产中相关设备的使用与保养以及制剂质量控制等技术要领。为学生毕业后尽快适应药品制剂生产及应用,符合药品生产企业人才要求奠定了坚实的基础。

　　本书在内容选择上,根据药学类各专业的教学方案中所规定的知识要求、技术要求和能力要求,本着理论知识以"必须够用"为理念,力求联系制药企业的生产实际,体现 GMP 药品生产的理念,反映药品行业的技术应用和发展现状,以满足制药行业、企业的工作岗位需求为度,以经验性策略性的知识为主,以概念性、真实性、理解性的知识为辅。实践技能的培养以适应企业生产为底线,充分体现药品生产过程中各岗位群及各个岗位对药剂学知识要求和行业特点,重在培养学生的创新意识。药品生产的工艺流程,以企业的真实生产任务为载体,并以此为教学内容,以企业实际生产岗位要求和生产任务为导向,兼顾了与前导课和后续课衔接和吻合。

　　本书由杨凌职业技术学院王云云担任主编,负责全书的大纲拟定及统稿,并承担项目1、项目 10 及附录部分的编写;杨凌职业技术学院华燕青担任副主编,并承担项目 16 的编写;信阳农林学院李尽哲担任副主编,并承担项目 11、13 的编写;陕西能源职业技术学院李磊承担项目 2、3、4 的编写;天津现代职业技术学院王玉姝承担项目 5 的编写;信阳农林学院吴海港承担项目 6、12 的编写;陕西能源职业技术学院杨勇承担项目 7、15 的编写;江西生物科技职业技术学院储玉双承担项目 8、9、14 的编写。本书在编写过程中,得到了杨凌职业技术学院、杨凌药品监督管理局、杨凌麦迪森制药有限公司、杨凌济康制药有限公司、陕西郝其军制药有限公司等单位领导和专家的大力支持,在此表示真挚的谢意!

　　近年国内外药品生产技术发展迅猛,药品生产技术、检测方法、技术装备在不断地更新,由于编者水平有限,书中不妥和错误之处在所难免,恳请各校师生和使用者批评指正,编者将非常感谢。

编　者

2016 年 5 月

目 录 CONTENTS

第三部分　药品生产技术

第一部分
药品生产基本知识

项目 1 药物生产基础

药物生产具有规范性和标准性,并贯穿于生产的整个环节。因此要掌握和学习药品生产技术,需要了解其生产的术语、标准、规范。本部分主要介绍药物生产的基本概念和术语,剂型的分类,生产依据的标准,生产质量管理的规范。

掌握制剂生产的基本概念、术语和生产意义。熟悉药物生产的依据。熟悉药物剂型的分类方法和内容。

任务 1.1 药品生产过程

药物制剂技术是指在药剂学理论指导下的药物制剂的生产与制备技术,是药剂学理论在药品生产制备过程中的体现和应用。任何原料药物在用于临床之前,必须制备成一定形式的制剂。药剂学是研究药物制剂配制理论、处方设计、生产工艺、质量控制和合理应用的综合性应用技术,药剂学包括制剂学和调剂学两部分。凡根据药品监督管理部门制定的药品标准,将药物加工制成一定规格的制品称为药物制剂;研究药物制剂的生产工艺技术和理论的科学称为制剂学。药物制剂的生产大多数在药厂进行。

凡用于预防、治疗和诊断的物质称为药物,分为原料药与药品。药品一般是指原料药经过加工制成具有一定剂型,可直接应用的成品。《中华人民共和国药品管理法》附则中将药品定义为:药品是指用于预防、治疗、诊断人的疾病,有目的地调节人的生理机能并规定有适应症或者有功能主治、用法和用量的物质,包括中药材、中药饮片、中成药、化学原料及其制剂、抗生素、生化药品、放射性药品、血清、疫苗、血液制品和诊断药品。它有两层含义:一是专指用于预防、治疗、诊断人的疾病而不是植物和动物的,不包括农药和兽药;二是其作用是有目的调节人的生理机能并规定有适应症或者有功能主治用法和用量的物质,这就与化妆品区分开了。

1.1.1 药剂工作者的基本任务

药剂工作者的基本任务就是根据药物的性质和特点,将其制成适宜的剂型,以发挥最佳治疗效果。制剂处方的设计、制备工艺的选择、制剂稳定性的研究以及制剂质量的控制等工作,需要依据药剂学理论和丰富的实践知识才能完成。药品生产企业生产的药物制剂都是经药品监督管理部门核准的品种,具有处方合理、安全有效、工艺规范、制剂稳定、质量可控的特点,但受原料药和辅料来源、生产工艺及条件的差异、操作人员技术熟练程度、质量检测水平甚至气候因素等各方面的影响,都可能使制剂生产出现各种情况,需要有丰富的药剂学理论知识和实践经验的药学技术人员去解决。药物剂型的改革和新剂型的研发、新产品的试剂与中试放大、医院药学部日常处方调研、临床药学研究和药学服务等工作,也都是药剂工作者的重要任务。在药品生产过程中,还需要有大批的有技术、会应用科技的制药人员在各个岗位上,进行药品制剂及半成品生产、质量控制、技术管理与质量管理等,而这些能力都需要通过对本课程的深入学习和训练才能获得。

药物制剂技术涉及了药品生产过程的各个方面,是涵盖面相当广的综合技术,其大体包括:

①用以指导制剂生产的制剂工艺理论。

②法定药品标准;制剂生产处方的组合原则;产品与半成品的质量要求与标准。

③制剂生产流程中各道工序的单元操作及其相互之间的衔接与配合;各道工序的质量控制点与监控方法。制剂生产过程所使用的原料(化学药物、天然药物、生物技术药物)、辅料、工艺用水、包装材料及药用高分子材料的选用。制剂生产过程使用的设施与装备,如制剂设备、生产线、辅助设备、能源、信息控制系统、厂房、车间与公共设施等的要求与使用。

④生产过程的管理(如车间环境管理、人员管理、设备管理、物料管理、卫生管理、质量管理、文件管理、安全管理)。

1.1.2 制剂生产常用的术语

(1)剂型

原料药经加工制成适合医疗或预防应用的形式,称为药物剂型,简称药剂,如片剂、散剂。

(2)制剂

根据《中华人民共和国药典》《中华人民共和国卫生部行业标准》《药品生产质量管理规范》等标准规定的处方将药物加工成具有一定规格,可直接用于临床的药品,称为制剂。如感冒退热颗粒。

(3)辅料

辅料指生产药品和调制方剂时所用的赋形剂和附加剂。

(4)调剂

按照医师处方专为某一病人配制,注明用法及用量的药剂调配操作,称为调剂。此操作一般在药房的调剂室中进行。研究药剂调配、服用的有关理论、原则的技术的学科称为调剂学。将药剂调配与药剂制备这两部分内容结合在一起研究、论述的学科称为药剂学。

（5）中成药

中成药是指以中药材为原料，在中医理论指导下，按规定的处方和制法大量生产，有特定名称，并标有功能主治、用法用量和规格的药品。包括处方药和非处方药。中成药应按照法定的程序向药品监督管理部门申报，获生产批准文号后方可生产。

（6）处方药与非处方药

凡必须凭执业药师处方才可配置、购买和使用的药品称为处方药。无须凭执业医师处方即可自行判断、购买和使用的药品称为非处方药（OTC）。

（7）新药

新药是指我国未生产过的药品。已生产的药品改变剂型、改变给药途径、增加新的适应证或制成新的复方制剂，亦按新药管理。

（8）假药

我国药品管理法规定，有下列情形之一的，为假药。

①药品所含成分与国家药品标准规定的成分不符合的。

②以非药品冒充药品或以他种药品冒充此种药品的。

（9）劣药

药品成分的含量不符合国家药品标准的，称为劣药。

（10）药品的名称

药品的名称是指药物的通用名、商品名和国际非专利名。

①通用名称是指依国家药品委员会规定的药品名称命名原则所制定的药品名称，具有通用性。国家药品标准的药品名称为药品的法定名称，并以法律规定的形式加以保护。通用名不可用于商品注册。

②商品名是国家药品监督管理部门批准给特定企业使用的某药品专用的商品名称，是药品作为商品属性的名称，不同企业生产的相同药品其商品名是不同的。比如对乙酰氨基酚（商品名是扑热息痛），有解热镇痛的功能，不同药厂生产的含对乙酰氨基酚的复方制剂其商品名又叫泰诺林、快克、感康等，商品名具有专属性，不可仿用。

③药品的国际非专有名是世界卫生组织制定的药物的国际通用名。采用国际非专有名，使世界范围内的药品得到统一，方便交流和协助。

具有商品名的药品在包装上必须同时标注通用名，且二者不得同行书写，商品名的字体不得大于通用名的二分之一。

1.1.3　剂型的重要性

目前中西药物制剂有40余种剂型。一种药物制成哪种或哪几种剂型主要取决于其主要药物的性质、临床上的用药途径、贮藏及运输方法。药物剂型在很多情况下可以决定或影响药物的有效性、安全性和稳定性。如胰岛素、硝酸甘油等药物遇肠胃道消化液容易失效，不宜口服，目前主要是制成注射剂、舌下片应用；青霉素、辅酶A等药物制成水针剂均不稳定，需制成注射用无菌粉末应用。在临床治疗中，不同的剂型有不同的特点，能显著地影响药效。

①剂型可以改变药物作用的性质：如硫酸镁的口服剂型用作泻下药，而其5%注射液静脉

滴注可以抑制中枢神经,有镇静、抗惊厥作用,用于治疗子痫;0.1%~0.2%的衣沙吖啶溶液局部涂敷有杀菌作用,但1%的注射液用于中期引产。

②剂型不同,药物作用速度不同:如吸入型气雾剂、注射剂使用后起效快,可用于急救,属速效制剂;丸剂、缓释和控释制剂、植入剂等作用缓慢持久,属慢效或长效制剂。临床上应根据疾病治疗的需要选用不同作用速度的剂型。

③采用不同的剂型可降低或消除药物的毒副作用:如氨茶碱用于治疗哮喘,易引起心跳加快,若制成缓释控释制剂,可保持血药浓度平稳,避免峰谷现象,从而降低药物的不良反应。

④某些剂型具有靶向作用:如具有微粒结构的脂质体、微球、微囊等,在体内能被单核-巨噬细胞系统的巨噬细胞吞噬,使药物在肝、肾、肺等器官分布较多,能发挥被动靶向药物制剂的作用。

⑤剂型中的药物性质和制备工艺直接影响药效:如药物的粒径大小、药物的晶型,都可以影响药物的释放与溶解,从而影响疗效。

1.1.4 药品批准文号、批号和有效期

1)药品的标准文号

药品的标准文号是指国家批准药品生产企业生产该药品的文号。由国家药品监督管理部门统一编定,并有各地药品监督管理部门核发。药品批准文号的格式:国药准字+1位字母+8位数字。试生产药品批准文号格式:国药试字+1位字母+8位数字。其中,化学药品使用字母"H",中药使用字母"Z",通过国家食品药品监督管理局整顿的保健药品使用字母"B",生物制品使用字母"S",体外化学诊断试剂使用字母"T",药用辅料使用字母"F",进口分包装药品使用字母"J"。每种药品的每一规格发给一个批准文号,药品批准文号代表着生产该药品的合法性,除经国家药品监督管理部门批准的药品委托生产外,同一药品不同生产企业发给不同的药品批准文号。

2)药品的生产批号

药品生产批号系指用于识别"批"的一组数字或字母加数字。用之可以追溯和审查该批药品生产的历史。在我国GMP附录中,分别对无菌药品、非无菌药品、中药制剂等规定了批的划分原则。在生产过程中,药品批号主要起标识作用,根据生产批号和相应的生产记录,可以追溯该批药品的原料来源、药品形成过程的历史;在药品形成制剂成品后,根据销售记录,可以追溯药品的市场去向,该药品进入市场后的质量状况,在需要的时候可以控制和回收该批药品。药品的生产日期可以表示生产批号,药品有效期的计算也可利用生产批号确定的日期计算。

3)药品的有效期

药品有效期是指药品被批准的使用期限,其含义为药品在一定的贮存条件下,能够保持其质量不变的期限。有效期是指涉及药品稳定性和安全性的重要标识,必须在药品标签或说明书上标注。药品有效期的表示方法,一般可用"有效期至某年某月",或用数字表示,如"有效期至2006.09"(或2006/09、2006-09。年份用四位数,月份用两位数)。

在《中国药典》中所载各品种都规定有储藏项,即对药品贮存和保管的基本要求,并在凡

例中解释了有关名词的含义：

①遮光是指用不透光的容器包装,例如棕色容器或黑纸包裹的无色透明、半透明容器。

②密闭是指容器密闭,以防止尘土及异物进入。

③密封是指将容器密封以防止风化、吸潮、挥发或异物进入。

④熔封或严封是指将容器熔封或用适宜的材料严封,以防止空气与水分的浸入并防止污染。

⑤阴凉处是指不超过 20 ℃。

⑥凉暗处是指避光并不超过 20 ℃。

⑦冷处是指 2～10 ℃。

1.1.5　药品生产所用的物料

制剂生产所用的物料包括制剂的原料、辅料和包装材料等。每一个制剂产品中除了具有治疗作用的活性成分外都含有药用辅料,也就是生产药品和调配处方时所用的赋形剂和附加剂,如助悬剂、乳化剂、填充剂、崩解剂、包衣物料、软膏制剂、增塑剂、保湿剂、抑菌剂、矫味剂等。制剂中的原料药和辅料,均应符合药典或药品监督管理部门的有关规定。辅料的品种与用量,应当无害,不影响疗效和降低制剂的生物利用度,对药品检验也无干扰。

1.1.6　药品的包装

药物制剂的包装是指选用适宜的材料和容器,利用一定技术对制剂成品进行分(灌)装、封、贴签等操作的总称。制剂的包装按所起作用分为单剂量包装、内包装和外包装,可在药品的储藏、运输、管理和使用过程中,起到品质保护、表示说明、方便使用与储运的作用。目前常用的内包装材料有玻璃、塑料、橡胶、金属、纸及复合材料(如铝-塑材料、纸-塑材料、塑-塑材料)等。药品包装必须适合药品质量的要求,方便贮存、运输和使用;必须按照规定印有或者贴有标签并附有说明书,注明药品的通用名称、成分、规格、装量、生产企业、批准文号、产品批号、生产日期、有效期、适应症或者功能主治、用法、用量、禁忌、不良反应和注意事项、贮存条件等;直接接触药品的包装材料和容器是制剂的重要组成部分,必须符合药用的要求及保障人体健康、安全的标准,并由药品监督管理部门在审批药品时一并审批。

任务 1.2　药物剂型的分类

药物经过加工可制成各种剂型,药物的剂型可以影响或决定药物的有效性、安全性和稳定性。在临床上,不同的剂型有不同的特点,可显著地影响其药效。其分类方法有多种:

1) 按给药途径分类

按给药途径可将给药途径相同的剂型作为一类,与临床使用密切相关。

（1）经胃肠道给药剂型

经胃肠道给药剂型是指药物制剂经口服用后进入胃肠道,起局部或经吸收而发挥全身作用的剂型,如常用的散剂、片剂、颗粒剂、胶囊剂、溶液剂、乳剂、混悬剂等。容易受胃肠道中的酸或酶破坏的药物一般不能采用这类简单剂型。口腔黏膜吸收的剂型不属于胃肠道给药剂型。

（2）非经胃肠道给药剂型

非经胃肠道给药剂型是指除口服给药途径以外的所有其他剂型,这些剂型可在给药部位起局部作用或被吸收后发挥全身作用,常见剂型有:

①注射给药剂型:如注射剂,包括静脉注射、肌内注射、皮下注射、皮内注射及腔内注射等多种注射途径。

②呼吸道给药剂型:如喷雾剂、气雾剂、粉雾剂等。

③皮肤给药剂型:如外用溶液剂、洗剂、搽剂、软膏剂、硬膏剂、糊剂、贴剂等。

④黏膜给药剂型:如滴眼剂、滴鼻剂、眼用软膏剂、含漱剂、舌下片剂、粘贴片及贴膜剂等。

⑤腔道给药剂型:如栓剂、气雾剂、泡腾片、滴剂及滴丸剂等,用于直肠、阴道、尿道、鼻腔、耳道等。

2）按形态分类

将药物剂型按物质形态分类,可分为以下几类。

（1）液体剂型

常见的液体剂型有芳香水剂、溶液剂、注射剂、合剂、洗剂、搽剂等。

（2）气体剂型

常见的气体剂型有气雾剂、喷雾剂等。

（3）固体剂型

常见的固体剂型有散剂、丸剂、片剂、膜剂等。

（4）半固体剂型

常见的半固体剂型有软膏剂、栓剂、糊剂等。

3）按分散系统分类

按分散系统分类的方法便于应用物理、化学的原理来阐明各类制剂特征,但不能反映用药部位与用药方法对剂型的要求,甚至一种剂型可以分到几个分散体系中。

（1）溶液型

溶液型是药物以分子或离子状态(质点的直径≤1 nm)分散于分散介质中所形成的均匀分散体系,也称为低分子溶液,如芳香水剂、溶液剂、糖浆剂、甘油剂、醑剂、注射剂等。

（2）胶体溶液型

胶体溶液型主要以高分子(质点的直径为1~100 nm)分散在分散介质中所形成的均匀分散体系,也称高分子溶液,如胶浆剂、火棉胶剂、涂膜剂等。

（3）乳剂型

乳剂型是油类药物或药物油溶液以液滴状态分散在分散介质中所形成的非均匀分散体系,如口服乳剂、静脉注射乳剂、部分搽剂等。

（4）混悬型

混悬型是固体药物以微粒状态分散在分散介质中所形成的非均匀分散体系,如合剂、洗剂、混悬剂等。

（5）气体分散型

气体分散型是液体或固体药物以微粒状态分散在气体分散介质中所形成的分散体系,如气雾剂。

（6）微粒分散型

微粒分散型是药物以不同大小微粒呈液体或固体状态分散,如微球制剂、微囊制剂、纳米囊制剂等。

（7）固体分散型

固体分散型是固体药物以聚集体状态存在的分散体系,如片剂、散剂、颗粒剂胶囊剂、丸剂等。

4）按制法分类

这种分类法不能包含全部剂型,故不常用。

（1）浸出制剂

浸出制剂是用浸出方法制成的剂型（流浸膏剂、酊剂等）。

（2）无菌制剂

无菌制剂是用灭菌方法或无菌技术制成的剂型（注射剂等）。

形态相同的剂型,其制备工艺也比较相近,例如,制备液体剂型时多采用溶解、分散等方法;制备固体剂型多采用粉碎、混合等方法;半固体剂型多采用熔化、研磨等方法。剂型分类方法各有特点,但均不完善,或不全面,各有其优缺点。因此,本书根据医疗、生产实践、教学等方面的长期沿用习惯,采用综合分类的方法。

任务 1.3　药典与药品标准

药品标准是国家对药品质量、规格及检验方法所作的技术规定。《中华人民共和国药品管理法》中规定,药品必须符合国家药品标准。国务院药品监督管理部门颁布的《中华人民共和国药典》和国家食品药品监督管理局颁布的药品标准（简称《局颁标准》）为国家药品标准,国务院药品监督管理部门药典委员会,负责国家药品标准的制定和修订。

1.3.1　药典

药典是一个国家记载药品标准、规格的法典,一般由国家药典委员会组织编纂,并由政府颁布、执行,具有法律约束力。药典收载的品种是那些疗效确切、副作用小、质量稳定的常用药品及其制剂,并明确规定了这些品种的质量标准,例如:含量、熔点、鉴别、杂质的含量限度以及试验方法和所用试剂等;在制剂通则中还规定各种剂型的有关标准、检查方法等。

不同时代的药典代表着当时医药科技的发展与进步，一个国家的药典反映这个国家的药品生产、医疗和科学技术的水平。由于医药科技水平的不断提高，新的药物和新的制剂不断被开发出来，对药物及制剂的质量要求也更加严格，所以药品的检验方法也在不断更新，因此，各国的药典经常需要修订。在新版药典中，不仅增加新的品种，而且增设一些新的检验项目或方法，同时对有问题的药品进行删除。在新版药典出版前，往往由国家药典委员会编辑出版增补本，以利于新药和新制剂在临床的应用，这种增补本与药典具有相同的法律效力。显然，药典在保证人民用药安全有效，促进药物研究和生产上起到重要作用。

1) 中华人民共和国药典

《中华人民共和国药典》，简称《中国药典》，其中收载的品种是：医疗必需、临床常用、疗效确切、质量稳定、副作用小、我国能工业化生产并能有效控制（或检验）其质量的品种。我国药典始于1930年出版的《中华药典》。新中国成立后编订了《中华人民共和国药典》，1953、1963、1977、1985、1990、1995、2000、2005、2010、2015、2020年版共11个版次。《中国药典》（2020版）是继承和发扬传统医药学的成果，实现中西医药的结合，见证中国药学事业的发展历程。

《中国药典》的基本结构包括凡例、正文、附录和索引。凡例是解释和使用药典正确进行质量检定的基本原则，也是把与正文品种、附录及质量检定有关的共性问题加以规定的总说明，包括药典中各种术语的含义及其在使用时的有关规定。正文包括药典各收载品种的名称、有机药物的结构式、分子式和分子量、含量或效价规定、成分或处方的组成、性状、鉴别、检查、含量测定、类别、规格、储藏、制剂等。附录部分包括制剂通则、通用检查方法、药材炮制通则、对照品与对照药材及试药、试液、试纸等。索引设有中文、英文名或拉丁学名索引以便于查阅。

第1部《中国药典》1953年版，由中国卫生部编印发行，收载各类药品531种，其中化学药215种，植物药与油脂类65种，动物药13种，抗生素2种，生物制品25种，各类制剂211种。2015年版，于2015年12月1日起正式执行。分一部、二部、三部和四部。一部收载药材和饮片（618）、植物油脂和提取物（47）、成方制剂和单味制剂（1 493）等，品种共计2 598种；二部收载化学药品、抗生素、生化药品及放射性药品共计2 603种；三部收载生物制品，共计137种；四部收载药用辅料（270）、通则和指导原则（317）。现行版为《中国药典》2020年版。

2) 外国药典

世界上有近40个国家编制了国家药典，另外还有3种区域性药典和世界卫生组织编制的《国际药典》等，国际上最有影响力的药典是美国药典、英国药典、日本药局方、欧洲药典、国际药典。国际药典是世界卫生组织综合世界各国药品质量标准和质量控制方法编写的，其特殊之处在于仅供各国编定各自的药品规范时作为技术文献参考，并不具有法律约束力。美国现行版药典是《美国药典30/国家处方集25》是由美国政府所属的美国药典委员会编辑出版。分两部分，即，前面为USP，后面为NF。1820年USP出第1版，1950年以后每隔5年出一次修订版，NF于1883年出版第1版，1980年第15版起并入USP。自2005年出版USP 28-NF 23后，每年出一次修订版。根据美国药典委员会决议，凡已被批准投放市场的药物均应载入药典。对于在美国制造和销售的药物和相关产品而言，USP-NF是唯一由美国食品药品监督管理局强制执行的法定标准。美国药典是目前世界上规模最大的一部药典。增补版1于2010年4月出版，2010年10月1日生效。增补版2于2010年6月出版，2011年1月1日生效。

英国药典(BP)是英国药品委员会的正式出版物,是英国制药标准的重要来源。《英国药典》出版周期不定,自 1864 年第 1 版起,1988 年为止已出至第 14 版。该药典从 1980 年版起改为两卷本。第一卷收载绪论、通则和原料药品以及红外对照图谱等;第二卷收载各类药品制剂、血液制品、免疫制品、放射性药品、手术用品以及附录和索引等。英国药典最新版本是 2009 版 BP2009,2008 年 8 月出版,2009 年 1 月生效。

日本药典称为《日本药局方》,由日本药典委员会编写,由日本政府的厚生劳动省发布。自 1886 年《日本药局方》第 1 版起,2006 年为止已经出版第 15 版。现行药典的全名为《第十五版改正日本药局方》(JP15),于 2006 年 4 月 1 日起执行。第二次世界大战后,日本几乎每隔 5 年出版改正的新药典,第 15 版与美国药典、英国药典进行协调,文本中注明与英国/美国药典统一的部分和未统一的部分等,推动了药典国际协调的进程。日本药局方是除《中国药典》之外收载各类生药品种较多的药典之一。日本药典的日文版和英文版在网上公布,全球范围内均可免费访问。

国际药典是由联合国世界卫生组织主持编订。第 1 版于 1951 年和 1955 年分两卷用英、法、西班牙文出版。第 2 版于 1967 年用英、法、俄、西班牙文出版。现行版为第 3 版,于 1979、1981、1988 年分 3 卷出版,第 1 卷收载 42 项分析测试方法,第 2、3 两卷共收载药品 383 种。

1.3.2　药品标准

我国的国家药品标准包括《中国药典》和局颁标准。列入局颁药品标准的品种一般包括:

①由国家食品药品监督管理局审核批准的药品,包括新药、仿制药品和特殊管理的药品等。

②某些上一版药典收载而现行版药典未列入、企业已生产多年、疗效肯定,但质量标准仍需进一步提高的药品等。对于过去的地方性药品标准(按规定已停止使用)中临床常用、疗效较好、生产地区较多的品种要进行质量标准的修订、整理和提高,使其升入《局颁标准》。药品标准坚持"质量第一"、充分体现"安全有效,技术先进,经济合理"的原则,对药品的生产和应用起到促进提高质量、择优发展的作用。

药品标准是国家对药品的质量、规格和检验方法所作的技术规定。药品标准是保证药品质量,进行药品生产、经营、使用、管理及监督检验的法定依据。药品的国家标准是指《中华人民共和国药典》和国家食品药品监督管理局(State Food and Drug Administration,SFDA)颁布的《药品标准》。

我国有约 9 000 个药品的质量标准,过去由省、自治区和直辖市的卫生部门批准和颁发的,称为地方性药品标准。国家食品药品监督管理局已经对其中临床常用、疗效确切、生产地区较多的品种进行质量标准的修订、统一、整理和提高,并入到 SFDA 颁布的药品标准,2006 年取消了地方标准。

任务 1.4 药品生产管理规范

1.4.1 药品生产管理规范

《药品生产质量管理规范》简称 GMP。GMP 是在药品生产全过程中,用科学、合理、规范化的条件和方法来保证生产优良药品的一整套系统的、科学的管理规范,是药品生产和质量管理的基本准则。是否实现了 GMP 被看成是药品质量有无保证的先决条件。GMP 的实施,使药品在生产过程中的质量有了切实的保证,效果显著。按照《药品管理法》的规定,药品的生产要在药品监督管理部门的监督管理下进行,并要符合《药品生产质量管理规范》的各项规定。

美国于 20 世纪 50 年代末开始了在药品生产过程中如何有效地控制药品质量的研究,于 1963 年率先制定了 GMP 并由美国国会作为法令正式颁布,要求本国的制药企业按 GMP 的规定,规范化地对药品的生产过程进行控制。否则,就认为所生产的药品为劣药,不允许出厂。1969 年世界卫生组织建议各成员国的药品生产采用 GMP 制度,并于 1975 年正式公布了世界卫生组织的 GMP。此后,世界上很多国家开始宣传、认识、起草 GMP。

我国制定和实施 GMP 起步较晚。1982 年由中国医药工业总公司制定了《药品生产管理规范(试行本)》,并在全行业试行。1988 年 3 月,中华人民共和国卫生部正式颁布我国制订的 GMP。最新修订后的 GMP 由国家药品监督管理局于 1998 年批准颁布,并于 1998 年 8 月 1 日起实施。内容共 14 章 88 条,另有附录 7 个部分 142 条。到目前为止,已有 100 多个国家和地区制定并实施了 GMP。随着 GMP 的不断发展和完善,GMP 对药品生产过程中的质量保证作用得到了国际上的公认。

实施 GMP 有着十分重要的意义,GMP 是在药品的生产全过程中保证生产出优质药品的管理制度,是把发生差错事故、混药及各类污染的可能性降到最低程度的必要条件和最可靠办法,是药品在生产过程中的质量保证体系。GMP 是药品进入国际医药市场的"准入证。"实施 GMP 对改革、建设和发展中的我国医药行业具有十分重要的意义:一是使我国医药行业向国际通行惯例靠拢的重要措施,是使医药产品进入国际市场的先决条件;二是使我国药品生产企业及产品增强竞争力的重要保证;三是我国政府和药品生产企业对人民用药安全高度负责精神的具体体现。我国药品监督管理局要求所有生产原料药和制剂的生产企业必须于 2004 年 6 月 30 日前全部通过 GMP 认证,并取得证书,否则将取消生产资格和取消相应剂型的药品批准文号。在市场竞争日趋激烈的当今世界,特别是在我国加入 WTO 之后,我国药品生产企业只有实施 GMP,才能求得自身的生存与发展。

1.4.2 GMP 的基本内容及认证制度

药品的生产过程及其质量保证方法是不分国界的,因此各国的 GMP 虽在具体规定和要求方面各具特色,但所包含的内容基本上是一致的。我国1998年版GMP包括总则、机构与人员、厂房与设施、设备、物料、卫生、验证、文件、生产管理、质量管理、产品销售与收回、投诉与不良反应报告、自检、附则共计14章88条。它的内容可以概括为湿件、硬件和软件。湿件是指人员;硬件是指厂房与设施、设备等;软件是指组织、制度、工艺、操作、卫生标准、记录、教育等管理规定。同时通过印发GMP附录对无菌药品、非无菌药品、原料药、生物制品、放射性药品、中药制剂等生产和质量管理的特殊要求做出了补充规定。

为促进药品生产企业实施GMP,保证药品质量,确保人民用药安全、有效,参与国际药品贸易竞争,我国自1995年10月1日起对药品实行GMP认证制度。实施药品GMP认证,是国家依法对药品生产企业(车间)的GMP实施状况进行监督检查并对合格者予以认可的过程,是国家依法对药品生产和质量进行管理,确保药品质量的科学、先进、符合国际惯例的管理方法,也是与国外认证机构开展双边、多边认证合作的基础。因此,在我国实施药品GMP认证制度不仅是非常必要的,而且有着深远的意义。

2010年药品GMP修订的主要特点有:一是加强了药品生产质量管理体系建设,大幅提高对企业质量管理软件方面的要求。细化了对构建实用、有效质量管理体系的要求,强化药品生产关键环节的控制和管理,以促进企业质量管理水平的提高。二是全面强化了从业人员的素质要求。增加了对从事药品生产质量管理人员素质要求的条款和内容,进一步明确职责。如,新版药品GMP明确药品生产企业的关键人员包括企业负责人、生产管理负责人、质量管理负责人、质量受权人等必须具有的资质和应履行的职责。三是细化了操作规程、生产记录等文件管理规定,增加了指导性和可操作性。四是进一步完善了药品安全保障措施。引入了质量风险管理的概念,在原辅料采购、生产工艺变更、操作中的偏差处理、发现问题的调查和纠正、上市后药品质量的监控等方面,增加了供应商审计、变更控制、纠正和预防措施、产品质量回顾分析等制新制度和措施,对各个环节可能出现的风险进行管理和控制,主动防范质量事故的发生。提高了无菌制剂生产环境标准,增加了生产环境在线监测要求,提高无菌药品的质量保证水平。

实施GMP认证制度,能够进一步调动药品生产企业的积极性,从而加速GMP在我国规范化地实施,加速摆脱我国药业低水平重复生产的现状;实施GMP认证制度是与国际惯例接轨的需要,能为药品生产企业参与国际市场竞争提供强有力的保证;通过实施GMP认证,可逐步淘汰一批不符合技术、经济要求的药品生产企业,进而有效地调整药品生产企业总体结构;实施GMP认证,能够确保药品质量,有利于国民的身体健康。

医疗单位配制制剂同样应依法取得许可,国家药品监督管理局于2001年3月13日颁布了《医疗机构制剂配制质量管理规范》(试行)。《医疗机构制剂配制质量管理规范》的基本内容与GMP相似,包括总则、机构与人员、房屋与设施、设备、物料、卫生、文件、配制管理、质量管理与自检、使用管理、附则等共11章,对制剂配制的全过程实施科学的管理和严密的监控,保证配制出优良的药品。

1.4.3 药品生产管理文件

药品生产单位的生产管理必须要按照GMP的基本准则来实施,要依据批准的生产工艺,制定必要的、严密的生产管理文件,用各类文件来规范生产过程的各项活动,使每项操作、每个产品都有严谨的监控、分析与处理。

1）生产管理文件的种类与内容

（1）生产工艺规程

生产工艺规程是规定为生产一定数量成品所需起初原料和包装材料的数量，以及工艺、加工说明、注意事项，包括生产过程中控制的一个或一套文件。生产工艺规程属于技术标准，是各个产品生产的蓝图，是对产品设计、处方、工艺、规格标准、质量监控的基准性文件，是制定其他生产文件的重要依据。每个正式生产的制剂产品必须制定生产工艺规程，并严格按照生产工艺规程进行生产，以保证每一批产品尽可能与原设计相符。

制剂生产工艺规程的内容一般包括：品名、剂型、类别规格、处方、批准生产的日期、批准文号，生产工艺流程，成产工艺操作要求及工艺技术参数，生产过程的质量控制，物料、中间产品、成品的质量标准与检验方法，成品容器、包装材料质量标准与检验方法，贮存条件，标签，使用说明书的内容，设备一览表及主要设备生产能力（包括仪表），技术安全、工艺卫生及劳动保护，物料消耗定额，技术经济指标及其计算方法，物料平衡计算公式，操作工时与生产周期，劳动组织与岗位，附录（如理化常数、换算方法）等。

（2）岗位操作法

岗位操作法是对具体生产操作岗位的生产操作、技术、质量管理等方面所作的进一步详细要求。制剂岗位操作法主要内容包括：生产操作方法与要点，重点操作的复核，复查制度，中间产品的质量标准及控制，安全、防火与劳动保护，设备使用、清洗与维修，异常情况的处理与报告，技术经济指标计算，工艺卫生与环境卫生，计量器具检查与校正，附录、附页等。

（3）标准操作规程

标准操作规程（SOP）是经批准用以指示操作的通用性文件或管理办法。标准操作规程是企业用于指导员工进行管理与操作的标准，它不一定适用于某一个给定的产品或物料，而是通用性的指示，如设备操作、清洁卫生管理、厂房环境与控制等。

标准操作规程的内容包括：题目、编号（码）、制订人及制订日期，审核人及审核日期、批准人及批准日期、颁发部门、标题及正文。

岗位标准操作程序，又称岗位SOP，可以看作为组成岗位操作法的基础单元，是对某项具体操作的书面指示情况说明书并经批准的文件。组织生产时，企业可根据自己的实际情况选用岗位操作法或标准操作程序。

岗位标准操作程序的内容主要有：操作名称，所属产品，编写依据，操作范围及条件（注明时间、地点、对象、目的），操作步骤或程序（准备过程、操作过程、结束过程），操作标准，操作结果的评价，操作过程复核与控制，操作过程的事项与注意事项，操作中使用的物料、设备、器具名称、规格及编号，操作异常情况处理，附录等。

（4）批生产记录

批生产记录是一个批次的待包装品和成品的所有生产记录，批生产记录能提供该批产品的生产历史以及与质量有关的情况。

批生产记录内容包括：产品名称、剂型、规格、有效期、批号、计划产量、生产操作方法、工艺要求、技术质量指标、作业顺序、SOP编号、生产地点、生产线与设备及其编号、作业条件、物料名称及代码、投料量、折算投料量、实际投料量、称量人与复核人签名、开始生产日期与时间，各步操作记录,操作者签名及日期、时间,生产结束日期与时间,生产过程控制记录,各相关生产阶段的产品数量,物料平衡的计算,设备清洁、操作、保养记录,结退料记录,异常、偏差问题分析、解释、处理及结果记录,特殊问题记录等。批生产记录是生产过程的真实写照,某项目和内容应包含影响质量的关键因素,并能标示与其他相关记录之间的关联信息,使其具有可追踪性。

2)生产文件的使用与管理

生产管理文件一般由文件使用部门组织编写,各相关职能部门审核,由质量控制部门负责人签名批准,如文件的内容涉及不同的专业,应组织相关部门会审,并会签批准。涉及全厂的文件应由总工程师或技术厂长批准。

生产文件一旦经批准,应在执行之前发至有关人员或部门并做好记录,新文件在执行之前应进行培训并记录。任何人不得任意改动文件,如需要更改时,应按制定时是的程序办理修订和审批手续。批生产记录填写后,应有专人审核,经审核符合要求的应及时归档,建立批生产档案。

综合测试

简答题

1. 药物制剂技术与药剂学有何关系?简述药剂学的性质和基本任务。

2. 何谓剂型?剂型如何分类?药物制成不同剂型有何重要意义?

3. 何谓药品的通用名称、批准文号、生产批号、有效期和制剂的物料?

4. 药典的性质是什么?有何作用?

5. 除《中国药典》之外,国家药品标准还包括什么?其收载的药品包括哪些?

6. 简述 GMP 的性质,使用范畴及其实施的重要意义。

7. 药品生产管理文件包括哪些?各具有何性质或作用?

第二部分

药品生产基础

项目2 药品卫生

📖 **项目描述**

　　药品卫生是药品质量的重要方面,药品一旦受到污染,就会危及患者的生命安全。本项目主要介绍制药卫生的基本概念、常见制剂的工艺卫生、污染的相关知识、灭菌的基本理论、常见的灭菌方法、空气净化技术、洁净区的基本知识,通过本项目的学习可满足制药企业对制药卫生的要求。

📖 **学习目标**

　　掌握制药卫生的概念及基本要求、灭菌的概念及灭菌法、洁净区的概念及基本要求。熟悉常见制剂的工艺卫生、灭菌法的操作、空气净化技术。了解污染的种类及传播媒介、灭菌参数、灭菌操作的生产设备、影响空气过滤的因素。能正确叙述制药卫生的基本要求、常见制剂的工艺卫生。

任务 2.1　制药卫生

2.1.1　制药卫生

　　制药卫生是药品生产企业进行药品生产和质量管理工作的一项重要内容,是保证药品成品质量、防止微生物污染、尘埃污染的重要举措,同时也是贯彻执行 GMP 制度的有效保证。在我国 GMP 中,明确指出制药卫生主要包括环境卫生、工艺卫生、厂房卫生、人员卫生四个方面。其具体含义如下:

　　①环境卫生:是指与药品生产相关的空气、水源、地面、生产介质等方面的卫生。

　　②工艺卫生:是指与药品生产相关的原料、辅料、设备容器、工艺流程和工艺技术、生产介质等方面的卫生。

　　③厂房卫生:是指与药品生产相关的厂房应保持清洁,清洁要求根据不同的洁净等级确定,同时应针对不同洁净等级的具体要求制定相适应的清洁规程。

　　④人员卫生:是指人员的卫生习惯、身体健康状况等方面的内容。

2.1.2　制药卫生的重要性

制药卫生的重要性主要体现在下述两个方面。

1）影响患者的生命健康

药品是特殊的商品,其质量好坏直接影响到患者的生命健康。药物制剂如果遭受微生物的污染,在一定的条件(如合适的温度、湿度、营养物等)下微生物就会生长繁殖,其结果会使药物制剂的性质发生改变,腐败、变质,药效降低、丧失,在特殊情况下甚至会产生某些对人体致病的有害物。这样的药物制剂被患者使用后,不仅不能够实现防治疾病的初衷,而且经常会引发人体感染、发热甚至中毒等不良反应。

2）制药工业现代化的要求

随着社会的进步与发展,人们生活水平不断提高,对药品质量的要求也随之提高,制药工业现代化的日益深入,对制药卫生提出了更高的标准:在药物制剂的生产过程中,根据不同药物、不同剂型卫生标准的具体要求,针对性地采取制药卫生措施来保证药品的生产质量。

2.1.3　常见制剂的工艺卫生

1）片剂的生产工艺卫生

片剂是目前各类药品剂型中生产品种最多、产量最大的一种制剂,按照制备工艺的不同,可分为湿法制粒压片和粉末直接压片。

片剂生产工艺卫生的一般要求为:原料、辅料在进入洁净区的配料间前,先在指定地点除去最外层的包装或者换包装后才可以进入配料间;制粒间必须保持足够的洁净,所有制粒设备都应及时清洗,并且执行严格的清洁卫生制度;在干燥湿颗粒时,时间、温度应按产品不同妥善控制;压片机应单机安装在不同的压片区域,以防止交叉污染,压片机应定期清洗、消毒;成品应放置在洁净的容器内妥善保存,包衣片剂在干燥贮存时,要注意防止污染(特别是在用石灰干燥剂时);片剂的生产区域应保持洁净,在必要的时候,可以使用紫外线对整个房间进行消毒、灭菌。

2）口服液体制剂的生产工艺卫生

口服液体制剂剂型多样,按照制备工艺的不同,可分为糖浆剂、水剂、浸膏剂、酒剂、乳剂等,在其生产过程中,遭受微生物感染的情况不同。一些含糖、蜂蜜的液体制剂很可能成为微生物的培养基,造成制剂的变质、腐败,因此这类制剂在生产过程中要特别注意防止微生物的污染。

口服液体制剂生产工艺卫生的一般要求为:原料、浸提的药物液体应严格控制污染;生产和包装车间应保持洁净,操作间应定时用紫外线等消毒、灭菌;药物溶液配制、贮存时,所接触的设备、器具、管道等都必须进行彻底的清洗、消毒、灭菌,检验合格后才能投入使用;溶解药物和配液用水,应采用新鲜制备并检验合格的冷开水或蒸馏水;药液配制完毕后应及时分装;分装所用器具、包装材料,必须提前清洁、消毒、灭菌;药液分装时,要防止药液外流或溢出,尤其是一些中药口服液,如果瓶口处残留有药液,则很短时间内就会使瓶口发霉长菌;制剂分装后,应及时密封贮存。

3)注射剂的生产工艺卫生

注射剂是常见的无菌制剂,按照制备工艺的不同,可分为最终灭菌制剂和非最终灭菌制剂两种类型。其中,最终灭菌制剂在药物灌封后可以采用适当的灭菌方法进行处理,而非最终灭菌制剂,其最终的产品不能采用热力灭菌方式进行处理。因此,无菌制剂相比普通制剂,其卫生工艺方面的要求要严格得多,特别是对非最终灭菌制剂要求更为严格。

注射剂生产工艺卫生的一般要求为:制备最终灭菌的无菌制剂,生产区域要求是洁净度 A 级到 D 级的洁净区。制备非最终灭菌的无菌制剂,生产区域要求是不低于 C 级背景下的局部 A 级洁净区。药物溶液配制时,所接触的设备、器具、管道等都必须进行彻底的清洗、消毒、灭菌,检验合格后才能投入使用;配制用水,应采用新鲜制备并检验合格的蒸馏水(一般不应超过 12 h);安瓿和容器清洗后,一般应及时在 120 ~ 140 ℃进行干燥、灭菌。非最终灭菌的无菌制剂,其所接触的设备、器具等必须在 150 ~ 170 ℃干燥、灭菌;一些耐热的注射剂,在灌封后采用 115 ℃或 120 ℃蒸汽灭菌;一些非耐热的注射剂,可以采用过滤除菌的方式,严格按照无菌操作的 SOP 进行各项操作;粉针剂的原料应保持无菌,必须在无菌室内严格按照无菌操作的 SOP 进行各项操作。

任务 2.2　药品卫生——灭菌

2.2.1　概述

药品卫生中常用的术语有:

①灭菌:是指用适当的物理或化学等方法杀灭或除去物品中所有活的微生物繁殖体和芽孢的过程。

②灭菌法:是指灭菌所用的方法或技术。

③无菌:是指在物品中不存在任何活的微生物。

④无菌操作法:是指整个过程在无菌条件下进行的避免微生物污染产品的操作方法。

⑤消毒:是指用物理或化学等方法杀灭物体上或介质中病原性微生物的过程。

⑥防腐:是指用物理或化学等方法防止和抑制微生物生长与繁殖,也称抑菌。

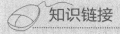 知识链接

灭菌参数

①D 值:是指在一定温度下,杀灭 90% 微生物所需的灭菌时间。D 值越大表明微生物抗热性越强,需要加热灭菌较长时间才能将其杀死。

②Z值:是指降低一个 $\lg D$ 值所需升高的温度值,即灭菌时间减少到原来的 1/10 时所需升高的温度或在相同灭菌时间内,杀死 99% 的微生物所需升高的温度。如 Z =10 ℃的意思是指灭菌时间减少到原来灭菌时间的 10%,而要具有相同的灭菌效果,所需升高的温度是 10 ℃。

③F值:是指在一定灭菌温度(T)下,给定的 Z 值所产生的灭菌效果与在参比温度(T_0)下给定的 Z 值所产生的灭菌效果相同时所相当的时间。F 值常用于干热灭菌的验证。如 $F=5$ 的意思是该灭菌过程对微生物的灭菌效果,相当于被灭菌物品置于参比温度下,灭菌 5 min 的灭菌效果。

④F_0值:是指在一定灭菌温度(T)、Z 值为 10 ℃所产生的灭菌效率与 121 ℃、Z 值为 10 ℃所产生的灭菌效果相同时所相当的时间(min)。F_0 值的应用目前仅限于热压灭菌的验证。

2.2.2　灭菌方法的分类

药物制剂生产中灭菌方法可分为:物理灭菌法(干热灭菌法、湿热灭菌法、射线灭菌法、滤过灭菌法)、化学灭菌法(气体灭菌法、药液灭菌法)和无菌操作法,其中最常用的是物理灭菌法。

1)物理灭菌法

物理灭菌法(物理灭菌技术)是指利用蛋白质与核酸具有遇热、射线不稳定的特性,采用加热、射线照射和滤过方法杀灭或除去微生物的技术。该方法包括干热灭菌法、湿热灭菌法、射线灭菌法和过滤灭菌法。

(1)干热灭菌法

①含义:是指在干燥环境中进行加热灭菌的方法。由于在干燥空气中加热可以破坏蛋白质与核酸的氢键,导致蛋白质变性或凝固,核酸破坏,酶失活性,使微生物死亡。

②分类:干热灭菌法包括火焰灭菌法和干热空气灭菌法。

a. 火焰灭菌法:是指用火焰直接灼烧灭菌的方法。该灭菌法迅速、可靠、简便,适合耐火焰材质(如金属、玻璃及瓷器等)的物品与用具的灭菌,不适合药品的灭菌。

b. 干热空气灭菌法:是指用高温干热空气灭菌的方法。由于在干燥条件下,干热空气的热穿透力较弱,微生物的耐热性较强,必须长时间受高热的作用才能保证灭菌的效果。因此,干热空气灭菌法采用的温度一般比湿热灭菌法高。干热空气灭菌的温度及相应时间为:160 ~ 170 ℃灭菌 2 h 以上,170 ~ 180 ℃灭菌 1 h 以上,250 ℃灭菌 45 min 以上。该灭菌法适合耐高温的玻璃和金属制品以及不允许湿气穿透的油脂类(如油性软膏基质、注射用油等)和耐高温的粉末化学药品的灭菌,不适合橡胶、塑料及大部分药品的灭菌。

(2)湿热灭菌法

①含义:是指用饱和蒸汽、沸水或流通蒸汽进行灭菌的方法。由于蒸汽潜热大、穿透力强,容易使蛋白质变性或凝固,因此该法的灭菌效率比干热灭菌法高,是药物制剂生产过程中最常

用的一种灭菌方法。

②分类:湿热灭菌法包括热压灭菌法、流通蒸汽灭菌法、煮沸灭菌法和低温间歇灭菌法。

a. 热压灭菌法:是指用高压饱和水蒸气加热杀灭微生物的方法。该灭菌法具有很强的灭菌效果,灭菌可靠,能杀灭所有细菌繁殖体和芽孢,适合耐高温和耐高压蒸汽的药物制剂、玻璃容器、金属容器、瓷器、橡胶塞、滤膜、过滤器等,是药物制剂生产中应用最广泛、灭菌效果最好的热力灭菌方法。热压灭菌的温度(蒸汽表压)及相应时间为:115 ℃(67 kPa),30 min;121 ℃(97 kPa),20 min;126 ℃(139 kPa),15 min。

b. 流通蒸汽灭菌法:是指在常压下,采用100 ℃流通蒸汽加热杀灭微生物的方法。灭菌时间一般为30～60 min,但不能保证杀灭所有的芽孢,是非可靠的灭菌法。该灭菌法适合消毒及不耐高热制剂的灭菌。必要时可加入适量的抑菌剂,以提高灭菌效率。

c. 煮沸灭菌法:是指将待灭菌物品置沸水中加热灭菌的方法。煮沸时间一般为30～60 min,但不能保证杀灭所有的芽孢,是非可靠的灭菌法。该灭菌法适合注射器、注射针等器皿的消毒。必要时可加入适量的抑菌剂,以提高灭菌效率。

d. 低温间歇灭菌法:是指将待灭菌物品用60～80 ℃水或流通蒸汽加热1 h,杀灭其中的微生物繁殖体,然后在室温条件下放置24 h,让待灭菌物品中的芽孢发育成繁殖体,再次加热、灭菌、放置,如此反复操作3～5次,直至杀灭所有芽孢。该灭菌法适合不耐高温、热敏感物料和制剂的灭菌。必要时可加入适量的抑菌剂,以提高灭菌效率。

③影响湿热灭菌的因素。

a. 微生物的种类和数量:种类不同的微生物或处在不同发育阶段的同种微生物,其耐热性有所不同,一般情况下,微生物芽孢的耐热性最强,衰老体的耐热性次之,繁殖体的耐热性最差。微生物的数量越少,灭菌时间越短。

b. 药物的性质和灭菌的时间:一般情况下,灭菌的温度越高,灭菌的时间越短,但药物分解的也越多。因此,在保证有效灭菌的前提下,应适当降低灭菌的温度和缩短灭菌的时间。

c. 蒸汽的性质:饱和蒸汽热量较高,穿透力较强,灭菌效力高;湿饱和蒸汽带有水分,热含量较低,穿透力差,灭菌效力较低;过热蒸汽温度高于饱和蒸汽,但穿透力差,灭菌效率低。

d. 介质的性质:介质中往往含有营养物质(糖类、蛋白质等),能增强微生物的抗热性。介质的 pH 值,也影响微生物的生活能力。一般情况下,中性环境下微生物的抗热性耐热性最强,碱性次之,酸性不利于微生物的生长发育。

(3)射线灭菌法

①含义:是指采用辐射、微波和紫外线杀灭微生物和芽孢的方法。

②分类:射线灭菌法包括辐射灭菌法、紫外线灭菌法和微波灭菌法。

a. 辐射灭菌法:是指用放射源(^{60}Co 或 ^{137}Cs)放射的 γ 射线对灭菌物进行电离辐射而达到杀灭微生物和芽孢的方法。辐射灭菌剂量一般为 $2.5×10^4$ Gy(1 GY = 1 J/kg)。γ 射线使微生物的有机化合物分子发生电离,破坏了微生物正常代谢的自由基,导致微生物的有机结构遭到破坏。其特点是不升高灭菌产品的温度,穿透性强,灭菌效率高,适合不耐热药物的灭菌。辐射灭菌设备费用高,对操作人员存在潜在的危险性,使用时要注意安全防护等问题。

b. 紫外线灭菌法:是指用紫外线照射杀灭微生物和芽孢的方法。一般用的波长是 200～300 nm,灭菌力最强的波长是 254 nm。紫外线可使微生物核酸蛋白变性,且空气受紫外线照射后产生微量臭氧,而达到共同杀菌作用。该灭菌法属于表面灭菌,适合照射物表面灭菌、无菌室的空气及蒸馏水的灭菌,不适合药液灭菌及固体物料深部灭菌。紫外线对人体照射过久会发生结膜炎、红斑及皮肤烧灼等现象,故一般在操作前开启 1～2 h 灭菌,在操作时关闭。若必须在操作中使用时,则应对工作者的皮肤及眼睛做适当防护。

c. 微波灭菌法:是指用微波照射产生的热能杀灭微生物和芽孢的方法。一般使用的频率为 300 MHz～300 kHz 的电磁波。微波灭菌法利用微波的热效应和非热效应(生物效应)相结合来实现灭菌目的,热效应使微生物体内的蛋白质变性失活,非热效应干扰了微生物正常的新陈代谢,破坏微生物生长条件,在低温(70～80 ℃)时即可杀灭微生物。该灭菌法属于深部灭菌,能穿透到介质和物料的深部,适合对热压不稳定的药物制剂,特别是水性注射液的灭菌。

(4)过滤灭菌法

①含义:是指用过滤技术除去气体或液体中微生物的方法。该灭菌法适合对热不稳定的药物溶液、气体、水等的灭菌。灭菌用过滤器应有较高的过滤效率,能有效地除尽物料中的微生物,滤材与滤液中成分不发生相互交换,滤器易清洗、操作方便。

②分类:常用的滤器主要有砂滤棒、垂熔玻璃滤器、微孔薄膜滤器。

a. 砂滤棒:主要有两种,一种是硅藻土滤棒,另一种是多孔素磁滤棒。硅藻土滤棒一般被用于溶液中颗粒及部分细菌的滤除,多孔素磁滤棒一般用于注射剂的预滤。

b. 垂熔玻璃滤器:包括垂熔玻璃滤斗、滤棒、滤球。有 1～6 号 6 个规格,一般用于灭菌制剂的粗滤,其中 6 号滤器可用于滤过除菌。

c. 微孔薄膜滤器:常用 0.22 μm 或 0.3 μm 孔径的滤膜滤过除菌。

2)化学灭菌法

化学灭菌法是指用化学药品直接作用于微生物而将其杀灭的方法。杀灭微生物的化学药品称为杀菌剂。该灭菌法仅对微生物的繁殖体有效,不能杀灭微生物的芽孢。化学灭菌的目的在于减少微生物的数量,以控制一定的无菌状态。其灭菌效果取决于微生物的种类和数量、物体表面光洁度、多孔性以及杀菌剂的性质等。化学灭菌法根据灭菌剂的物理状态不同,可分为气体灭菌法和药液灭菌法。

(1)气体灭菌法

气体灭菌法是指用化学药品形成的气体蒸气杀灭微生物的方法。常用的气体消毒剂有环氧乙烷、甲醛、臭氧、丙二醇、甘油、戊二醛等。该灭菌法适合于环境消毒以及不耐热的医用器具、设备、设施等的消毒,也可用于粉末注射剂的灭菌,不适合对产品质量有损害的场合。同时要注意残留的杀菌剂与药物之间发生相互作用的可能。该灭菌法使用后,要注意空间排空,以免消毒剂残留对人体造成危害。

(2)药液灭菌法

药液灭菌法是指用化学药品的溶液杀灭微生物的方法。常用的液体消毒剂有 75% 乙醇、1% 聚维酮碘溶液、0.1%～0.2% 苯扎溴铵(新洁尔灭)溶液、2% 左右的酚或煤酚皂溶液、3% 的双氧水溶液等。该灭菌法主要被用作其他灭菌法的辅助措施,适合于皮肤、无菌器具、设备、台面、无菌室地面的消毒。

3)无菌操作法

无菌操作法是指整个过程在无菌条件下进行的避免微生物污染产品的操作方法。该灭菌法适合一些不耐热的药物或不适宜用其他灭菌法的药物(如注射剂、眼用制剂、海绵剂、创伤制剂、蜜丸剂等）的制备。按无菌操作法制备的产品，一般不用再次灭菌，故无菌操作须在无菌操作室或无菌操作柜内进行，无菌操作所用的一切用具、材料及环境等，均须事先灭菌处理，以保证空间的无菌状态。

（1）无菌操作室的灭菌

①甲醛溶液加热熏蒸：该灭菌法灭菌较彻底，一般定期进行。使用的气体发生装置是蒸汽加热夹层锅。液态甲醛在蒸汽加热夹层锅中被气化，甲醛蒸气经蒸汽出口送入总进风道，由鼓风机吹入无菌室，连续3 h后，关闭密熏12~24 h，并保持室内湿度>60%，温度>25 ℃，以免低温导致甲醛蒸气聚合而附着于冷表面，从而降低空气中的甲醛浓度，影响灭菌效率。密熏完毕后，将25%的氨水加热后，按一定的流量送入无菌室，以清除甲醛蒸气，然后开启排风设备，并通入无菌空气直至室内排尽甲醛。

②紫外线灭菌：紫外线灭菌是无菌室灭菌的常规方法，该方法应用于间歇和连续操作过程中。一般在每天工作前开启紫外线灯1~2 h，操作间歇或中午休息时亦应开启0.5~1 h，必要时可在操作过程中开启（应注意操作人员眼、皮肤等的保护）。

③液体灭菌：液体灭菌是无菌室较常用的辅助灭菌方法，主要采用3%酚溶液、2%煤酚皂溶液、0.2%苯扎溴铵或75%乙醇喷洒或擦拭，用于无菌室的空间、墙壁、地面、用具等方面的灭菌。

（2）无菌操作

操作人员进入无菌操作室要严格按照无菌操作的操作规程，淋浴后换上无菌工作服、戴上无菌工作帽和口罩并穿上无菌工作鞋，头发和内衣不得外露，不得裸手操作，以免污染。无菌操作的主要场所是无菌操作室和层流洁净工作台，无菌操作通常采用层流空气洁净技术。

（3）无菌检查

无菌检查是指检查药品、原料、辅料及适用于药典要求无菌检查的品种是否无菌的操作。在《中国药典》（2015年版）中规定需做无菌检查的药品生产后均要按照《中国药典》（2015版）中无菌检查法进行检查，并符合规定。

无菌检查法包括：直接接种法和薄膜过滤法。前者适用于非抗菌作用的供试品；后者适用于有抗菌作用的或是大容量的供试品。所用的培养基应适合需氧菌、厌氧菌或真菌的生长，按药典规定的处方制备，均需115 ℃灭菌30 min。

操作时，应用适当的消毒液对供试品容器表面或外包装浸没或擦拭消毒后，以无菌的方法取出内容物。凡在无菌检查中，均应取相应溶剂和稀释剂同法操作，作阴性对照。

药品无菌检查结果合格与否，按《中国药典》（2015版）规定的标准加以确认。

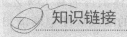 知识链接

欣弗事件

情况：2006年8月，某公司违规生产导致欣弗药品不良事件。

原因：经查该公司2006年6月至7月生产的克林霉素磷酸酯葡萄糖注射液，未按批准的工艺参数灭菌，降低灭菌温度，缩短灭菌时间，增加灭菌柜装载量，影响了灭菌效果。

任务 2.3 药品生产环境卫生——洁净区

2.3.1 空气净化技术

空气净化技术是指为达到某一净化要求或标准所采用的空气净化方法。

1) 空气过滤

空气净化一般采用空气滤过法,当含尘空气通过多孔滤过介质时,粉尘被微孔截留或孔壁吸附,达到与空气分离的目的。该方法是空气净化中经济有效的关键措施之一。一般利用初效、中效、(亚)高效过滤将空气中的微粒和细菌滤除,从而得到洁净空气。空气净化系统一般分为三级过滤,第一级为初效过滤,第二级为中效过滤,第三级为(亚)高效过滤。

(1)初效过滤

初效过滤主要滤除对象是直径大于 10 μm 的尘埃颗粒,主要用作对新风和大颗粒尘埃的控制,起到有效保护中效过滤器的目的,一般被设置在上风侧的新风口。

(2)中效过滤

中效过滤主要滤除对象是直径为 1 ~ 10 μm 的尘埃颗粒,主要用作对末级过滤器的预过滤和保护,起到有效保护亚高效过滤或高效过滤器的目的,一般被设置在风机后(亚)高效过滤器之前。

(3)亚高效过滤

亚高效过滤主要滤除对象是直径小于 5 μm 的尘埃颗粒,主要用作终端过滤器或高效过滤器的预过滤。

(4)高效过滤

高效过滤主要滤除对象是直径小于 1 μm 的尘埃颗粒,主要用作送风或排风处理的终端过滤。高效过滤器对细菌的滤除效率是 100%,根据《药品生产质量管理规范》(2010 年修订)对洁净区的设置要求,净化系统基本上都选用高效过滤器作末端过滤。

2) 空气过滤方式

空气过滤属于介质过滤,可分为表面过滤和深层过滤。

(1)表面过滤

表面过滤是指大于过滤介质微孔的粒子截留在介质表面,使其与空气得到分离的方法。常用的过滤介质有醋酸纤维素、硝酸纤维素等微孔滤膜。主要用于无尘、无菌洁净室等高标准空气的末端过滤。

(2)深层过滤

深层过滤是指小于滤过介质微孔的粒子吸附在介质内部,使其与空气得到分离的方法。

常用的过滤介质有玻璃纤维、天然纤维、合成纤维、粒状活性炭、发泡性滤材等。

3)空气过滤机理

根据尘埃粒子与过滤介质的作用方式,空气过滤的机理大体分为拦截作用和吸附作用。

(1)拦截作用

拦截作用是指当尘埃粒子的粒径大于过滤纤维间的间隙时,由于介质微孔的机械屏蔽作用使尘埃粒子被截留,即表面过滤。

(2)吸附作用

吸附作用是指当尘埃粒子的粒径小于过滤纤维间的间隙通过介质微孔时,由于尘埃粒子的重力、分子间范德华力、静电、粒子运动惯性等作用,与纤维表面接触被吸附,即深层过滤。

知识链接

影响空气过滤的主要因素

①粒径:粒径越大,拦截、惯性、重力沉降作用越大,越易除去;反之,越难除去。

②过滤风速:在一定范围内,风速越大,粒子惯性作用越大,吸附作用增强,扩散作用降低,但过强的风速易将附着于纤维的细小尘埃吹出,造成二次污染,因此风速应适宜;风速越小,扩散作用越强,小粒子越易与纤维接触而吸附,常用极小风速捕集微小尘粒。

③介质纤维直径和密实性:纤维越细、越密实,拦截和惯性作用越强,但阻力增加,扩散作用减弱。

④附尘:随着过滤的进行,纤维表面沉积的尘粒增加,拦截作用提高,但阻力增加,当达到一定程度时,尘粒在风速的作用下,可能再次飞散进入空气中,因此过滤器应定期清洗。

2.3.2 洁净区

洁净区是指厂房内部非无菌药品生产的区域以及无菌药品灭菌(除菌)及无菌操作的生产区域。洁净区应保持正压,即按洁净度等级的高低依次相连,并有相应的压差,以免低级洁净区的空气逆流到高级洁净区中。洁净区与非洁净区之间、不同级别洁净区之间的压差应当不低于10 Pa。必要时,相同洁净度级别的不同功能区域(操作间)之间也应当保持适当的压差梯度,一般情况下,洁净通道与洁净房间应保持有5 Pa的正压。除工艺对温度、湿度有特殊要求外,洁净区温度宜保持在18~26 ℃,相对湿度宜保持在45%~65%。空气洁净度是指洁净环境中空气的含尘(微粒)程度,可用空气洁净度级别来区分。空气洁净度的级别是以每立方米空气中允许的最大尘埃粒子数和微生物数来确定的;级别数越小,空气洁净度越高。

洁净区的设计必须符合相应的洁净度要求,包括达到"静态"和"动态"的标准。洁净区空气悬浮粒子的标准规定见表2.1,洁净区微生物监测的动态标准见表2.2。

表2.1　洁净区空气悬浮粒子的标准规定

洁净度级别	悬浮粒子最大允许数/m³			
	静　态		动　态	
	≥0.5 μm	≥5.0 μm	≥0.5 μm	≥5.0 μm
A 级	3 520	20	3 520	29
B 级	3 520	29	352 000	2 900
C 级	352 000	2 900	3 520 000	29 000
D 级	3 520 000	29 000	不作规定	不作规定

表2.2　洁净区微生物监测的动态标准

洁净度级别	浮游菌	沉降菌（Φ90 mm）	表面微生物	
	cfu/m	cfu/4h	接触（Φ55 mm）cfu/碟	5 手指套 cfu/手套
A 级	<1	<1	<1	<1
B 级	10	5	5	5
C 级	100	50	25	—
D 级	200	100	50	—

无菌药品生产所需的洁净区可分为以下4个级别：

①A 级：高风险操作区，如灌装区、放置胶塞桶和与无菌制剂直接接触的敞口包装容器的区域及无菌装配或连接操作的区域，应当用单向流操作台（罩）维持该区的环境状态。单向流系统在其工作区域必须均匀送风，风速为 0.36～0.54 m/s（指导值）。应当有数据证明单向流的状态并经过验证。在密闭的隔离操作器或手套箱内，可使用较低的风速。

②B 级：指无菌配制和灌装等高风险操作 A 级洁净区所处的背景区域。

③C 级和 D 级：指无菌药品生产过程中重要程度较低操作步骤的洁净区。

2.3.3　不同药物制剂对洁净区的要求

1）无菌制剂

（1）最终灭菌药品

①C 级背景下的局部 A 级：高污染风险的产品灌装（或灌封）。

②B 级：产品灌装（或灌封）；高污染风险产品的配制和过滤；眼用制剂、无菌软膏剂、无菌混悬剂等的配制、灌装（或灌封）；直接接触药品的包装材料和器具最终清洗后的处理。

③D 级：轧盖；灌装前物料的准备；产品配制（指浓配或采用密闭系统的配制）和过滤；直接接触药品的包装材料和器具的最终清洗。

（2）非最终灭菌药品

①B 级背景下的 A 级：处于未完全密封状态下产品的操作和转运，如产品灌装（或灌封）、

分装、压塞、轧盖等;灌装前无法除菌过滤的药液或产品的配制;直接接触药品的包装材料、器具灭菌后的装配以及处于未完全密封状态下的转运和存放;无菌原料药的粉碎、过筛、混合、分装。

②B级:处于未完全密封状态下的产品置于完全密封容器内的转运;直接接触药品的包装材料、器具灭菌后处于密闭容器内的转运和存放。

③C级:灌装前可除菌过滤的药液或产品的配制;产品的过滤。

④D级:直接接触药品的包装材料、器具的最终清洗、装配或包装、灭菌。

2)限菌制剂

D级:口服固体药品、口服液体药品、外用药品、栓剂制备过程中的暴露工序。

3)原料药

D级:非无菌原料药精制、干燥、粉碎、包装等生产操作的暴露工序。

4)生物制品

①B级背景下的局部A级:无菌药品中非最终灭菌产品规定的各工序灌装前不经除菌过滤的制品其配制、合并等。

②C级:体外免疫诊断试剂的阳性血清的分装、抗原与抗体的分装。

③D级:原料血浆的合并、组分分离、分装前的巴氏消毒,口服制剂其发酵培养密闭系统环境(暴露部分需无菌操作),酶联免疫吸附试剂等体外免疫试剂的配液、分装、干燥、内包装。

2.3.4 洁净区的布局

洁净区一般由更衣室、缓冲间、洁净通道、操作间、洗衣间、清洗间、器具间、洁具间、工具间、中转间、备料间、称量间、中控间以及物料通道的外清间和缓冲间等功能间组成。

洁净区布局的基本原则:洁净室面积应合理,室内设备布局尽量紧凑,尽量减少面积;同级别洁净室尽可能相邻;不同级别的洁净室由低级向高级安排,彼此相连的房间之间应设隔离门,门应向洁净度高的方向开启,各级洁净室之间的正压差一般设计在10 Pa左右;洁净室内一般不设窗户,若需窗户,应以封闭式外走廊隔离窗户和洁净室;洁净室门应密闭,人、物进出口处装有气阀;光照度应大于300 lx;无菌区紫外灯一般安装在无菌工作区上方或入口处;除工艺对温度、湿度有特殊要求外,洁净区温度宜保持在18 ~ 26 ℃,相对湿度宜保持在45% ~65%。

2.3.5 洁净区对人员、物件及内部结构的要求

1)洁净区对人员的要求

人员是洁净室粉尘和细菌的主要污染源。洁净区仅限于该区域生产操作人员和经批准人员进入。为了减少人员污染,操作人员进入洁净室之前,必须换鞋、水洗(洗手、洗脸、洗头、淋浴等),更换鞋、衣、帽,风淋;工作服必须用专用服,尽量罩住全身,尽量减少皮肤、头发外露;衣料采用发尘少、不易吸附、不易脱落的尼龙、涤纶等化纤织物;工作服应制订清洗周期。

（1）人员进出非无菌洁净区的净化程序

人员进出非无菌洁净区的净化程序是存放个人物品→换鞋→一次更衣→洗手→二次更衣→手消毒→气闸室→非无菌洁净区。

①存放个人物品：进入洁净区生产人员，先在门厅外刷净鞋上黏附的泥土杂物，将携带物品（包、雨具等）存放于指定位置的贮柜内，进入换鞋室。

②换鞋：进入换鞋室，坐在"拦路虎"换鞋柜上，脱下家居鞋，按工号放入鞋柜外侧柜内，转身。按工号从鞋柜内侧柜内取出拖鞋穿上，进入一次更衣室。

③一次更衣：在一次更衣室，按工号打开自己的更衣柜，脱下外衣、外裤，叠放整齐，放入柜内或整齐挂好，锁好柜子，进入缓冲洗手室。

④洗手：先用饮用水润湿手部（至手腕上5 cm处），打上液体皂反复搓洗，使液体皂液泡沫涂满手部，应注意对指缝、指甲缝、手背、掌纹等处加强搓洗，饮用水冲净手部泡沫，纯化水淋洗后将手放感应烘干机下烘干，进入二次更衣室。

⑤二次更衣：按工号从更衣柜内取出洁净工作服，按从上到下顺序，先戴口罩，穿上衣，戴帽子，再穿裤子，然后坐在"拦路虎"换鞋柜上，脱下拖鞋，将拖鞋放入鞋柜外侧柜内，转身，从鞋柜内侧柜内取出洁净工作鞋穿上，关闭柜门，进入缓冲消毒间。

⑥检查确认：穿戴好洁净工作服后在整衣镜前检查确认工作服穿戴是否合适。注意：将头发完全包在帽内，不外露；上衣筒入裤腰，扣紧领口、袖口、裤腰、裤管口，内衣不得外露；口罩将口鼻完全遮盖。

⑦手部消毒：将手放感应清洗消毒机消毒口下，双手（至手腕上5 cm处）均匀喷洒消毒液（0.1%苯扎溴铵溶液或75%乙醇，每月更换）使全部润湿，晾干。

⑧进入洁净区：经洁净走廊缓步进入各操作间。

⑨离开洁净区：按进入洁净区的逆向顺序更衣（鞋）（不需洗手及手部消毒）。

（2）人员进出无菌洁净区的净化程序

人员进出无菌洁净区的净化程序是存放个人物品→换鞋→脱外衣→脱内衣→洗手、脸、腕→穿无菌内衣→手消毒→穿无菌外衣→穿无菌鞋→手消毒→气闸室→无菌洁净区。

①存放个人物品：同人员进出非无菌洁净区的净化程序。

②更鞋：同人员进出非无菌洁净区的净化程序。

③一次更衣：同人员进出非无菌洁净区的净化程序。

④洗手、洗脸、洗腕：先用饮用水润湿手部及手腕，打上液体皂反复搓洗，使液体皂液泡沫涂满手部，应注意对指缝、指甲缝、手背、手腕、掌纹等处加强搓洗，饮用水冲净手部泡沫，然后用手接饮用水润湿面、颈及耳部，打上液体皂仔细轻轻搓洗，应注意对眼、眉、鼻孔、耳廓、发际及颈部等处加强搓洗，再用纯化水淋洗无泡沫后（浴室沐浴后），无菌风吹干，进入二次更衣室。

⑤二次更衣：用手腕推开房门，进入二次更衣室，按工号从更衣柜内取出无菌内衣，按从上到下顺序，穿好无菌内衣，将手放感应清洗消毒机消毒口下，双手及前臂均匀喷洒消毒液（0.1%苯扎溴铵溶液或75%乙醇，每月更换）使全部润湿，消毒，晾干后按从上到下顺序穿无菌外衣，先戴口罩，穿上衣，戴帽子，再穿裤子，然后坐在"拦路虎"换鞋柜上，脱下拖鞋，将拖鞋按工号放入鞋柜外侧柜内，转身，按工号从鞋柜内侧柜内取出无菌工作鞋穿上，关闭柜门。进入缓冲消毒间。

⑥检查确认:穿戴好无菌工作服后在整衣镜前检查确认工作服穿戴是否合适。注意:将头发完全包在帽内,不外露;上衣筒入裤腰,扣紧领口、袖口、裤腰、裤管口,内衣不得外露;口罩将口鼻完全遮盖。

⑦手部消毒:将手放感应清洗消毒机消毒口下,双手(至手腕上 5 cm 处)均匀喷洒消毒液(0.1% 苯扎溴铵溶液或 75% 乙醇,每月更换)使全部润湿,晾干。

⑧进入洁净区:经洁净走廊缓步进入各操作间。

⑨离开洁净区:按进入洁净区的逆向顺序更衣(鞋)(不需洗手、洗脸、洗腕及手部消毒)。

2)洁净区对物件的要求

原料、仪器、设备等物件在进入洁净室前均需洁净处理。长期置于洁净室内的物件应定时净化处理,流动性物料一般按一次通过方式,边灭菌边送入无菌室内。如安瓿和输液瓶经洗涤、干燥、灭菌后,采用输送带将灭菌容器经洁净区隔墙的传递窗送入无菌室。由于传递窗一般设有气幕或紫外线,以及洁净室内的正压,可防止尘埃进入洁净室。也可将灭菌柜(一般为隧道式)安装在传递窗内,一端开门于生产区,另一端开门于洁净室,物料从生产区装入灭菌柜,灭菌后经另一端(洁净室)取出。

3)洁净区对内部结构的要求

洁净区内墙壁和顶棚的表面,应平整、光洁、无裂缝、接口严密、无颗粒物脱落,并应耐清洗和耐酸碱。墙壁和地面、吊顶结合处宜作成弧形。洁净区的地面应整体性好、平整、耐磨、耐撞击,不易积聚静电,易除尘清洗。地面垫层应配筋,潮湿地区应做防潮处理。

洁净区外墙上的窗,应具有良好的气密性,能防止空气的渗漏和水汽的结露。洁净区内门窗、墙壁、顶棚、地面结构和施工缝隙,应采取密闭措施。技术夹层为轻质吊顶时,宜设置检修通道。洁净区应少敷设管道,给水排水干道应敷设在技术夹层、技术夹道内或地下埋设。引入洁净室内的支管宜暗敷。空气洁净度 A 级的洁净区不应设置地漏。空气洁净度 B 级、D 级的洁净区应少设置地漏。必须设置时,要求地漏材质不易腐蚀,内表面光洁,易于清洗,有密封盖,并应耐消毒灭菌。空气洁净度 A 级、B 级的洁净区不宜设置排水沟。洁净区内应选用外部造型简单、不易积尘、便于擦拭、易于消毒杀菌的照明灯具。洁净区内的一般照明灯具宜明装。采用吸顶安装时,灯具与顶棚接缝处应采用可靠密封措施。

2.3.6 洁净区的气流要求

由高效过滤器送出的洁净空气进入洁净区后,其流向直接影响区内洁净度。气流形式有层流和乱流两种。

1)层流

层流是指空气流线呈同向平行状态,各流线间的尘埃不易相互扩散,亦称平行流,常用于 A 级洁净区。

层流根据流向不同分为水平层流和垂直层流。垂直层流以高效过滤器为送风口,布满顶棚,地板全部为回风口,使气流自上而下地流动;水平层流的送风口布满一侧墙面,对应墙面为回风口,气流以水平方向流动。

2）乱流

乱流是指空气流线呈不规则状态,各流线间的尘埃易相互扩散,亦称紊流。乱流可获得 B 级、C 级的洁净空气。

 综合测试

一、单项选择题

1.用物理或化学方法将所有致病和非致病的微生物、细菌的芽孢全部杀死的操作,称为（　　）。
　　A.消毒　　　　　B.抑菌　　　　　C.灭菌　　　　　D.防菌

2.热压灭菌器灭菌时,所用蒸汽应为（　　）。
　　A.不饱和蒸汽　　B.饱和蒸汽　　　C.湿饱和蒸汽　　D.流通蒸汽

3.在 GMP 中,制药卫生的含义不包括（　　）。
　　A.工艺卫生　　　B.环境卫生　　　C.饮食卫生　　　D.厂房卫生

4.pH 对苯甲酸类的抑菌效果影响很大,下列 pH 环境中苯甲酸防腐作用最好的是（　　）。
　　A.pH 3　　　　　B.pH 5　　　　　C.pH 7　　　　　D.pH 9

5.下列不使用其蒸汽灭菌的是（　　）。
　　A.环氧乙烷　　　B.甲醛　　　　　C.丙二醇　　　　D.苯甲酚

6.主要用于空气及物体表面灭菌的是（　　）。
　　A.紫外线　　　　B.辐射　　　　　C.热压　　　　　D.高速热风

7.杀菌效率最高的蒸汽是（　　）。
　　A.饱和蒸汽　　　B.过热蒸汽　　　C.湿饱和蒸汽　　D.流通蒸汽

8.尼泊金类防腐剂防腐效果在哪种环境下最差（　　）。
　　A.酸性　　　　　B.碱性　　　　　C.中性　　　　　D.酸性和碱性

9.我国在《药品生产质量管理规范》实施指南规定产品灭菌效果的 F_0 值应大于（　　）。
　　A.6.0　　　　　B.7.0　　　　　C.8.0　　　　　D.9.0

10.下列药物溶液中哪个不可用蒸气进行灭菌（　　）。
　　A.乳酸溶液　　　B.1,2-丙二醇　　C.苯扎氯铵　　　D.甲醛溶液

二、多项选择题

1.药剂可能被微生物污染的途径有（　　）。
　　A.药物原料　　　B.辅料　　　　　C.用具　　　　　D.环境空气　　　E.包装材料

2.下列中,需要无菌操作的是（　　）。
　　A.滴眼剂　　　　B.舌下片剂　　　C.海绵剂　　　　D.栓剂　　　　　E.粉针剂

3.药剂可能被微生物污染的途径有（　　）。
　　A.药物原料　　　B.辅料　　　　　C.用具　　　　　D.环境空气　　　E.包装材料

4.无菌操作室空气灭菌常采用（　　）。

A. 紫外线 B. 辐射 C. 干热空气 D. 气体灭菌 E. 微波

5. 影响湿热灭菌法的因素有( )。

A. 灭菌时间 B. 蒸汽的性质 C. 药物的性质

D. 细菌的种类 E. 细菌的数量

三、简答题

1. 片剂的生产工艺卫生要求是什么?

2. 影响湿热灭菌的因素有哪些?

技能训练2.1　卧式热压灭菌柜的操作

【实训目的】

①掌握卧式热压灭菌柜的操作、维护、清洗、保养等的方法及操作要点;能按操作规程正确使用卧式热压灭菌柜。

②熟悉卧式热压灭菌柜的常见故障及处理方法。

③能进行卧式热压灭菌柜的清洁与维护,能解决卧式热压灭菌柜使用中出现的一般故障。

④能按清场规程进行清场工作。

【实训内容】

1)操作前的准备工作

①检查压力表、温度计是否灵敏,仪表指示是否在规定位置。各阀门开关是否正确,排气、排水管路是否畅通,如有故障及时修理或更换,以免造成安全事故。

②检查灭菌柜内、外清洁,无异物。

2)开机运行

①将待灭菌物品放置在格车上推至灭菌柜内,锁紧柜门。

②打开蒸汽阀,同时也打开排气阀,预热 10~15 min 后,排净空气。当柜下部温度达到 100% 时,立即关闭排气阀。待柜内温度上升并超过规定温度 1~2 ℃时,调节进气阀,维持柜内的温度在指定的范围。

③当柜内温度、压力升到规定数值时开始计算灭菌时间,达到要求灭菌时间后,停止灭菌。

3)停车

①当灭菌时间到达规定后,立即关闭进气阀门,逐渐打开排气阀门。

②当柜内表压力下降至零、无余气排出时,人站在柜门前中央,打开门栓,逐渐将门打开,让柜内物品降温 10~15 min 后将柜门全部打开,将灭菌完毕的物品取出放至规定地点。

③清理灭菌柜内、外卫生,填写灭菌记录。

【操作注意事项】

①热压灭菌柜在使用前应先进行灭菌条件验证,确保灭菌效果。不同类型的物品最好不要同时进行灭菌,以免顾此失彼、不能获得良好的灭菌效果。

②灭菌完毕应缓慢降压,以免压力骤降造成玻瓶冲塞或爆炸。

③热压灭菌柜为高压设备,要严格按操作规程操作,灭菌前应检查压力表、温度计是否灵敏,安全阀是否正常,排气、排水是否畅通。如有故障及时修理或更换,保证在设备完好情况下使用,以免造成灭菌不安全;也可能因压力过高,灭菌柜发生爆炸等安全事故。

④灭菌柜应确切接地,保证安全。由专职保养人员或熟悉业务者定期维护,使其正常运行,避免发生事故。

【维护与保养】

①应保持设备的清洁与干燥,特别是较长时间不用时,灭菌柜内应擦干净以免受到腐蚀,对转动机件应及时加注润滑油。

②安全阀应每月提拉1～2次,以保持其灵活状态,并定期进行校验。

③门密封圈系橡胶制品,遇老化或残损而漏气时,应及时更换。

④压力表应定期进行校验,读数不符时应及时修理、更换,并经标准压力表校验后方可使用。

卧式热压灭菌柜的常见问题及处理方法见表2.3。

表2.3　卧式热压灭菌柜的常见问题及处理方法

故障现象	产生原因	处理方法
灭菌不彻底	①灭菌器内冷空气未排净,表压不是单纯蒸气压,柜内实际蒸汽温度达不到灭菌要求 ②灭菌时间计算有误 ③被灭菌物品的数量、体积、排布与验证条件不一致	①排尽柜内冷空气,使蒸汽压和温度相符合 ②从全部被灭菌物品的温度真正达到所要求的温度时算起 ③按验证时被灭菌物品的数量、体积、排布进行灭菌
超温、超压	①仪表失灵,控制不合格 ②安全阀或排气阀失灵	①检查、修复控制系统 ②检查、修复安全阀或排气阀
密封不严、漏气	①门密封圈老化或残损而漏气 ②柜门未锁紧或损坏	①及时更换密封圈 ②锁紧或修理柜门

项目 3 制药用水

项目描述

水在制药工业中是应用最广泛的工艺原料,对药品的质量有非常大的影响。该项目主要介绍制药用水的种类、用途、质量标准、纯化水和注射用水的生产技术、工艺流程、生产设备及质量检查,通过本项目的学习可满足制药企业对制药用水的生产要求。

学习目标

掌握制药用水的种类、用途;熟悉纯化水和注射用水的生产技术、工艺流程;了解离子交换法、电渗析法、反渗透法、电去离子技术、蒸馏法制备制药用水的设备结构及操作过程;能正确叙述纯化水和注射用水的生产技术、工艺流程。

任务 3.1 认识制药用水

制药用水是指药物制剂生产、使用过程中用于提取或制剂配制、使用时的溶剂、稀释剂及制药器具的洗涤清洁用水。水在制药工业中是应用最广泛的工艺原料,对药品的质量有非常大的影响。《中国药典》(2015 版)对制药用水做出了明确规定。GMP(2010 版)第 96 条规定,制药用水应当适合其用途,并符合《中国药典》的质量标准及相关要求。制药用水至少应当采用饮用水。

3.1.1 制药用水的种类

在《中国药典》(2015 版)通则中,制药用水分为以下 4 类:

①饮用水:是指天然水经净化处理所得的水,其质量必须符合现行中华人民共和国国家标准《生活饮用水卫生标准》。饮用水通常由城市自来水管网提供。

②纯化水:是指饮用水经蒸馏法、离子交换法、反渗透法或其他适宜的方法制得的制药用水。不含任何添加剂,其质量应符合纯化水项下的规定。

③注射用水:是指纯化水经蒸馏所得的水。应符合细菌内毒素试验要求。注射用水必须在防止细菌内毒素产生的设计条件下生产、储藏及分装。其质量应符合注射用水项下的规定。

④灭菌注射用水:是指按照注射剂生产工艺制备所得的注射用水。不含任何添加剂。其质量应符合灭菌注射用水项下的规定。

3.1.2 制药用水的用途

水是药品生产制备中使用量最大、使用最广的一种辅料,制药用水的种类不同,其使用范围有所不同,具体见表3.1。

表3.1 制药用水的用途

类　别	应用范围
饮用水	①制备纯化水的水源 ②口服制剂瓶子粗洗 ③设备、容器的粗洗 ④中药材的清洗,口服、外用普通制剂所用药材的浸润和提取
纯化水	①制备注射用水(纯蒸汽)的水源 ②非灭菌制剂直接接触药品的设备、器具和包装材料的精洗用水 ③注射剂、无菌药品瓶子的初洗 ④配制普通药物制剂用的溶剂或试验用水 ⑤口服、外用制剂配制溶剂或稀释剂 ⑥中药注射剂、滴眼剂所用饮片的提取溶剂
注射用水	①无菌产品直接接触药品的包装材料的精洗用水 ②配制注射剂、滴眼剂等的溶剂或稀释剂 ③无菌原料药精制 ④无菌原料药直接接触无菌原料的包装材料的最后洗涤用水
灭菌注射用水	灭菌注射用灭菌粉末的溶剂或注射剂的稀释剂

3.1.3 制药用水的质量标准

制药用水的种类不同,其质量要求有所不同。

1)饮用水质量标准

饮用水执行《生活饮用水卫生标准》(GB 5749—2006),在药品生产过程中,通常对标准中的下列指标进行监测,具体标准见表3.2。

表3.2 生活饮用水标准

指标名称	法定标准	指标名称	法定标准
色度	<15 度	硫酸盐	<250 mg/L
浑浊度	<3 度	氯化物	<250 mg/L
嗅和味	不得有异臭、异味	砷(以砷计)	<50.0 μg/L

续表

指标名称	法定标准	指标名称	法定标准
肉眼可见物	不得含有	铅（以铅计）	<0.05 mg/L
pH 值	6.5~8.5	细菌总数	<100 个/mL
总硬度（以碳酸钙计）	<450 mg/L	总大肠菌群	<3 个/L
铁（以铁计）	<0.3 mg/L		

2）纯化水质量标

纯化水执行《中国药典》（2015 版），具体标准见表 3.3。

表 3.3　纯化水标准

指标名称	法定标准	指标名称	法定标准
性状	本品为无色的澄清液体；无臭、无味	二氧化碳	1 h 内不得发生浑浊
酸碱度	不得显蓝色	易氧化物	粉红色不得完全消失
氯化物、硫酸盐	均不得发生浑浊	不挥发物	遗留残渣不得过 1 mg
硝酸盐	不得更深（0.000 006%）	重金属	不得更深（0.000 03%）
亚硝酸盐	不得更深（0.000 002%）	电导率	<2 μS/cm
氨	不得更深（0.000 03%）	微生物限度（细菌、霉菌和酵母菌总数）	每 1 mL 不得过 100 个

3）注射用水质量标

注射用水执行《中国药典》（2015 版），具体标准见表 3.4。

表 3.4　注射用水标准

指标名称	法定标准	指标名称	法定标准
性状	本品为无色的澄明液体；无臭、无味	易氧化物	粉红色不得完全消失
pH 值	5.0~7.0	不挥发物	遗留残渣不得过 1 mg
氨	应符合规定（0.000 02%）	重金属	不得更深（0.000 03%）
氯化物、硫酸盐与钙盐	均不得发生浑浊	电导率	<2 μS/cm
硝酸盐	不得更深（0.000 006%）	微生物限度（细菌、霉菌和酵母菌总数）	每 100 mL 不得过 10 个
亚硝酸盐	不得更深（0.000 002%）	内毒素	<0.25 EU/mL
二氧化碳	1 h 内不得发生浑浊		

任务 3.2 纯化水的生产方法及质量检查

纯化水是指饮用水经蒸馏法、离子交换法、反渗透法或其他适宜的方法制备的制药用水，不含任何附加剂。纯化水中的电解质几乎已完全去除，胶体与微生物微粒、气体、有机物等已降至很低限度，但纯化水不能用于注射剂的配制与稀释。在纯化水的制备中应严格监测各生产环节，防止微生物污染。在用作溶剂、稀释剂或清洗用水时，一般应临用前制备。

3.2.1 离子交换法

离子交换法是制备纯化水的基本方法之一，利用树脂除去水中的阴、阳离子，对细菌和热原也有一定的去除作用。它的主要优点是所得水化学纯度高，设备简单，节约燃料与冷却水，成本低。它的缺点是除热原效果不可靠，而且离子交换树脂需经常再生，耗费酸碱，需定期更换破碎树脂等。

1）离子交换树脂

离子交换法制备纯水的关键在于离子交换树脂。离子交换树脂是一类疏松的、具有多孔的网状固体，既不溶于水也不溶于电解质溶液，但能从溶液中吸取离子进行离子交换。树脂分子由极性基团和非极性基团两部分组成，吸水膨胀后非极性基团作为树脂的骨架；极性基团（又称交换基团）上的可游离交换离子与水中同性离子起交换作用。进行阳离子交换的叫阳树脂，进行阴离子交换的叫阴树脂。

常用的离子交换树脂有两种。一种是 732 型苯乙烯强酸性阳离子交换树脂，其极性基团是磺酸基，可用简化式 $RSO_3^-H^+$ 和 $RSO_3^-Na^+$ 表示，前者是氢型，后者是钠型。钠型的树脂比较稳定，因而树脂保存时均为钠型，临用前需转化为氢型。另一种是 717 型苯乙烯强碱性阴离子交换树脂，极性基为季铵基团。717 型阴离子交换树脂可用简化式 $R—N^+(CH_3)_3Cl^-$ 或 $R—N^+(CH_3)_3OH^-$ 表示，前者是氯型，后者是氢氧型；氯型较稳定，便于保存，临用前转化为氢氧型。

2）离子交换的基本原理

应用离子交换技术制备纯水是依靠阴、阳离子交换树脂中含有的氢氧根离子和氢离子与原料水中的电解质离解出的阳、阴离子进行交换，原水中的离子被吸附在树脂上，而从树脂上交换出来的氢离子和氢氧根离子则化合成水，并随产品流出。

（1）阳树脂交换原理

原水通过阳树脂层，阳离子被树脂吸附，树脂上阳离子 H^+ 被置换到水中，和水中阴离子组成相应的无机酸。

反应方程式为 $R—H+Na^+ \longrightarrow R—Na+H^+$

（2）阴树脂交换原理

含无机酸的水再通过阴树脂层，水中阴离子被阴树脂所吸附，树脂上的阴离子 OH^- 被置换到水中,并和水中的 H^+ 结合成水。

反应方程式为 $R—OH + Cl^- \longrightarrow R—Cl + OH^-$

当含有电解质的原水进入阳、阴离子交换柱(盛有阳、阴离子交换树脂的罐)时,原水中电解质的阳、阴离子全被树脂中的 H^+ 和 OH^- 所置换,最后得到的就是不含离子的纯水了,故又称纯水为去离子水。

总反应方程式为 $R—H+R—OH+NaCl \longrightarrow R—Na+R—Cl+H_2O$

知识链接

树脂的再生与预处理

离子交换树脂经过一段时间的工作后,逐渐老化,为此需将树脂表面上的 NaR 和 RCl 恢复成原来的 HR 和 ROH,此过程称为树脂的再生。阳离子树脂的再生,是用5%盐酸淋洗,反应方程式为 $H^+ + NaR \longrightarrow HR + Na^+$。阴离子树脂的再生,是用 5% NaOH 溶液来淋洗,反应方程式为 $OH^- + RCl \longrightarrow ROH + Cl^-$。新树脂投入使用前应先进行预处理。预处理时使用与再生液相反的酸、碱药液冲浸树脂一定时间,再用纯水冲洗干净,最后用再生液浸泡及纯水冲洗后方能投入生产使用。

3)离子交换柱

离子交换柱是离子交换制水设备的基本结构,是离子交换树脂进行离子交换的场所。从柱的顶部至底部分别设有:进水口、上排污口、上布水板、树脂装入口、树脂排出口、下布水板、下出水口、下排污口等。在运行操作中,其作用分别是:

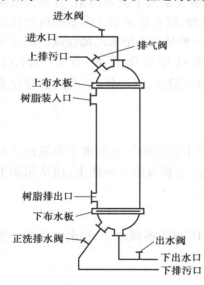

图 3.1 离子交换柱结构示意图

①进水口:在正常工作和正洗树脂时,用于进水。

②上排污口:进水、松动和混合树脂时,用于排气,逆流再生和反洗时,用于排污。

③上布水板:在反洗时,防止树脂溢出,保证布水均匀。

④树脂装入口:用于进料,补充和更换新树脂。

⑤树脂排出口:用于排放树脂(树脂的输入和卸出均可采用水输送)。

⑥下布水板:在正常工作时,防止树脂漏出,保证出水均匀。

⑦下排污口:松动和混合树脂时,作压缩空气的入口,正洗时,用于排污。

⑧下出水口:经过交换完毕的水由此口出,进入下一道程序,逆流再生时,作再生液的进口。

离子交换柱具体结构图如图 3.1 所示。

4)树脂柱的组合方式

①单床:是指柱内全部由阳树脂充填或是全部由阴树脂充填。

②混合床:是指阳树脂、阴树脂按照一定比例(一般为1:2混合而成,一般装在同一个柱子里,相当于无数个阳、阴床。出水纯度相当高。

③复床:是指由阳床、阴床或阳床、阴床、混合床串联的组合形式。原水在经过阳离子交换柱和阴离子交换柱后,得到了初步净化,然后,再引入混合离子交换柱后,方作为产品纯水引出使用。为了减轻阴离子树脂的负担,一般在阳床后加一脱气塔,除去产生的二氧化碳。

阳床、阴床和混合床的填充量分别为交换床高的2/3、2/3和3/5。

5)离子交换法制备纯化水的工艺流程

离子交换法制备纯化水的工艺流程一般为饮用水→原水预处理(吸附、超滤、活性炭、软化)→阳床→脱气塔→阴床→混合床→纯化水。

原水预处理

原水水质应达到饮用水标准,方可作为制药用水或纯化水的起始用水。如果原水是井水,则有机物负荷不会大;如果是地表水(湖水、河水或水库水),则会含有较高水平的有机物;市政供水(自来水)虽然经过了自来水厂沉淀、过滤和氯离子处理,但杂质仍然较多。故原水在使用前还必须进行过滤(如石英砂过滤、活性炭过滤),并根据需要加入凝结剂、软化剂、氧化剂、杀菌剂等处理,直至达到或超过我国饮用水卫生标准。

6)离子交换法制水的注意事项

离子交换制水设备在使用过程中应注意:

①任何情况下,都必须保证柱内水面高出树脂,不得将水放尽。

②树脂层内不得留有气泡,否则会影响离子交换的效果。

③对于工作中的离子交换柱,应时常监测其出水水质,以便于控制离子交换终点(需再生)。

④当原料水含盐量超过500 mg/L,需先用电渗析制水设备脱盐。

⑤应保证再生剂质量,再生废液不宜重复使用。

⑥使用有机玻璃离子交换柱时,应避免接触甲醇、乙醇、氯仿、丙酮、苯、冰醋酸等有机溶媒(如已接触应立即用水冲洗干净),清洁时用软布擦洗,防止划伤。

⑦防止树脂毒化(铁污染造成的变黑或油污染产生的"抱团"现象),而对变黑的树脂可先使其失效(转型)然后再生,对被油污染的树脂,则用非离子型表面活性剂为主的碱性清洗剂清洗,以延长树脂的使用寿命。

3.2.2　电渗析法

电渗析法是一种制备初级纯化水的技术,是根据在外加电场的作用下,利用离子定向迁移及交换膜的选择透过性而设计的。电渗析制造纯化水较离子交换法经济,节约酸碱,但制得的水比电阻低,一般为$(5\sim10)\times10^4\Omega\cdot cm$。当原水含盐量高达 3 000 mg/L 时,用离子交换法制备纯化水时树脂会很快老化,故此时将电渗析法与离子交换法结合应用来制备纯化水较适合。

1)离子交换膜

电渗析器的核心部件是具有选择性、透过性、良好导电性的阴、阳离子交换膜,它是一种高聚物电解质薄膜。按膜能透过离子带电的不同,可分为阳离子交换膜(阳膜)和阴离子交换膜(阴膜)两大类,阳膜的材质通常是磺酸型树脂,活性基团为强酸性的磺酸基—SO_3H,它容易离解出 H^+。阳膜表面有大量的负电基—SO_3^-,故排斥溶液中的阴离子。阴膜的材质通常是季铵型树脂,活性基团为强碱性的季铵基—$N(CH_3)_3OH$,其容易离解出 OH^-。阴膜表面有大量的正电基—$N(CH_3)^+$,故排斥溶液中的阳离子。

2)电渗析的基本原理

当电极接通直流电源后,原水中的阴阳离子在电场作用下迁移,若阳离子交换膜选用磺酸型,则膜中 $R—SO_3H$ 基团构成足够强的负电场,排斥阴离子,只允许阳离子透过,即阳离子交换膜只能透过阳离子,并使其向阴极运动。同理,季铵型阴离子膜带正电 $R—N(CH_3)_3$ 基团,排斥阳离子而只允许阴离子透过并使之向阳极运动,即阴离子交换膜只能透过阴离子的选择透过特性。

电渗析器中有许多阳膜和阴膜交错排列,配对成许多组合,在每一对阴膜和阳膜之间离子从它的两侧进入,形成离子集中的浓水室,在它们的外侧形成淡水室。浓水由极水+阳、阴离子水汇集而成。淡水即是去除离子水。电渗析器具体的工作原理如图 3.2 所示。

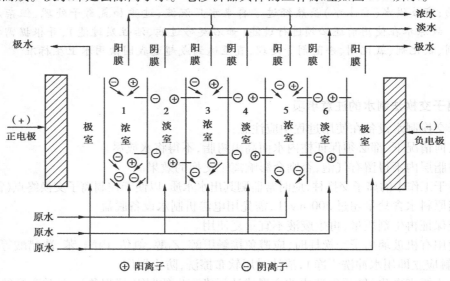

图 3.2 电渗析器工作原理示意图

3)电渗析法制水的注意事项

电渗析制水设备在使用过程中应注意:

①电渗析法净化处理原料水,主要是除去原料水中带电荷的离子或杂质,对于不带电荷的有机物除去能力极差,故原料水在用电渗析法净化处理前,必须通过适当方式除去水中含有的不带电荷的杂质。

②新膜使用前需用水及其他试液进行适当处理。

③开机时,先通水后通电,关机时,则先断电后停水。

④定时倒换电极,一般4~8 h一次,也可选用自动频繁倒极电渗析器,它可以自动频繁倒换电极,控制室内结垢物的生成。

⑤如水质下降、电流下降、压差增大,说明膜受污染、沉淀结垢、膜电阻增加,应切断整流器电源,进行化学清洗,一般使用2%盐酸溶液,必要时可采用氢氧化钠进行碱洗。

⑥暂停使用时,应每周通水两次,以防膜干燥破裂。

⑦要保持一定的室内温度,防止设备结冰冻坏。

3.2.3 反渗透法

反渗透法是利用反渗透膜将水分子从原料水中分离出来制备纯化水的技术。反渗透法是20世纪60年代发展起来的新技术,使用反渗透设备制备纯化水除盐率高,并具有较高的除热原能力,国内目前主要用于制备纯化水。但若装置合理也能达到注射用水的质量要求,《美国药典》收载该法为制备注射用水方法之一。

1)反渗透的基本原理

当两种不同浓度的水溶液(如纯水和盐溶液)用半透膜隔开时,稀溶液中的水分子通过半透膜向浓溶液一侧自发流动,这种现象称为渗透。由于半透膜只允许水通过,而不允许溶解性固体通过,因而渗透作用的结果,必然使浓溶液一侧的液面逐渐升高,水柱静压不断增大,达到一定程度时,液面不再上升,渗透达到动态平衡,这时浓溶液与稀溶液之间的水柱静压差即为渗透压。若在浓溶液一侧加压,当此压力超过渗透压时,浓溶液中的水可向稀溶液作反向渗透流动,这种现象称为反渗透,反渗透的结果能使水从浓溶液中分离出来。反渗透具体的工作原理图如图3.3所示。

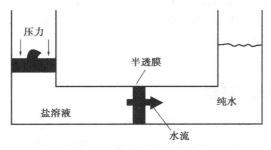

图3.3 反渗透示意图

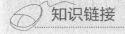

反渗透膜

反渗透膜是一种只允许水通过,不允许溶质透过的半通透膜。反渗透膜是反渗透器的核心元件,是反渗透技术应用的关键。膜上有许多与水分子大小相当的孔,由于细菌、病毒、大部分有机污染物及水合离子均比水分子大得多,因此不能透过反渗透膜而与能透过反渗透膜的水分离。反渗透膜需具备较高的透水率和脱盐性能;反渗透膜的制造材料是各种纤维素,目前应用比较广的是醋酸纤维素膜(AC膜)和芳香族聚酰胺膜。

2）反渗透法制备纯化水的工艺流程

反渗透法制备纯化水的工艺流程为饮用水→原水预处理（吸附、超滤、活性炭、软化）→一级高压泵→第一级反渗透装置→离子交换树脂柱→二级高压泵→第二级反渗透装置→高纯水。

一般情况下，一级反渗透装置能除去一价离子 90% ~95%，二价离子 98% ~99%，同时能除去微生物和病毒，但除去氯离子的能力达不到药典要求。二级反渗透装置能较彻底地除去氯离子。有机物的排除率与其分子量有关，分子量大于 300 的化合物几乎全部除尽，故可除去热原。反渗透法除去有机物微粒、胶体物质和微生物的原理，一般认为是机械的过筛作用。进入反渗透装置的原水，应预先经离子交换树脂或膜滤过（5 μm 微孔）处理；操作温度与压力不宜过高；停机时为了防霉、防冻，冬季可加入 20% 甘油、1% 甲醛水溶液，夏季加 3% 甲醛水溶液为保护液。用前放掉保护液，用蒸馏水或滤过水反复清洗，无残液即可。

3）反渗透法制水的注意事项

二级反渗透制水设备在使用过程中应注意：

①控制好原料水温度和进水压力，适宜温度是 20 ~30 ℃（温度每升高 1 ℃，产水量约变化 3%），适宜压力是 1.5 ~3 MPa。

②严格控制进入膜组件的原料水中游离氯含量及污染指数（SDI），防止膜的氧化及污垢的附着。

③控制原料水流量及浓水流量，防止膜组件提前劣化及在膜组件上析出污垢。

④经常注意观察设备的运行状态，发现问题及时解决。

⑤反渗透制水设备宜连续使用，如停用较短时间（2 ~3 d）应每天开机一次，每次 30 min，如停用 1 周，醋酸纤维素膜反渗透制水设备要加入相当于 1 mL/L 氯的次氯酸钠溶液防腐，如停用 1 周以上，要用 1% 甲醛封入，停用期间要特别注意防冷防热问题。

⑥应经常对膜进行清洗。

3.2.4 纯化水的质量检查

纯化水为无色、无臭、无味的澄明液体。检查项目有：酸碱度；电导率；硝酸盐；亚硝酸盐；氨；二氧化碳；易氧化物；总有机碳、不挥发物；重金属；微生物限度等。检查时，按《中国药典》（2015 版）中纯化水项下的各项检查方法进行检查，应符合规定。

注意新系统在投入使用前，整个水质监测分为 3 个周期，每个周期约 7 d，对各个取样点应天天取样，取样点为产水口、总送水口、总回水口及各使用点。

任务 3.3 注射用水的生产方法及质量检查

注射用水为纯化水经蒸馏所得的水，应符合细菌内毒素试验要求。蒸馏法是制备注射用水最经典的方法。蒸馏法是通过蒸发冷凝再蒸发冷凝这种过程来除去各种挥发与不挥发性物质,包括热原、无机盐。蒸馏法常采用去离子水及电渗析水作原水,蒸馏器有多效蒸馏水机及气压式蒸馏水机。

3.3.1 多效蒸馏水机

多效蒸馏水机是由多个蒸馏水器单体垂直或水平串接而成,每个蒸馏水器单体即为一效。多效蒸馏水机的性能,取决于加热蒸汽的压力和效数。压力愈大,产水量愈大;效数愈多,热能利用率愈高。从对出水质量控制、能源消耗、辅助装置、占地面积、维修能力等因素考虑,选用四效以上的多效式蒸馏水机更为合理。

多效蒸馏水机的最大特点是节能效果显著,热损失少,热效率高,能耗仅为单蒸馏水器的1/3,并且出水快、纯度高、水质稳定,配有自动控制系统,成为目前药品生产企业制备注射用水的重要设备。其中多效蒸馏水器又可分为列管式、盘管式和板式3种类型,现广泛使用列管式。

列管式多效蒸馏水机是由5只圆柱形蒸馏塔和冷凝器及一些控制元件组成。在前四组塔的上半部装有盘管,互相串联起来,蒸馏时,进料水(去离子水)先进入冷凝器(也是预热器),被由塔5进来的蒸汽预热,然后依次通过4级塔、3级塔和2级塔,最后进入1级塔,此时进料水温度达130℃或更高,在1级塔内,进料水在加热室受到高压蒸汽加热,一方面蒸汽本身被冷凝为回笼水,同时进料热水迅速被蒸发,蒸发的蒸汽即进入2级塔加热室,供作2级塔热源,并在其底部冷凝为蒸馏水,而2级塔的进料水是由1级塔底部在压力作用下进入。同样的方法供给3级、4级和5级塔。由2级、3级、4级和5级塔生成的蒸馏水加上5级塔蒸汽被第一、第二冷凝器冷凝后生成的蒸馏水,都汇集于蒸馏水收集器而成为蒸馏水。废气则自废气排出管排出,此种蒸馏水机出水温度80℃以上,有利于蒸馏水的保存。列管式多效蒸馏水机的具体结构图如图3.4所示。

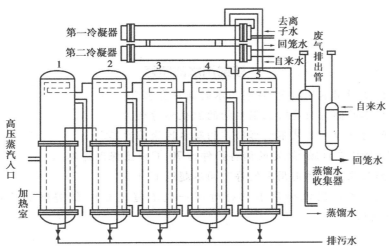

图3.4 列管式多效蒸馏水机示意图

3.3.2　气压式蒸馏水机

气压式蒸馏水机是国外 20 世纪 60 年代发展起来的产品,该机器是以输入部分外界能量(机械能、电能)而将低温热能转化为高温热能的原理来生产蒸馏水。

气压式蒸馏水机主要由自动进水器、热交换器、加热室、蒸发室、冷凝器及蒸气压缩机等组成。其工作原理是:将进料水加热,使其沸腾汽化,产生二次蒸汽;把二次蒸汽经压缩机压缩成过热蒸汽,其压强、温度同时升高;再使此过热蒸汽通过管壁与进水进行热交换,使进水蒸发而此蒸汽冷凝,其冷凝液就是所制备的蒸馏水。

气压式蒸馏水机具有多效蒸馏水机的优点,利用离心泵将蒸汽加压,提高了蒸汽利用率,而且不需要冷却水,但使用过程中电能消耗较大。故本法适合于供应蒸汽压力较低,工业用水比较短缺的厂家使用,虽然一次投资较多,但蒸馏水生产成本较低,经济效益较好。

3.3.3　注射用水的质量检查

注射用水为无色的澄明液体;无臭,无味。检查项目除应符合《中国药典》(2015 版)关于纯化水的质量要求外,还应检查:

①pH 值:应为 5.0~7.0。

②细菌内毒素:取本品,依法检查,每 1 mL 中含内毒素量应小于 0.25 EU。

③氯化物、硫酸盐与钙盐、硝酸盐与亚硝酸盐、二氧化碳、易氧化物、不挥发物与重金属照纯化水项下方法检查、应符合规定。

④微生物限度:取本品至少 200 mL。采用薄膜过滤法处理后,依法检查,细菌、霉菌和酵母菌总数每 100 mL 不得过 10 个。

知识链接

注射用水的储存

为了保证注射用水的质量,注射用水的储存要求有:

①注射用水的储存应能防止微生物的滋生和污染。

②储罐的通气口应安装不脱落纤维的疏水性除菌滤器。

③GMP(2010 修订版)规定的储存条件为 70 ℃以上保温循环。

④一般药品生产用注射用水储存时间不超过 12 h。

⑤生物制品生产用注射用水储存时间一般不超过 6 h,但若制备后 4 h 内灭菌则 72 h 内可使用。

 综合测试

一、单项选择题

1.（　　）的工作原理既有离子迁移又有离子交换。

A. 离子交换器　　B. 电渗析器　　　C. 二级反渗透器　　D. 电去离子设备

2. 注射用水应于制备后（　　）小时内使用。

A. 4　　　　　　B. 8　　　　　　C. 12　　　　　　D. 24

3. 2015 年版《中国药典》收载的制备注射用水的方法为（　　）。

A. 离子交换法　　B. 蒸馏法　　　C. 反渗透法　　　D. 电渗析法

4. 树脂柱的最佳组合形式是（　　）。

A. 阳床+阴床+混合床　　　　　B. 阴床+阳床+混合床

C. 混合床+阳床+阴床　　　　　D. 阴床+混合床+阳床

5. 下列关于注射用水的叙述错误的是（　　）。

A. 是指经过灭菌处理的纯化水　　B. 可采用 70 ℃保温循环贮存

C. 为纯化水经蒸馏所得的水　　　D. 为无色、无臭、无味的澄明液体

6. 注射用水的 pH 为（　　）。

A. 3.0 ～ 5.0　　B. 5.0 ～ 7.0　　C. 4.0 ～ 9.0　　D. 7.0 ～ 9.0

7. 节能、经济实用、产量高、质量优的蒸馏器是（　　）。

A. 塔式蒸馏水器　　　　　　　B. 多效蒸发蒸馏水器

C. 亭式蒸馏水器　　　　　　　D. 单蒸馏器

8. 可供蒸馏法制备注射用水或洗涤容器之用的水是指（　　）。

A. 纯化水　　　B. 饮用水　　　C. 井水　　　　D. 矿床水

9. 蒸馏水器结构中的蒸汽选择器的作用是除去（　　）。

A. 二氧化碳　　B. 氧气　　　　C. 废气　　　　D. 湿气

二、多项选择题

1. 纯化水的制备方法有（　　）。

A. 离子交换法　　　　　B. 反渗透法　　　　　C. 电渗析法

D. 蒸馏法　　　　　　　E. 回流法

2. 制药用水的种类有（　　）。

A. 饮用水　　　　　　　B. 纯化水　　　　　　C. 注射用水

D. 灭菌注射用水　　　　E. 海水

3. 制备注射用水的方法有（　　）。

A. 蒸馏法　　　　　　　B. 离子交换法　　　　C. 反渗透法

D. 凝聚法　　　　　　　E. 电渗析法

4. 纯水的制备方法有（　　）。

A. 蒸馏法　　　　　　　B. 离子交换法　　　　C. 反渗透法

D. 凝聚法　　　　　　　E. 电渗析法

5.用于生产注射用水的设备包括(　　　)。
A.离子交换器 　　　　B.反渗透器 　　　　C.电去离子设备
D.气压式蒸馏水器 　　E.多效蒸馏水器

三、简答题

1.简述反渗透法制备纯化水的优点。
2.简述电渗析法制备纯化水的原理。

技能训练 3.1　纯化水的生产及质量检查

【实训目的】

①掌握二级反渗透制水设备的操作、维护、清洗、保养等的方法及操作要点;能按操作规程正确使用二级反渗透制水设备。

②熟悉二级反渗透制水设备的常见故障及处理方法。

③能进行二级反渗透制水设备的清洁与维护,能解决二级反渗透制水设备使用中出现的一般故障。

④能按清场规程进行清场工作。

【实训内容】

(1)操作前的准备工作

①检查过滤器、管路、工具、水泵、储罐等是否洁净。

②按规定穿戴好工作服、鞋、帽等保护品,检查环境卫生是否符合要求,准备好设备运行记录。

③设备状况检查:

a.检查过滤器各阀门开关是否正确,装置所有管道之间的连接是否完善。

b.检查压力表等附件是否正常。

c.检查设备清洗是否合格并记录,设备状态是否完好。

(2)开机运行

①合上电控柜内的总电源。

②检查原水箱液位,检查加药装置的水箱中药物剂量。

③打开原水泵,检查中间水箱液位,打开保安过滤器排气阀、一级高压泵出水调节阀、一级反渗透装置的产水排放阀、浓排阀,打开中间水泵,如果水温偏低则通过板式换热器,也可以跳过板式换热器直接进入保安过滤器,待保安过滤器排气阀出水无空气后,水进入一级高压泵、一级反渗透膜。

④待一级反渗透装置浓水流量计中的水流稳定、没有气泡或只有少量气泡时,再开启一级高压泵,调节一级高压泵出水调节阀、一级反渗透装置浓排阀使水压至 $0.8 \sim 1.1$ MPa,待产水电导合格后关闭产水排放阀,将产水导入中间水箱;再次调节进水阀和浓排阀,使产水流量稳定在 0.75 m³/h 左右,浓水流量稳定在 $0.75 \sim 1.0$ m³/h。

⑤检查中间水箱液位,检查调 pH 装置的加药箱中药物剂量,打开二级高压泵出水调节阀、二级反渗透装置的产水排放阀、浓排阀,打开中间水泵。

⑥待二级反渗透装置浓水流量计中的水流稳定、没有气泡或只有少量气泡时,再开启二级高压泵,调节二级高压泵出水调节阀、二级反渗透装置浓排阀使水压至 0.8 ~ 1.1 MPa,待产水电导合格后关闭产水排放阀,将产水导入纯水箱;再次调节进水阀和浓排阀,使产水流量稳定在 0.5 m³/h 左右,浓水流量稳定在 0.25 ~ 0.3 m³/h 启动预处理设备。

(3)停车

①手动:再次按下产水按钮,浓水排放水电磁阀门自动开启,短时间排放后,浓水排放水电磁阀门自动关闭。同时自动关闭高压泵、原水泵、加药泵,关闭电源。

②自动:当反渗透水箱到达高液位时,在自动状态下,反渗透装置自动停止,即此时浓水排放水电磁阀门自动开启。短时排放后,浓水排放水电磁阀门自动关闭。同时自动关闭高压泵、原水泵、加药泵。

(4)纯化水质量检查

纯化水为无色、无臭、无味的澄明液体。检查项目有:酸碱度;电导率;硝酸盐;亚硝酸盐;氨;二氧化碳;易氧化物;总有机碳、不挥发物;重金属;微生物限度等。检查时,按《中国药典》(2015 年版)中纯化水项下的各项检查方法进行检查,应符合规定。

【操作注意事项】

①调试过程中进水压力不得大于 1.2 MPa,且只限于对设备进行耐压试验。

②如进水温度高于、低于 25 ℃时,应根据水温-产水量曲线进行修正。

③设备连续运行 4 h 后,脱盐率不能达到设计脱除率,应逐一检查设备中每个组件的脱盐率,确定产生故障。

④发现高压管路有漏水需排除时,装置应泄压,严禁高压状况下松动高压接头。

【维护与保养】

①操作工应在每 2 h 对运行参数进行记录,主要内容应包括:

a. 进水电导率、压力、水温;

b. 产水电导率、流量;

c. 浓水流量、压力。

②操作压力控制,应在满足产水量与水质的前提下,取尽量低的压力值,这样有利于延长膜的使用寿命。

③设备不得长时间停运,每天至少运行 2 h。如准备停机 72 h 以上,应用化学清洗装置向膜组件充装保护液。

④通常情况下,每 3 年更换 1 次膜元件。

【常见问题及处理方法】

二级反渗透制水设备的常见问题及处理方法见表3.5。

表 3.5　二级反渗透制水设备的常见问题及处理方法

故障现象	产生原因	处理方法
开关打开,但设备不启动	①线路故障 ②原水缺水或纯水储罐已满	①检修线路 ②检查原水及纯水水位,检修、更换液位开关
高压泵不工作	①电气线路故障 ②高低压保护器保护 ③热保护器跳闸 ④泵电机烧毁	①检查并检修相关线路 ②排除故障,使电气复位 ③按动热保护器"复位"按钮 ④修理泵电机
产水量下降	①膜污染结垢 ②进水温度过低 ③流量计失灵	①清洗膜过滤器 ②提高水温 ③检修流量计
系统压力升高时泵噪声大	原水流量小或流量不稳,有涡流	检查原水泵及管路是否有泄漏
泵运转,但达不到额定压力和流量	①电机接反,泵反转 ②保安过滤器滤芯脏 ③泵内进空气 ④阀门调整不当,浓水阀开启太大	①重新接线 ②清洗更换滤芯 ③排除泵内空气 ④调整阀门
浓水达不到额定压力	①管道泄漏 ②冲洗电磁阀损坏	①检修管路 ②检修、更换电磁阀
出水水质差	①原水水质变差 ②反渗透膜堵塞(水质缓慢变差) ③反渗透膜破裂(水质迅速变差) ④密封件老化或破损	①设置其他除盐设备处理原水,使水质符合要求 ②清洗或更换膜组件 ③更换膜组件 ④检修密封件

项目4　物料处理

📖 **项目描述**

物料处理主要指的是物料粉碎、筛分、混合、干燥,它对后续的制剂加工过程有重要影响。该项目主要介绍物料粉碎、筛分、混合、干燥的概念及目的、原理及技术、操作过程及注意事项,通过本项目的学习可满足制药企业对物料处理的生产要求。

📖 **学习目标**

掌握物料粉碎、筛分、混合、干燥的概念及目的、生产技术、操作过程;熟悉药筛种类、药粉分等、粉碎、筛分、混合、干燥设备的性能及适用范围;了解粉碎、筛分、混合、干燥设备的机构及注意事项;能根据物料性质和制剂要求选择合适的粉碎、筛分、混合、干燥方法及设备。

任务4.1　物料粉碎

4.1.1　粉碎的概念和目的

1)概念

粉碎是指利用机械力将大块固体物料制成适宜粒度的碎块或细粉的操作过程。粉碎操作是药物制剂生产中的基本操作单元之一。

2)目的

粉碎可减小粒径,增加比表面积,其目的有如下几点:

①有助于增加难溶性药物的溶出度,提高吸收和生物利用度,从而提高疗效。

②有助于改善药物的流动性,促进制剂中各成分的混合均匀。

③有利于提高制剂质量,如提高混悬液的动力学稳定性、改善其流变学特性。

④适当粉碎有利于药材中有效成分的提取。

4.1.2 粉碎度

粉碎度(比)是指固体药物粉碎前的粒径与粉碎后的粒径之比。

$$n = \frac{D}{d}$$

式中　n——粉碎度；

　　　D——粉碎前固体药料的粒径；

　　　d——粉碎后固体药料的粒径。

粉碎度反映了物料的粉碎程度,是确定粉碎工艺及机械设备选型的重要参数。药物要粉碎成多大的粒度,应根据药物性质、剂型和使用要求等确定,药物不可过度粉碎,达到需要的粉碎度即可。对植物性药材而言,一般花、叶组织较疏松,有效成分易于被浸出,不必粉碎过细;根、茎等由于组织硬度大,有效成分难以被浸出,应粉碎成细粉。制备固体制剂所用的药物为了易于制备成型也要求粉碎成细粉。但具有不良臭味、刺激性、易分解的药物,则不宜粉碎过细,以免增加其苦味及分解。浸提制剂只需将药材切小或粉碎成粗粉,不宜过细,以免糊化造成浸提和过滤困难。

4.1.3 粉碎机制

物质依靠其分子间的内聚力而聚结成一定形状的块状物。粉碎过程主要依靠外加机械力的作用破坏物质分子间的内聚力而实现。被粉碎的物料表面一般是不规则的,所以表面上突出的那部分首先受到外力的作用,在局部产生很大的应力。当应力超过物料本身的分子间力就会产生裂隙并发展成为裂缝,最终破碎或开裂。粉碎过程从小裂缝开始,因此外加力的直接目的首先是在颗粒内部产生裂缝。

一般粉碎的机械力由冲击力(碰撞)、压缩力(浓缩)、研磨力(摩擦)和剪切力(切断)及劈裂力等组成。粉碎分弹性粉碎和韧性粉碎。弹性变形范围内破碎称为弹性粉碎(或脆性粉碎),一般极性晶体药物的粉碎为弹性粉碎,粉碎较易。塑性变形之后的破碎称为韧性粉碎。非极性晶体药物的粉碎为韧性粉碎。

粉碎过程是上述几种力综合作用的结果,在这些机械力作用下物体内部产生应力,当其应力超过一定的弹性极限时,物料被粉碎或产生塑性变形,塑性变形达到一定程度后破碎。当外加机械力在物料内部产生的应力超过物质本身分子间的内聚力时即产生粉碎。

在选用粉碎机时应注意所选机械的粉碎作用力及粉碎度是否符合工艺要求,根据被粉碎药物的特性来选择适当的粉碎机械,如对于坚硬的药物挤压、撞击较为有效,对韧性药物用研磨较好,而对于脆性药物以劈裂为宜。

4.1.4 粉碎方法

应根据被粉碎药物的性质和使用要求,结合生产条件而采用不同的粉碎方法。

1) 单独粉碎和混合粉碎

（1）单独粉碎

单独粉碎是指将处方中一味药物单独进行粉碎的方法,俗称"单研"。处方中含有如氧化性药物(氯酸钾、碘等)与还原性药物(硫、甘油等)必须单独粉碎,以免引起爆炸。处方中含有贵重药物,如冰片、麝香、鹿茸、珍珠、人参、三七、沉香、牛黄、羚羊角、朱砂等必须单独粉碎。含有毒性成分的药物,如马钱子、雄黄、红粉、轻粉等也应单独粉碎。另外,处方中黏软性差异较大的药物如乳香、没药,亦应单独粉碎。

（2）混合粉碎

混合粉碎又称共研法,是指处方中某些性质及硬度相似的药物可混合在一起共同粉碎,这样既可避免一些黏性药物单独粉碎时黏壁和附聚,又可使粉碎与混合的操作同时进行,故省时省工,提高生产效率。中药制剂的粉碎多采用此法。一般如无特殊胶质、黏性或挥发性、油脂较多的药物均可用共研法。处方中含黏液质、糖分或胶质等成分较多的药料,如熟地、牛膝、桂圆肉、五味子、山萸肉、黄精、玉竹、天冬、麦冬等可采用串料法粉碎,即粉碎时将处方中其他药物共研成粗末,然后陆续掺入黏性药料,共研成块状或颗粒状,于60 ℃以下充分干燥后再进行粉碎。处方中含油脂较多的药料,如桃仁、柏子仁、枣仁、胡桃仁等可采用串油法粉碎,即将处方中其他药物共研成细粉,再将含油脂性药物研成糊状,然后把其他药粉分次掺入,使药粉及时将油吸收,以便粉碎和过筛。

2) 干法粉碎和湿法粉碎

（1）干法粉碎

干法粉碎是指将药物经过适当的干燥处理,使水分降低到一定限度(一般少于5%)再行粉碎的方法。应根据药物性质选择适宜的干燥方法和干燥温度,一般温度不宜超过80 ℃,某些含有挥发性及遇热易起变化的药物,可用石灰干燥器进行干燥。

（2）湿法粉碎

湿法粉碎是指在药物中加入适量的水或其他液体进行粉碎的方法。其目的是借液体分子对物料有一定穿透力,使水或其他液体分子渗入药料颗粒的裂隙,减少药料分子间的引力而利于粉碎。同时对于某些刺激性较强的或有毒药物,用此法可避免粉尘飞扬。选用液体是以药物不溶解、遇湿不膨胀、两者不起变化,不妨碍药效为原则。冰片、樟脑、薄荷脑等药物常采用这种加液研磨法进行粉碎,即将药物放入乳钵或电动研钵中,加入少量的乙醇或水,用乳锤以较轻力进行研磨使药物被研碎。炉甘石、珍珠、朱砂等则采用水飞法进行粉碎,即将药物打成碎块,放入研钵或球磨机中,加入适量的水一起研磨,使产生的细粉混悬于水中,然后将此混悬液倾出,余下的药物再加水反复研磨,至全部药物研细为止。将研得的混悬液合并、沉降后,倾去上清液,再将湿粉干燥、研散、过筛,即得极细粉末。湿法粉碎通常对一种药料进行单独粉碎。

3) 低温粉碎

低温粉碎是指利用物料在低温时脆性增加、韧性与延伸性降低的性质以提高粉碎效果的方法。低温粉碎有如下特点:

①适用于软化点、熔点低的及热可塑性物料的粉碎,如树脂、树胶、干浸膏等。

②含水、含油较少的物料也能进行粉碎。

③可获得更细的粉末。

④能保留物料中的香气及挥发性有效成分。

4）超微粉碎

超微粉碎是指将 $0.5 \sim 5$ mm 物料粒粉碎至 $10 \sim 25$ μm 以下的过程。主要是通过对物料的冲击、碰撞、剪切、研磨、分散等手段实现的,传统粉碎中的挤压粉碎方法不能用于超微粉碎,否则会产生造粒效果。超微粉碎技术是粉体工程中的一项重要内容,包括对粉体原料的超微粉碎、高精度的分级和表面活性改变等内容。

5）闭塞粉碎和自由粉碎

（1）闭塞粉碎

闭塞粉碎是指粉碎过程中不能及时排出已达到粉碎度要求的细粉而继续和粗粒一起重复粉碎的方法。因闭塞粉碎中的细粉成了粉碎过程的缓冲物,影响粉碎效果且能耗较大,故只适用于小规模的间歇操作。

（2）自由粉碎

自由粉碎是指粉碎过程中能及时排出已达要求的细粉而不影响粗粒继续粉碎的方法。自由粉碎粉碎效率高,常用于连续操作。

6）开路粉碎和闭路粉碎

（1）开路粉碎

开路粉碎是指一边把物料连续地供给粉碎机,一边不断地从粉碎机中取出已粉碎的细物料的方法。开路粉碎的工艺流程简单,物料只一次通过粉碎机,操作方便,设备少、占地面积小,但成品粒度分布宽,适用于粗碎或粒度要求不高的粉碎。

（2）闭路粉碎

闭路粉碎是指将粉碎机和分级设备串联起来,经粉碎机粉碎的物料通过分级设备分出细粒子,将粗颗粒重新送回粉碎机反复粉碎的方法。闭路粉碎的动力消耗相对较低,成品粒径可以通过分级筛目任意选择,粒度分布均匀,成品质量好、纯度高,适用于粒度要求比较高的粉碎,但投资大。

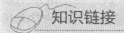 **知识链接**

药物粉碎的原则

①药物粉碎前后的组成成分和药理、药效作用应不变。

②药物粉碎时应根据药物性质、剂型、应用等选择适当的粉碎方法与粉碎机械。

③粉碎过程中应将药物粉碎到需要的粒度,同时要及时过筛,以防止药物过度粉碎,从而可以减少功率的消耗、提高工效及减少药物的损失。

④需要粉碎的药材一定要全部粉碎应用,难以粉碎的植物叶脉、纤维、油脂类等,要采取适当的方法加以处理,不能随意丢弃。

⑤粉碎过程中应注意粉碎机械的正确选用、使用和保养,注意防止药物粉尘的飞扬。

⑥粉碎过程中注意安全防护。毒性、刺激性大的药物粉碎时尤应注意。

4.1.5 粉碎设备

1)研钵

研钵又称乳钵,有瓷、玻璃、金属、玛瑙等制品。其中以瓷制品最常用,内壁较粗糙,研磨的效能高,但易镶入药物而不易清洗;玻璃乳钵内壁较光滑,不易粘附药物,易清洗,宜用于粉碎毒性及量少的药物。研磨时,杵棒应以乳钵中心为起点,按螺旋式逐渐向外旋转移动扩至四壁,然后再逐渐旋转返回中心,如此反复能提高研磨效率。此外,每次所加药料量不宜超过乳钵容积的1/4,以防药物溅出或影响粉碎效能。

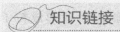知识链接

朱砂的粉碎

朱砂是难溶于水的矿物药,采用水飞法进行粉碎。将药物与水共置研钵或球磨机中研磨,使细粉漂浮于水面或混悬于水中,然后将此混悬液倾出,余下粗料再加水反复操作,至全部药物研磨完毕。合并混悬液,静置后分取沉淀,晾干,研散。具体步骤如下:将朱砂适当破碎,置乳钵中,加入适量清水,研磨成糊状,再加多量水搅拌,粗粉即下沉,静置片刻后倾出混悬液。下沉的粗粒再行研磨,如此反复操作,至研细为止,除去不能混悬的杂质;将前后倾出的混悬液合并静置,待沉淀后,倾去上面的清水,将干燥沉淀物研磨成极细粉末。

2)锤击式粉碎机

锤击式粉碎机是一种以撞击为主的粉碎设备,是万能粉碎机的一种。

(1)结构

锤击式粉碎机由带有衬板的机壳、高速旋转的主轴(轴上安装有许多可自由摆动的"T"形锤)、加料斗、螺旋加料器、筛板以及产品排出口等组成,具体结构图如图4.1所示。

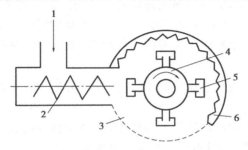

图4.1 锤击式粉碎机结构示意图

1—加料斗;2—螺旋加料器;3—筛板;4—圆盘;5—锤头;6—内齿形衬板

（2）工作原理

工作时,电动机带动主轴、钢锤在粉碎室内高速运转,钢锤对物料以高速撞击、冲击、撕裂、研磨等使物料粉碎。粉碎后的细粒通过筛板由出口排出进入物料收集器中,不能通过筛板的粗粒,继续在室内粉碎。

（3）特点及应用范围

①特点:锤式粉碎机可通过调节锤头的形状、大小、转速以及筛网的目数来控制粉碎粒度,满足中碎、细碎、超细碎等的粒度要求,具有一定的混匀和自身清理作用。

②应用范围:锤式粉碎机适用于粉碎干燥物料、性脆易碎的药物或作粗碎之用;不适宜黏性物质的粉碎。

（4）注意事项

①应装有集尘装置,以利劳动保护与收集粉尘。

②进料粒径小于 10 mm;不能有坚硬物品如铁钉等。

③转速低于某一临界撞击速度则不能起到撞击作用,仅起到摩擦作用,所形成粒子呈球状。

④经撞击作用粉碎所得粒子呈不规则形状。

⑤转子转速越高,能通过筛孔的粒子粒径越小。

⑥在一定转速和孔径条件下,筛子越厚,得到的粒子粒径越小。

⑦进行纤维性药材粉碎时,多选用圆孔形筛子。"人"字形开孔筛宜用于结晶物料。

⑧防止粉碎时间太长,机壳内过热或物料过多而结炭。

⑨锤击式粉碎机常用转速:小型者为 1 000 ~ 2 500 r/min,大型者为 500 ~ 800 r/min。

3）冲击柱式粉碎机

冲击柱式粉碎机是一种以冲击力为主,伴有撕裂、研磨作用的粉碎设备,是万能粉碎机的一种。

（1）结构

冲击柱式粉碎机由机座、电机、料斗、入料口、固定齿盘、活动齿盘、环状筛、抖动装置、出粉口等组成。固定齿盘与活动齿盘呈不等径同心圆排列,对物料起粉碎作用。具体结构如图4.2所示。

（2）工作原理

物料从料斗进入粉碎室,活动齿盘高速旋转产生的离心力使物料由中心部位被甩向室壁,在活动齿盘与固定齿盘之间受销齿的冲击、剪切、摩擦及物料间的撞击作用而被粉碎,最后物料到达转盘外壁环状空间,细粒经环状筛由底部出料,粗粉在机内重复粉碎。

（3）特点及应用范围

①特点:冲击柱式粉碎机具有结构简单,操作维护方便,粉碎强度大,一次出粉率高、机组设计紧凑占地面积小等特点。

②应用范围:冲击柱式粉碎机适用于多种干燥物料的粉碎,如结晶性药物、非组织性脆性药物、植物药材的根、茎、叶等,但不宜粉碎含大量挥发性成分的物料、热敏性及黏性物料。

（4）注意事项

①操作时应先关闭室盖,开动机器空转,待高速转动时药物自加料斗放入,借抖动以一定

速度进入粉碎室。

②加入的药物应大小适宜,必要时预先切成段、块、片,以免阻塞于钢齿中,在两钢齿相互交错的高速旋转下,药物被粉碎。

③设备应装有集尘装置,以利劳动保护与收集粉尘。含有粉尘的气流自筛板流出,首先进入集粉器从而得到一定速度的缓冲,此时大部分粉末沉积于集粉器底部,已缓冲了的气流带有少量的较细粉尘进入放气袋,通过滤过作用使气体排出,粉尘则被阻留于集粉器中,收集的粉末自出粉口放出。

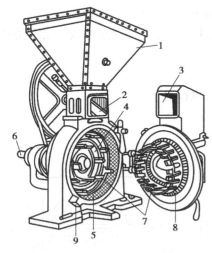

图 4.2 冲击柱式粉碎机结构示意图

1—料斗;2—抖动装置;3—入料口;4—齿盘;
5—环状筛;6—轴;7—钢齿;8—齿圈;9—出粉口

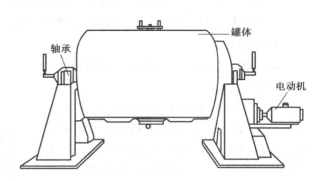

图 4.3 球磨机结构示意图

4)球磨机

球磨机是一种在制药工业中广泛使用的粉碎设备。

(1)结构

球磨机的基本结构包括球罐、研磨介质、轴承及动力装置等。球罐一般呈圆柱形筒体,由铁、不锈钢或瓷制成,固定在轴承上,由电动机通过减速器带动旋转。研磨介质多为钢制或瓷制的圆球,盛放于球罐内,具体结构图如图4.3所示。

(2)工作原理

球磨机工作时,由电机通过皮带轮带动罐体绕水平轴线回转,使罐体内的研磨介质被带到一定的高度后由于重力作用抛落,物料借助圆球落下时的撞击、劈裂作用以及球与球之间、球与球罐壁之间的研磨、摩擦从而被粉碎。

(3)特点及应用范围

①特点:球磨机结构简单,运行可靠,无需特别管理,且可密闭操作,因而操作粉尘少,劳动条件好。球磨机的不足之处是体积庞大,笨重;运行时有强烈的振动和噪声;需有牢固的基础,工作效率低、能耗大;研磨介质与筒体衬板的损耗较大。

②应用范围:球磨机适用于结晶性药物、引湿性药物、浸膏、挥发性药物及贵重药物的粉碎。球磨机既适用于干法粉碎、湿法粉碎,还可对物料进行无菌粉碎。

（4）注意事项

①最佳转速为临界转速的60%～85%。

②球磨机钢球的直径对碎品粒径有一定的影响。一般来说,球体直径不应小于65 mm,且应大于被粉碎物料直径的4～9倍。圆球的大小不一定要求完全一致。使用大小不同的圆球,可增加球间的研磨作用。

③圆球材质有钢球、瓷球及无规则的鹅卵石,材料密度越大,研磨效率越高。

④罐内装入的球数不宜太多。过多将会使上升的球与下降的球发生相互撞击,消耗不必要的能量。通常在罐内装入的圆球体积仅占罐内容积的30%～35%。

⑤球罐的装料量以全部填充球体间隙为宜,过多或过少,均会影响粉碎效果。最大的装量不得超过罐内总容量的50%。

⑥与铁易起作用的药物可用瓷制球磨机进行粉碎。

⑦对不稳定性药物,可充填惰性气体密封,研磨效果也很好。

5）振动磨

振动磨是目前常用的超微粉碎设备。

（1）结构

振动磨由磨机筒体、激振器、支撑弹簧、研磨介质、联轴器及驱动电机等主要部件组成。磨机筒体有单筒体、双筒体和三筒体,以双筒体和三筒体应用较多;激振器用于产生振动磨所需的工作振幅;支撑弹簧有钢制弹簧、空气弹簧等,应具有较高的耐磨性;研磨介质有球形、柱形或棒形等多种形状;联轴器主要用于传递动力,具体结构如图4.4所示。

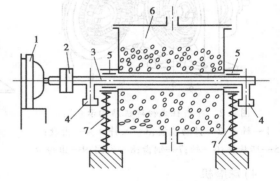

图4.4　冲击柱式粉碎机结构示意图
1—电动机;2—挠性轴套;3—主轴;
4—偏心重块;5—轴承;6—筒体;7—弹簧

（2）工作原理

振动磨工作时,物料与研磨介质同装入弹簧支撑的磨筒内,电动机通过挠性轴套带动激振器中的偏心轮旋转,产生周期性的激振力,使磨机筒体在支撑弹簧上产生高频振动,磨机筒体获得了近似圆的椭圆运动,通过研磨介质本身的高频振动、自转运动及旋转运动,使研磨介质之间、研磨介质与筒体内壁之间产生强烈的冲击、研磨、剪切等作用而对物料进行有效粉碎。

（3）特点及应用范围

①特点:振动磨采用体积小的研磨介质且装填量大,振动频率高,研磨效率高;所得成品粒径小且粒度分布集中,平均粒径可达2～3 μm;操作、维修方便,可密闭、连续化生产。但运转时噪声大,需要做隔音、消音处理以减少噪声污染。

②应用范围:振动磨对于纤维状、高韧性、高硬度物料均可适用,粉碎能力较强;振动磨超微粉碎机既适用于干法粉碎,也适用于湿法粉碎;封闭式结构,可通入惰性气体用于易燃、易爆、易氧化物料的粉碎。

任务 4.2　物料筛分

4.2.1　筛分的概念和目的

1）概念

筛分是固体粉末的分离技术,是指将粉碎后的药料粉末通过网孔性工具,使粗粉与细粉分离的操作。固体药物被粉碎后,得到粗细不同的混合物,必须将不同粒度的药物颗粒、粉末按不同的粒度范围要求将其分离出来,达到粉末分等的目的,以作不同的处理及用途。

2）目的

筛分的目的有:

①根据医疗和药剂制备要求,以分离得到细度适宜的物料,以便制成各种剂型。

②不但将粉碎好的颗粒或粉末按粒度大小加以分等,而且也能起到混合作用,以保证组成的均一性。

③及时将符合细度要求的粉末筛出,可以避免过度粉碎和减少能量消耗,提高粉碎效率。

4.2.2　药筛的种类和规格

1）药筛种类

药筛是指按药典规定,全国统一用于药剂生产的筛,又称标准药筛。在实际生产中,也常使用工业用筛,这类筛的选用应与药筛标准接近,且不影响药剂质量。

药筛按其制法可以分成编织筛与冲制筛两种。编织筛的筛网由钢丝、铁丝(包括镀锌的)、不锈钢丝、尼龙丝、绢丝编织而成。尼龙丝对一般药物较稳定,在制剂生产中应用较多。编织筛在使用过程中筛线易于移位,而致筛孔变形,故常将金属丝线交叉处压扁固定。冲制筛是在金属板上冲压出圆形或多角形的筛孔,其筛孔牢固,孔径不易变动,常用于高速粉碎过筛联动的机械上。

2）药筛规格

《中国药典》(2015 版)所用的药筛,选用国家标准的 R40/3 系列,共规定了 9 种筛号,一号筛的筛孔内径最大,依次减小,九号筛的筛孔内径最小。制药工业上,多以每英寸(2.54 cm)长度有多少孔来表示。例如每英寸有 120 个孔的筛号称为 120 目筛,筛号数越大,粉末越细。凡能通过 120 目筛的粉末称为 120 目粉。如所用筛线的直径不同,筛孔的大小也不同,所以必须注明孔径的大小,常用微米(μm)表示,具体见表 4.1。

表 4.1　药筛与工业筛对照表

筛　　号	筛孔内径（平均值）/μm	工业筛目数/（孔·in^{-1}）
一号筛	2 000±70	10
二号筛	850±29	24
三号筛	355±70	50
四号筛	250±9.9	65
五号筛	180±7.6	80
六号筛	150±6.6	100
七号筛	125±5.8	120
八号筛	90±4.6	150
九号筛	75±4.1	200

4.2.3　粉末的分等及影响筛分的因素

1）粉末分等

由于各种剂型制备需要不同细度的粉末，所以粉碎后的药物粉末必须经过筛选。在筛选过程中筛过的粉末其大小也并非完全一致，例如通过一号筛的粉末，不都是近于 2 mm 直径的粉粒，包括所有能通过二至九号药筛甚至更细的粉粒在内；富含纤维的药材在粉碎后，有的粉粒呈棒状，其直径小于筛孔，而长度则超过筛孔直径，过筛时，这类粉粒也能直立地通过筛网。为了便于区别固体粒子的大小，《中国药典》（2015 版）规定了 6 种粉末，规格如下：

①最粗粉：是指能全部通过一号筛，但混有能通过三号筛不超过 20% 的粉末。

②粗粉：是指能全部通过二号筛，但混有能通过四号筛不超过 40% 的粉末。

③中粉：是指能全部通过四号筛，但混有能通过五号筛不超过 60% 的粉末。

④细粉：是指能全部通过五号筛，并含能通过六号筛不少于 95% 的粉末。

⑤最细粉：是指能全部通过六号筛，并含能通过七号筛不少于 95% 的粉末。

⑥极细粉：是指能全部通过八号筛，并含能通过九号筛不少于 95% 的粉末。

2）影响筛分的因素

（1）粉体的性质

粉体的性质是决定过筛效率的主要因素，只有微粒松散，流动性好的物料才容易过筛。粉体黏性大、易结块，会影响过筛效率。含水量较高时可通过干燥解决，油脂含量低时可使其冷却后再过筛，油脂含量多时应脱脂后再过筛。粉粒表面粗糙，摩擦易产生静电，易吸附在筛网上堵塞筛孔，应接导线入地解决。

（2）振动与筛网运动速度

粉体在存放过程中，由于表面能趋于降低，易形成粉块，因此过筛时需要不断地振动，才能提高效率。振动时微粒有滑动、滚动和跳动，其中跳动属于纵向运动，最为有利。粉末在筛网上的运动速度不宜太快，也不宜太慢，否则也会影响过筛的效率。

（3）载荷

粉体在筛网上的量应适宜,量太多或层太厚不利于接触界面的更新,粉粒间距不能拉开,易结块;量太小或层太薄,不利于充分发挥过筛效率。故载荷应适宜。

（4）其他

过筛设备的类型及构造、筛孔大小及形状,也影响过筛效率,应合理选用并注意防止粉尘飞扬。

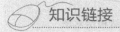知识链接

筛分原则

为了提高筛分效率,须遵循如下原则:

①粉末应干燥:粉末含水量过高,药粉黏性增强,容易阻塞筛孔,影响过筛效率。

②不断振动:药粉在静止状态下,由于表面自由能等因素的影响,易结成药粉块而不易通过筛孔,当不断振动时,各种力的平衡受到破坏,小于筛孔的药粉才能通过。但振动速度应适中,太快或者太慢都会降低过筛效率。

③药筛应合适:根据所需药粉的细度,选用适当筛号的药筛。

④粉层厚度应适中:加入药筛中的药粉不宜太多或太少,否则都会影响过筛效率。

4.2.4　筛分设备

1）摇动筛

摇动筛常用于粒度分布的测定。由摇动台和药筛组成。摇动台由摇杆、连杆和偏心轮构成,具体如图4.5所示:药筛按从上到下由粗到细的顺序排列,最下为接收器,最上为筛盖。工作时,需要过筛的样品放在最上层筛网上,加上筛盖后固定在摇动台上摇动到规定时间,从而使物料得到分离。

该机的特点是摇动筛工作效率低,但因密闭操作可以避免粉尘飞扬。常用于粒度分布的测定,也可用于毒性、刺激性或质轻的药粉的小规模生产。

2）旋振筛

旋振筛在制药工业中应用广泛。旋振筛又称为圆形振动筛粉机,主要由筛网、上部重锤、下部重锤、弹簧、电机等组成。具体如图4.6所示。工作时,在电机的上轴及下轴各装有不平衡重锤,上轴穿过筛网与其相连,筛框以弹簧支撑于底座上,上部重锤使筛网产生水平圆周运动,下部重锤使筛网发生垂直方向运动,筛网的三维性振荡使物料强度改变并在筛内形成轨道漩涡,粗料由上部排出口排出,筛分的细料由下部排出口排出。旋振筛具有分离效率高,占地面积小,质量轻,维修费用低等优点。应用范围广泛,对黏度较大、纤维性大、目数较高的物料过筛,能达到满意的效果。

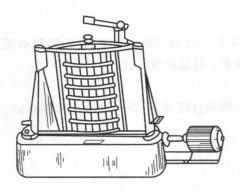

图4.5 摇动筛结构示意图

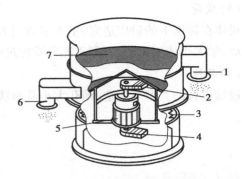

图4.6 旋振筛结构示意图

1—粗料出口;2—上部偏心块;3—弹簧;

4—下部偏心块;5—电机;6—细料出口;7—筛网

3) 振动筛

振动筛是制药工业中常用设备。振动筛由机架、电机、减速器、偏心轮、连杆、往复筛体、出料口组成。具体结构如图4.7所示。工作时,电机通过皮带传动驱动曲柄连杆机构,使筛床、筛网沿支撑弹簧钢板的垂直方向作往复振动,物料在筛网的高端投料,经筛网筛分的物料落在底板上,在筛网面与底板排出不同体形大小的物料,达到筛选分级的目的。

振动筛具有分离效率高,占地面积小,造价低,结构简单等优点。适用于无黏性的植物药或化学药物、毒药、刺激性药物的筛分。

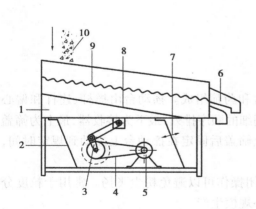

图4.7 振动筛结构示意图

1—筛床;2—斜撑弹簧;3—曲柄连杆机构;4—皮带;5—电机;

6—出料口;7—筛床运动轨迹;8—底板;9—筛网;10—物料

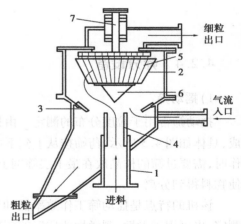

图4.8 微细分级机结构示意图

1—给料管;2—旋转叶轮;3—环形体;

4—可调节的管子;5—叶片;6—锥形体;7—轴

4) 微细分级机

微细分级机是离心机械式气流分离筛分设备。微细分级机由旋转叶轮、环形体、锥形体等部件组成。具体结构如图4.8所示。

工作时,依靠叶轮高速旋转,使气流中夹带的粗、细微粒因所产生的离心力大小不同而分开。操作时待处理的物料随气流经给料管和可调节的管进入机内,向上经过锥形体进入分级区。由轴带动做高速旋转的旋转叶轮进行分级,细物料随气流经过叶片之间的间隙,向上经排出口排出,粗粒被叶片所阻,沿中部机体的内壁向下滑动,经环形体自机体下部的排出口排出。冲洗气流(又称二次风)经气流入口送入机内,流过沿环形体下落的粗粒物料,并将其中夹杂的细物料分出,向上排送,以提高分级效率。微细分级机的特点有:

①分级范围宽广,纤维状、薄片状、近似球形、块状、管状等各种形状的物料均可分级,成品粒度在 5～150 μm 之间任意选择。

②分级精度高,通过分级可提高成品质量和纯度。

③结构简单,维修、操作调节容易。

④可以与各种粉碎机配套使用。

⑤应用范围:微细分级机适用于各种物料分级,可单独使用,也可在干燥与粉碎工艺流程中,安装在主机的顶部配套使用。

任务 4.3　物料混合

4.3.1　混合的概念和目的

1)概念

混合是指将两种以上物质均匀混合的操作。其中包括固-固、固-液、液-液混合,通常将固-固粒子的混合简称为混合;将大量固体和少量液体的混合称为捏合;将大量液体和少量不溶性固体或液体的混合(如混悬剂、乳剂、软膏剂等混合过程)称为匀化。这里主要讨论固体微粉的混合。

2)目的

混合是以药物各个组分在制剂中均匀一致为目的,来保证药物的剂量准确、临床用药安全。但是固体粒子形状、粒径、密度等各不相同,各个成分之间在混合时伴随着分离现象,如在片剂生产中混合不均匀会出现斑点、崩解时限不合格等,而影响外观质量和药物疗效。尤其是长期服用的药物、含量非常低的药物、有效血药浓度与中毒浓度接近的药物的剂型,主药含量不均匀对生物利用度会带来极大的影响。因此,合理的混合操作是保证制剂产品质量的重要措施之一。

4.3.2　混合方法

常用的混合方法有搅拌混合、研磨混合、过筛混合,实验室常用的混合器械为乳钵,适用于小量药物的混合。

1)搅拌混合

搅拌混合是指将各药粉置于适当大小容器中搅匀的操作。此法简便但不易混匀,多作初步混合之用。

2）研磨混合

研磨混合是指将各药粉置于乳钵中，共同研磨的混合的操作。此法适用于少量尤其是结晶性药物的混合，不适用于引湿性及爆炸性成分的混合。

3）过筛混合

过筛混合是指将各药粉先搅拌作初步混合，再通过适宜孔径的筛网一次或几次使之混匀的操作。由于较细、较重的粉末先通过筛网，故在过筛后仍须加以适当的搅拌，才能混合均匀。

4.3.3 影响混合的因素

在混合机内多种固体物料进行混合时往往伴随着离析现象，离析是与粒子混合相反的过程，妨碍良好的混合，也可使已混合好的物料重新分层，降低混合程度。在实际的混合操作中影响混合速度及混合度的因素很多，归纳起来有物料因素、设备因素、操作因素等。

1）物料粉体性质的影响

物料的粉体性质，如粒度分布、粒子形态及表面状态、粒子密度及堆密度、含水量、流动性（休止角、内部摩擦系数等）、黏附性、团聚性等都会影响混合过程。

（1）粒径、粒子形态与密度

粒径、粒子形态、密度在各个成分间存在显著差异时，混合过程中或混合后容易发生离析现象而无法混合均匀。一般情况下，小粒径、大密度的颗粒易于在大颗粒的缝隙中往下流动而影响均匀混合；球形颗粒容易流动而易产生离析；当混合物料中含有少量水分可有效地防止离析。一般来说，粒径的影响最大，密度的影响在流态化操作中比粒径更显著。各成分的混合比也是非常重要的因素，混合比越大，混合度越小。

（2）各组分的黏附性与带电性

有的药物粉末对混合器械具有黏附性，影响混合也造成损失，一般应将量大或不易吸附的药粉或辅料垫底，量少或易吸附者后加入。混合时摩擦起电的粉末不易混匀，通常加少量表面活性剂或润滑剂加以克服，如硬脂酸镁、十二烷基硫酸钠等具有抗静电作用。

（3）液体或易吸湿成分

如处方中含有液体组分时，可用处方中其他固体组分或吸收剂吸收该液体至不润湿为止。常用的吸收剂有磷酸钙、白陶土、蔗糖和葡萄糖等。若含有易吸湿组分，则应针对吸湿原因加以解决。如结晶水在研磨时释放而引起湿润，则可用等摩尔无水物代替；若某组分的吸湿性很强（如胃蛋白酶等），则可在低于其临界相对湿度条件，迅速混合并密封防潮；若混合引起吸湿性增强，则不应混合，可分别包装。

（4）形成低共熔混合物

有些药物按一定比例混合时，可形成低共熔混合物而在室温条件下出现润湿或液化现象。药剂调配中可发生低共熔现象的常见药物有水合氯醛、樟脑等，以一定比例混合研磨极易润湿、液化，此时尽量避免形成低共熔混合物的混合比。

2）设备类型的影响

混合机的形状及尺寸，内部插入物（挡板、强制搅拌等），材质及表面情况等。应根据物料的性质选择适宜的混合器。

3）操作条件的影响

物料的充填量、装料方式、混合比、混合机的转动速度及混合时间等。

知识链接

混合原则

混合操作是否恰当，关系到混合效果。药粉混合均匀度与微粒形状、比例量、密度、粉碎度、黏腻度及混合时间等均有关系。

①组分的比例：两种组分，若物理状态、颗粒大小、数量、相对密度均相近似，一般容易混匀。若两种组分的比例相差悬殊时，则不易混匀，这种情况下，应采用"等量递加法"（习称配研法）进行混合，即量小组分研细后，加入等体积量大组分混匀，再取与混合物等量的量大组分混匀，如此倍量增加，直至全部混匀，色泽一致，过筛即得。

②组分的密度：若密度及粒度差异较大时，应将密度小（质轻）或粒径大者先放入混合容器中，再放入密度大（质重）或粒径小者，并选择适宜的混合时间。

③组分的吸附性：将量小的组分先置混合机内，会因混合器壁的吸附造成较大损耗，故应先取少部分量大的组分于混合机内先行混合再加量小的组分混匀。

④混合时间：一般来说，混合的时间适当延长各组分容易混匀，但时间不宜过长，否则会影响生产效率，或引起吸湿及聚集等，应视混合药物的性质、数量及使用器械的性能而定。

4.3.4　混合设备

大批量生产中的混合过程多采用搅拌或容器旋转使物料产生整体和局部的移动而达到混合目的。

1）分类

混合设备大致分为两大类，即旋转型混合机和固定型混合机。

（1）旋转型混合机

旋转型混合机是指靠容器本身的旋转作用带动物料上下运动而使物料混合的设备。包括 V 型混合机、二维运动混合机、三维运动混合机。

（2）固定型混合机

固定型混合机是指物料在固定的容器内靠叶片、气流的搅拌作用进行混合的设备。包括槽型混合机、双螺旋锥型混合机。

2）V 型混合机

V 型混合机主要由水平旋转轴、支架和 V 形圆桶、驱动系统等组成，V 形圆桶交叉角为

80°或81°，装在水平轴上，支架支撑驱动系统由电机、传动带、涡轮蜗杆等组成。具体如图4.9所示。旋转时，物料能交替地集中在 V 形筒的底部，当 V 形筒倒过来时，物料又分成两份，即多次时分时合，其对流和剪切及混合作用较二维运动混合机更为强烈。V 型混合机的混合效率高，一般在几分钟内即可混合均匀一批物料。本混合机以对流混合为主，混合速度快，效果最好，应用广泛。V 型混合机最适宜的转速可取临界转速的 30% ～ 40%。一般为 10～15 r/min，混合时间为 6～10 min。最适宜的容积装量比为 30% ～40%。混合器的转速不宜过快，若转速过快，则细粉会发生分离；混合器的转速也不宜过慢，若转速过慢，则混合效率降低，混合时间长。对于易结团的粒子，减小筒体的交角可提高混合程度，或在器内安装一个逆向旋转的搅拌器，以适于混合较细的粉粒、块状、含有一定水分的物料。物料可做纵横方向流动，混合均匀度达99%以上。适用于流动性较好的干性粉状、颗粒状物料的混合。

3) 二维运动混合机

二维运动混合机主要由机座、驱动系统、混合桶及电器控制系统组成。机座由钢框架、可拆式不锈钢面板组成，内装驱动系统，以有效稳定整机驱动系统采用摆线减速机通过链轮带动主动轴，驱动轮使混合桶旋转，同时位于机架内的涡轮蜗杆减速机通过连杆组件摇动上机架，使混合桶做一定角度的摆动，具体如图4.10所示。

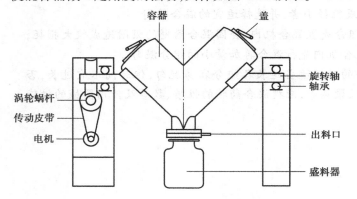

图 4.9　V 型混合机结构示意图

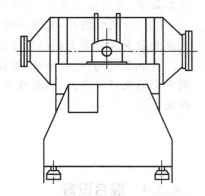

图 4.10　二维运动混合机结构示意图

工作时，旋转轴与容器中心线垂直，二维运动混合机的转筒可同时进行两个运动，一个为转筒的自转，另一个为转筒随摆动架的摆动。被混合物料在转筒内随转筒转动、翻转、混合的同时，又随转筒的摆动发生左右来回的掺混运动，在这两个运动的共同作用下，物料在短时间内得到充分混合。二维运动混合机具有混合时间短、混合均匀、混合量大、出料便捷等特点。二维运动混合机属于间歇操作设备。混合机内物料的运动状态与混合效果类似于 V 型混合机。适合于所有粉、粒状物料的混合。

4) 三维运动混合机

三维运动混合机由机座、传动系统、电机控制系统、多向运动机构和混合桶组成。具体如图4.11所示。工作时，当主动轴旋转时，由于两个万向节的夹持，混合容器在空间既有公转又有自转和翻转，做复杂的空间运动。当主轴转动一周时混合容器在两空间交叉轴上下颠倒4次，因此物料在容器内除被抛落、平移外还做翻倒运动，进行着有效的对流混合、剪切混合和扩散混合，使混合在没有离心力作用下进行，故混合均匀度高、物料装载系数大，特别是在物料间密度、形状、粒径差异较大时可得到很好的混合效果。

混料桶具有 X、Y、Z 方向的三维运动,物料在容器内做旋转、翻转和剪切作用,使物料在混合时不产生积聚现象,对不同密度和状态物料的混合不产生离心力的影响和比重偏析;各组分可有悬殊的质量比,混合时间仅为 $6\sim10$ min/次;混合均匀性可达99%以上;混合物最佳装载容量为料桶的80%,最大装载系数可达0.9(普通混合机为 $0.4\sim0.6$),比普通混合机装载容量提高近一倍;低噪声、低能耗、寿命长、体积小、结构简单,便于操作和维护;根据物料混合要求,与物料混合的同时可进行定时、定量喷液。调节时间继电器可合理利用混合时间;占地面积和空间高度小,上料和出料方便,容器和机身可用隔墙隔开。三维运动混合机适用于不同密度和状态的物料混合。

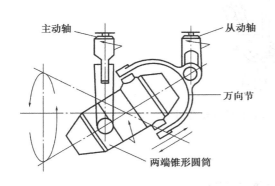

图4.11　三维运动混合机结构示意图

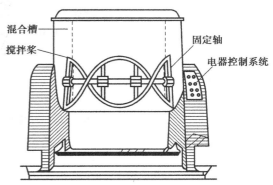

图4.12　槽型混合机结构示意图

5)槽型混合机

槽型混合机主要由混合槽、搅拌桨、固定轴等部件组成,具体如图4.12所示。

工作时,搅拌桨可使物料不停地以上下、左右、内外各个方向翻动,从而达到均匀混合的效果。副电机可使混合槽倾斜105°,使物料能倾出。一般槽内装料占槽容积的80%左右。混合时以剪切混合为主,混合时间较长,混合度与V型混合机类似。槽型混合机可间歇或连续操作或两者兼有;容器外可设夹套进行加热或冷却;适用于品种少、批量大的生产;对于黏附性、凝结性物料也能适应。特别适用于复方制剂和小剂量药物的混合及黏滞度较大的中药制剂的制粒。

6)双螺旋锥型混合机

双螺旋锥型混合机主要由锥形容器、螺旋推进器、转臂、传动系统等组成。具体如图4.13所示。工作时,双螺旋的快速自转将物料自下而上提升形成两股螺柱物料流;同时转臂带动螺杆的公转运动使螺旋外的物料不同程度地混入螺柱形的物料流内,造成锥形筒内的物料不断混掺错位,从而达到全圆周方位物料的不断扩散;被提升到上部的物料再向中心汇合,成为一股后向下流动。上述的复合运动可使物料在较短时间内获得均匀的高精度的混合。

双螺旋锥型混合机柔和的搅拌速度不会对易碎物料产生破坏,其搅拌作用对物料的化学反应有更好的配合作用。在混合过程中,物料混合过程温和,对物料颗粒不会压碎或破碎,对热敏性物料不会产生过热现象。适用于比重悬殊、粉体颗粒大的物料。

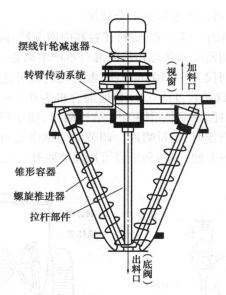

摆线针轮减速器

转臂传动系统

（视窗）

加料口

锥形容器

螺旋推进器

拉杆部件

（底阀）

出料口

图 4.13　双螺旋锥型混合机结构示意图

任务 4.4　物料干燥

4.4.1　干燥的概念和目的

1）概念

干燥是指利用热能使湿物料中的湿分（水分或其他溶剂）汽化，并利用气流或真空带走汽化了的湿分，从而获得比较完全的固液分离操作。在工业生产中，多先用机械法最大限度地除去物料中的湿分，再用干燥法除去剩余的湿分，最后获得合格的干燥产品。

2）目的

干燥的目的如下所述。

①便于药材的进一步加工处理：原料药干燥后脆性增强有利于粉碎；粉末或颗粒干燥后流动性增强，便于充填或压制成片。

②可增加药物的稳定性：通过干燥可降低原料药或成品的含水量，可减缓有效成分的降低和分解，防止药品变质，增长药品的保质期；不利于微生物的生长和繁殖。

③保证产品的内在和外观质量：不少制剂对水分的含量有严格的规定，尤其对有机溶剂的残留量有严格的限制，只有通过干燥才能达到质量要求。

④便于贮藏和运输：原料药或成品经干燥后，体积缩小、质量减轻，便于包装、贮藏和运输，降低运输成本。

4.4.2　干燥原理

湿物料进行干燥时,实际同时发生着热的传递和湿分的传递两个过程:第一,热量由热空气传送给湿物料,在热的作用下表面的水分立即汽化,并通过物料表面向外扩散;第二,由于湿物料表面湿分的汽化,物料内部与表面之间产生湿分浓度差,于是湿分即由物料内部向表面进行扩散。因此,在干燥过程中,其实同时进行着传热过程和传质过程,方向相反。在实际生产过程中干燥表现的最多的是水分的除去,因此干燥要进行,重要的条件是必须具备传质和传热的推动力,湿物料表面水分蒸汽压要大于干燥介质中水分蒸汽压的分压。压差越大,干燥进行得越快。因此,干燥介质除应保持与湿物料的温度差及较低的含湿量外,还必须及时地将湿物料汽化的水分带走,以保持较高的汽化推动力。

 知识链接

影响干燥的因素

(1)水分性质

①平衡水分与自由水分:物料与干燥介质(空气)相接触,以物料中所含水分能否干燥除去来划分平衡水分与自由水分。平衡水分是指在一定空气条件下,物料表面产生的水蒸气压等于该空气中水蒸气分压,此时物料中所含水分为平衡水分,是在该空气条件下不能干燥的水分。平衡水分是一定空气条件下物料可能干燥的限度,不因与干燥介质接触时间的延长而发生变化。而物料中多于平衡水分的部分称为自由水分,是能干燥除去的水分。平衡水分与物料的种类、空气状态有关,其含量随空气中相对湿度的增加而增大。通风可以带走干燥器内的湿空气,破坏物料与介质之间水的传质平衡,可提高干燥的速度,故通风是常压条件下加快干燥速度的有效方法之一。

②结合水分与非结合水分:物料干燥过程中,以水分干燥除去的难易程度划分为结合水分与非结合水分。结合水分是指借物理化学方式与物料相结合的水分,这种水分与物料的结合力较强,干燥速度缓慢,如结晶水、动植物细胞壁内的水分、物料内毛细管中的水分等。非结合水分是指以机械方式与物料结合的水分,水分与物料结合力较弱,干燥速度较快,如附着在物料表面的水分、物料堆积层中大空隙中的水分等。

(2)物料性质

物料的性质包括物料的形状大小、料层的厚度及水分的结合方式。如颗粒状物料比粉末状、块状、膏状物料干燥速率快,因为粉末之间空隙小,内部水分扩散慢。物料堆积越厚,暴露的面积越小,干燥也越慢。故应将物料摊平、摊薄。

(3)干燥介质的温度、湿度与流速

在适当的范围内提高空气的温度,会加快蒸发速度,加大蒸发量,有利于干燥。但应根据物料的性质选择适宜的干燥温度,以防止某些成分被破坏。干燥时若用静态干燥法则温度宜由低到高缓缓升温,而流化操作则需较高温度方可达到干燥目的。干燥介质的

温度及流速的影响包括两个方面：

①被干燥物料的相对湿度。

②干燥面上空间的相对湿度。

物料本身湿度大，水气量大，则干燥空间的相对湿度也大，物料干燥时间较长，干燥效率低。因此密闭的烘房、烘箱为避免相对湿度饱和而停止蒸发，常采用加吸湿剂如石灰、硅胶等将空间水分吸除，或采用排风、鼓风装置使空间气体流动更快。流化操作由于采用热气流干燥，因此常先将气流本身进行干燥或预热，以达降低相对湿度的目的。

（4）干燥速率

干燥速率是指在单位时间内，在单位干燥面积上被干燥物料的汽化的水分量。干燥过程可以明显地分成两个阶段，恒速阶段和降速阶段；在恒速阶段，干燥速率与物料湿含量（水分含量）无关；而在降速阶段，干燥近似地与物料湿含量成正比。干燥过程之所以出现两个阶段，是因为在干燥的初期，水分从物料内部扩散速率大于表面汽化速率，此时表面水分的蒸汽压恒定，表面汽化的推动力保持不变，因而干燥速率主要取决于表面汽化速率，所以出现恒速阶段；当干燥进行到一定程度，由于物料内部水分逐渐减少，水分从内至外的传质途径加长，导致扩散速率小于表面汽化速率，物料表面没有足够的水分满足汽化的需要，所以干燥速率逐渐降低。

（5）干燥方法

在干燥过程中，物料处于静态还是动态，会影响干燥的效率。静态干燥时，气流掠过物料层表面，干燥暴露面积小，干燥效率差，因此在干燥过程中物料铺层的厚度要适宜，并适时地进行搅动和分散，能提高干燥速度。而在动态干燥下，物料处于跳动或悬浮于气流之中，粉粒彼此分开，大大增加了干燥暴露面积，干燥效率高，如沸腾干燥、喷雾干燥等。

（6）干燥压力

压力与蒸发速度成反比，因而减压是加快干燥的有效手段。减压干燥能降低干燥温度、提高干燥效率，使产品疏松易碎、制剂质量稳定。

4.4.3　干燥方法

1）常压干燥

常压干燥是指在常压状态下进行干燥的方法。常压干燥简单易行，但干燥时间长，温度较高，易因过热引起成分破坏，干燥物较难粉碎，主要用于耐热物料的干燥。为加快干燥，必要时可加强翻动并及时排除湿空气。

2）减压干燥

减压干燥又称真空干燥，是指在负压状态下进行干燥的方法。此法具有干燥温度低，干燥速度快，设备密闭可防止污染和药物变质、产品疏松易于粉碎等特点，主要适用于热敏性物料，也可用于易受空气氧化、有燃烧危险或含有机溶剂等物料的干燥。

3)沸腾干燥

沸腾干燥又称流化床干燥,干燥过程中从流化床底部吹入的热空气流使湿颗粒向上悬浮,流化翻滚如"沸腾状",热气流在悬浮的湿粒间通过,在动态下进行热交换,带走水汽,达到干燥的目的。沸腾干燥是流化技术在干燥中的应用,主要用于湿粒性物料的干燥,如颗粒剂的干燥、片剂生产中湿颗粒的干燥等。

沸腾干燥具有以下特点:

①传热系数大,传热良好,干燥速度较快。

②干燥床内温度均一,并能根据需要调节,所得到的干燥产品较均匀。

③物料在干燥床内停留时间可任意调节,适用于热敏物料的干燥。

④可在同一干燥器内进行连续或间歇操作。

⑤沸腾干燥器物料处理量大,结构简单,占地面积小,投资费用低,操作维护方便。

沸腾干燥的缺点主要是对被处理物料含水量、形状和粒径有一定限制,不适宜于含水量高、易黏结成团的物料干燥,干燥后细粉比例较大,干燥室内不易清洗等。

4)喷雾干燥

喷雾干燥是指以热空气作为干燥介质,采用雾化器将液体物料分散成细小雾滴,当与热气流相遇时,水分迅速蒸发而获得干燥产品的操作方法。此法能直接将液体物料干燥成粉末状或颗粒状制品。

喷雾干燥具有:

①干燥速度快、干燥时间短,具有瞬间干燥的特点。

②干燥温度低,避免物料受热变质,特别适用于热敏性物料的干燥。

③由液态物料可直接得到干燥制品,省去蒸发、粉碎等单元操作。

④操作方便,易自动控制,减轻劳动强度。

⑤产品多为疏松的空心颗粒或粉末,疏松性、分散性和速溶性均好。

⑥生产过程处在密闭系统,适用于连续化大型生产,可应用于无菌操作。

喷雾干燥的缺点主要是传热系数较低,设备体积庞大,动力消耗多,一次性投资较大,干燥时物料易发生黏壁等。

5)冷冻干燥

冷冻干燥是指在低温、高真空条件下,使水分由冻结状态直接升华除去而进行干燥的一种方法。其干燥原理是将需要干燥的药物溶液预先冻结成固体,然后抽气减压,使水分在高真空和低温的条件下,由冰直接升华成气体,从而使药物达到干燥的目的。一些生物制品、抗生素以及粉针剂常采用此法干燥。

冷冻干燥特别适用于易受热分解的药物。干燥后所得的产品质地疏松,加水后迅速溶解恢复药液原有特性,同时产品质量轻、体积小、含水量低,可长期保存而不变质。冷冻干燥的缺点是设备投资费用高、干燥时间长、生产能力较低。

6)红外干燥

红外干燥是指利用红外辐射元件所发射的红外线对物料直接照射而加热的一种干燥方式。红外线是介于可见光和微波之间的一种电磁波,波长为 $0.72 \sim 5.6 \ \mu m$ 区域的称为近红外线,$5.6 \sim 1\ 000 \ \mu m$ 区域的称为远红外线。由于一般物料对红外线的吸收光谱大多位于远红外区域,故常用远红外线干燥。红外干燥时,由于物料表面和内部的分子同时吸收红外线,故受热均匀,干燥快,质量好。缺点是电能消耗大。

7)微波干燥

微波是指频率很高、波长很短,介于无线电波和光波之间的一种电磁波。微波干燥的原理是将湿物料置于高频电场内,湿物料中的水分子在微波电场的作用下,不断地迅速转动,产生剧烈的碰撞与摩擦,部分能量转化为热能,物料本身被加热而干燥。

微波干燥具有加热迅速、均匀、干燥速度快、穿透力强、热效率高等优点,微波操作控制灵敏、操作方便,对含水物料的干燥特别有利。缺点是成本高、对有些物料的稳定性有影响。

8)吸湿干燥

吸湿干燥是指将干燥剂置于干燥柜架盘下层,而将湿物料置于架盘上层进行干燥的方法。常用的干燥剂有无水氧化钙、无水氯化钙、硅胶等。吸湿干燥只需在密闭容器中进行,不需特殊设备,常用于含湿量较小及某些含有芳香成分的药材干燥。

4.4.4 干燥设备

1)平流箱式干燥器

由厢体、隔板架子、加热器、气流调节器、鼓风机等组成。具体如图4.14所示。工作时,热源多为蒸气加热管道,干燥介质为自然空气及部分循环热风,烘盘装载被干燥的物料,干燥过程中物料保持静止状态,料层厚度一般为10 mm。热风沿着物料表面和烘盘底面水平流过,同时与湿物料进行热交换并带走被加热物料中汽化的湿气,热风在循环风机作用下,部分从排风口放出,同时由进风口补充部分湿度较低的新鲜空气,与部分循环的热风一起加热进行干燥循环。当物料湿含量达到工艺要求时停机出料。

平流箱式干燥器结构简单,设备投资少,操作方便,适用性强。适用于药材提取物及丸剂、散剂、片剂颗粒的干燥,亦用于中药材的干燥。

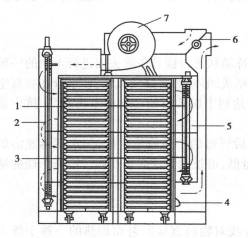

图4.14 平流箱式干燥器结构示意图
1,3—隔板;2,5—加热器;4—隔板架子;
6—气流调节器;7—鼓风机

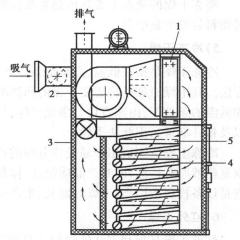

图4.15 穿流箱式干燥器结构示意图
1—加热器;2—循环风机;3—干燥机主体;
4—干燥隔板;5—物料盘

2）穿流箱式干燥器

穿流箱式干燥器主要由干燥机主体、循环风机、蒸气加热系统、料盘、排湿系统、电器控制箱等组成，具体如图4.15所示。与平流厢式干燥器基本相同，区别仅在于料盘有孔，形成穿流，中药材的干燥效率高于粉料。穿流箱式干燥器干燥效率高，但能量消耗较大，适用于中药材干燥。

3）沸腾干燥器

沸腾干燥器主要由捕集机构、搅拌机构、沸腾器、机身、上下气室等组成。具体如图4.16所示。工作时，将湿物料由加料器送入干燥器内多孔分布板（筛板）上，空气经过滤器过滤，加热后吹入流化床底部的分布板，使物料呈悬浮状态、上下翻动、形成流化状态而干燥，达到气固相的热质交换。干燥后的产品由卸料口排出，废气由流化床沸腾干燥器顶部排出，经袋滤器或旋风分离器回收，其中夹带的粉尘由抽风机排空。

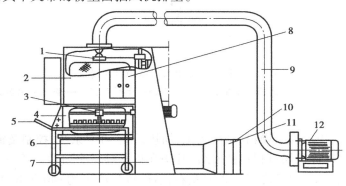

图4.16　沸腾干燥器结构示意图

1—捕集机构；2—上气室；3—搅拌机构；4—沸腾器；5—推车；6—下气室；
7—机身；8—电器柜；9—风管；10—空气过滤器；11—加热器；12—风机

操作时颗粒与气流间的相对运动比较激烈，气体与固体颗粒充分混合，接触面积强化了传热和传质，提高了干燥速率，因而床层内温度比较均匀；与厢式干燥器相比，沸腾干燥器具有物料停留时间短、干燥速率大等特点；物料在沸腾干燥器内的停留时间可按工艺生产要求进行调整；对被干燥物料在颗粒度上有一定限制，一般物料的粒径以大于 $30~\mu m$、小于 $6~\mu m$ 较为合适。粒度太小易被气流夹带，粒度太大不易流化；若几种物料混合在一起用沸腾干燥器进行干燥，则要求几种物料的密度要接近。对于某些热敏性物质的干燥较为适宜。流化床干燥器不适宜于含水量高和易黏结成团的物料干燥。

4）喷雾干燥器

喷雾干燥器主要由原料液供给系统、空气加热系统、干燥系统、气固分离系统及控制系统构成，其中干燥系统是关键部分，包括雾化器、干燥室等，具体如图4.17所示。工作时，药液自导管经流量计进入喷头后，同时被进入喷头的压缩空气将药液自喷头经涡流器利用离心力增速成雾滴喷入干燥室，再与热气流混合进行热交换后很快被干燥。当开动鼓风机后，空气经滤过器、预热器加热至280 ℃左右后，自干燥室上部沿切线方向进入干燥室，干燥室内一般保持120 ℃以下，已干燥的细粉落入收集桶内，部分干燥的粉末随热空气流进入分离器后捕集于布袋中，热废气自排气口排出。干燥速度快、干燥时间短，具有瞬间干燥的特点；干燥温度低，避免物料受热变质,特别适用于热敏性物料的干燥;由液态物料可直接得到干燥制品,省去蒸发、粉碎等单元操作;操作方便,易自动控制,减轻劳动强度;产品多为疏松的空心颗粒或粉末,疏松性、分散性和速溶性均好;生产过程处在密闭系统,适用于连续化大型生产,可应用于无菌操作。喷雾干燥器的缺点主要是传热系数较低,设备体积庞大,动力消耗多,一次性投资较大,干燥时物料易发生黏壁等。适用于热敏性物料的干燥。

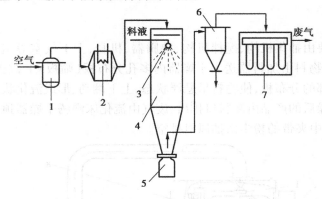

图 4.17　喷雾干燥器结构示意图

1—空气过滤器;2—加热器;3—喷嘴;4—干燥器;5—干料贮器;6—旋风分离器;7—袋滤器

5)冷冻干燥器

冷冻干燥器主要由冷冻干燥箱、制冷系统、加热系统、真空系统、控制及辅助系统组成。具体如图 4.18 所示。冷冻干燥过程包括冻结、升华和再干燥三个阶段。冷冻干燥器工作时,先将欲冻干物料用适宜冷却设备冷却至 2 ℃左右,然后置于冷至约-40 ℃冻干箱内。关闭干燥箱,迅速通入制冷剂(氟利昂、氨等),使物料冷冻,并保持 2~3 h 或更长时间,以克服溶液的过冷现象,使制品完全冻结。冻结结束后即可开动机械真空泵,并利用真空阀的控制,缓慢降低干燥箱中的压力,在压力降低的过程中,必须保持箱内物品的冰冻状态,以防溢出容器。待箱内压力降至一定程度后,再打开真空泵(或真空扩散泵),压力降到 1.33 Pa,-60 ℃以下时,冰即开始升华,升华的水蒸气在冷凝器内结成冰晶。为保证冰的升华,应开启加热系统,将搁板

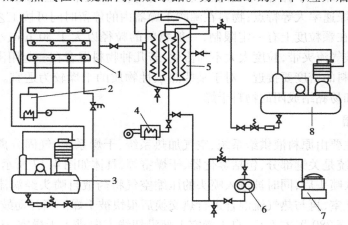

图 4.18　冷冻干燥器结构示意图

1—干燥室;2—加热系统;3,8—制冷机组;4—加热器;5—冷凝器;6—罗茨泵;7—旋片式真空泵

加热,不断供给冰升华所需的热量。在升华阶段内,冰大量升华,此时制品的温度不宜超过最低共熔点,以防产品中产生僵块或产品外观上的缺损,在此阶段内搁板温度通常控制在 30 ~ 35 ℃。实际操作应按制品的冻干曲线进行,直至制品温度与搁板温度重合达到干燥为止。为了减少水蒸气在升华时的阻力,冷冻干燥时制品不宜过厚,一般不超过 12 mm。

冷冻干燥器所得的产品质地疏松,加水后迅速溶解恢复药液原有特性,同时产品质量轻、体积小、含水量低,可长期保存而不变质;但设备投资费用高、干燥时间长、生产能力较低。适宜于热敏性物料、易水解物料、易氧化物料及易挥发成分的干燥。制药生产中常用于血浆、血清、抗生素、激素等生物制品和一些蛋白质药品如酶、天花粉蛋白以及一些须固体贮存而临用前溶解的注射剂。

6)红外干燥器

红外干燥器主要由干燥室、辐射能发生器、机械传动装置及辐射线的反射集光装置等组成,具体如图4.19所示。工作时,瓶子随输送带的输送依次进入红外干燥器的加热区、高温灭菌区(温度≥350 ℃,灭菌时间≥5 min)和低温冷却区,完成干燥和灭菌操作。

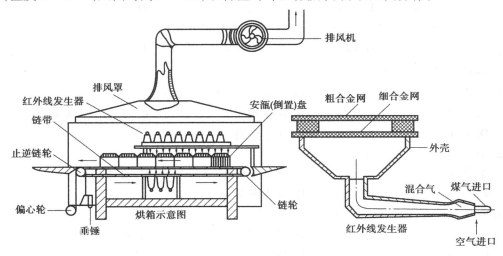

图 4.19　红外干燥器结构示意图

红外干燥器利用远红外线辐射作为热源,安全、卫生、干燥速度快,但耗电量大、设备投入高。红外干燥器适用于各种规格的安瓿瓶、西林瓶及口服液易拉瓶等玻璃容器作干燥连续灭菌及去除热原使用。

 综合测试

一、单项选择题

1. 利用高速流体起主要粉碎作用的粉碎机械是(　　　)。

A.球磨机　　　　B.万能粉碎机　　　C.万能磨粉机　　　D.流能磨

2. 贵重细料药物的粉碎方法错误的是(　　　)。

A.单独粉碎　　　B.干法粉碎　　　　C.混合粉碎　　　　D.湿法粉碎

3.能使物料瞬间干燥的是(　　)。

　　A.沸腾床干燥　　　B.喷雾干燥　　　　C.冷冻干燥　　　　D.辐射干燥

4.固体物料粉碎前粒径与粉碎后粒径的比值是(　　)。

　　A.混合度　　　　　B.粉碎度　　　　　C.脆碎度　　　　　D.崩解度

5.质地坚硬的矿物药,欲得极细粉时,常用的粉碎方法是(　　)。

　　A.加液研磨法　　　B.水飞法　　　　　C.单独粉碎　　　　D.混合粉碎

6.《中国药典》(2015版)将粉末分为(　　)等。

　　A.六　　　　　　　B.七　　　　　　　C.八　　　　　　　D.九

7.下列有关常压干燥的叙述中,错误的是(　　)。

　　A.操作简单易行　　B.干燥时间较长　　C.干燥物易粉碎　　D.干燥温度较高

8.对热不稳定的药物干燥可采用的方法是(　　)。

　　A.常压干燥　　　　B.冷冻干燥　　　　C.红外线干燥　　　D.微波干燥

9.需要水飞法粉碎的药物是(　　)。

　　A.樟脑　　　　　　B.地黄　　　　　　C.石膏　　　　　　D.朱砂

10.《中国药典》现行版规定六号筛相当于工业用筛目数是(　　)。

　　A.140目　　　　　B.120目　　　　　C.100目　　　　　D.80目

二、多项选择题

1.药物经粉碎后,进行筛析的主要目的是(　　)。

　　A.细度分等　　　　　　　　B.混合均匀　　　　　　　　C.便于含量测定

　　D.除去杂质　　　　　　　　E.便于识别

2.下列属动态干燥的是(　　)。

　　A.烘房干燥　　　　　　　　B.烘箱干燥　　　　　　　　C.沸腾床干燥

　　D.喷雾干燥　　　　　　　　E.冷冻干燥

3.常用的混合技术有(　　)。

　　A.研磨混合　　　　　　　　B.湿法混合　　　　　　　　C.过筛混合

　　D.搅拌混合　　　　　　　　E.粉碎混合

4.下列关于沸腾干燥的陈述,正确的是(　　)。

　　A.适于湿颗粒性物料的干燥　　　　　　　　B.气流阻力小,热利用率较高

　　C.干燥速度快　　　　　　　　　　　　　　D.不需要人工翻料和出料

　　E.适用于药材和药液的干燥

5.药典中粉末分等,包括(　　)。

　　A.最粗粉　　　B.粗粉　　　C.细粉　　　D.极细粉　　　E.微粉

三、简答题

1.筛分的目的是什么?操作中应注意哪些原则?

2.试述干燥的基本原理和影响干燥的因素。

3.怎样筛出细粉和极细粉?

第三部分
药品生产技术

项目 5　液体药剂的生产

项目描述

液体药剂是药物制剂的常见剂型,也是实际生活中应用比较普遍的剂型,该项目主要介绍药厂溶液剂、乳剂、混悬剂的生产工艺要求、生产流程、主要岗位的操作方法、关键设备的使用方法、产品质量检查的内容和检查方法,通过本项目的学习可满足药厂液体药剂的生产要求。

学习目标

掌握液体药剂岗位群生产流程,岗位操作方法,设备的使用方法。熟悉液体药剂质量检验的方法和标准。了解液体药剂的包装、贮存方法。能制备液体药剂,并能分析、解决制备过程中可能出现的问题。

任务 5.1　认识液体药剂

5.1.1　液体药剂的概念

液体药剂是指药物分散在适宜的分散介质中制成的液体形态的药剂。液体药剂包括多种剂型和制剂,临床应用广泛。它们的制备理论和工艺在药剂学中占有重要地位,并且是制备其他剂型的基础。液体制剂的分散相可以是液体、固体和气体。药物的存在形式可以是分子、离子、胶粒、微粒、液滴。为了保证液体制剂具有稳定性、安全性、有效性和均一性,在制备过程,除了需要加入适宜的分散介质,还需加入一些附加剂,如增溶剂、助溶剂、助悬剂、乳化剂、矫味剂、防腐剂等。

5.1.2　液体药剂的分类

1)按分散系统分类

(1)均相(单相)液体制剂

药物以分子或离子形式均匀分散的澄明溶液。属于热力学和动力学稳定体系。

①低分子溶液剂:又称真溶液。分散相为小于 1 nm 的分子或离子,能透过滤纸或半透膜,如氯化钠水溶液、樟脑的乙醇溶液等。

②高分子溶液剂:又称胶体溶液,主要是以水作为分散介质时,成为亲水胶体。分散相为 1～100 nm 的高分子化合物。能透过滤纸,不能透过半透膜。如明胶的水溶液。

（2）非均相液体制剂

液体制剂药物是以微粒或液滴的形式分散在液体分散介质中。属于热力学、动力学不稳定体系。

①溶胶剂:又称胶体溶液,当以水为分散介质时,称为疏水胶体。分散相为 1～100 nm 的固体药物。能透过滤纸,不能透过半透膜。如氢氧化铁溶胶、硫溶胶等。

②混悬液:是指分散相为大于 100 nm 的固体药物,不能透过滤纸,外观混浊,如炉甘石洗剂、硫黄洗剂等。

③乳浊液:又称乳剂。分散相为大于 100 nm 的液体药物,不能透过滤纸,外观呈乳状或半透明状,如鱼肝油乳,松节油搽剂等。

2）按给药途径分类

（1）内服液体药剂

常见的内服液体药剂有口服液、糖浆剂等。

（2）外用液体药剂

常见的外用液体药剂有洗剂、搽剂、滴耳剂、滴鼻剂、含漱剂和灌肠剂等。

5.1.3　液体药剂的质量要求

液体药剂的质量要求均相液体药剂应澄明,非均相液体药剂的分散相应小而均匀,振摇时可均匀分散;液体药剂的有效成分含量应准确、质量稳定,符合药典要求;液体药剂应具有一定的防腐能力,微生物限度检查应符合药典要求;不得有发霉、酸败、变色、异臭、异物、产气或其他变质现象。

5.1.4　液体药剂的分散介质

分散介质对液体药剂的质量和稳定性均有影响。使用时选择的条件是毒副作用小;化学性质稳定;不影响药效发挥;不影响含量测定;廉价易得等特点。

（1）极性分散介质

①水:制备液体药剂所用的水为纯化水。水能与乙醇、甘油、丙二醇等任意混溶。水能溶解大多数的无机盐和极性大的天然或合成的有机药物,如糖类、苷类、树胶、鞣质、酸类、色素、黏液质、蛋白质及生物碱盐。水因无药理作用,所以是首选的分散介质。但水无防腐作用,制剂中应加入适宜的防腐剂。

②甘油:为无色黏稠液体,能与水、乙醇、丙二醇等任意混溶。毒性小,有甜味,对苯酚、鞣质、硼酸的溶解度比水大。无水甘油有吸水性,对皮肤、黏膜有脱水作用和刺激性。但含水 10% 以上的甘油对皮肤、黏膜无刺激性。外用制剂中,甘油具有滋润皮肤,延长药效的作用。

含甘油 30% 以上时有防腐作用。

③二甲基亚砜:常温下为无色无臭的透明液体,能溶于水、乙醇、丙二醇、苯和氯仿等大多数有机物,被誉为"万能溶剂"。有促进药物在皮肤、黏膜的渗透作用,对皮肤略有刺激性。60% 的水溶液冰点为−80 ℃,故有防冻作用。

(2)半极性分散介质

①聚乙二醇:分子量在 1 000 以下者为液体,如 PEG-200、PEG-300、PEG-400、PEG-600 均为中等黏度无色带有微臭的液体,略有吸湿性。液体制剂中常用的为聚乙二醇 300 ~ 600,化学性质稳定,不易水解破坏,有强亲水性,能与水、乙醇、甘油、丙二醇等溶剂以任意比例混合,能溶解许多水溶性的无机盐和水不溶性的有机物,对易水解药物有一定的稳定作用。具有保湿作用,在外用制剂中能增加皮肤的柔润性。

②丙二醇:无色透明的黏稠液体,无臭,味微甜。性质基本上与甘油相同,但黏度、毒性和刺激性均较甘油小。其溶解性能好,能溶解很多药物如磺胺类药、局部麻醉药、维生素 A、D 及很多挥发油,能与水、甘油、乙醇混溶,还能溶解于乙醚、氯仿中。一定比例的丙二醇和水的混合液能延缓某些药物的水解,增加其稳定性。一定浓度的丙二醇尚可作为药物经皮肤或黏膜吸收的渗透促进剂。

③乙醇:乙醇的溶解范围很广,能与水、甘油、丙二醇等溶剂任意比例混合。生物碱、甙类、挥发油、树脂、色素等均溶于乙醇。但乙醇有生理活性,对黏膜产生刺激性。乙醇易挥发,易燃烧,成本高。为防止乙醇挥发,其制剂应密闭贮存。含有 20% 以上的乙醇具有防腐作用。

(3)非极性分散介质

①液状石蜡:液体石蜡是从石油产品中分离得到的液态饱和烃的混合物,为无色无臭无味的黏性液体,有轻质和重质两种,前者密度为 0.823 ~ 0.880 g/cm³,多用于外用液体制剂;后者密度为 0.860 ~ 0.890 g/cm³,常用于软膏剂。能溶解生物碱,挥发油及一些非极性药物,但与水不能混溶。化学性质稳定,但长期受热和光照会氧化,可作口服制剂和擦剂的溶剂。

②脂肪油:包括花生油、麻油、豆油、棉籽油、茶油,为常用非极性溶剂,能溶解固醇类激素、油溶性维生素、游离生物碱、有机碱、挥发油和许多芳香族药物,不能与水、乙醇等极性溶剂相混溶。多用于外用制剂,如滴鼻剂、洗剂、擦剂等,也可作为内服制剂的溶剂,如维生素 A 和 D 溶液剂。脂肪油容易氧化酸败,也易与碱性物质发生皂化反应而影响制剂的质量。

③乙酸乙酯:是无色或淡黄色透明油状液体,浓度较高时有刺激性气味,易挥发,20 ℃时密度为 0.866 ~ 0.874 g/mL。易氧化,在空气中放置变色,加抗氧剂可防止其氧化。

5.1.5 增加药物溶解度的方法

某些药物因溶解度较小,即使制成饱和溶液,其浓度也不符合临床要求,因此,需要增药物的溶解度。

(1)制成盐类

一些难溶性弱酸或弱碱性药物,可制成盐类增加其溶解度。弱酸性药物与碱(如氢氧化钠、氢氧化钾、氨水、三乙醇胺等)成盐。弱碱性药物与酸(如盐酸、硫酸、磷酸、硝酸、枸橼酸等)成盐。选用哪种酸或碱制成盐类,除了要考虑其盐的溶解度,还应考虑其盐溶液的稳定性、安全性和刺激性等。

（2）更换溶剂或应用潜溶剂

在水中溶解度小的药物，在非极性或半极性溶剂中溶解度有可能增加，如樟脑不溶于水而溶于乙醇。可采用更换溶剂的方式增加药物的溶解度。

某些药物在两种溶剂中溶解度都很小，但当两种溶剂按一定比例制成混合溶剂，药物在此混合溶剂中溶解度比在单一溶剂中溶解度增大的现象，称为潜溶，混合溶剂为潜溶剂。与水常制成潜溶剂的有：乙醇、甘油、丙二醇、PEG-300、PEG-400。

（3）加入增溶剂

增溶是指某些难溶性药物在表面活性剂的作用下，在溶剂中溶解度增大并形成澄清溶液的过程。具有增溶能力的表面活性剂称为增溶剂，被增溶的物质称为增溶质。对于以水为溶剂的药物，增溶剂的最适 HLB 值为 15~18。常用的增溶剂为聚山梨酯类和聚氧乙烯脂肪酸酯类等。许多药物，如挥发油、脂溶性维生素、甾体激素类、生物碱、抗生素类等均可用此法增溶。

（4）加入助溶剂

助溶系指难溶性药物与加入的第三种物质在溶剂中形成可溶性络合物、复盐或缔合物等，以增加药物在溶剂（主要是水）中的溶解度，这第三种物质称为助溶剂。助溶剂可溶于水，多为低分子化合物（不是表面活性剂），可与药物形成络合物。如碘在水中溶解度为 $1:2\,950$，如加适量的碘化钾，可明显增加碘在水中溶解度，能配成含碘 5% 的水溶液。碘化钾为助溶剂，增加碘溶解度的机理是 KI 与 I_2 形成分子间的络合物 KI_3。

常用的助溶剂可分为两大类：一类是某些有机酸及其钠盐，如苯甲酸钠、水杨酸钠、对氨基苯甲酸钠等；另一类为酰胺类化合物，如乌拉坦、尿素、烟酰胺、乙酰胺等。

助溶剂的助溶剂机理复杂，有些至今尚不清楚。因此，关于助溶剂的选择尚无明确的规律可循，一般只能根据药物性质，选用与其能形成水溶性络合物、复盐或缔合物的物质，它们可以被吸收或者在体液中能释放出药物，以便药物的吸收。常见难溶性药物及其应用的助溶剂见表 5.1。

表 5.1 常见难溶性药物及其应用的助溶剂

药 物	助溶剂
碘	碘化钾，聚乙烯吡咯烷酮
咖啡因	苯甲酸钠，水杨酸钠，对氨基苯甲酸钠，枸橼酸钠，烟酰胺
可可豆碱	水杨酸钠，苯甲酸钠，烟酰胺
茶碱	二乙胺，其他脂肪族胺，烟酰胺，苯甲酸钠
盐酸奎宁	乌拉坦，尿素
核黄素	苯甲酸钠，水杨酸钠，烟酰胺，尿素，乙酰胺，乌拉坦
安络血	水杨酸钠，烟酰胺，乙酰胺
氢化可的松	苯甲酸钠，邻、对、间羟苯甲酸钠，二乙胺，烟酰胺
链霉素	蛋氨酸，甘草酸
红霉素	乙酰琥珀酸酯，维生素 C
新霉素	精氨酸

5.1.6 液体药剂的附加剂

（1）防腐剂

防腐剂又称抑菌剂，是指抑制微生物生长、繁殖的化学物质。使用时，若低于抑菌浓度，微生物仍可生长繁殖；浓度过大，有时也有杀灭微生物的作用。大多数防腐剂都有一定毒性，所以尽量少用或不用。

①苯甲酸和苯甲酸钠：其防腐作用是靠未解离的分子苯甲酸，其离子无作用。因此，溶液的 pH 值影响苯甲酸的防腐力。苯甲酸 $pKa = 4.2$，故溶液的 pH 值在 4 以下抑菌效果好。溶液 pH 值超过 5 时，防腐能力降低。苯甲酸常用浓度为 0.1%～0.3%，一般配成 20% 的乙醇溶液备用。苯甲酸钠常用量为 0.2%～0.5%。

②对羟基苯甲酸酯类（尼泊金酯类）：对羟基苯甲酸酯类有甲酯、乙酯、丙酯和丁酯，抑菌浓度分别为甲酯 0.05%～0.25%、乙酯 0.05%～0.15%、丙酯 0.02%～0.075% 和丁酯 0.01%，几种酯合并使用有协同作用，抑菌效果好，如乙酯与丙酯（1∶1）合用或乙酯与丁酯（4∶1）合用。对羟基苯甲酸酯类是一类优良的防腐剂，无味、无臭、不挥发、化学性质稳定。在酸性、中性溶液中均有效，但在酸性溶液中作用最强，而在弱碱性溶液中作用减弱。对霉菌和酵母菌作用强，而对细菌作用较弱，广泛用于内服液体制剂中。

③山梨酸：为白色或乳白色针晶或结晶性粉末，有微弱特异臭。分子状态的山梨酸具有防腐作用，因此，酸性条件下抑菌效果好。常用量为 0.05%～0.2%，与其他防腐剂合用有协同作用，山梨酸钾、山梨酸钙作用于山梨酸相同，在水中溶解度更大，需在酸性溶液中使用。

④苯扎溴铵：也称新洁尔灭，常用量 0.02%～0.2%，性质稳定，溶于水和乙醇。

⑤其他防腐剂：20% 以上的乙醇溶液、30% 以上的甘油溶液、含薄荷油 0.05%、含桂皮油 0.01%、含苯甲醇 0.5%、含三氯叔丁醇 0.5%，含醋酸氯己定 0.02%～0.05% 等，均具有防腐作用。

（2）矫味剂

①甜味剂：甜味剂主要用于掩盖苦、涩、咸味，包括天然的和合成的两大类。天然的甜味剂蔗糖和单糖浆应用最广泛。甜菊苷甜度比蔗糖大约 300 倍；合成的甜味剂有糖精钠，甜度为蔗糖的 200～700 倍，易溶于水，但水溶液不稳定，长期放置甜度降低。常用量为 0.03%，常与单糖浆、蔗糖和甜菊苷合用，常作咸味的矫味剂。

②芳香剂：在制剂中有时需要添加少量香料和香精以改善制剂的气味和香味，掩盖药物的不良臭味。这些香料与香精称为芳香剂，香料分天然香料和人造香料两大类。天然香料有植物中提取的芳香性挥发油，如柠檬、薄荷挥发油等以及它们的制剂，如薄荷水、桂皮水；人造香料也称调和香料，是由人工香料添加一定量的溶剂调合而成的混合香料，如苹果香精、香蕉香精等。

③胶浆剂：胶浆剂具有黏稠缓和的性质，可以干扰味蕾的味觉而能矫味，如阿拉伯胶、羧甲基纤维素钠、琼脂、明胶、甲基纤维素等的胶浆。如在胶浆剂中加入适量糖精钠或甜菊苷等甜味剂，则增加其矫味作用。

④泡腾剂：用于掩盖苦味。常用有机酸（如酒石酸、枸橼酸等）与碳酸氢钠混合后，遇水产生大量二氧化碳，二氧化碳溶于水中显酸性，通过麻痹味蕾而起矫味作用。

（3）着色剂

有些药物制剂本身无色,为了达到心理治疗或某些目的需加入到制剂中进行调色的物质称着色剂。着色剂可用来识别制剂品种、区分应用方法和减少病人对服药的厌恶感,尤其是选用的颜色与矫味剂能够配合协调,更易为病人所接受。但大多数着色剂都有一定毒性,原则上内服药剂不用或少用。

①天然色素:常用的有植物性和矿物性色素,可做食品和内服制剂的着色剂。植物性色素,如胡萝卜素、甜菜红、姜黄、叶绿素铜钠盐、焦糖等。矿物性色素,如氧化铁等。

②合成色素:人工合成色素的特点是色泽鲜艳,价格低廉,大多数毒性比较大,用量不宜过多。我国内服的合成色素如胭脂红、苋菜红、柠檬黄、靛蓝,常用量为 0.000 5% ~ 0.001% 。国外广泛应用的是赤藓红、橘黄、亮蓝和坚牢绿。

外用液体药剂常用伊红、品红及亚甲蓝,三种色素均可用于碱性溶液,品红也可用于酸性溶液。

任务 5.2　口服溶液和糖浆剂的生产

5.2.1　生产工艺流程

1）口服溶液的生产工艺流程

口服溶液剂是指药物溶解于适宜溶剂中制成的澄清溶液。溶质一般为非挥发性的低分子化学药物,溶剂多为水,也可为乙醇或油,供内服或外用。溶液剂应澄清,不得有沉淀、浑浊、异物等。根据需要溶液剂中可加入助溶剂、抗氧剂、矫味剂、着色剂等附加剂。药物制成溶液剂后,以量取替代了称取,对小剂量药物或毒性较大的药物很适宜;某些药物只能以溶液形式贮存,如过氧化氢溶液、氨溶液等。口服溶液剂的制备方法有:溶解法、稀释法与化学反应法,其中以溶解法最为常用。

溶解法的制备过程:称量→溶解→过滤→分装→质检→包装。

制备步骤:

①准备工作:清洗所用的容器、用具,若为非水溶剂,容器用具应干燥。

②称量:调平天平、准确称取药物,量取液体药物时,量器应干燥,黏稠液体要倾倒完全。

③溶解:取处方量 1/2 ~ 3/4 的溶剂,加入药物搅拌溶解,溶解顺序为溶解度小的药物及附加剂先溶,挥发性药物最后加入。

④过滤:选用滤纸、脱脂棉或其他适宜滤器,将药液过滤,然后自滤器上加溶剂至全量。

⑤质检:按质量标准规定检查主药含量、pH 值、澄明度等。

⑥包装:将检验合格的药液灌装入包装容器中,严密封口,贴上标签。

口服溶液按其种类可以分为:以中药材为原料进行提取、浓缩而制备的中药口服液;以化学药物为原料而制备的西药口服液两大类。口服液的生产,其工艺流程及环境区域划分如图5.1 所示。

图 5.1　口服液工艺流程图及环境区域的划分

2）糖浆剂的生产工艺流程

糖浆剂是含有药物或提取物的浓蔗糖水溶液，供口服。糖浆剂根据用途不同分为矫味糖浆（如单糖浆、芳香糖浆）和药用糖浆（如川贝枇杷糖浆）。单糖浆指纯蔗糖的近饱和水溶液，含蔗糖85%（g/mL）或64.7%（g/g）。药典中规定糖浆剂中蔗糖的含量不应低于45%（g/mL）；除另有规定外，糖浆剂应澄清，在贮存过程中不能有发霉、酸败、产气或其他变质现象。糖浆剂易被细菌、真菌和其他微生物污染，致使糖浆剂混浊或变质。当糖浆剂中蔗糖浓度高时，渗透压大，具有抑菌作用；低浓度的糖浆剂则应添加防腐剂。糖浆剂应密封，在30 ℃下贮存。

糖浆剂的制备方法有：热溶法、冷溶法和混合法。

（1）热溶法

热溶法是将蔗糖溶于沸水中，继续加热搅拌使其全部溶解，趁热过滤，在适宜温度下加入其他药物，搅拌溶解、过滤，自滤器加蒸馏水至全量，分装即得。

用热溶法制备糖浆剂，温度越高蔗糖在水中溶解度越大；加热条件下蔗糖的溶解速度也快，易过滤；高温还可以杀灭微生物繁殖体。但加热时间过长易使转化糖的含量增加，糖浆剂颜色变深。该法适合于对热稳定的药物和有色糖浆的制备，对于热不稳定的药物需再降温后加入。

（2）冷溶法

冷溶法是将蔗糖溶解于常温水中或含药溶液中，过滤即得。该法制备的糖浆剂颜色较浅，但生产周期较长并容易污染微生物，适用于对热不稳定的药物或挥发性药物。

（3）混合法

混合法是将含药溶液与单糖浆直接混合均匀即得，本法用于含药糖浆的制备。

含药糖浆中药物的加入方法：

①水溶性固体药物：先用少量纯化水溶解后，再与单糖浆混匀。

②水中溶解度小的药物：可用其他适宜溶剂使其先溶解，再加入单糖浆中混匀。

③可溶性液体药物或液体药物制剂：可直接加入单糖浆中混匀，必要时过滤。

④药物为含乙醇的液体制剂：它们与单糖浆混合时常发生混浊，可加入适量甘油助溶。

⑤药物为水性浸出制剂：含杂质较多，需纯化精制后再加入单糖浆中。

中药糖浆制剂的工艺流程及环境区域划分如图5.2所示。

5.2.2　车间布置要求

按区域划分原则为：一般生产区无洁净级别要求，如原料、附加剂、包装材料的存放间等。中药材提取、药液的配液、分离纯化、浓缩、滤过、灌装、锁口、玻璃瓶的精洗等工序需在 C 级洁净区内完成。

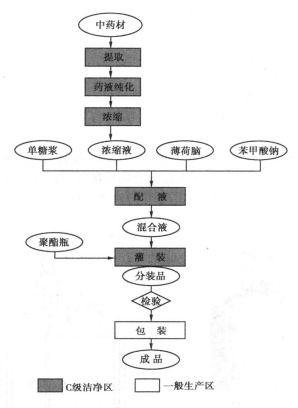

图 5.2　糖浆剂的工艺流程图及环境区域的划分

车间无论楼房或平房,均需按 GMP 要求划分区域,同时各区域之间设有相应的缓冲间与卫生通道,严格做到人流物流分开,避免交叉污染。非生产区如行政、辅助工序应与生产区保持一定距离。对洁净区内的工艺卫生应严格要求:温度控制为 18 ~ 24 ℃,相对湿度控制为 45% ~ 65%,换气次数控制为 15 ~ 20 次/h。

5.2.3　药物的溶解、稀释原理与配液设备

(1)药物的溶解度

溶解度是指在一定温度下(气体在一定压力下),一定量的饱和溶液中溶解的溶质的量。一般以 1 g 或 1 mL 溶质溶于若干毫升溶剂表示。药典中用极易溶解、易溶、溶解、略溶、微溶、极微溶解、几乎不溶和不溶等表示药品的近似溶解度。

(2)药物的溶解速度

药物的溶解速度是指单位时间药物溶解进入溶液主体的量。

(3)浓溶液的稀释

浓溶液的稀释是指在浓溶液中加入一定量的溶剂得到所需浓度的溶液。浓溶液的稀释计算广泛应用于药剂生产,如采用稀释法制备溶液剂;水煎煮浓缩液加乙醇沉淀;注射液浓配液的稀释等过程均离不开稀释计算。

稀释计算的基本原则是稀释前后的溶质量不变。计算时应注意等式两边的浓度、体积单

位均应一致。基本计算公式见式(5.1):

$$C_1 V_1 = C_2 V_2 \tag{5.1}$$

式中　C_1——稀释前溶液的浓度;

　　　C_2——稀释后溶液的浓度;

　　　V_1——稀释前浓溶液的体积;

　　　V_2——稀释后溶液的体积

（4）配液罐

配液罐是用于药品生产过程中的中间缓冲、储液、搅拌、调配的设备。具备无污染、效率高、搅拌均匀、操作方便等优点。罐顶部配备有物料接口、清洗口、放空口,罐下部配置有出料口,配液罐的外观和结构如图5.3所示。使用方法及注意事项如下:

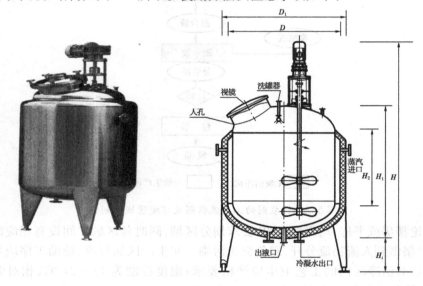

图 5.3　配液罐外观和结构图

①搅拌罐使用前,罐内须用热水洗干净,然后用蒸汽消毒。各种物料由固定在罐盖上的物料管进入罐内,或开放罐盖倒入,输入物料不宜装得太满,以免物料被搅拌时外溅,造成环境不卫生或损失。

②按比例装入罐内,待装满后,再开动电机,搅拌均匀,开放气动隔膜阀,待下次进料。

③搅拌结束,放尽罐内剩余物料,应尽快用温水冲洗,刷掉附着物料,然后用 40 ~ 50 ℃碱水在容器内壁全面清洗,并用温水冲洗,待下次使用。

④要经常注意检查设备和减速器的工作情况,减速器润滑油不足时,应及时补充,半年换一次。在设备不用时,一定要用温水清洗内外,以免腐蚀,经常擦洗罐体,保持外表清洁,内胆光亮,达到经久耐用的目的。

⑤该设备是压力容器安装和使用前均应同当地相关部门审批后方可执行。

⑥操作人员上岗前应进行上岗培训。

⑦不允许超压使用和违规使用设备。

5.2.4　液体制剂瓶装包装常用设备

1）GCB4D 型四泵直线式灌装机

灌装机有真空式、加压式及柱塞式等,灌装工位有直线式和转盘式。四泵直线式灌装机是目前制药企业最常用的糖浆灌装设备,全机可自动完成输送、灌装等工序,适用于 30 ~ 1 000 mL 各类材质的圆瓶、异型瓶等,糖浆、酊剂、膏汁、油类、水类及一般乳浊液、混悬液等各类液体的灌装。

（1）基本构造

灌装机主要由理瓶机构、输瓶机构、灌装机构、挡瓶机构、动力部分组成。

（2）基本原理

容器经理瓶机构整理后,经输瓶轨道将空瓶运送到灌装工位进行灌装,药液经柱塞泵计量后,经直线式排列的喷嘴灌入容器内,同时由挡瓶机构准确定位瓶子灌装药液。

（3）工作过程

瓶子先经翻瓶装置翻正,由推瓶板推入理瓶盘,经拨瓶杆或异型搅瓶器使之有规则的进入输瓶轨道,再由传送带将空瓶运输到灌注工位中心进行灌注,由曲柄连杆机构带动计量泵将待装液体从储液槽中抽出,注入传送带的空瓶内。每次灌注前先用定位器将瓶口对准喷嘴中心,再插入瓶内进行灌装。

（4）性能特点

采用计量泵消泡式压力灌装,喷嘴行程可调节,使产量显著提高,并能有效防止灌装时泡沫的产生;计量泵的标准可在其工作范围内调节;灌液喷嘴设有防漏装置,可杜绝灌装时液体滴漏;自动理瓶、输瓶灌装、灌装速度可无级调速;机器具有缺瓶、卡瓶、堆瓶等自动停车保护功能。

（5）技术参数

①生产能力:1 800 ~ 4 800 瓶/h。

②容量规格:30 ~ 1 000 mL。

③喷嘴个数:4 个。

④喷嘴行程:60 ~ 220 mm。

⑤功率:1.43 kW、380 V、50 Hz。

2）FTZ30/80 型防盗盖轧盖机

轧盖机适用于制药、食品、化工等行业,20 ~ 1 000 mL 各类材质圆瓶、异型瓶的旋盖或轧盖。

（1）工作过程

FTZ30/80 型防盗盖轧盖机的工作过程为输瓶、理盖、取盖、旋盖（或轧盖）。

（2）性能特点

采用变频调速且配有光电自控系统;缺瓶、堆瓶能自动停机,保持全线动作协调;里盖采用大容量电磁振荡斗送料装置,瓶盖运送平稳,整理效果好,供盖效率高,减轻加料劳动强度;弹性取盖,同步压盖规整,结构新颖,动作准确,取盖可靠。

（3）技术参数

①生产能力：20～80 瓶/min。

②适用规格：瓶身直径 20～80 mm,瓶盖外径 10～60 mm,高度 ≤185 mm。

③电容量、电压等级：50 Hz、1.12 kW、380 V。

3）YZ25/500 液体灌装自动线

该线主要由 CX25/1000 型洗瓶机、GCB4D 型四泵直线式灌装机、XGD30/80 型单头旋盖机（或 FTZ30/80 型防盗轧盖机）、ZT20/1000 转鼓贴标机（或 TNJ30/80 型不干胶贴标机）组成,可以自动完成洗瓶、理瓶、输瓶、计量灌装、旋盖（或轧盖）、贴标签、印批号等工序。

技术参数：

①生产能力：20～80 瓶/min。

②规格：25～500 mL。

③计量误差：≤±0.5%。

④包装容器：各种材质的圆瓶、异型瓶、罐、听等。

4）BXTG200 型塑料瓶糖浆灌装联动机组

该机组适用于药厂塑料瓶或圆瓶的理瓶、气洗瓶、灌装、上盖、旋盖等糖浆剂的包装生产。此机是在吸收国外先进技术基础上研制出的新一代糖浆生产联动设备,其规格少且更换简单、通用性强、设计先进、机构合理、操作人员少、自动化程度高、运行平稳、生产效率高、实现了机电一体化,符合 GMP 要求。

技术参数：

①生产能力：50～200 瓶/min。

②规格：50～500 mL。

③包装容器：塑料扁瓶或圆瓶（玻璃瓶）ϕ30～80 mm,高 60～200 mm。

④外形尺寸：1 300 mm×2 280 mm×2 500 mm。

实例解析1　复方碘口服溶液

【处方】碘 50 g　碘化钾 100 g　纯化水适量。

【分析】①碘为主药。②碘化钾为主药,同时还是助溶剂,能增加碘在水中的溶解度。③纯化水为溶剂。

【制法】①取碘化钾,加入少量纯化水约 100 mL 溶解配成浓溶液。②加入碘搅拌,使之溶解。③加入纯化水适量至 1 000 mL,搅匀,即得。

实例解析2　复方硼砂溶液

【处方】硼砂 2 g　甘油 3.5 mL　碳酸氢钠 1.5 g　液体苯酚 3.5 mL　蒸馏水加至 100 mL。

【分析】①反应生成的甘油硼酸钠显碱性,可中和酸性分泌物。②苯酚有抑菌作用。③硼砂易溶于沸水或甘油,制备时用热水溶解可加快溶解速度。④上述反应中甘油是过量的,剩余甘油可减小苯酚刺激性,并显甜味。

【制法】①取硼砂加入 50 mL,热蒸馏水中,溶解,放冷。②加入碳酸氢钠溶解。③另取液体苯酚加甘油搅匀,缓缓加入上述溶液中,随加随搅拌,待气泡消失后,加蒸馏水至 100 mL,必要时过滤,即得。

【反应式】

$$Na_2B_4O_7 \cdot 10H_2O + 4C_3H_5(OH)_3 \longrightarrow 2C_3H_5(OH)HBO_3 + 2C_3H_5(OH)NaBO_3 + 13H_2O$$

$$C_3H_5(OH)HBO_3 + NaHCO_3 \longrightarrow C_3H_5(OH)NaBO_3 + CO_2 \uparrow + H_2O$$

实例解析3　单糖浆的制备

【处方】蔗糖 85 g　纯化水加至 100 mL。

【制法】①取 45 mL 水煮沸,加入 85 g 蔗糖搅拌溶解。②继续加热至 100 ℃后,趁热用脱脂棉或几层纱布过滤。③自滤器补加热水至 100 mL,混合均匀,即得。

【注意事项】①单糖浆也可以用冷溶法制备,在洁净环境下将蔗糖装入渗漉筒内,反复渗漉,至蔗糖全部溶解为止。②应在无菌环境中制备,各种设备、容器具应清洁消毒或灭菌处理,并及时灌装。③应选择药用白砂糖;生产中宜用蒸汽夹层锅加热,要严格控制加热温度和时间。

实例解析4　葡萄糖酸亚铁糖浆

【处方】葡萄糖酸亚铁 25 g　蔗糖 650 g　尼泊金乙酯 0.5 g　柠檬香精适量　纯化水加至 1 000 mL。

【分析】①葡萄糖酸亚铁为主药。②尼泊金乙酯为防腐剂。③蔗糖为甜味剂。④柠檬香精为芳香剂。⑤纯化水为溶剂(分散剂)。

【制法】①取纯化水 350 mL 煮沸,加入蔗糖溶解继续加热至 100 ℃,停止加热,趁热过滤得单糖浆。②将葡萄糖酸亚铁溶于 200 mL 热水中,必要时过滤。③尼泊金乙酯用 5 mL 乙醇溶解,将两液与单糖浆混合。④混合液放冷后加柠檬香精和适量的水至 1 000 mL,即得。

任务 5.3　乳浊液的生产

5.3.1　乳浊液的生产工艺流程

乳剂也称乳浊液是指两种互不相溶的液体混合,其中一种液体以小液滴(乳滴)状态分散在另一种液体(分散介质)中形成的非均匀分散的液体制剂。小液滴被称为分散相、内相或不连续相,分散介质被称为外相或连续相,分散相液滴大小一般为 0.1～100 μm。乳剂的组成有:油相、水相、乳化剂,乳化剂为表面活性剂或其他高分子化合物等。乳剂的应用广泛,可内服、外用、注射及制成乳剂型软膏剂、气雾剂等。

乳剂中液滴分散度大,吸收好、药效快、生物利用度高;油溶性药物制成 O/W 型乳剂可掩盖药物的油腻性和不良臭味,有利于吸收;水溶性药物制成 W/O 型乳剂有延长药效的作用;外用乳剂能改善药物对皮肤、黏膜的渗透性,减少刺激性;O/W 型乳剂静脉注射吸收快、药效高、有靶向性。

乳剂的基本类型有两种:

①油为分散相,分散在水中,称为水包油(O/W)型乳剂。

②水为分散相,分散在油中,称为油包水(W/O)型乳剂。

经过二步乳化法制得的为复乳,分为 W/O/W 或 O/W/O 型。根据乳滴的大小,还可将乳剂分为普通乳、亚微乳、纳米乳。

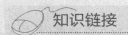
知识链接

乳剂的鉴别

鉴别项目	O/W 型乳剂	W/O 型乳剂
外观	通常为乳白色	接近油的颜色
稀释	可用水稀释	可用油稀释
导电性	导电	不导电或几乎不导电
水溶性染料	外相染色	内相染色
油溶性染料	内相染色	外相染色

乳剂的制备方法有干胶法、湿胶法、新生皂法、机械法等。

1)干胶法

乳化剂(胶粉)先与油相研磨,混合均匀后加入水相,继续研磨形成初乳。此时,油、水、胶三者的比例为:若乳化植物油为 4∶2∶1,乳化液状石蜡为 3∶2∶1,乳化挥发油为 2∶2∶1。最后缓缓加入水稀释至全量。此法适用于使用天然乳化剂,如阿拉伯胶,或阿拉伯胶与西黄蓍胶为混合乳化剂制备 O/W 型乳剂。

2)湿胶法

将乳化剂先溶于适量水中得到胶浆,再缓缓加入油相,边加边研磨直至形成初乳,油、水、胶的比例与干胶法相同。最后缓缓加入水稀释至全量,得 O/W 型乳剂。

干胶法与湿胶法的制备要点:

①先制备初乳。初乳中油、水、胶三者的比例应符合上述要求。

②干胶法适用于乳化剂为细粉者。注意:应使用干燥乳钵、一次加入初乳比例量水同一方向研磨。

③湿胶法不必是细粉,可制成胶浆即可。油相分次加入胶浆中。

3) 新生皂法

将油水两相混合时,两相界面上反应生成的肥皂类乳化油、水两相而形成乳剂。生成的一价皂、三乙醇胺皂为 O/W 型乳化剂;生成的二价皂为 W/O 型乳化剂。

4) 机械法

将油相、水相、乳化剂混合后,用乳化机械制备乳剂的方法。使用不同的乳化器械可制得粒度不同的乳剂。

乳剂中药物及附加剂的加入方法有:

①若药物溶于水或溶于油时,可先将药物分别溶入,然后再经乳化形成乳剂。

②不溶性药物,可先粉碎成粉末,再用少量与之有亲和力的液体或少量乳剂与之研磨成糊状,然后与乳剂混合均匀。

③防腐剂等应先溶于水相中,使之更好发挥作用。

口服乳剂的生产工艺流程及环境区域划分如图5.4所示。

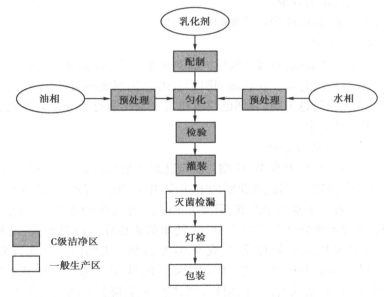

图 5.4 口服乳剂的生产工艺流程及环境区域的划分

5.3.2 车间布置要求

口服乳剂的车间布局要求同口服液;静脉注射乳剂的车间布局要求同注射剂。

5.3.3 乳剂的形成机理与设备

1) 乳剂的形成机理

乳剂是由水相、油相和乳化剂经乳化制成,但要制成符合要求的稳定的乳剂,首先必须提供足够的能量使分散相能够分散成微小的乳滴,其次是提供使乳剂稳定的必要条件。

（1）降低表面张力

当水相与油相混合时，用力搅拌即可形成液滴大小不同的乳剂，但很快会合并分层。这是因为形成乳剂的两种液体之间存在表面张力，两相间的表面张力愈大，表面自由能也愈大，形成乳剂的能力就愈小。两种液体形成乳剂的过程，是两相液体间新界面形成的过程，乳滴愈细，乳剂的分散度越大，新界面增加就越多，而乳剂粒子的表面自由能也就越大。这时乳剂就有巨大的降低界面自由能的趋势，促使乳滴合并以降低自由能，所以乳剂属于热力学不稳定分散体系。为保持乳剂的分散状态和稳定性，必须降低界面自由能，一是乳剂粒子自身形成球形，以保持最小表面积；其次是最大限度地降低界面张力或表面自由能。

加入乳化剂的意义在于：

①乳化剂被吸附于乳滴的界面，使乳滴在形成过程中有效地降低表面张力或表面自由能，有利于形成和扩大新的界面。

②同时在乳剂的制备过程不必消耗更大的能量，以致用简单的振摇或搅拌的方法，就能形成具有一定分散度和稳定的乳剂。

所以适宜的乳化剂，是形成稳定乳剂的必要条件。

（2）形成牢固的乳化膜

乳化剂被吸附于乳滴周围，有规律的定向排列成膜，不仅降低油、水间的界面张力和表面自由能，而且可阻止乳滴的合并。在乳滴周围形成的乳化剂膜称为乳化膜。乳化剂在乳滴表面上排列越整齐，乳化膜就越牢固，乳剂也就越稳定。乳化膜有单分子乳化膜、多分子乳化膜和固体微粒乳化膜三种类型。

（3）乳化剂对乳剂形成的影响

基本的乳剂类型是 O/W 型和 W/O 型。决定乳剂类型的因素很多，最主要是乳化剂的性质和乳化剂的 HLB 值，其次是形成乳化膜的牢固性、相容积比、温度、制备方法等。

乳化剂分子中含有亲水基和亲油基，形成乳剂时，亲水基伸向水相，亲油基伸向油相，若亲水基大于亲油基，乳化剂伸向水相的部分较大，使水的表面张力降低很大，可形成 O/W 型乳剂。若亲油基大于亲水基，则恰好相反，形成 W/O 型乳剂。天然的或合成的亲水性高分子乳化剂，亲水基特别大，形成 O/W 型乳剂。固体微粒乳化剂，若亲水性大则被水相湿润，降低水的表面张力大，形成 O/W 型乳剂；若亲油性大则被油湿润，降低油的表面张力大，形成 W/O 型乳剂。所以乳化剂亲油、亲水性是决定乳剂类型的主要因素。乳化剂亲水性太大，极易溶于水，反而形成的乳剂不稳定。

2）乳化剂的选择

（1）根据乳剂的类型选择乳化剂

①O/W 型乳剂：一般选用 HLB 值 8～18 范围内的表面活性剂（如吐温、一价皂）、亲水性的天然乳化剂（如阿拉伯胶、明胶）、与水的接触角小于 90°的固体粉末乳化剂（如氢氧化镁、氢氧化铝）。

②W/O 型乳剂：一般选用 HLB 值 3～8 范围内的表面活性剂（如司盘、二价皂）、非亲水性的天然乳化剂（如胆固醇）、与水接触角大于 90°的固体粉末乳化剂（如氢氧化钙、氢氧化锌）。在实际生产中应根据各种油被乳化时需要的 HLB 值来选用适宜的乳化剂、也可选用两种或两种乳化剂混合使用。

（2）根据乳剂的使用方法选择乳化剂

①内服乳剂：应选用无毒，刺激性小的天然乳化剂（如阿拉伯胶、西黄蓍胶、磷脂、明胶、卵黄）、纤维素衍生物（如甲基纤维素、羧甲基纤维素钠）、非离子型表面活性剂（如司盘、吐温、卖泽、苄泽、泊洛沙姆）。

②外用乳剂：可选用毒性小，刺激性小的阴离子型表面活性剂（如肥皂、硫酸化物、磺酸化物）或非离子型表面活性剂。

③注射用乳剂：应选用无毒、无刺激性、溶血作用小或无溶血作用的天然乳化剂或非离子型表面活性剂，如肌内注射可用吐温80，静脉注射可用卵磷脂、豆磷脂、泊洛沙姆188。

 **知识链接**

乳剂的乳化剂种类

（1）天然乳化剂

天然乳化剂一般为亲水性高分子化合物，常用于制备O/W型乳剂，溶于水后黏度大，可防止分散相液滴上浮，所得乳剂稳定性强。但制备时需注意防污染，并加适量的防腐剂。

①阿拉伯胶：常用于制备口服O/W型乳剂，pH值2～10均稳定，常用量10%～15%。黏度低，常与黏度大的西黄蓍胶等乳化剂合用。阿拉伯胶内含氧化酶，使用前应100 ℃、30 min加热使之破坏，否则易使胶变质或与某些药物产生配伍变化。

②西黄蓍胶：因乳化能力差，很少单独使用，常与阿拉伯胶合用作O/W型乳化剂，西黄蓍胶可增加黏度，防止乳剂分层。pH值5时，黏度最大。

③磷脂：是从卵黄或大豆中提取，用于制备O/W型乳剂，无毒、无刺激、无溶血作用，可做内服、外用或静脉注射用乳剂的乳化剂，常用量1%～3%。

④卵黄：内含7%卵磷脂，常用于制备口服O/W型乳剂，卵黄的乳化能力强，一个卵黄（10～15 g）可乳化脂肪油约120 mL，挥发油约60 mL，使用时应注意防腐。

⑤明胶：用量为油量的1%～2%。A型明胶等电点为8～9，B型明胶等电点为4.7～5，等电点时易产生凝聚，应注意pH值变化对其溶解度的影响，并注意防腐。

⑥胆固醇：由羊毛脂经皂化分离而得，主要含羊毛醇，常用于制备W/O型乳剂。

⑦其他天然乳化剂：桃胶、杏胶、果胶、白芨胶、琼脂、海藻酸钠等。

（2）合成表面活性剂类乳化剂

合成表面活性剂类乳化剂乳化能力强，用量较少，表面活性剂在分散相液滴周围形成单分子膜，可用于制备W/O型或O/W型乳剂。

①非离子型表面活性剂：此类表面活性剂毒性小、刺激性小，可口服或外用，个别品种可注射用。常用种类如吐温、司盘、卖泽、泊洛沙姆、脂肪酸甘油酯等。

②阴离子型表面活性剂：此类表面活性剂有一定毒性和刺激性，一般用于外用制剂，可用于W/O型或O/W型乳剂。常用种类如肥皂类、硫酸化物等。

（3）纤维素衍生物类乳化剂

常见的纤维素衍生物类乳化剂如甲基纤维素、羧甲基纤维素钠、羟丙基纤维素等。此类乳化剂乳化能力很弱，一般不能单独使用，因溶于水后黏度大，可与其他乳化剂合用,起辅助乳化作用。

（4）固体粉末乳化剂

固体粉末乳化剂可吸附在油、水界面上,形成乳化剂膜。若与水的接触角小于90°,易被水润湿,则用于制备O/W型乳剂,如氢氧化镁、氢氧化铝、皂土、二氧化硅等。若与水接触角大于90°易被油润湿,用于制备W/O型乳剂,如氢氧化钙、氢氧化锌等。

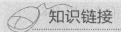 知识链接

乳剂的形成理论

油、水两相混合能形成稳定的乳剂是因为第三种物质——乳化剂的参与作用,关于乳剂的形成理论主要有两种学说:

①界面张力学说:使用表面活性剂作乳化剂时可以降低表面张力,分散体系内虽然表面积增加,但表面自由能没有增大,则体系稳定。

②界面吸附膜学说:当油、水中加入乳化剂制成乳剂后,乳化剂会吸附在分散相液滴的周围,形成定向排列的乳化剂膜,阻止分散相液滴的合并。不同类型乳化剂分别可形成不同类型的乳化膜。

3）乳剂的制备设备

制备乳剂的常用设备有乳钵、胶体磨、高压乳匀机、高速搅拌器、超声波乳化器等。

（1）乳钵

乳钵在小量制备乳剂时使用,制得的乳滴较大且不均匀,如图5.5所示。

（2）胶体磨

胶体磨用于制备乳剂、混悬剂、溶胶剂。此设备可使半乳状或混悬物料强制通过高速旋转的转子与定子之间的缝隙,因受到复杂力的作用而使物料有效地分散、混合、粉碎、研磨、均质、乳化,从而使内相分散并磨碎,所得乳滴约5 μm,如图5.6所示。

图5.5 乳钵外观图

胶体磨的工作原理是胶体磨由电动机通过皮带传动带动转齿（或称为转子）与相配的定齿（或称为定子）作相对的高速旋转,其中一个高速旋转,另一个静止,被加工物料通过本身所受重力或外部压力（可由泵产生）加压产生向下的螺旋冲击力,透过定、转齿之间的间隙（间隙可调）时受到强大的剪切力、摩擦力、高频振动、高速旋涡等物理作用,使物料被有效地乳化、分散、均质和粉碎,达到物料超细粉碎及乳化的效果。

胶体磨的安装操作步骤:

①设备水平安装在平整的混凝土基础上,并用地脚螺钉固定。

②检查各紧固螺钉是否拧紧。

③使用前,用专用扳子转动转子,检查与定子是否接触;有无卡死现象,如有上述情况不允许开机。

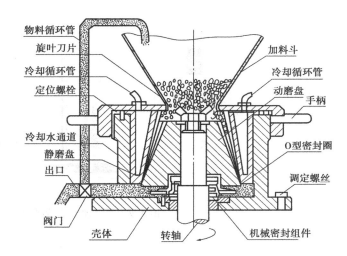

物料循环管
旋叶刀片
冷却循环管
定位螺栓
冷却水通道
静磨盘
出口
阀门
壳体
转轴
加料斗
冷却循环管
动磨盘
手柄
O型密封圈
调定螺丝
机械密封组件

图5.6 胶体磨外观与结构图

④检查并接上电源线(三相交流电,电压为380 V,机体保护接地)并注意转子旋转方向应与底座上的箭头指向一致(顺时针方向旋转)。

⑤接通冷却水,并注意水嘴的进出水标志。

⑥启动电机时,首先点动开关,检查是否有杂音、振动。如果情况不正常应立即停机,排除故障后再试运转。

(3)高压乳匀机

高压乳匀机内有高压泵和乳匀阀。将预先制成的粗乳在高压下强迫通过乳匀阀的狭缝,形成细腻乳剂。可反复循环乳化,制得乳滴约0.3 μm,如图5.7和图5.8所示。

图5.7 高压乳匀机外观图　　　　图5.8 高速搅拌机外观图

(4)高速搅拌器

高速搅拌器的转速为1 000～5 000 r/min,利用产生的剪切力和破碎力使内相分散,制得乳滴约0.6 μm。搅拌时间越长、转速越快,制得乳滴越小。

(5)超声波乳化器

超声波乳化器是以超声波高频振荡(频率在16 kHz以上)为能源,带动金属振动刀片,当乳剂粗品以高压细流喷射到振动刀片上,产生高度空穴作用,使乳滴进一步细化,制得乳滴约1 μm,如图5.9所示。

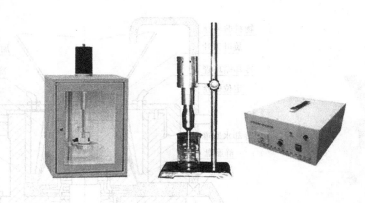

图 5.9　超声波乳化器外观图

实例解析 5　鱼肝油乳

【处方】鱼肝油 368 mL　阿拉伯胶 12.5 g　西黄蓍胶 9 g　甘油 19 g　苯甲酸 1.5 g　糖精 0.3 g　杏仁油香精 2.8 g　香蕉油香精 0.9 g　纯化水共制 1 000 mL。

【分析】①处方中鱼肝油为主药。②吐温 80 为乳化剂。③西黄蓍胶为辅助乳化剂。④甘油为稳定剂。⑤苯甲酸为防腐剂。⑥糖精为甜味剂。⑦杏仁油香精、香蕉油香精为芳香矫味剂。

【制法】①将甘油、糖精、水混合,投入粗乳机搅拌 5 min。②用少量的鱼肝油润匀苯甲酸、西黄蓍胶投入粗乳机,搅拌 5 min。③投入吐温 80,搅拌 20 min。④缓慢均匀地投入鱼肝油,搅拌 80 min。⑤将杏仁油香精、香蕉油香精投入搅拌 10 min 后粗乳液即成。⑥将粗乳液缓慢均匀地投入胶体磨中研磨,重复研磨 2~3 次,用两层纱布过滤,并静置脱泡,即得。

实例解析 6　液体石蜡乳

【处方】液体石蜡 12 mL　阿拉伯胶 4 g　羟苯乙酯醇溶液(50 g/L)0.1 mL　蒸馏水加至 30 mL。

【分析】①干胶法适用于乳化剂为细粉者,乳钵应干燥,制备初乳时加水应按比例量一次性加入,并迅速沿同一方向旋转研磨,否则不易形成 O/W 型乳剂。②湿胶法应预先制成胶浆,油相的加入要缓慢,同样边加边迅速沿同一方向旋转研磨,才能得到细腻的初乳。③本品为轻泻剂,用于治疗便秘。

【制法】①干胶法:将阿拉伯胶分次加入液体石蜡中研匀,一次性加水 8 mL,研磨发出劈啪声至形成初乳,加入羟苯乙酯醇溶液,补加蒸馏水至全量,研匀即得。②湿胶法:取 8 mL 蒸馏水至乳钵中,加 4 g 阿拉伯胶配成胶浆,作为水相。再将 12 mL 液体石蜡分次加入水相中,边加边研磨至发出劈啪声形成初乳,加入羟苯乙酯醇溶液,补加蒸馏水至全量,研匀即得。

实例解析 7　石灰搽剂

【处方】氢氧化钙溶液 500 mL　花生油 500 mL。

【分析】花生油中含有脂肪酸,氢氧化钙溶液显碱性,两液混合后,脂肪酸与氢氧化钙反应生成钙肥皂作乳化剂,可得 W/O 型乳剂。

【制法】取氢氧化钙溶液和花生油混合,用力振摇或搅拌,可得乳白色药剂。

任务 5.4　混悬剂的生产

5.4.1　混悬剂的生产工艺流程

混悬剂是指难溶性固体药物以微粒状态分散于分散介质中形成的非均匀分散的液体制剂,可口服或外用。混悬剂中药物微粒一般为 $0.5 \sim 10$ μm,属于热力学不稳定体系,所用分散介质大多为水,也可用植物油。混悬剂中包括干混悬剂,即难溶性固体药物用适宜方法制成粉状或粒状制剂,使用时加水振摇即可分散成供口服的混悬剂。

可将不溶性药物制成便于口服的混悬剂,有利于提高药物在水溶液中的稳定性;可掩盖药物的不良气味;可延长药物的作用时间等。但由于混悬剂中药物分散不均匀,剂量不准确,毒剧药或剂量小的药物不应制成混悬剂。

制备混悬剂的条件:为了使药物产生缓释作用或使难溶性药物在胃肠道表面高度分散等,都可设计成混悬剂;但为了安全起见,毒剧药或剂量小的药物不宜制成混悬剂。

混悬剂的制备方法主要有分散法和凝聚法两种。

1)分散法

将固体药物粉碎为 $0.5 \sim 10$ μm 大小的微粒,再分散于分散介质中而制成混悬剂的方法,常采用"加液研磨"的操作,加液研磨可用处方中的液体,如水、芳香水、糖浆、甘油等。加液量常为一份药物加 $0.4 \sim 0.6$ 份液体,研磨至微粒大小符合混悬剂的要求,最后加入处方中的剩余液体使成全量。分散法制备混悬剂要考虑药物的亲水性。疏水性药物制备混悬剂时,不易被水润湿,很难制成混悬剂,需加入润湿剂与药物共研,改善疏水性药物的润湿性。制备中还需加助悬剂或絮凝剂,以利于混悬剂的稳定性。

对于一些质硬或贵重药物可采用"水飞法",即将药物加适量的水研磨至细,再加入大量水搅拌,静置,倾出上层液体,残留的粗粒再加水研磨,如此反复,直至符合混悬剂的分散度为止。将上清液静置,收集其沉淀物,混悬于分散介质中即得。"水飞法"可使药物粉碎到极细的程度。

2)凝聚法

利用化学反应或改变物理条件使溶解状态的药物在分散介质中聚集成新相,又分别为化学凝聚法和物理凝聚法。

（1）物理凝聚法

物理凝聚法一般是选择适当溶剂将药物制成过饱和溶液,在急速搅拌下加至另一种溶解度小的液体中,使药物快速结晶,可得到 10 μm 以下(占80% ~90%)微粒,再将微粒分散于适宜介质中制成混悬剂。如醋酸可的松滴眼剂就是采用凝聚法制成的。

（2）化学凝聚法

化学凝聚法是将两种药物的稀溶液，在低温下相互混合，使之发生化学反应生成不溶性药物微粒混悬于分散介质中制成混悬剂。用于胃肠道透视的 $BaSO_4$ 就是用此法制成。化学凝聚法现已少用。

混悬剂生产工艺的流程如图5.10所示。

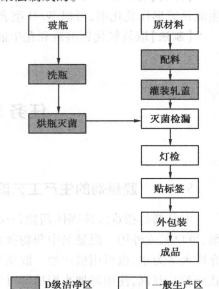

图5.10　混悬剂生产工艺流程图

5.4.2　车间布置要求

混悬剂的生产车间布局要求同口服液。

5.4.3　混悬剂的形成机理与设备

1）混悬剂的形成机理

（1）混悬剂的稳定性

混悬剂属于不稳定的粗分散体系，贮存时易出现沉降、结块等现象，影响其稳定性的主要因素有：

①微粒间的排斥与吸引：混悬液中的微粒由于离解或吸附等原因而带电，微粒与周围分散媒之间存在有电位差。微粒间因带同种电荷而存在排斥，同时也存在吸引（范德华力）。当两种力平衡时，微粒间能保持一定距离。但当两微粒逐渐靠近，吸引力略大于排斥力，且吸引力很小时，此时粒子聚集呈絮状结构，振摇可分散。当粒子之间的距离进一步缩小，这时微粒间的排斥力明显加强，达到一定距离，排斥力达到最大，对混悬剂的稳定性并不是最佳条件。故制成稳定的混悬剂，以体系中微粒状况处于吸引力略大于排斥力，且吸引力不太大的条件为最好。

②混悬微粒的沉降：混悬液中药物微粒与液体介质之间存在密度差，如药物微粒密度较大，由于重力作用，静置时会发生沉降。在一定条件，沉降速度符合 Stokes 定律，见式（5.2）：

$$V = \frac{2r^2(\rho_1 - \rho_2)g}{9\eta} \tag{5.2}$$

式中　V——沉降速度；

　　　　r——微粒半径；

　　　　ρ_1,ρ_2——分别是微粒和分散介质的密度；

　　　　g——重力加速度；

　　　　η——分散介质的黏度。

根据公式（5.2），为了减小微粒的沉降速度、增加稳定性，可以采取的措施有：

a.尽量减小微粒半径，将药物粉碎得越细越好。

b.增加分散介质的黏度，可加入胶浆剂等黏稠液体。

c.减小固体微粒与分散介质间的密度差，可向水中添加蔗糖、甘油等，或将药物与密度小的载体制成固体分散体。

③微粒增长与晶型转变:难溶性药物制成混悬剂时,同种微粒的大小并不相同。当大小微粒共存,半径很小的微粒具有较大的溶解度,使得混悬剂中的小微粒逐渐溶解变得越来越小,大微粒变得越来越大,沉降速度加快,致使混悬剂的稳定性降低。所以在制备混悬剂时,不仅要考虑微粒的粒度,而且还要考虑其大小的一致性。具有同质多晶性质的药物,若制备时使用了亚稳定型结晶药物(亚稳定型的溶解度比稳定性大、药效更好),在制备和贮存过程中亚稳定型可转化为稳定型,可能改变药物微粒沉降速度或结块。

④絮凝与反絮凝:由于混悬剂中的微粒分散度较大,具有较大的界面自由能,因而微粒易于聚集。为了使混悬剂处于稳定状态,可以使混悬微粒在介质中形成疏松的絮状聚集体,方法是加入适量的电解质,使ζ电位降低至一定数值(一般应控制ζ电位为20~25 mV),混悬微粒形成絮状聚集体。此过程称为絮凝,为此目的而加入的电解质称为絮凝剂。絮凝状态下的混悬微粒沉降虽快,但沉降体积大,沉降物不易结块,振摇后又能迅速恢复均匀的混悬状态。向絮凝状态的混悬剂中加入电解质,使絮凝状态变为非絮凝状态的过程称为反絮凝。为此目的而加入的电解质称为反絮凝剂,反絮凝剂可增加混悬剂流动性,使之易于倾倒,方便应用。

⑤分散相的浓度与温度:在相同的分散介质中分散相浓度增大,微粒碰撞聚集机会增加,混悬剂的稳定性降低。温度升高,可增大药物的溶解度和溶解速度,但也会增大微粒聚集合并的趋势,同时导致分散介质黏度降低,稳定性下降;温度降低,则会重新析出结晶,导致结晶增大、转型等。

(2)混悬剂的稳定措施

混悬剂的物理稳定性差,容易发生固体微粒沉降、微粒增长或晶型转变等现象。在混悬剂制备过程中,常采取以下措施增加其稳定性:

①药物粉碎细腻而均匀,以减小微粒沉降速度。

②添加各类稳定剂,起到润湿、助悬、絮凝等作用,以保持混悬液的稳定。

a.润湿剂:疏水性药物(如硫黄)配制混悬液时,必须加入润湿剂,使药物能被水润湿,方能均匀分散于水中。常用一些表面活性剂如吐温类、泊洛沙姆等,此外,乙醇、甘油等也可作润湿剂。

b.助悬剂:助悬剂的作用是增加混悬液中分散介质的黏度。通常可根据混悬液中药物微粒的性质和含量,选择不同的助悬剂。目前常用的助悬剂有:低分子物质(甘油、糖浆);高分子物质(阿拉伯胶、西黄蓍胶、聚维酮、羧甲基纤维素钠、触变胶、硅皂土等),其中天然高分子类助悬剂易长霉变质,常需添加防腐剂。

c.絮凝剂和反絮凝剂:在混悬剂中加入适量的絮凝剂,可形成疏松的絮状聚集体,从而防止微粒的快速沉降与结块,提高混悬液的稳定性。反之,为防止絮凝后溶液过度黏稠不易倾倒,可使用反絮凝剂。絮凝剂与反絮凝剂可以是不同的电解质,也可以是同一电解质由于用量不同而起絮凝或反絮凝作用。常用的絮凝剂和反絮凝剂有:枸橼酸盐、酒石酸盐、磷酸盐及一些氯化物等。

2)混悬剂的制备设备

小量制备常用乳钵,大生产常用胶体磨、球磨机等。球磨机的结构见本书项目4。

（1）球磨机的工作原理

球磨机是由水平的筒体，进出料空心轴及磨头等部分组成，筒体为长的圆筒，筒内装有研磨体，筒体为钢板制造，有钢制衬板与筒体固定，研磨体一般为钢制圆球，并按不同直径和一定比例装入筒中，研磨体也可用钢球。根据研磨物料的粒度加以选择，物料由球磨机进料端空心轴装入筒体内，当球磨机筒体转动时候，研磨体由于惯性和离心力作用，摩擦力的作用，使它附在筒体衬板上被筒体带走，当被带到一定的高度时候，由于其本身的重力作用而被抛落，下落的研磨体像抛射体一样将筒体内的物料击碎。

物料由进料装置经入料中空轴螺旋均匀地进入磨机第一仓，该仓内有阶梯衬板或波纹衬板，内装各种规格钢球，筒体转动产生离心力将钢球带到一定高度后落下，对物料产生重击和研磨作用。物料在第一仓达到粗磨后，经单层隔仓板进入第二仓，该仓内镶有平衬板，内有钢球，将物料进一步研磨。粉状物通过卸料箅板排出，完成粉磨作业。

筒体在回转的过程中，研磨体也有滑落现象，在滑落过程中给物料以研磨作用，为了有效地利用研磨作用，对物料粒度较大的一般20目磨细时，把磨体筒体用隔仓板分隔为二段，即成为双仓，物料进入第一仓时候被钢球击碎，物料进入第二仓时候，钢段对物料进行研磨，磨细合格的物料从出料端空心轴排出，对进料颗粒小的物料进行磨细时候，如砂二号矿渣，粗粉煤灰，磨机筒体可不设隔板，成为一个单仓筒磨，研磨体也可以用钢球。

原料通过空心轴颈给入空心圆筒进行磨碎，圆筒内装有各种直径的磨矿介质（钢球、钢棒或砾石等）。当圆筒绕水平轴线以一定的转速回转时，装在筒内的介质和原料在离心力和摩擦力的作用下，随着筒体达到一定的高度，当自身的重力大于离心力时，便脱离筒体内壁抛射下落或滚下，由于冲击力而击碎矿石。同时在磨机转动过程中，磨矿介质相互间的滑动运动对原料也产生研磨作用。磨碎后的物料通过空心轴颈排出。

（2）球磨机的安装与运转

球磨机的安装程序为：①清除安装设备基础预留孔内异物，尤其孔内壁不得有灰尘、油污、水及其他液体。

②拆开包装箱后，采用适当的起重设施（吊车/叉车）将主机移至安装位置。

③将设备摆好位置，地脚螺栓安装孔中，将随机带的"活脚"穿上地脚螺柱后焊接于机架的底盘上，然后方可进行二次灌浆。

④安装好24 h水泥上来强度后才能拧紧螺帽加载试机。

⑤接入电源。

⑥安装检查，纠正不适当处。

球磨机安装完成，经检验合格，即可进行空车试运转，球磨机的试运转应由熟练的球磨机操作工负责进行，并严格遵守球磨机安全操作规程。球磨机的运转流程为：

①加入适当物料和1/3数量的钢球试运转12~24 h。

②加入至2/3数量的钢球运转24~48 h。

③根据球磨机排料情况，合格产品的产量，参照同类选矿厂球磨机的实际装球量，确定本台球磨机的合理装球量，进行不少于72 h的试运转。

球磨机运转注意事项：

①空运转的连续运转时间不少于12~24 h，运转中发现问题应及时解决。

②空运转试机正常即可进行负荷试运转,负荷试运转应分阶段进行,负荷运转中应视排料情况进行喂料,避免钢球和筒体衬板不必要的磨失和损坏。

③上述负荷量的增加和试运转时间的长短,以大小齿轮和减速机齿轮的跑合情况(温升、噪音、齿面接触等)为依据进行确定。在齿面接触精度没有达到设计要求前,不得满负荷运转。

④试运转中冷却、润滑系统应工作正常,主轴承、传动轴承、减速机温度应正常。

⑤装入 2/3 数量的钢球试运转 24 ~ 48 h 后,应检查并再次拧紧全部螺栓。

⑥试运转工作要认真做好各项记录。

实例解析 8　复方硫黄洗剂

【处方】沉降硫黄 3 g　硫酸锌 3 g　樟脑醑 25 mL　羧甲基纤维素钠 0.5 g　甘油 10 mL 纯化水加至 100 mL。

【分析】①硫黄为疏水性药物,甘油为润湿剂。②羧甲基纤维素钠为助悬剂。③樟脑醑加入时应急速搅拌,以免樟脑析出较大结晶颗粒,影响稳定性。④本品外观为微黄色混悬液,具有杀菌、收敛作用,可用于治疗痤疮、疥疮等症。

【制法】①将羧甲基纤维素钠用适量水制成 20 mL 胶浆。②另取硫酸锌溶于 20 mL 水中。③取沉降硫黄置于乳钵中,加甘油研磨至细糊状。④将羧甲基纤维素钠胶浆缓缓加入乳钵中,边加边搅拌,再加入硫酸锌溶液,搅匀。⑤将樟脑醑缓缓以细流加入,并快速搅拌,加纯水至全量,搅匀即得。

任务 5.5　液体药剂质量检查

5.5.1　溶液剂的质量要求及质量检查

1)口服溶液剂的质量要求及质量检查项目

溶液剂在生产与贮藏期间均应符合下列有关规定:

①口服溶液剂的溶剂常用纯化水。

②根据需要可加入适宜的附加剂,如防腐剂、增稠剂、助溶剂、矫味剂以及色素等,其品种与用量应符合国家标准的有关规定,不影响产品的稳定性,并避免对检验产生干扰。

③不得有发霉、酸败、变色、异物、产生气体或其他变质现象。

④除另有规定外,应密封、遮光贮存。

除另有规定外,口服溶液剂应进行以下相应检查:

①装量:除另有规定外,单剂量包装的口服溶液剂、口服混悬剂、口服乳剂装量,应符合下列规定:取供试品 10 个(袋、支),分别将内容物倾尽,测定其装量,每个(袋、支)装量不得少于其标示量。多剂量包装的口服溶液剂、口服混悬剂、口服乳剂、口服滴剂照《中国药典》(2015

版)第二部附录Ⅹ F"最低装量检查法"进行最低装量检查法检查,应符合规定。

②微生物限度:照《中国药典》(2015 版)第二部附录ⅪJ"微生物限度检查法"检查,应符合规定。

此外,口服乳剂、口服混悬剂也应进行上述相应检查。

2) 外用溶液剂的质量检查项目

外用溶液剂主要有洗剂、冲洗剂、灌肠剂、搽剂、涂剂、涂膜剂、滴鼻剂、滴耳剂等。外用溶液剂的质量检查项目主要包括装量、无菌、微生物限度、细菌内毒或热原检查。

①装量:除另有规定外,洗剂、冲洗剂、灌肠剂、搽剂、涂剂、涂膜剂、滴鼻剂、滴耳剂,照"最低装量检查法"(《中国药典》(2015 版)第二部附录Ⅹ F)检查,应符合规定。

②无菌:冲洗剂、用于烧伤或严重创伤的涂剂、涂膜剂、用于手术或创伤的鼻用制剂、用于手术、耳部伤口或耳膜穿孔的滴耳剂与洗耳剂,照"无菌检查法"(《中国药典》(2015 版)第二部附录Ⅺ H)检查,应符合规定。

③微生物限度:洗剂、灌肠剂、搽剂、涂剂、涂膜剂、鼻用制剂、耳用制剂照"微生物限度检查法"(《中国药典》(2015 版)第二部附录Ⅺ J)检查,应符合规定。

④细菌内毒素或热原:除另有规定外,冲洗剂照"细菌内毒素检查法"(《中国药典》(2015 版)第二部附录Ⅺ E)或"热原检查法"(《中国药典》(2015 版)第二部附录Ⅺ D)检查,每 1 mL 中含细菌内毒素应小于 0.5EU 内毒素。

不能进行细菌内毒素检查的冲洗剂应符合热原检查的规定。除另有规定外,剂量按家兔体重每 1 kg 注射 10 mL。

知识链接

外用液体药剂的种类

①滴耳液:指由药物与适宜辅料制成的水溶液,或由甘油或其他适宜溶剂和分散介质制成的澄明溶液、混悬液或乳浊液,供滴入外耳道用的液体制剂。

②洗耳剂:指由药物与适宜辅料制成澄明水溶液,用于清洁外耳道的耳用液体制剂。通常是指符合生理 pH 范围的水溶液,用于伤口或手术前使用者应无菌。

③滴鼻剂:指由药物与适宜辅料制成的澄明溶液、混悬液或乳浊液,供滴入鼻腔用的鼻用液体制剂。

④洗鼻剂:指由药物制成符合生理 pH 范围的等渗溶液,用于清洗鼻腔的鼻用液体制剂,用于伤口或手术前使用者应无菌。

⑤洗剂:指含药物的溶液、乳状液、混悬液,供清洗或涂抹无破损皮肤用的液体制剂。冲洗剂:指用于冲洗开放性伤口或腔体的无菌溶液。

⑥灌肠剂:指灌注于直肠的水性、油性溶液或混悬液,以治疗、诊断或营养为目的的液体制剂。

⑦搽剂:指药物用乙醇、油、或适宜的溶剂制成的溶液、乳状液或混悬液,供无破损皮

肤揉擦用的液体制剂。

⑧涂剂：指含药物的水性或油性溶液、乳状液、混悬液，供临用前用消毒纱布或棉球等蘸取或涂于皮肤或口腔与喉部黏膜的液体制剂。

⑨涂膜剂：指药物溶解或分散于含成膜材料溶剂中，涂搽患处后形成薄膜的外用液体制剂。

⑩凝胶剂：指药物与能形成凝胶的辅料制成溶液、混悬或乳状液型的稠厚液或半固体制剂。

5.5.2　乳剂的质量要求及质量检查

1) 乳剂的质量要求

乳剂产品不应有分层，贮存过程中不得有发霉、酸败、变色、产气等变质现象；符合装量、微生物限度、稳定性及主药含量等各项质量要求；乳剂应密封、遮光，置阴凉处保存。

2) 乳剂的不稳定现象

（1）分层

分层又称乳析，是指乳剂在贮存过程中出现乳滴上浮或下沉的现象。分层的原因主要是由于油、水两相的密度不同造成的。分层后吸附于液滴表面的乳化膜仍完整存在，经适当振摇后还能恢复成乳剂原有状态。乳剂分层时乳滴上浮或下沉的速度符合 Stokes 公式，所以减小乳滴的粒径、减小乳滴和分散介质之间的密度差，增大分散介质的黏度，都可以减小乳剂分层的速度。

（2）絮凝

絮凝是指乳滴之间发生可逆的絮状聚集现象。乳剂絮凝的原因与混悬剂相似，由于加入电解质使乳滴间的斥力减弱，导致 ζ 电位降低，形成疏松的聚集体。絮凝未破坏乳滴表面乳化膜，经振摇后可恢复原状，但如果絮凝进一步变化就会导致乳滴由聚集变为合并。

（3）转型

转型又称转相，是指乳剂类型的转变，即由 O/W 型变为 W/O 型或由 W/O 型变为 O/W 型。转型的主要原因是乳化剂性质的改变或分散相体积过大。如一价钠肥皂是 O/W 型乳化剂，遇钙离子后生成二价钙肥皂，变为 W/O 型乳化剂，导致乳剂由 O/W 型变为 W/O 型。分散相浓度即体积比一般为 10%～50%，超过 50% 时，乳滴间距离太近，易发生碰撞而合并或引起转型，使得乳剂不稳定。

（4）合并与破裂

合并与破裂是指乳剂中乳滴周围的乳化膜破裂导致乳滴合并最终分为油、水两层的现象，乳剂破裂后经振摇也不能恢复成原有状态。导致破裂的原因较多，主要有乳剂的乳化剂失效、分层、温度改变、pH 值及溶剂的改变、微生物的污染等。

（5）酸败

酸败是指乳剂受外界因素（如空气中的氧气、光线、高温等）及微生物的影响而引起变质的现象。为防止乳剂氧化或酸败，在制备过程中需加抗氧剂和防腐剂。

知识链接

改善典型乳剂稳定性的方法

①选择合适的乳化剂和辅助乳化剂:选择表面活性剂作乳化剂时,O/W 型乳剂应选用 HLB 值 8~18 的表面活性剂。W/O 型则要选用 HLB 值 3~8 的表面活性剂。辅助乳化剂乳化能力一般很弱或无乳化能力,但能提高乳剂的黏度,减少分散相互碰撞而合并机会,还能增强界面膜的强度,有利于形成复合凝聚膜,防止乳滴合并。增加水相黏度的辅助乳化剂有甲基纤维素,羧甲基纤维素钠、羟丙基纤维素、海藻酸钠、西黄蓍胶等。增加油相黏度的辅助乳化剂有硬脂酸、硬脂醇等。

②乳化剂的用量选择:乳化剂的选用量一般应为乳剂量的 0.5%~10%,用量少不能够完全包裹小液滴,形成的乳剂必然不稳定;过量乳化剂可以分配在油水两相或在油水界面形成液晶,有利于乳剂稳定,但用量过多也可能会引起乳化剂不完全溶解等问题,具体用量应根据小量试制来确定。

③调整水和油相容积比:油、水两相的容积比简称相比。从几何学的角度看,具有相同粒径球体,最紧密填充时,球体的最大体积为 74%,如果球体之间再填充不同粒径的小球体,球体所占总体积可达 90%,但实际上制备乳剂时,分散相浓度一般为 10%~50%,分散相的浓度超过 50% 时,乳滴之间的距离很近,乳滴易发生碰撞而合并或引起转相,反而使乳剂不稳定。制备乳剂时应考虑油、水两相的相比,以利于乳剂的形成和稳定。乳滴浓度与相体积分数(Y)有关,乳剂的分层速度(u)与相体积分数(Y)呈负相关:$u \propto 1/f(Y)$。增加 Y 值即可降低乳剂的 u。一般乳剂的相体积分数(Y)在 25%~50%。通常 Y 低于 25% 时,乳剂不稳定,而达 50% 时则较稳定。

④调节药剂 pH 值:pH 值的改变会影响乳剂的稳定性。具体 pH 值要由药物及乳化剂的性质决定,通过实验确定。如:阿拉伯胶用于制备植物油、挥发油的乳剂,供口服用,使用浓度为 10%~15%,在 pH 值 4~10 内乳剂稳定。

3)乳剂的质量检查

乳剂的质量检查项目除了装量、无菌、微生物限度外,还需进行分层现象观察、乳滴大小测定、乳滴合并速度测定等。

(1)分层现象观察

乳剂的油相、水相因密度不同放置后分层,分层速度的快慢是评价乳剂质量的方法之一。用离心法加速分层,可以在短时间内观察其稳定性。将乳剂以 4 000 r/min 的转速离心 15 min,不应观察到分层现象。如将乳剂置于离心管中以 3 750 r/min 的转速离心 5 h 观察,其结果相当于乳剂自然放置一年的分层效果。

(2)乳滴大小的测定

乳滴大小是衡量乳剂稳定性和治疗效果的重要指标。可以采用显微测定法,测定 600 个以上乳滴数,计算乳滴的平均粒径。

（3）乳滴合并速度的测定

乳剂制成后，分散相总表面积，乳滴有自动合并的趋势。当乳滴大小在一定范围内，其合并速度符合一级动力学方程，见式（5.3）：

$$\ln N = \ln N_0 - kt \tag{5.3}$$

式中　N——时间为 t 时的乳滴数；

　　　N_0——时间为零时的乳滴数；

　　　k——乳滴合并速度常数。

在不同的时间分别测定单位体积的乳滴数，然后计算出 k 值，k 值越大，稳定性越差。

5.5.3　混悬剂的质量要求与质量检查

1）混悬剂的质量要求

①药物本身的化学性质应稳定，在使用或储存期间不得有异臭、异物、变色、产生气体或变质现象。

②粒子应细小、分散均匀、沉降速度慢、沉降后不结块经振摇应再分散，沉降体积比不应低于 0.90（包括干混悬剂）。

③混悬剂应有一定的黏度要求。

④混悬剂应在清洁卫生的环境中配制，及时灌装于无菌清洁干燥的容器中，微生物限度检查，不得有发霉、酸败等现象。

⑤干混悬剂照干燥失重测定法检查质量变化，减失质量不得超过 2.0%。

2）混悬剂的质量检查

混悬剂的质量检查项目，除了含量测定、装量、微生物限度外，还要进行微粒大小的测定、沉降体积比、絮凝度的测定、重新分散试验、流变学的测定。

（1）微粒大小的测定

混悬剂中微粒大小及其分布不仅关系到混悬剂的质量和稳定性，也会影响混悬剂的药效和生物利用度，所以测定混悬剂中微粒大小及其分布，是评定混悬剂质量的重要指标。隔一定时间测定粒子大小以分析粒径及粒度分布的变化，可大概预测混悬剂的稳定性。常用于测定混悬剂粒子大小的方法有显微镜法、库尔特计数法、浊度法、光散射法、漫反射法等。

①光学显微镜法：用光学显微镜法可测定混悬剂中微粒大小和粒径分布。该法中的粒度，系以显微镜下观察到的长度表示。一般，应选择视野中 300～500 个粒子测定，计算平均值及其分布。方法简单、可靠。

②库尔特计数法：本法可测定混悬剂粒子及其分布，具有方便快速的特点，测定粒径范围大。制剂中常用 TAⅡ型库尔特计数仪（Coulter counter），可测定粒径范围为 0.6～150 μm，密度小的粒子样品可测至 800 μm。可在很短的时间内测定 10 万个粒子的粒径及粒子大小的分布，并可打印出全部数据和分布图。

（2）沉降体积比

沉降体积比（F）是指沉降物的容积（V_u）与沉降前混悬剂的容积（V_0）之比，见式（5.4）：

$$F = \frac{V_u}{V_o} = \frac{H_u}{H_o} \tag{5.4}$$

F 值在 0~1，F 值越大混悬剂越稳定。《中国药典》（2015 版）规定口服混悬剂（包括干混悬剂）3 h 内沉降体积比应不低于 0.9。

（3）絮凝度的测定

絮凝度是评价混悬剂絮凝程度的重要参数。其定义为絮凝混悬剂的沉降容积比（F）与去絮凝混悬剂沉降容积比（F_∞）的比值，见式（5.5）。

$$\beta = \frac{F}{F_\infty} \tag{5.5}$$

式中　F——絮凝混悬剂的沉降容积比；

　　　F_∞——去絮凝混悬剂沉降容积比；

　　　β——由絮凝引起的沉降物容积增加的倍数，β 值越大，说明混悬剂絮凝效果好，混悬剂越稳定。

（4）重新分散实验

优良的混悬剂经过储存后再振摇，沉降物应能很快重新分散，这样才能保证服用时的均匀性和分剂量的准确性。实验方法：将混悬剂置于 100 mL 量筒内，以 20 r/min 的速度转动，经过一定时间的旋转，量筒底部的沉降物应重新均匀分散，说明混悬剂再分散性良好。

（5）流变学测定

流变学测定主要是黏度的测定，可用动力黏度、运动黏度或特性黏度表示。可用旋转黏度计测定混悬液的流动曲线，由流动曲线的形状，确定混悬液的流动类型，以评价混悬液的流变学性质。测定结果如为触变流动、塑性触变流动和假塑性触变流动，则能有效地减缓混悬剂微粒的沉降速度。

除上述检查外，干混悬剂、凝胶型混悬剂还需检查其他项目，如干燥失重、质量差异、粒度等。

①干混悬剂的质量检查：干混悬剂应检查干燥失重和质量差异。

a. 干燥失重检查：除另有规定外，干混悬剂减失质量不得少于 2.0%。参照《中国药典》（2015 版）二部附录Ⅷ L"干燥失重测定法"检查。

b. 质量差异检查：除另有规定外，单剂量包装的干混悬剂照下述方法检查，应符合规定：取供试品 20 个（袋），分别称量内容物，计算平均质量，超过平均质量±10% 者不得超过 2 个，并不得有超过平均质量 20% 者。凡规定检查含量均匀度者，一般不再进行质量差异检查。

②混悬型凝胶剂的质量检查：混悬型凝胶剂应检查粒度。除另有规定外，混悬型凝胶剂取适量的供试品，涂成薄层，薄层面积相当于盖玻片面积，共涂 3 片；照粒度和粒度分布测定法（附录Ⅸ E 第一法）检查，均不得检查出大于 180 μm 的粒子。

 综合测试

一、单项选择题

1. 不能与水混合的溶媒是( )。
　　A. 乙醇　　　　　　　B. 甘油　　　　　　　C. 氯仿　　　　　　　D. 丙二醇

2. 不能与甘油混合的溶媒是( )。
　　A. 水　　　　　　　　B. 乙醇　　　　　　　C. 氯仿　　　　　　　D. 丙二醇

3. 对皮肤、黏膜有脱水作用和刺激性,能延长药效的是( )。
　　A. 脂肪油　　　　　　B. 二甲基亚砜　　　　C. 甘油　　　　　　　D. 乙醇

4. 在外用制剂中能滋润皮肤,延长药物作用时间的是( )。
　　A. 脂肪油　　　　　　B. 甘油　　　　　　　C. 水　　　　　　　　D. 乙醇

5. 不能在碱性药剂中起防腐作用的是( )。
　　A. 苯扎溴铵　　　　　B. 苯甲酸钠　　　　　C. 尼泊金酯类　　　　D. 含乙醇25%以上

6. 制备溶液剂时,溶解药物的顺序是先溶解( )。
　　A. 溶解度小的药物　　　　　　　　　B. 主要成分
　　C. 挥发性药物　　　　　　　　　　　D. 溶解度大的药物

7. 通过改变温度或溶剂制备疏水胶体,属于( )。
　　A. 分散法　　　　　　B. 物理凝聚法　　　　C. 化学凝聚法　　　　D. 胶溶法

8. 乳剂分散相液滴凝聚,但液滴界面膜完整,此现象为( )。
　　A. 分层　　　　　　　B. 絮凝　　　　　　　C. 转型　　　　　　　D. 破裂

9. 乳剂由O/W型转变为W/O型的原因是( )。
　　A. 分散相与连续相密度不同　　　　　B. 乳化剂的HLB值大于10
　　C. 油相所占比例过大　　　　　　　　D. 误加了吐温类表面活性剂

10. 氯霉素混悬液中加入吐温80的作用( )。
　　A. 润湿剂　　　　　　B. 增溶剂　　　　　　C. 乳化剂　　　　　　D. 助溶剂

11. 混悬剂的物理稳定性因素不包括( )。
　　A. 混悬粒子的沉降速度　　　　　　　B. 微粒的荷电与水化
　　C. 絮凝与反絮凝　　　　　　　　　　D. 转相

12. 关于溶液剂的制法叙述错误的是( )。
　　A. 制备工艺过程中先取处方中全部溶剂加药物溶解
　　B. 处方中如有附加剂或溶解度较小的药物,应先将其溶解于溶剂中
　　C. 药物在溶解过程中应采用粉碎、加热、搅拌等措施
　　D. 易氧化的药物溶解时宜将溶剂加热放冷后再溶解药物

13. 乳剂中分散的乳滴聚集形成疏松的聚集体,经振摇即能恢复成均匀乳剂的现象称为乳剂的( )。
　　A. 分层　　　　　　　B. 絮凝　　　　　　　C. 转相　　　　　　　D. 合并

14. 乳剂的制备方法中水相加至含乳化剂的油相中的方法是( )。

A. 干胶法　　　　　B. 湿胶法　　　　　C. 直接混合法　　　　D. 机械法

15. 关于干胶法制备乳剂叙述错误的是(　　)。

　　A. 水相加至含乳化剂的油相中

　　B. 油相加至含乳化剂的水相中

　　C. 油是植物油时,初乳中油、水、胶比例是 4 : 2 : 1

　　D. 油是挥发油时,初乳中油、水、胶比例是 2 : 2 : 1

二、多项选择题

1. 下列属于助溶作用的是(　　)。

　　A. 苯甲酸钠增加咖啡因在水中的溶解度

　　B. 肥皂增加甲酚在水中的溶解度

　　C. 提取甘草时,加入氨水以增加其在水中的溶解度

　　D. 碘化钾增加碘在水中的溶解度

2. 属于内服液体药剂常用的色素有(　　)。

　　A. 伊红　　　　　　B. 胭脂红　　　　　C. 苋菜红　　　　　D. 品红

3. 加入下列哪种物质不能破坏亲水胶体的稳定性(　　)。

　　A. 加入大量电解质　　　　　　　　B. 加入脱水剂乙醇

　　C. 加入相同电荷亲水胶体　　　　　D. 加入少量电解质

4. 减慢混悬液中药物下沉速度的方法是(　　)。

　　A. 增加药物颗粒半径　　　　　　　B. 增加溶媒黏度

　　C. 增加颗粒与溶媒密度差　　　　　D. 减少药物颗粒半径

5. 液体制剂与固体制剂比较,其优点有(　　)。

　　A. 分散度大,吸收快　　　　　　　B. 剂量易增减,易服用

　　C. 给药途径广泛,可内服、外用等　　D. 可减少某些药物对胃肠的刺激

6. 混悬剂的稳定剂包括(　　)。

　　A. 助悬剂　　　　　B. 润湿剂　　　　　C. 絮凝剂　　　　　D. 反絮凝剂

7. 溶液剂的制备方法有(　　)。

　　A. 溶解法　　　　　B. 稀释法　　　　　C. 化学反应法　　　D. 凝聚法

8. 乳剂的制备方法有(　　)。

　　A. 干胶法　　　　　　　　　　　　B. 湿胶法

　　C. 新生皂法　　　　　　　　　　　D. 直接乳化法(机械法)

9. 关于乳剂的稳定性下列哪些叙述是正确的(　　)。

　　A. 乳剂分层是由于分散相与分散介质存在密度差,属于可逆过程

　　B. 絮凝是乳剂粒子呈现一定程度的合并,是破裂的前奏

　　C. 外加物质使乳化剂性质发生改变或加入相反性质乳化剂可引起乳剂转相

　　D. 乳剂的稳定性与相比例、乳化剂及界面膜强度密切相关

10. 用于 O/W 型乳剂的乳化剂有(　　)。

　　A. 聚山梨酯 80　　　　　　　　　　B. 豆磷脂

　　C. 脂肪酸甘油酯　　　　　　　　　D. Poloxamer188

11. 关于混悬剂的说法正确的有(　　)。

　　A. 制备成混悬剂后可产生一定的长效作用

　　B. 毒性或剂量小的药物应制成混悬剂

　　C. 沉降容积比小说明混悬剂稳定

　　D. 干混悬剂有利于解决混悬剂在保存过程中的稳定性问题

12. 混悬剂的质量评定的说法正确的有(　　　)。

　　A. 沉降容积比越大混悬剂越稳定

　　B. 沉降容积比越小混悬剂越稳定

　　C. 重新分散试验中,使混悬剂重新分散所需次数越多,混悬剂越稳定

　　D. 絮凝度越大,混悬剂越稳定

13. 液体制剂常用的防腐剂有(　　　)。

　　A. 尼泊金类　　　　B. 苯甲酸钠　　　　C. 脂肪酸　　　　D. 山梨酸

14. 可作乳化剂的辅料有(　　　)。

　　A. 豆磷脂　　　　B. 西黄蓍胶　　　　C. 聚乙二醇　　　　D. HPMC

三、简答题

1. 什么是斯托克公式? 如何使混悬微粒下沉速度减慢?

2. 如何用稀释法鉴别 O/W、W/O 型乳剂?

3. 常用的抑菌剂、矫味剂各举 4 例。

4. 液体制剂的质量要求有哪些?

5. 糖浆剂的制法有哪些,何谓热溶法制备糖浆?

6. O/W、W/O 型乳剂应如何选用乳化剂?

技能训练 5.1　液体药剂的制备及质量检查

训练 1　葡萄糖酸锌口服液的制备

【实训目的】

①掌握口服液的制备操作要点;能按操作规程正确使用配液罐、清洗机、灌轧机、灭菌检漏器等设备。

②熟悉溶液剂处方中辅料的作用及质量要求。

③能进行配液罐、清洗机、灌轧机、灭菌检漏器等设备的清洁与维护,能解决制备过程中设备出现的一般故障。

④会进行设备清洁和清场工作。

⑤会正确填写原始记录。

【实训内容】

1）处方

硫酸锌 20 g　枸橼酸 10 g　蔗糖 3 000 g　食用香精适量　5%尼泊金乙酯 100 mL　共制 10 000 mL。

2）仪器设备

配液罐、口服液瓶超声波清洗机、灌轧机、口服液灭菌检漏器。

3）制法

（1）洗瓶

①在脱外包间去掉外包装，将待理玻璃瓶运至理瓶间，取出空玻璃瓶整齐地排在清洁的盘中，排满一盘后，即放在推车上，将载有空玻璃瓶的小车推至传递窗前，一盘一盘地从窗口移交给洗瓶工，洗瓶工将盘子放在车上，不叠堆，送瓶完毕，理瓶及洗瓶双方清点总数并记录，记录归入批记录。

②按《JXCP-K 型口服液瓶超声波清洗机操作程序》进行洗瓶操作。清洗洁净的玻璃瓶通过传送带送入隧道式灭菌干燥器，同时往输送带送入待清洗的玻璃瓶。按《隧道式灭菌干燥器操作程序》开机设定灭菌干燥程序（350 ℃,5 min），升温（待温度升至 350 ℃后，按《JXCP-K 型口服液瓶超声波清洗机操作程序》开启清洗机。），已清洗的玻璃瓶被推上烘箱进瓶段的不锈钢输送带，密排进入高温灭菌段。经净化空气加热灭菌后，规范进入冷却段冷却至室温后通过传送带直接送到灌装轧盖工序。

（2）配液

①领料：按批生产指令单到物料暂存间领取生产用原辅料，检查有无检验合格单，核对品名、批号、数量；将领取原辅料用小车推至称量室，按生产指令逐一称量并复核，之后将物料送至配液间，准确填写称量记录。

②浓配：开启纯化水阀门，于浓配罐中注入处方量 80% 的纯化水，开启搅拌桨，在搅拌下加入硫酸锌、枸橼酸、蔗糖；打开输送泵，回流过滤；过滤结束，从浓配罐底部接适量药液至试管中，检查滤液澄明度是否合格；若澄明度合格，则关闭浓配罐回流阀，启动输送泵，将浓配液泵入稀配罐，滤液输送完毕后，用少量纯化水冲洗浓配罐内壁，将冲洗药液也全部泵入稀配罐。

③稀配：将尼泊金乙酯、食用香精加入稀配罐内，补加纯化水至全量，搅拌 30 min。

（3）灌封

①灌封前检查：灌封班班长应通知配料班配制 50 L 75% 乙醇贮存于贮罐中，用泵打入通过管道循环，对管道、灌封机管道、针头、料桶消毒 15 min，然后排弃 75% 乙醇，用泵打入开水（纯化水）通过管道循环对物料管道，灌轧机冲洗 10 min。清洁消毒结束后，生产操作工应注意检查机器设备运行情况，注意检查瓶盖的规格、合格标记、外观等质量情况，检查药液的合格标记以及澄明度、性状等外观质量情况。

②灌封：生产操作工应按灌轧机 SOP 规定调整好灌装量，在灌轧生产操作中应注意挑拣出歪盖、裂盖、松盖、装量不足等异形药料。另外，按规定把轧好盖的药料放入规定清洁的周转容器中，统计并复核好数量，详细填写好批生产操作记录，经质量管理员复核后，经物料输送带移交下工序。灌装轧盖过程中每 30 min 检查一次装量及外观，每 1 h 检查烘后安瓿澄明度，并详细填写批灌封记录。

（4）灭菌

①开灭菌器电源、开蒸汽阀及供水阀。

②开启灭菌器门,将需灭菌物料整齐放至载物车后推入灭菌室。

③按机动门操作方法关门。

④按工艺要求逐一设置灭菌参数(灭菌温度115 ℃,冷却温度95 ℃,灭菌时间30 min,真空保压时间20 min,淋洗时间15 min),可以通过"增值键"和"减值键"更改参数值的大小。

⑤启动,灭菌器按"升温、灭菌、检漏、结束"过程自动进行灭菌。

⑥灭菌完毕,关闭电源,关闭蒸汽阀、供水阀和压缩空气阀。打开排泄管上的手动球阀,连接排水管路,排放灭菌器内室蒸汽和水,待灭菌室内温度降至60 ℃以下、压力降至0 MPa,戴手套,打开柜门,拉出载物车,取出灭菌产品,填写物料标识卡,在显眼位置悬挂"已灭菌"标识,并放至指定位置,同时做好记录。按《KFQ系列口服液灭菌检漏器清洁消毒操作程序》对设备进行清洁。

（5）灯检

①接通电源。将已灭菌的口服溶液瓶口朝上放在灯检机的进瓶料斗内,若有倒瓶应及时理好。

②开灯检机日光灯,检查其照度是否正常,将灯检用工具放在灯检台指定位置。岗位负责人发放每盘灯检记录。

③启动灯检机电源,设备开始运转,按《灯检岗位操作规程》对待检品逐支进行检查,检出不合格品并放于指定容器内,及时填写灯检记录。

（6）质量检验

本品含硫酸锌($ZnSO_4 \cdot 7H_2O$)应为标示量的90.0% ~ 110.0%。

①性状:本品为无色至淡黄色或黄绿色液体,味香甜,略涩。

②鉴别:本品显锌盐与硫酸盐的鉴别反应。

③检查:pH值应为2.5 ~ 4.5(2010版中国药典附录Ⅵ H)。

④装量:除另有规定外,单剂量包装的口服溶液剂应按以下方法检查:取供试品10支,分别将内容物倾尽,测定其装量,每支装量均不得少于其标示量。多剂量包装的口服溶液剂照最低装量检查法(《中国药典》(2015版)附录X F)检查,应符合规定。

⑤微生物限度:照微生物限度检查法(《中国药典》(2015版)附录Ⅺ J)检查,应符合规定。

⑥含量测定:精密量取本品100 mL(约相当于硫酸锌0.2 g),加氨-氯化铵缓冲液(pH10.0)10 mL,加氟化铵1 g与铬黑T指示剂少许,用乙二胺四醋酸二钠滴定液(0.05 mol/L)滴定至溶液由暗紫红色转变为暗绿色并持续1 min不褪。每1 mL乙二胺四醋酸二钠滴定液(0.05 mol/L)相当于14.38 mg的$ZnSO_4 \cdot 7H_2O$。

⑦规格10 mL:0.02 g。

⑧其他:应符合口服溶液剂项下有关的各项规定;口服溶液剂的溶剂常用纯化水。不得有发霉、酸败、异物、产生气体或其他变质现象。

（7）清场

按照清场岗位标准操作规程进行清场,填写清洁记录,在清洁设备上挂上"已清洁"状态标识。

【操作注意事项】

①工作岗位严禁吸烟,禁止使用明火。

②各种电器使用完毕后须切断电源。

③车间内重要岗位须放置灭火器(放置位置见车间定位图)。

④操作者必须严格按设备操作规程进行操作,凡接触滚动设备,必须穿紧袖衣,并不得留长发,也不得用手搅拌物料。

⑤各工序应严格执行岗位责任制、交班制、文明生产制度和清场制度。

训练2 溶液剂制备

【实训目的】

①掌握溶液型液体制剂制备过程中的各项基本操作。

②掌握胶体溶液型液体制剂配制过程的特殊要求。

【实训内容】

1) 处方

①复方碘溶液:

碘 0.1 g   碘化钾 0.5 g   蒸馏水适量,共制 10 mL。

②樟脑醑:樟脑 0.4 g   乙醇适量,共制 10 mL。

③复方硼砂溶液:硼砂 0.4 g   甘油 0.7 mL   碳酸氢钠 0.3 g   蒸馏水加至 20 mL。

本品化学反应为:

$$Na_2B_4O_7 \cdot 10H_2O + 4C_3H_5(OH)_3 \longrightarrow 2C_3H_5(OH)HBO_3 + 2C_3H_5(OH)NaBO_3 + 13H_2O$$
$$C_3H_5(OH)HBO_3 + NaHCO_3 \longrightarrow C_3H_5(OH)NaBO_3 + CO_2 \uparrow + H_2O$$

④单糖浆:蔗糖 8.5 g   蒸馏水适量,共制 10 mL。

⑤羧甲基纤维素钠胶浆:羧甲基纤维素钠 0.2 g   琼脂 0.2 g   单糖浆 5 mL,蒸馏水适量,共制 50 mL。

2) 仪器设备与材料

①仪器设备:烧杯、量筒、普通天平、电炉。

②材料:碘、碘化钾、樟脑、乙醇、硼砂、甘油、碳酸氢钠、蔗糖、琼脂、羧甲基纤维素钠、蒸馏水等。

3) 制法

(1) 复方碘溶液

①取小烧杯,称量 0.5 g 碘化钾于其中,加 1 mL 蒸馏水,用玻璃棒搅拌。

②再加 0.1 g 碘搅拌使之溶解,把药液转移至 10 mL 量筒中。

③用蒸馏水少量多次淋洗小烧杯,至其中无残留药液,转移至量筒,补足处方量 10 mL,即得。

(2) 樟脑醑

①取 5 mL 乙醇于小烧杯中,加入 0.4 g 樟脑使之完全溶解,转移溶液至 10 mL 量筒中。

②用乙醇淋洗烧杯转移到量筒中补足处方量 10 mL。

（3）复方硼砂溶液

①取烧杯加入 7 mL 热蒸馏水，加入硼砂搅拌溶解，放冷后加入碳酸氢钠溶解。

②取甘油 0.7 mL 加水稀释至 7 mL，搅拌均匀后缓缓加入到上述溶液中，随加随搅拌，待气泡消失后，转移到量筒中，加蒸馏水至 20 mL，必要时过滤，即得。

（4）单糖浆

①取 4.5 mL 蒸馏水于小烧杯中，在电炉上加热至稍微有气泡产生。

②从电炉上取下烧杯，再将 8.5 g 蔗糖放入、搅拌、加热使之溶解，之后过滤，用玻璃漏斗（带有纱布）过滤至量筒。

③用热蒸馏水淋洗小烧杯，转移到量筒，补足 10 mL，即得。

④测含糖量，用糖量仪测定，将载液镜头擦净，用滴管吸取配制好的糖浆滴在镜头上少许，调好光进行观察并记录。糖量仪用后清洗干净，晾干后保存。

（5）羧甲基纤维素钠胶浆

①取小烧杯加 2 mL 乙醇，加入羧甲基纤维素钠 0.2 g 将其润湿 8～10 min，再加入 20 mL 蒸馏水搅拌使之溶解。

②取琼脂 0.2 g，单糖浆 5 mL，蒸馏水 20 mL 放入另一烧杯内，浸泡 10 min，在电炉上加热煮沸溶解。

③把上述两液混合，趁热过滤至量筒中，再补加热蒸馏水到处方量 50 mL 即可。

【操作注意事项】

（1）复方碘溶液

①碘在水中溶解度小，应加入助溶剂碘化钾。

②为了加快碘溶解速度，应先将碘化钾溶于适量蒸馏水中配制成浓溶液，然后加入碘溶解。

③碘有腐蚀性，称量时应用玻璃器皿或蜡纸，切勿接触皮肤与黏膜。

（2）樟脑醑

转移溶液后，需用溶剂乙醇淋洗烧杯。若误用水淋洗，因樟脑在水中溶解度低，会出现白色析出现象。

（3）复方硼砂溶液

①硼砂在水中溶解度为 1:20，在沸水中溶解度为 1:1，故宜用热水溶解。

②冷至 50 ℃ 左右再加碳酸氢钠，以防止碳酸氢钠在热水中分解。

③本品应加着色剂（如胭脂红），以示外用。

（4）单糖浆

过滤过程需迅速，避免因糖浆温度降低流动性下降，使产品含糖量降低。

（5）羧甲基纤维素钠胶浆

①羧甲基纤维素钠不能加热煮沸溶解，否则胶浆的黏度会降低。

②本品在 pH3～11 均稳定，氯化钠等电解质可降低其黏度。

③量取单糖浆 5 mL 后，注意淋洗粘附在容器壁上的单糖浆。

④加热溶解琼脂时宜将电炉调整至最低挡，防止水分大量蒸发，也可以选择水浴加热。

技能训练5.2 乳剂的制备及质量检查

训练1 鸦胆子油口服乳液的制备

【实训目的】

①掌握乳剂的制备操作要点;能按操作规程正确使用配液罐、胶体磨等设备。

②熟悉乳剂处方中辅料的作用及质量要求。

③能对配液罐、胶体磨等设备进行清洁维护,能解决制备过程中设备出现的一般故障。

④能进行设备清洁和清场工作。

⑤能正确填写原始记录。

【实训内容】

1)处方

鸦胆子油 30L 豆磷脂 4.5 kg 对羟基苯甲酸乙酯 0.6 kg,共制 300 L。

2)仪器设备

配液罐、胶体磨、高位贮液罐、洗烘罐联动机组、铝盖清洗机、灌封机、灯检机、自动贴标机。

3)制法

①称量:领料称量人员按生产指令和生产处方领取所需物料。按领发料标准操作程序操作,核对物料品种、品名。计量仪器是否在校验周期内,按物料称量岗位 SOP 操作,特殊物料特殊称量,物料领回放指定地点,并注明品名、数量、件数、领料称量人,并及时填写领料记录,本处方中鸦胆子油和对羟基苯甲酸乙酯应在 C 级洁净区内称量。

②纯化水制备:用生活用水经 10 μm 的精滤器过滤至电渗析设备,电渗析出水电导率≤200 μS,最后经阳→阴→混床离子交换方式,制备纯化水电导率≤2 μS,存入贮罐中,供各用水点使用。

③取称量后的鸦胆子油,核对品名、数量、批号、化验单,核对无误后,将鸦胆子油放入加热锅内,缓缓加热至 35~40 ℃,备用。

④准备对羟基苯甲酸乙酯:取处方量对羟基苯甲酸乙酯,核对品名、数量、合格证,核对无误后倒入洁净的不锈钢桶内,加入适量的 95% 乙醇,至完全溶解,盖严,备用。

⑤将配液罐加入纯化水 40~50 L,开启蒸汽加热,使纯化水温度达到 35~40 ℃,取称量后的豆磷脂,核对品名、数量、批号、化验单,核对无误后加入盛有热纯化水的配液罐内,同时开启搅拌器,调节至最大速度,搅拌 3 次,每次 3~5 min,同时将溶解好的对羟基苯甲酸乙酯加入罐内,制成初乳液,并调节 pH 值为 4.3~5.7,加入纯化水调节总量至 300 L。

⑥将稀释后的乳液转入胶体磨研磨 2~3 次,使其匀化。然后由输液泵输至高位贮液罐,准备灌封。标明品名、批号、数量、操作人、生产日期,并由化验室按取样标准取样做性状、鉴

别、pH 值、总酸量的检查。药液须在 24 h 内灌封完毕。

⑦理瓶：按生产指令，领取并核对 C 型瓶的数量，规格、检验报告单，核对无误后，将瓶整齐摆放于铝盒中，并挑出坏瓶，经传递窗送入洗瓶岗位。

⑧洗瓶灭菌：将理好的 C 型瓶，置于直线式洗瓶机上，按洗烘罐联动机组标准操作程序操作。开启洗瓶机，经过滤水、纯化水喷淋洗涤，洁净压缩空气吹淋后，取出，送入隧道式灭菌烘箱，设置灭菌温度 350 ℃，有效灭菌时间 5 min，经排湿、烘干、杀菌，冷却后，经链条传送至灌封室。

⑨铝盖清洗：取需要量的 C 型瓶铝盖，用洁净容器由加料斗加入铝盖清洗机中，按铝盖清洗机标准操作程序操作，设置洗涤时间 20 min/次，烘干时间 40～50 min/次，水温控制 40～50 ℃，烘干温度 80～85 ℃，经粗洗、漂洗、精洗、烘干，经取水样合格后，出塞灌封。

⑩灌封：取配制检验合格的药液，核对品名、批号、数量。按灌封机标准操作规程操作。在灌封过程中应经常检查装量、封口和设备运转情况，发现异常情况应及时停机处理。灌封合格的药品应装入周转筛中，并标明品名、规格、批号、日期、操作者、流水号，经传递窗送入灭菌检漏岗位。

⑪灭菌检漏：灭菌检漏人员将盛装药品的铝盘置于灭菌柜的料车上，每车放 45±5 盘，按口服液灭菌检漏器标准操作程序进行操作，设置灭菌温度 115 ℃，灭菌时间 30 min，经过升温、灭菌、检漏、清洗冷却后，严格执行开关门程序，取出药品，挑出封不严、碎瓶等不合格品，标明品名、数量、批号、操作人。

⑫灯检：取终灭合格的药品置于灯检机上检查按灯检机标准操作规程进行操作，挑出杂质、玻璃屑、混浊等不合格品，放于周转铝盘中，放在指定地点，标明品名、批号、数量、件数、操作人。不合格品由专人收集处理。

⑬包装：领料人员按包装指令、领发料标准操作程序领取所需包装物，并核对品名与数量、批号，核对无误后进行打印产品批号、生产日期、有效期，打印应清晰准确。按自动贴标机标准操作程序进行贴标，并及时挑出不合格品，然后将"鸦胆子油口服乳液"字朝上放于盒托内，在盒托指定位置放入吸管和折好的说明书，加盖板装于套盒内，谨防少支、倒装。在套盒两侧封口处各 1 枚封签。每 60 盒装入 1 箱，加装箱单，垫板，用胶带封箱，置半自动打包机上按"井"字形打包。同时化验室按取样标准进行取样对成品作性状、装量、鉴别、总酸量、pH 值、微生物限度的检验。

⑭入库：将包装合格的药品，登记批号、数量、品名后缴入仓库，放于指定地点，不同品种或不同批号之间应有明显界限，不得混放。

【操作注意事项】

①工作岗位严禁吸烟，禁止使用明火。

②各种电器使用完毕后须切断电源。

③车间内重要岗位须放置灭火器（放置位置见车间定位图）。

④操作者必须严格按设备操作规程进行操作，凡接触滚动设备，必须穿紧袖衣，并不得留长发，也不得用手搅拌物料。

⑤各工序应严格执行岗位责任制，交班制，文明生产制度和清场制度。

⑥真空抽料时应随时观察液面情况，谨防跑料。

训练2　外用乳剂的制备、鉴别及质量检查

【实训目的】

①掌握乳浊型液体制剂制备过程中的各项基本操作。

②掌握乳浊型液体药剂的鉴别方法。

③掌握乳浊型液体药剂的质量检查方法。

【实训内容】

1)处方

①液体石蜡乳的制备:液体石蜡 3 mL　阿拉伯胶(胶粉)1 g　蒸馏水加至 10 mL。

②石灰搽剂:植物油 5 mL　0.3% 氢氧化钙溶液 5 mL。

2)仪器设备与材料

①仪器设备:离心机、乳钵、烧杯、量筒、普通天平、显微镜、载玻片。

②材料:液体石蜡、阿拉伯胶(胶粉)、植物油、氢氧化钙、苏丹红、亚甲蓝、蒸馏水。

3)制法

(1)液体石蜡乳的制备

①干胶法:将液体石蜡 3 mL 放在干燥的乳钵中,将胶粉分若干次加入,每加 1 次需研磨均匀(无颗粒),加蒸馏水 2 mL,待研磨时发出劈裂声,即得初乳,再加蒸馏水 2 mL,研匀,转移至量筒中,淋洗乳钵,共制 10 mL。

②湿胶法:取蒸馏水 2 mL 于乳钵中,一次性加入 1 g 胶粉,研磨成糊状,分次加入 3 mL 液体石蜡,每加 1 次需研磨均匀,研磨到发出劈裂声,即得初乳,再加 2 mL 蒸馏水研匀,转移至量筒中,淋洗乳钵,共制 10 mL。

(2)石灰搽剂的制备

取 5 mL 植物油、5 mL 氢氧化钙溶液于具塞试管中,盖试管塞充分振摇至管壁上无大液滴,形成乳剂。

4)乳剂鉴别

(1)染色法

将制备好的乳剂分别取一滴置于载玻片上,液体石蜡乳加亚甲蓝染色,石灰搽剂加苏丹红染色,镜下观察;判断乳剂类型,填写表 5.2。

表 5.2　显微镜下的现象记录表

乳剂种类	分散介质颜色	小液滴颜色
液体石蜡乳(干胶法)		
液体石蜡乳(湿胶法)		
石灰搽剂		

注意事项:染色时,染色剂用量不宜过多。

（2）稀释法

取 3 支试管,分别加入液体石蜡乳、石灰搽剂各约 0.5 mL,均加水约 5 mL 振摇后观察现象,判断乳剂类型,填写表 5.3。

表 5.3　稀释后现象记录表

制剂名称	加水振摇后的现象	乳剂类型
液体石蜡乳(干胶法)		
液体石蜡乳(湿胶法)		
石灰搽剂		

5）质量检查

①分层现象观察:用离心法加速分层,可在短时间内观察乳剂的稳定性。将乳剂以 4 000 r/min 的转速离心 15 min,不应观察到分层现象。

②乳滴大小的测定:采用显微镜测定法,测乳滴 600 个以上,计算乳滴平均直径。

③乳滴合并速度的测定　在不同时间分别测定单位时间内的乳滴数,根据合并速度一级动力学方程式计算乳滴合并速度常数 k,k 值越大,稳定性越差。

【操作注意事项】

（1）液体石蜡乳的制备

①使用干胶法配制时,应选用干燥的乳钵,油相与胶粉（乳化剂）充分研匀,按油∶水∶胶为 3∶2∶1 比例一次加入,迅速研磨,直至稠厚的乳白色初乳生成为止。

②配制时,必须待初乳形成后方可加水稀释。

（2）石灰搽剂的制备

震荡需使用较大力度,震荡时间 20 min 以上。植物油可选用豆油、菜籽油、麻油、花生油、棉籽油等。

技能训练 5.3　混悬剂的制备及质量检查

【实训目的】

①掌握混悬型液体制剂制备过程中的各项基本操作。

②掌握混悬型液体药剂的质量检查方法。

③掌握混悬型液体药剂的沉降体积比的测定方法。

④能够根据混悬液的沉降体积比的结果,判断混悬液的稳定性。

【实训内容】

1）处方

炉甘石洗剂处方见表5.4。

表5.4　炉甘石洗剂处方

处　　方	1	2	3	4
炉甘石（七号粉）	0.5 g	0.5 g	0.5 g	0.5 g
氧化锌（七号粉）	0.5 g	0.5 g	0.5 g	0.5 g
甘油	1 mL	1 mL	1 mL	1 mL
西黄蓍胶	/	0.5%	/	/
枸橼酸钠	/	/	0.5%	/
三氯化铝	/	/	/	0.5%
蒸馏水加至	10 mL	10 mL	10 mL	10 mL

2）仪器设备与材料

①仪器设备：比浊管、乳钵、烧杯、量筒、普通天平。

②材料：炉甘石（七号粉）、氧化锌（七号粉）、甘油、西黄蓍胶、枸橼酸钠、三氯化铝、蒸馏水。

3）制法

①处方1：炉甘石、氧化锌置乳钵中，加甘油1 mL（此量筒用2.5 mL水淋洗）研磨成糊状，转移至比浊管中，逐渐加水至足量。

②处方2：取乳钵加少量乙醇，加入西黄蓍胶研磨3~5 min，然后加入炉甘石、氧化锌与甘油研磨成糊状，转移至比浊管中，逐渐加水至足量。

③处方3：先取枸橼酸钠置乳钵中，溶于少量水，另取炉甘石、氧化锌与甘油研磨成糊状，转移至比浊管中，逐渐加水至足量。

④处方4：炉甘石、氧化锌置乳钵中，加甘油1 mL研磨成糊状，再加入三氯化铝研匀，转移至比浊管中，逐渐加水至足量。

4）质量检查及结果记录

以上4个处方配好后，加塞同时振摇（轻轻上下翻转）。分别记录开始0时刻、5 min、15 min、30 min、1 h、2 h、3 h的沉降体积比 H_u/H_o（H_o：总体积高度；H_u：末高度，观察混悬液体占有的高度）沉降体积比为0~1，其数值越大，混悬液越稳定。记录填写表5.5，有条件可作48 h及一周后观察。在48 h或一周后，将试管倒置翻转，记录沉降物分散完全的次数，若始终未能分散，表示结块。

绘制沉淀曲线图：以 H_u/H_o 为纵坐标，时间为横坐标作沉淀曲线图。

表 5.5　炉甘石洗剂沉降记录

处　方	处方 1		处方 2		处方 3		处方 4	
时间	H_u/cm	H_u/H_o	H_u/cm	H_u/H_o	H_u/cm	H_u/H_o	H_u/cm	H_u/H_o
H_o								
0 min								
5 min								
10 min								
30 min								
1 h								
2 h								
3 h								
数据记录结束后,振摇,记录振摇次数(上下翻转比浊管)								
次数								

项目 6 注射剂

📖 **项目描述**

　　注射剂是应用最广泛最重要的剂型之一,在医药领域起着非常重要的作用。该项目主要介绍注射剂、输液剂、热原等概念,注射剂生产的工艺要求、生产流程和质量检查的内容和检查方法,通过本项目的学习可满足药厂注射剂的生产要求。

📖 **学习目标**

　　掌握注射剂、输液剂的概念、特点及质量要求,熟悉热原检查方法和除去方法,了解注射剂中的溶剂及附加剂。掌握注射剂岗位群生产流程,能熟练地按照常规工艺规程,选择使用相关设备生产典型产品;能够分析处方中各组分的作用以及制备过程中的关键问题,根据质量标准,检测产品的质量,并进行分析,能够准确填写试验报告。

任务 6.1　认识注射剂

　　注射剂俗称针剂,是指专供注入机体内的一种制剂。其中包括灭菌或无菌溶液、乳浊液、混悬液及临用前配成液体的无菌粉末等类型。注射剂由药物、溶剂、附加剂及特制的容器所组成,是临床应用最广泛的剂型之一。注射给药是一种不可替代的临床给药途径,对抢救用药尤为重要。

　　近年来,新颖注射制剂技术的研究取得了较大的突破,脂质体、微球、微囊等新型注射给药系统已实现商品化,无针注射剂也即将面市。

6.1.1　注射剂的分类

　　①溶液型:包括水溶液和油溶液,如安乃近注射液、二巯丙醇注射液等。

　　②混悬型:水难溶性或要求延效给药的药物,可制成水或油的混悬液。如醋酸可的松注射液、鱼精蛋白胰岛素注射液、喜树碱静脉注射液等。

　　③乳剂型:水不溶性药物,根据需要可制成乳剂型注射液,如静脉营养脂肪乳注射液等。

　　④注射用无菌粉末:也称粉针,是指采用无菌操作法或冻干技术制成的注射用无菌粉末或块状制剂,如青霉素、阿奇霉素、蛋白酶类粉针剂等。

6.1.2   注射剂的特点和一般质量要求

1)注射剂的特点

（1）药效迅速、作用可靠

注射剂无论以液体针剂还是以粉针剂贮存,在临床应用时均以液体状态直接注射入人体组织、血管或器官内,所以吸收快,作用迅速。特别是静脉注射,药液可直接进入血液循环,更适于抢救危重病症之用,并且因注射剂不经胃肠道,故不受消化系统及食物的影响,因此剂量准确,作用可靠。

（2）可用于不宜口服给药的患者

在临床上常遇到昏迷、抽搐、惊厥等状态的病人,或消化系统障碍的患者均不能口服给药,采用注射剂是有效的给药途径。

（3）可用于不宜口服的药物

某些药物由于本身的性质不易被胃肠道吸收,或具有刺激性,或易被消化液破坏,制成注射剂可解决,如酶、蛋白等生物技术药物由于其在胃肠道不稳定,常制成粉针剂。

（4）发挥局部定位作用

某些药物可发挥局部定位作用,如牙科和麻醉科用的局麻药等。

（5）注射给药不方便且注射时疼痛

由于注射剂是一类直接入血制剂,所以质量要求比其他剂型更严格,使用不当更易发生危险,应根据医嘱由技术熟练的人注射,以确保安全。

（6）价格较高

由于注射剂的制造过程复杂,生产费用较大,因此价格较高。

2)注射剂质量要求

由于注射剂直接注入人体内部,所以必须严格控制注射剂的质量,即药效确切,使用安全,质量稳定。其产品在生产、贮藏及使用过程中,应符合下列质量要求:

①无菌:注射剂成品中不得含有任何活的微生物,必须符合《中国药典》(2015版)中无菌检查要求。

②无热原:无热原是注射剂的重要质量指标,对于注射量大的,特别是供静脉注射及脊椎腔注射的注射剂,必须按规定进行热原检查,合格后方能使用。

③可见异物:是存在于注射剂和滴眼剂中,在规定条件下目视可以观察到的不溶性物质,其粒径或长度通常大于 50 μm。《中国药典》(2015版)规定的溶液型注射液、注射用浓溶液均不得检出可见异物;混悬型注射液不得检出色块、纤毛等可见异物。溶液型静脉用注射液、注射用浓溶液可见异物检查符合规定后,还需进行不溶性微粒检查。

④pH:人体血液的 pH 为 7.4 左右,注射剂的 pH 要求与血液接近或相等,但一般情况下根据药物性质,注射剂的 pH 一般应控制在 4~9。

⑤渗透压:注射剂要求有一定的渗透压,特别是供静脉注射、脊椎腔注射的注射剂其渗透压应当与血浆渗透压相等或接近。

⑥安全性：注射剂不应对机体组织产生不良刺激，也不应发生毒性反应，为确保临床用药安全，必须对注射剂的产品进行相关的安全性实验，如刺激性试验、溶血试验、过敏试验、急性毒性试验、长期毒性试验等，综合考察其安全性并给出评价。

⑦稳定性：注射剂大多以水为溶剂，在制备、贮藏、使用的过程中，稳定性问题较为突出，为了确保产品安全有效，注射剂要求具有必要的化学稳定性、物理稳定性及生物稳定性，以确保其在使用和贮藏期间不变质。

⑧其他：有些注射剂由于原料、附加剂或制备方法特殊，应根据实际情况，规定特殊的质量要求。如复方氨基酸注射液，其降压物质必须符合规定，中药注射液中蛋白质、鞣质等杂质的限量等应符合要求，还有有效成分含量、最低装量及装量差异等，均应符合药品标准要求，以保证用药安全。为了保证注射剂的质量符合上述要求，还应根据药物的物理性质、化学性质、药理作用及临床用药要求等方面，合理地进行处方设计，确定适宜的制备工艺。

注射剂大多以水为溶剂，在制备、贮藏、使用的过程中，稳定性问题较为突在注射剂的生产过程中常常遇到的问题是澄明度、化学稳定性、无菌及无热原等问题，在生产过程中应注意产生上述问题的原因及解决办法。

知识链接

注射剂给药途径

①皮内注射：注射于表皮与真皮之间，一次剂量在 0.2 mL 以下，常用于过敏性试验或疾病诊断，如毒霉素皮试液、白喉诊断毒素等。

②皮下注射：注射于真皮与肌肉之间的松软组织内，一般用量为 1 ~ 2 mL。皮下注射剂主要是水溶液，药物吸收速度稍慢。由于人体皮下感觉比肌肉敏感，故具有刺激性的药物混悬液，一般不宜作皮下注射。

③肌内注射：注射于肌肉组织中，一次剂量为 1 ~ 5 mL。注射油溶液、混悬液及乳浊液具有一定的延效作用，且乳浊液有一定的淋巴靶向性。

④静脉注射：注入静脉内，一次剂量自几毫升至几千毫升，且多为水溶液。由于油溶液和混悬液或乳浊液易引起毛细血管栓塞，一般不宜静脉注射，但平均直径<1 μm 的乳浊液，可作静脉注射。凡能导致红细胞溶解或使蛋白质沉淀的药液，均不宜静脉给药。

⑤脊椎腔注射：注入脊椎四周蛛网膜下腔内，一次剂量一般不得超过 10 mL。由于神经组织比较敏感，且脊椎液缓冲容量小、循环慢，故脊椎腔注射剂必须等渗，pH 值为 5.0 ~ 8.0，注入时应缓慢。

⑥动脉内注射：注入靶区动脉末端，如诊断用动脉造影剂、肝动脉栓塞剂等。

⑦其他：包括心内注射、关节内注射、滑膜腔内注射、穴位注射以及鞘内注射等。

6.1.3　注射用溶剂

1）注射用水

中国药典规定：

①注射用水为纯化水经蒸馏所得的蒸馏水。

②灭菌注射用水为经灭菌后的注射用水。

③纯化水为原水经蒸馏法、离子交换法、反渗透法或其他适宜的方法制得的供药用的水。

纯化水可作为配制普通药剂的溶剂或试验用水，不得用于注射剂的配制。只有注射用水才可配制注射剂，灭菌注射用水主要用作注射用无菌粉末的溶剂或注射液的稀释剂。

2）注射用油

（1）植物油

植物油是通过压榨植物的种子或果实制得。常用的注射用油为麻油（最适合用的注射用油含天然的抗氧剂，是最稳定的植物油）、茶油等。其他植物油如花生油、玉米油、橄榄油、棉籽油、豆油、蓖麻油及桃仁油等，这些经精制后也可供注射用。有些患者对某些植物油有变态反应，因此在产品标签上应标明名称。为考虑稳定性，植物油应储存于避光、密闭容器中，日光、空气会加快油脂氧化酸败，可考虑加入没食子酸丙酯、VE 等抗氧剂。

《中国药典》（2015 版）规定注射用油的质量要求为：

①无异臭，无酸败味。

②色泽不得深于黄色 6 号标准比色液。

③在 10 ℃时应保持澄明。

④碘值为 79.128。

⑤皂化值为 185.200。

⑥酸值不得大于 0.56。

碘值、皂化值、酸值是评价注射用油质量的重要指标。碘值反映油脂中不饱和键的多寡，碘值过高，则含不饱和键多，油易氧化酸败。皂化值表示游离脂肪酸和结合成酯的脂肪酸总量，过低表明油脂中脂肪酸分子量较大或含不皂化物（如胆固醇等）杂质较多；过高则脂肪酸分子量较小，亲水性较强，失去油脂的性质。酸值高表明油脂酸败严重，不仅影响药物稳定性，且有刺激作用。

（2）油酸乙酯

油酸乙酯是浅黄色油状液体，能与脂肪油混溶，性质与脂肪油相似而黏度较小。但贮藏会变色，故常加抗氧剂，如含 37.5% 没食子酸丙酯、37.5% BHT（二叔丁对甲酚）及 25% BHA（叔丁对甲氧酚）的混合抗氧剂用量为 0.03%（W/V）效果最佳，可于 150 ℃、1 h 灭菌。

（3）苯甲酸苄酯

苯甲酸苄酯是无色油状或结晶，能与乙醇、脂肪油混溶。如二巯丙醇（BAL）虽可制成水溶液，但不稳定，又不溶于油，使用苯甲酸苄酯可制成 BAL 油溶液供使用。苯甲酸苄酯不仅可作为溶剂，还有助溶剂的作用，且能够增加二巯丙醇的稳定性。矿物油和碳水化合物因不能被机体代谢吸收，故不能供注射用。油性注射剂只能供肌内注射。

3）其他注射用非水溶剂

丙二醇、聚乙二醇、二甲基乙酰胺、乙醇、甘油、苯甲醇等,由于能与水混溶,一般可与水混合使用,以增加药物的溶解度或稳定性(表6.1)。

表6.1　含非水溶剂的注射剂

药　物	溶剂/%（V/V）				理　由	
	乙醇	丙二醇	PEG-400	苯甲醇	溶解度	稳定性
地高辛	10	40			+	
戊巴比妥钠	10	40			+	
苯妥英钠	10	40			+	
TMP 与 SMZ	10.5	40	1		+	
安定	10.5	40		1.5	+	+
利眠宁		20			+	
苯巴比妥钠		90			+	
晕海宁（茶苯海明）		50		5	+	
氯氢去甲安定	80	18		2	+	+
司可巴比妥钠		50				+

（1）乙醇

乙醇与水、甘油、挥发油等可任意混溶,可供静脉或肌内注射。小鼠静脉注射的 LD_{50} 为 1.97 g/kg,皮下注射为 8.28 g/kg。采用乙醇为注射溶剂浓度可达 50%。但乙醇浓度超过 10% 时可能会有溶血作用或疼痛感,如氢化可的松注射液、乙酰毛花甙丙注射液中均含一定量的乙醇。

（2）丙二醇

丙二醇与水、乙醇、甘油可混溶,能溶解多种挥发油,小鼠静脉注射的 LD_{50} 为 5 ~ 8 g/kg,腹腔注射为 9.7 g/kg,皮下注射为 18.5 g/kg。注射用溶剂或复合溶剂常用量为 10% ~ 60%,用作皮下或肌注时有局部刺激性。其溶解范围较广,已广泛用作注射溶剂,供静注或肌注。如苯妥英钠注射液中含 40% 丙二醇。

（3）聚乙二醇

聚乙二醇与水、乙醇相混合,化学性质稳定,PEG-300、PEG-400 均可用作注射用溶剂。有报道称 PEG-300 的降解产物可能会导致肾病变。因此 PEG-400 更常用,其对小鼠腹腔注射的 LD_{50} 为 4.2 g/kg,皮下注射为 10 g/kg,如塞替派注射液以 PEG-400 为注射溶剂。

（4）甘油

甘油与水或醇可任意混合,但在挥发油和脂肪油中不溶,小鼠皮下注射的 LD_{50} 为 10 mL/kg,肌内注射为 6 mL/kg。由于黏度和刺激性较大,不单独作注射溶剂用。常用浓度为 1% ~ 50%,但大剂量注射会导致惊厥、麻痹、溶血。常与乙醇、丙二醇、水等溶液组成复合溶剂,如普鲁卡因注射液的溶剂为 95% 乙醇(20%)、甘油(20%)与注射用水(60%)。

（5）二甲基乙酰胺（DMA）

二甲基乙酰胺与水、乙醇任意混合，对药物的溶解范围大，为澄明中性溶液。小鼠腹腔注射的 LD_{50} 为 3.266 g/kg，常用浓度为 0.01%。但连续使用时，应注意其慢性毒性。如氯霉素常用 50% DMA 作溶剂，利血平注射液用 10% DMA、50% PEG 作溶剂。

6.1.4　注射剂的附加剂

1）抗氧剂

这类附加剂包括抗氧剂、惰性气体和金属络合剂，其目的是为了延缓或防止注射剂中药物的氧化。常用的水溶性抗氧剂有亚硫酸钠（适于偏碱性药液）、亚硫酸氢钠（适于偏酸性药液）、焦亚硫酸钠（适于偏酸性药液）、硫代硫酸钠（适于偏碱性药液）等，一般浓度为 0.1% ~ 0.2%；油溶性抗氧剂有维生素 E、焦性没食子酸酯等。惰性气体可填充二氧化碳或氮等气体，一般情况应首选氮气，因二氧化碳能改变有些药液的 pH，且易使安瓿破裂。

2）抑菌剂

为了防止注射剂在生产和使用过程中被微生物污染，特别是采用多剂量包装的注射液、低温灭菌或其他灭菌效果不可靠方法制备的注射液，可加入适宜的抑菌剂，确保用药安全。静脉与脑池内、硬膜外、椎管内用的注射液均不得添加抑菌剂。除另有规定外，一次注射量超过 15 mL 的注射液也不得加入抑菌剂。加有抑菌剂的注射液，仍应用适宜的方法灭菌。常用的抑菌剂及其浓度为 5 g/L 苯酚、3 g/L 甲酚、5 g/L 三氯叔丁醇等，另外还有其他抑菌剂，如苯甲醇、硫柳汞、羟苯酯类等。加有抑菌剂的注射剂，按《中国药典》（2015 版）规定，应在标签上标明所加抑菌剂的名称和浓度。

3）pH 调节剂

注射剂调节 pH 在适宜的范围是为了保证药物的稳定性、溶解性、安全性，以及减小使用时的刺激性。一般对肌内和皮下注射的注射液及小剂量的静脉注射液，要求其 pH 在 4 ~ 9；大剂量的静脉注射液原则上要求尽可能接近正常人体血液的 pH；椎管注射液的 pH 应接近 7.4。常用的 pH 调节剂有盐酸、枸橼酸、氢氧化钠、碳酸氢钠、枸橼酸钠和磷酸盐缓冲对、醋酸盐缓冲对、酒石酸盐缓冲对等。

4）渗透压调节剂

正常人体的血浆、泪液均具有一定的渗透压。凡是与血浆、泪液等体液渗透压相等的溶液称为等渗溶液，如 5% 的葡萄糖溶液和 0.9% 的氯化钠溶液即为等渗溶液。高于或低于血浆渗透压的溶液相应地称为高渗溶液或低渗溶液。如果血液中注入大量的低渗溶液，水分子可迅速穿过细胞膜进入红细胞内，使之膨胀破裂，造成溶血现象。临床上除特殊病历外，应绝对避免静脉注射低渗溶液。当静脉注入大量的高渗溶液时，红细胞内水分因渗出而发生细胞萎缩，有形成血栓的可能。因而静脉注射必须注意渗透压的调整。脊椎腔内注射，必须使用等渗溶液。常用的渗透压调节剂有氯化钠、葡萄糖等。渗透压的调节方法有冰点降低值数据法和氯化钠等渗当量法。

（1）冰点降低数据法

血浆和泪液的冰点均为 0.52 ℃，因此，任何溶液只要其冰点降低值为 0.52 ℃，即与血浆等渗。一些药物1%水溶液的冰点降低值数据见表6.2。根据这些数据可以计算并配制药物的等渗溶液。

表6.2 一些药物水溶液的冰点降低值与氯化钠等渗当量

名　称	1%水溶液/(kg·L⁻¹) 冰点降低值/℃	1 g药物氯化钠等渗当量(E)	等渗浓度溶液的溶血情况		
			浓度/%	溶血/%	pH
硼酸	0.28	0.47	1.9	100	4.6
盐酸乙基吗啡	0.19	0.15	6.18	38	4.7
硫酸阿托品	0.08	0.1	8.85	0	5.0
盐酸可卡因	0.09	0.14	6.33	47	4.4
氯霉素	0.06				
依地酸钙钠	0.12	0.21	4.50	0	6.1
盐酸麻黄碱	0.16	0.28	3.2	96	5.9
无水葡萄糖	0.10	0.18	5.05	0	6.0
葡萄糖(含H₂O)	0.091	0.16	5.51	0	5.9
氢溴酸后马托品	0.097	0.17	5.67	92	5.0
盐酸吗啡	0.086	0.15			
碳酸氢钠	0.381	0.65	1.39	0	8.3
氯化钠	0.58		0.9	0	6.7
青霉素G钾		0.16	5.48	0	6.2
硝酸毛果芸香碱	0.133	0.22			
吐温80	0.01	0.02			
盐酸普鲁卡因	0.12	0.18	5.05	91	5.6
盐酸狄卡因	0.109	0.18			

一般情况下,血浆冰点值为0.52 ℃。根据物理化学原理,任何溶液其冰点降低到0.52 ℃,即与血浆等渗。等渗调节剂的用量可用式(6.1)计算。

$$W = \frac{0.52 - a}{b} \quad\quad (6.1)$$

式中　W——配制等渗溶液需加入的等渗调节剂的百分含量;

a——药物溶液的冰点下降度数;

b——用以调节的等渗剂1%溶液的冰点下降度数。

例6.1　1%氯化钠的冰点下降度为0.58 ℃,血浆的冰点下降度为0.52 ℃,求等渗氯化钠溶液的浓度。

已知$b = 0.58$,纯水$a = 0$,按式(6.1)计算得$W = 0.9\%$,即0.9%氯化钠为等渗溶液,配制100 mL氯化钠溶液需用0.9 g氯化钠。

例6.2　配制2%盐酸普鲁卡因溶液100 mL,用氯化钠调节等渗,求所需氯化钠的加入量。

由表6.2可知,2%盐酸普鲁卡因溶液的冰点下降度(a)为$0.12×2=0.24$ ℃,1%氯化钠溶液的冰点下降度(b)为0.58 ℃,代入式(6.1)得:$W=(0.52-0.24)/0.58=0.48\%$。

即,配制2%盐酸普鲁卡因溶液100 mL需加入氯化钠0.48 g。

对于成分不明或查不到冰点降低数据的注射液,可通过实验测定,再根据上述方法计算。在测定药物的冰点降低值时,为使测定结果更准确,测定浓度应与配制溶液浓度相近。

（2）氯化钠等渗当量法

氯化钠等渗当量法是指与1 g药物呈等渗的氯化钠质量。

比如配制1 000 mL葡萄糖等渗溶液,需加无水葡萄糖多少克（W）？查表6.2可知,1 g无水葡萄糖的氯化钠等渗当量为0.18,根据0.9%氯化钠为等渗溶液,因此,$W=(0.9/0.18)×1\ 000/100=50$ g,即5%无水葡萄糖溶液为等渗溶液。

又比如配制2%盐酸麻黄碱溶液200 mL,欲使其等渗,需加入多少克氯化钠或无水葡萄糖？

由表6.2可知,1 g盐酸麻黄碱的氯化钠等渗当量为0.28,无水葡萄糖的氯化钠等渗当量为0.18。

设所需加入的氯化钠和葡萄糖的量分别为 X 和 Y。

$X=(0.9-0.28×2)×200/100=0.68$ g

$Y=0.68/0.18=3.78$ g

或 $Y=(5\%/0.9\%)×0.68=3.78$ g

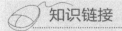

知识链接

等渗溶液与等张溶液

等渗溶液是指渗透压与血浆渗透压相等的溶液。渗透压是溶液的依数性之一,可用物理化学实验方法求得,所以等渗是一个物理化学概念。但是按这个概念计算出某些药物的等渗浓度,如表6.2所示的硼酸、盐酸麻黄碱、盐酸可卡因、盐酸乙基吗啡、盐酸普鲁卡因等,配制成等渗溶液,依然会出现不同程度的溶血现象。必须说明,不同物质的等渗溶液不一定都能使红细胞的大小和形态保持正常。

等张溶液是指与红细胞膜张力相等的溶液,在等张溶液中红细胞能保持正常的大小和形态,更不会发生溶血,因此等张溶液是一个生物学的概念。

5）增加主药溶解度的附加剂

（1）助溶剂

加助溶剂可以增加药物溶解度,有时还可保持注射剂的稳定性。如咖啡因在水中的溶解度约为2%,当以1∶1比例与苯甲酸钠配伍后,咖啡因的浓度可达12.5%。

（2）增溶剂

阳离子型增溶剂毒性大,一般不作为增溶剂使用;阴离子型增溶剂容易刺激黏膜和导致溶血,一般只限于外用制剂的增溶剂;两性离子型增溶剂的电荷由溶液 pH 决定,在等电点时表面活性最低,因而也具有一定的毒性而不使用。最常用的是非离子型增溶剂,如吐温类,主要用于小剂量注射剂和中药注射剂中,而静脉注射剂使用的增溶剂常用卵磷脂、普朗尼克 F68 等。

6)减轻疼痛的附加剂

(1)苯甲醇

苯甲醇常用量为 0.5% ~2.0%。本品连续注射可产生局部硬结,影响注射剂吸收;贮存过程中有可能产生苯甲酸、苯甲醛等不溶物而影响注射剂的澄明度。

(2)盐酸普鲁卡因

盐酸普鲁卡因常用量为 0.5% ~2.0%。本品止痛时间较短,一般维持 1 ~2 h,个别注射者有可能出现过敏反应。在碱性溶液中易析出沉淀。

(3)三氯叔丁醇

三氯叔丁醇常用量为 0.3% ~0.5%。

需要指出的是,加入止痛剂容易掩盖注射剂本身的内在质量问题,必须慎用。对肌肉有刺激性的注射液,当缓慢地进行静脉注射时,就不需要再加止痛剂。另外,还有帮助主药混悬或乳化的附加剂,其中注射用助悬剂常用羧甲基纤维素钠、聚乙烯吡咯烷酮、明胶(无抗原性)及甲基纤维素等。注射用乳化剂常用普流罗尼、吐温 80、司盘 80、卵磷脂及豆磷脂等。

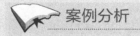 案例分析

药物注射剂不良反应

2008 年 10 月 6 日,云南食品药品监督管理局报告,云南省红河州第四人民医院 6 名患者使用黑龙江完达山制药厂生产的"刺五加"注射液之后出现严重不良反应,其中 3 例死亡。次日,中国卫生部与国家食品药品监督管理局发出紧急通知,暂停销售、使用该注射液。同年 10 月,国家相关部门联合通报黑龙江省完达山制药厂生产的"刺五加"注射液部分批号的部分样品有被细菌污染的问题。随后,中国各省开始严查"刺五加"注射液。2009 年 2 月 11 日,卫生部、国家药监局接到青海省报告,青海省大通县 3 名患者使用标志为黑龙江乌苏里江制药有限公司佳木斯分公司生产的双黄连注射液(批号:0809028、0808030,规格 20 mL/支)发生不良事件,并有 1 人(62 岁女性患者)死亡,另外 2 名患者被送入青海省人民医院抢救,截至 2009 年 2 月 11 日尚未脱离生命危险。12 日,卫生部、国家药监局发出紧急通知,要求全国各级各类医疗机构和药品经营企业立即暂停使用、销售并封存黑龙江乌苏里江制药有限公司佳木斯分公司生产的双黄连注射液;一经发现不良事件的患者,须全力做好医疗救治,并实时报告。以上案例说明了什么问题?

任务 6.2 热 原

6.2.1 热原的组成

热原是指微生物的尸体及其代谢产物内毒素,称为热原(Pyrogen)。大多数细菌都能产生热原,致热能力最强的是革兰阴性杆菌,霉菌甚至病毒也能产生热原。热原是微生物的一种内毒素,存在于细菌的细胞膜和固体膜之间,由磷脂、脂多糖和蛋白质组成,主要致热成分为脂多糖,因而大致可认为热原＝内毒素＝脂多糖。脂多糖组成因菌种不同而不同。热原的相对分子质量小的为 15 000,高者达 400 万,常为 100 万。相对分子质量越大致热作用也越强。含有热原的注射剂注入人体可引起发热反应,使人体产生发冷、寒战、发热、出汗、恶心、呕吐等症状,有时体温可升至 40 ℃ 以上,严重者甚至昏迷、虚脱,如不及时抢救,可危及生命,该现象称为"热原反应"。含有热原的注射液注入体内后,大约半小时就能产生发冷、寒战、体温升高、恶心呕吐等不良反应,严重者出现昏迷、虚脱,甚至有生命危险。有人认为细菌性热原自身并不引起发热,而是由于热原进入体内后使体内多形性核白细胞及其他细胞释放一种内源性热原,作用于视丘下部体温调节中枢,可能引起 5-羟色胺的升高而导致发热。

6.2.2 热原的性质

(1)耐热性

热原在 60 ℃ 加热 1 h 不受影响,100 ℃ 加热也不降解,但在 250 ℃、30 ~ 45 min;200 ℃、60 min 或 180 ℃、3 ~ 4 h 可使热原彻底被破坏。在通常注射剂的热压灭菌法中热原不易被破坏。

(2)过滤性

热原体积小,为 1 ~ 5 nm,一般的滤器均可通过,即使微孔滤膜,也不能截留,但可被活性炭吸附。

(3)水溶性

由于磷脂结构上连接有多糖,所以热原能溶于水。

(4)不挥发性

热原本身不挥发,但在蒸馏时,可随水蒸气中的雾滴带入蒸馏水,故应设法防止。

(5)其他

热原能被强酸强碱破坏;也能被强氧化剂,如高锰酸钾或过氧化氢等破坏;超声波及某些表面活性剂(如去氧胆酸钠)也能使之失活。

6.2.3　热原的主要污染途径

（1）注射用水

注射用水是热原污染的主要来源。尽管水本身并非是微生物良好的培养基,但易被空气或含尘空气中的微生物污染。若蒸馏设备结构不合理,操作与接收容器不当,贮藏时间过长易发生热原污染问题。故注射用水应新鲜使用,蒸馏器质量要好,环境应洁净。

（2）原辅料

原辅料特别是用生物方法制造的药物和辅料易滋生微生物,如右旋糖苷、水解蛋白或抗生素等药物,葡萄糖、乳糖等辅料,在贮藏过程中因包装损坏而易污染。

（3）容器、用具、管道与设备

如未按 GMP 要求认真清洗和处理的容器、用具、管道与设备,常易导致热原污染。

（4）制备过程与生产环境

制备过程中室内卫生差,操作时间过长,产品灭菌不及时或不合格,均增加细菌污染的概率,从而可能产生热原污染。

（5）输液器具

有时输液本身不含热原,而往往由于输液器具(输液瓶,乳胶管、针头与针筒等)污染而引起热原反应。

6.2.4　热原的去除方法

（1）高温法

凡能经受高温加热处理的容器与用具,如针头、针筒或其他玻璃器皿,在洗净后,于 250 ℃加热 30 min 以上,可破坏热原。

（2）酸碱法

玻璃容器、用具可用重铬酸钾硫酸清洗液或稀氢氧化钠液处理,可将热原破坏。热原也能被强氧化剂破坏。

（3）吸附法

注射液常用优质针剂用活性炭处理,用量为 $0.05\% \sim 0.5\%(W/V)$。此外,将 0.2% 活性炭与 0.2% 硅藻土合用于处理 20% 甘露醇注射液,除热原效果较好。

（4）离子交换法

国内有用#301 弱碱性阴离子交换树脂 10% 与#122 弱酸性阳离子交换树脂 8%,成功地除去丙种胎盘球蛋白注射液中的热原。

（5）凝胶过滤法

用二乙氨基乙基葡聚糖凝胶(分子筛)制备无热原去离子水。

（6）反渗透法

用反渗透法通过三醋酸纤维膜除去热原，这是近几年发展起来的有使用价值的新方法。

（7）超滤法

一般用 3.0~15 nm 超滤膜除去热原。如超滤膜过滤 10%~15% 的葡萄糖注射液可除去热原。Sulliven 等采用超滤法除去 β-内酰胺类抗生素中内毒素等。

（8）其他方法

采用二次以上湿热灭菌法或适当提高灭菌温度和时间，处理含有热原的葡萄糖或甘露醇注射液也能得到热原合格的产品，微波也可破坏热原。

6.2.5 热原检查方法

（1）家兔发热试验法（热原检查法）

家兔发热试验法是目前各国药典法定的热原检查法。它是将一定量的供试品，由静脉注入家兔体内，在规定时间内观察家兔体温的变化情况，如家兔体温升高的度数超过规定限度即认为有热原反应。具体试验方法和结果判断标准见《中国药典》（2015 版）四部通则项注射剂热原检查法。本法结果准确，但费时较长、操作繁琐，连续生产不适用。

（2）鲎试剂法（细菌内毒素检查法）

鲎试剂法是利用动物鲎制成试剂与革兰氏阴性菌产生的细菌内毒素之间可产生的凝胶反应，从而定性或定量地检测内毒素的一种方法。具体试验方法和结果判断标准见《中国药典》（2015 版）四部通则项注射剂细菌内素检查法。本法操作简单、结果迅速可得、灵敏度高，适合于生产过程中的热原控制，也适合于某些不能用家兔进行热原检测的品种，如放射性制剂、肿瘤抑制剂等。

鲎试剂

细菌内毒素是药物所含热原的主要来源。鲎试验法是利用试剂与细菌内毒素产生凝集反应的机理，来判断供试品中细菌内毒素的限量是否符合规定的一种方法。鲎试剂为鲎科动物东方鲎的血液变形细胞溶解物的无菌冷冻干燥品。鲎试剂中含有能被微量细菌内毒素激活的凝固酶原和凝固蛋白原。凝固酶原经内毒素激活转化成具有活性的凝固酶，进一步促使凝固蛋白原转变为凝固蛋白而形成凝胶。

 **案例分析**

欣弗注射液事件

卫生部 2006 年 8 月 3 日连夜发出紧急通知,停用上海华源股份有限公司安徽华源生物药业有限公司生产的药品欣弗。据了解,发生不良反应的"欣弗"涉及 5 个批号产品,分别是 06060801、06062301、06062601、06062602 和 06041302,这些产品均为 2006 年 6 月生产。卫生部通知说,青海、广西、浙江、黑龙江和山东等省、自治区陆续出现部分患者使用上海华源股份有限公司安徽华源生物药业有限公司生产的克林霉素磷酸酯葡萄糖注射液(又称欣弗)后,出现胸闷、心悸、心慌、寒战、肾区疼痛、腹痛、腹泻、恶心、呕吐、过敏性休克、肝肾功能损害等临床症状。国家食品药品监督管理局 8 月 15 日通报了对安徽华源生物药业有限公司生产的克林霉素磷酸酯葡萄糖注射液(欣弗)引发的药品不良事件调查结果:安徽华源违反规定生产,是导致这起不良事件的主要原因。国家食品药品监督管理局新闻发言人张冀湘 15 日在新闻发布会上宣布,他们已会同安徽省食品药品监督管理局对安徽华源进行了现场检查。经查,该公司 2006 年 6 月至 7 月生产的欣弗未按批准的工艺参数灭菌,降低灭菌温度,缩短灭菌时间,增加灭菌柜装载量,影响了灭菌效果。经中国药品生物制品检定所对相关样品进行检验,结果表明,无菌检查和热原检查不符合规定。"按照批准的工艺,该药品应当经过 105 ℃、30 min 的灭菌过程。但安徽华源却擅自将灭菌温度降低到 100～104 ℃不等,将灭菌时间缩短到 1～4 min 不等,明显违反规定。样品经培养后,长出了细菌。中检所由此认定,安徽华源违反规定生产。"国家食品药品监督管理局安全监管司有关负责人王者雄告诉记者,样品中具体含有何种细菌,还有待进一步分析评价。以上案例说明了什么问题?

任务 6.3　水针剂的生产

6.3.1　注射剂的生产工艺流程

注射剂为无菌制剂,不仅要按照生产工艺流程进行生产,还要严格按照 GMP 进行生产管理,以保证注射剂的质量和用药安全。液体安瓿剂注射液生产工艺流程如图 6.1 所示。

6.3.2　注射剂的生产管理

1)空气净化概述

空气净化是指以创造洁净空气为目的的空气调节措施。根据不同行业的要求和洁净标准,可分为工业净化和生物净化。工业净化是指除去空气中悬浮的尘埃粒子,以创造洁净的空气环境;生物净化是指不仅除去空气中悬浮的尘埃粒子,而且要求除去微生物等以创造洁净的空气环境。空气净化技术是指为达到某种净化要求所采用的净化方法。该技术不仅着重采用合理的空气净化方法,而且必须对建筑、设备、工艺等采用相应的措施和严格的维护管理。

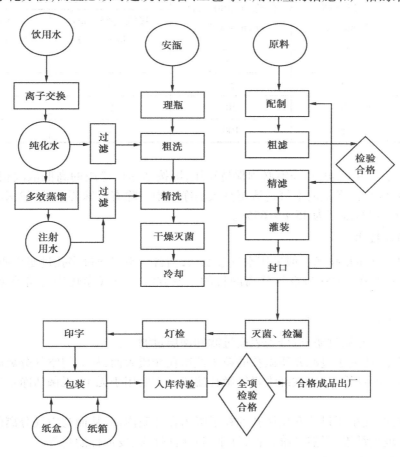

图 6.1　水针注射液生产工艺流程

(1)洁净室空气的净化标准

含尘浓度:含尘浓度即单位体积空气中所含粉尘的个数(计数浓度)或毫克量(质量浓度)。

(2)洁净室的净化度标准

我国《药品生产质量管理规范》(2015 修订版)中净化度标准见表 6.3 和表 6.4。

表 6.3　洁净区空气洁净度各级别空气悬浮粒子的标准

洁净度级别	悬浮粒子最大允许数/(个·m⁻³)			
	静　态		动　态	
	≥0.5 μm	≥5.0 μm	≥0.5 μm	≥5.0 μm
A 级	3 520	20	3 520	20
B 级	3 520	29	352 000	2 900
C 级	352 000	2 900	3 520 000	29 000
D 级	3 520 000	29 000	不作规定	不作规定

表 6.4　洁净区微生物监测的动态标准

| 洁净度级别 | 浮游菌 /(cfu·m⁻³) | 沉降菌(φ90 mm) /(cfu·4h⁻¹) | 表面微生物 | |
			接触(φ55 mm) /(cfu·碟⁻¹)	5 指手套 /(cfu·手套⁻¹)
A 级	<1	<1	<1	<1
B 级	10	5	5	5
C 级	100	50	25	—
D 级	200	100	50	—

从表 6.3、表 6.4 可知,洁净室必须保持正压,即按洁净度等级的高低依次相连,并有相应的压差,以防止低级洁净室的空气逆流至高级洁净室中。除有特殊要求外,我国洁净室要求室温为 18 ~ 26 ℃,相对湿度为 45% ~ 65%。

2)空气净化技术

洁净室的空气净化技术一般采用空气过滤法,当含尘空气通过多孔过滤介质时,粉尘被微孔截留或被孔壁吸附,达到与空气分离的目的。该方法是空气净化中经济有效的关键措施之一。

(1)过滤方式

空气过滤属于介质过滤,可分为表面过滤和深层过滤。

①表面过滤:使大于过滤介质微孔的粒子截留在介质表面,从而与空气分离的方法。常用的过滤介质有醋酸纤维素、硝酸纤维素等微孔滤膜。主要用于无尘、无菌洁净室等高标准空气的末端过滤。

②深层过滤:使小于过滤介质微孔的粒子吸附在介质内部,从而与空气分离的方法。常用的介质材料有玻璃纤维、天然纤维、合成纤维、粒状活性炭、发泡性滤材等。

(2)空气过滤器的种类

空气过滤器常以单元形式制成,即将滤材装入金属或木质框架内组成一个单元过滤器,再将一个或多个单元过滤器安装到通风管道或空气过滤箱内,组成空气过滤系统。空气过滤器的结构有以下几种:

①板式空气过滤器:是最常用的初效过滤器,也称预过滤器。通常置于上风侧的新风过滤,主要滤除粒径大于 5 μm 的浮尘,且有延长中、高效过滤器寿命的作用。

②楔式和袋式空气过滤器:用于中效过滤,两种空气过滤器的外形、结构相似,仅滤材不同,主要用于滤除大于 1 μm 的浮尘,一般置于高效过滤器之前。

③折叠式空气过滤器:由于滤材折叠装置,减小了通过滤材的有效风速,对微米级尘粒捕集效率高,用于高效过滤,主要滤除小于 1 μm 的浮尘,对粒径为 0.3 μm 的尘粒的过滤效率在99.97% 以上。一般装于通风系统的末端,必须在中效过滤器的保护下使用。其特点是效率高、阻力大、不能再生、有方向性(正反不能倒装)。

6.3.3　注射剂的容器及处理方法

1）安瓿的概述

（1）安瓿的种类和式样

注射剂容器一般是指由硬质中性玻璃制成的安瓿或容器（如青霉素小瓶等），也有塑料容器。安瓿的式样目前采用有颈安瓿与粉末安瓿，其容积通常为 1、2、5、10、20 mL 等几种规格，此外还有曲颈安瓿。新国标 GB 2637—1995 规定水针剂使用的安瓿一律为曲颈易折安瓿。为避免折断安瓿瓶颈时造成玻璃屑、微粒进入安瓿，污染药液，国家药品监督管理局（SDA）已强行推行曲颈易折安瓿。

易折安瓿有两种，色环易折安瓿和点刻痕易折安瓿。色环易折安瓿是将一种膨胀系数高于安瓿玻璃两倍的低熔点粉末熔固在安瓿颈部成为环状，冷却后由于两种玻璃的膨胀系数不同，在环状部位产生一圈永久应力，用力一折即可平整折断，不易产生玻璃碎屑。点刻痕易折安瓿是在曲颈部位可有一细微刻痕，在刻痕中心标有直径 2 mm 的色点，折断时，施力于刻痕中间的背面，折断后，断面应平整。目前安瓿多为无色，有利于检查药液的澄明度。对需要遮光的药物，可采用琥珀色玻璃安瓿。琥珀色可滤除紫外线，适用于光敏药物。琥珀色安瓿含氧化铁，痕量的氧化铁有可能被浸取而进入产品中，如果产品中含有的成分能被铁离子催化，则不能使用琥珀色玻璃容器。

粉末安瓿是供分装注射用粉末或结晶性药物之用。故瓶的颈口粗或带喇叭状，便于药物装入。该瓶的瓶身与颈同粗，在颈与身的连接处吹有沟槽，用时锯开，灌入溶剂溶解后注射。此种安瓿使用不便，近年来开发了一种可同时盛装粉末与溶剂的注射容器，该容器分为两室，下隔室装无菌药物粉末，上隔室盛溶剂，中间用特制的隔膜分开，用时将顶部的塞子压下，隔膜打开，溶剂流入下隔室，将药物溶解后使用。此种注射用容器特别适用于一些在溶液中不稳定的药物。

（2）安瓿的质量与注射剂稳定性的关系

安瓿用来灌装各种性质不同的注射剂，不仅在制造过程中需经高温灭菌，而且应适合在不同环境下长期储藏。玻璃质量有时能影响注射剂的稳定性，如导致 pH 值改变、沉淀、变色、脱片等。因此，注射剂玻璃容器应达到以下质量要求：

①应无色透明，以利于检查药液的澄明度、杂质以及变质情况。

②应具有低的膨胀系数、优良的耐热性，使之不易冷爆破裂。

③熔点低，易于熔封。

④不得有气泡、麻点及砂粒。

⑤应有足够的物理强度，能耐受热压灭菌时产生的较高压力差，并避免在生产、装运和保存过程中所造成的破损。

⑥应具有高度的化学稳定性，不与注射液发生物质交换。若玻璃容器含有过多的游离碱，则可能增高注射液的 pH 值，可使酒石酸锑钾、胰岛素、肾上腺素、生物碱盐等对 pH 敏感的药物变质，如酒石酸锑钾由于 pH 值升高而分解产生三氧化二锑沉淀，使产品毒性增加。玻璃容

器若不耐水腐蚀,则在盛装注射用水时会产生脱片现象。不耐碱的容器,在装入碱性较大的磺胺嘧啶钠或枸橼酸钠、碳酸氢钠等盐类的注射液时,在灭菌或长期储藏后会发生"小白点""脱片"或"混浊"等现象。

目前制造安瓿的玻璃主要有中性玻璃、含钡玻璃、含锆玻璃。中性玻璃是低硼酸硅盐玻璃,化学稳定性好,适合于近中性或弱酸性注射剂,如各种输液、葡萄糖注射液、注射用水等。含钡玻璃的耐碱性好,可作碱性较强的注射液的容器,如磺胺嘧啶钠注射液(pH 为 10 ~ 10. 5)。含锆玻璃是含少量锆的中性玻璃,具有更高的化学稳定性,耐酸碱性能好,可用于盛装如乳酸钠、碘化钠、磺胺嘧啶钠、酒石酸锑钠等。除玻璃组成外,安瓿的制作、贮藏、退火等技术,也在一定程度上影响安瓿的质量。

(3)安瓿的检查

为了保证注射剂的质量,安瓿必须按药典要求进行一系列的检查,包括物理和化学检查。物理检查内容主要包括安瓿外观、尺寸、应力、清洁度、热稳定性等;化学检查内容主要包括容器的耐酸、碱性和中性检查等。装药试验主要是检查安瓿与药液的相容性,证明无影响方能使用。

(4)安瓿的切割与圆口

安瓿需先经过切割,使安瓿颈具有一定的长度,便于灌药与安装。切割后的安瓿瓶口应整齐,无缺口、裂口、双线,长短符合要求。切口不好,玻璃碎屑易掉入安瓿,增加洗瓶的难度,影响澄明度。安瓿割口后,颈口截面粗糙,再相互碰撞及洗涤时容易落入安瓿内,因此需要圆口。圆口是利用强烈火焰喷烘颈口截面,使熔融光滑。

2)安瓿的处理

安瓿的处理包括洗涤、干燥和灭菌。

(1)安瓿的洗涤

安瓿属于二类药包材,除去外包装后经洗涤后使用,洗涤用水应是新鲜注射用水。国内常用的洗涤方法有加压喷射气水洗涤法和超声波洗涤法两种。其中超声波洗涤法是采用超声波洗涤与气水喷射式洗涤相结合的方法,具有清洗洁净度高、速度快等特点。

①加压喷射气水洗涤法:本法是利用已加压、滤净的纯化水与已滤净的压缩空气通过针头交替喷入安瓿内洗涤,冲洗顺序一般为气、水、气、水、气,冲洗 4 ~ 8 次,最后一次洗涤,应采用通过微孔滤膜滤过的注射用水。该法使用的设备为气水喷射式安瓿洗瓶机组,主要由供水系统、压缩空气及其过滤系统、洗瓶机等三大部分组成,适用于曲颈安瓿和大安瓿的洗涤,气水洗涤程序自动完成。气水喷射式安瓿洗瓶机组如图 6.2 所示。

②超声波洗涤法:本法是利用超声波技术清洗安瓿,在液体中传播的超声波与安瓿接触的界面处于剧烈的超声振动状态,将安瓿内外表面的污垢冲击剥落,从而达到清洗安瓿的目的,其洗涤效率及效果均很理想。运用喷射气水洗涤技术与超声波清洗技术相结合的原理,制成连续回转超声波洗瓶机,该设备由针鼓转动对安瓿进行洗涤,每一个洗涤周期为进瓶斗灌水、超声波洗涤、纯化水冲洗、压缩空气吹洗、注射用水冲洗、压缩空气吹净、出瓶。针鼓连续转动,安瓿洗涤周期进行,实现了大规模洗涤安瓿的功能,符合 GMP 生产的技术要求,为自动电气控制。图 6.3 所示为 18 工位连续回转超声波洗瓶原理示意图。

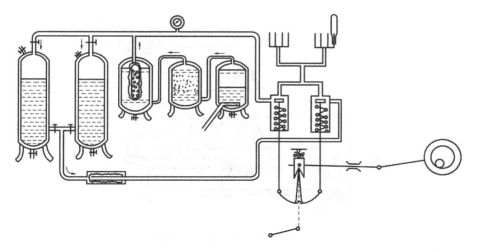

图 6.2　气水喷射式安瓿洗瓶机组示意图

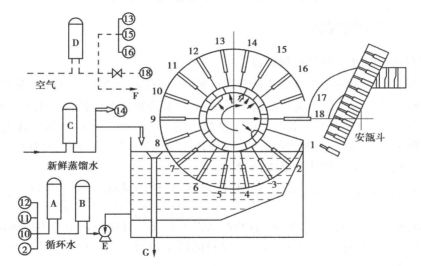

图 6.3　连续回转超声波洗瓶原理示意图

1—引盘;2—注循环水;3,4,5,6,7—超声清洗;8,9—空位;10,11,12—循环水冲洗;

13—吹气冲洗;14—注新注射用水;15,16—压气吹净;17—空位;18—吹气送瓶

A,B,C,D—过滤器;E—循环泵;F—吹除玻璃屑;G—溢流回收

（2）安瓿的干燥和灭菌

安瓿洗涤后,一般要在烘箱内 120~140 ℃进行干燥,盛装无菌操作或低温灭菌的安瓿须用 180 ℃干热灭菌 1.5 h。大量生产时,多采用隧道式干热灭菌机,此设备主要由红外线发射装置和安瓿自动传送装置两部分组成,如图 6.4 所示。安瓿在隧道中依次通过:预热段,温度在 100 ℃左右,使大部分水分蒸发;高温灭菌段,温度可达 350 ℃以上,杀灭微生物;降温段,温度在 100 ℃左右时,安瓿离开隧道。此设备有利于安瓿的烘干、灭菌连续化生产。近年来,干燥工艺已广泛采用远红外线加热技术,温度可达 250~350 ℃,一般为 360 ℃经 5 min 即可达到安瓿灭菌的目的。此设备多附有局部层流装置以保持空气的洁净。灭菌后的安瓿存放柜应有净化空气保护,安瓿存放时间不应超过 24 h。

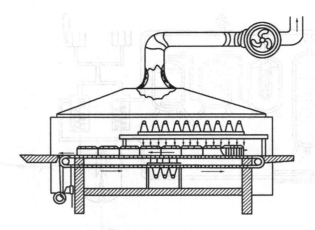

图 6.4 隧道式红外线烘箱示意图

6.3.4 注射剂的配制

1）原辅料的质量要求与投料量计算

供注射剂生产所用的原辅料必须符合现行版《中国药典》（2015 版）及国家有关对注射剂原辅料质量标准的要求。生产前还需做小样试制，检验合格后方能使用。配制注射剂前，应按处方规定计算出原辅料的用量，若有一些含结晶水的药物，应注意换算；如果注射剂在灭菌后主药含量有所下降时，应酌情增加投料量。原辅料经准确称量，并经两人核对后，方可投料，以避免差错。原料实际用量的计算见式（6.2）：

$$原料（附加剂）实际用量 = \frac{原料（附加剂）理论用量×成品标示量百分数}{原料（附加剂）实际含量} \qquad (6.2)$$

成品标示量百分数通常为 100%，有些产品因灭菌或贮藏期间含量会有所下降，可适当增加投料量（即提高成品标示量的百分数）。原料的用量也可采用式（6.3）计算，实际配液量采用式（6.4）计算。

$$原料（附加剂）用量 = 实际配液量×成品含量 \qquad (6.3)$$
$$实际配液量 = 实际灌注量+实际灌注时损耗量 \qquad (6.4)$$

例 6.5 制备 2 mL 装 2% 盐酸普鲁卡因的注射液 10 000 支，需实际含量为 99.5% 的原料盐酸普鲁卡因多少克？

解：计划配液数 =（2+0.15）×10 000 = 21 500（mL）（0.15 mL 为应增加的装量）

实际配液数 = 21 500+（21 500×5%）= 22 575（mL）（5% 是实际灌注时的耗损量）

原料理论用量 = 22 575×2% = 451.5（g）

《中国药典》（2015 版）规定盐酸普鲁卡因注射液的含量应为标示量的 95% ~ 105%，故按平均值计算：原料实际用量 = 451.5×100%/99.5% = 453.77（g）。

2）配制用具的选择与处理

配制注射剂的用具和容器是由性质稳定、耐腐蚀的材料制成，如玻璃、搪瓷、不锈钢、耐酸耐碱陶瓷和无毒聚氯乙烯、聚乙烯塑料等。大量生产时，常选用夹层配液锅并装配搅拌器装置,夹层中可通蒸汽加热,也可通冷却水冷却。

　　配制用具和容器在使用前要用洗涤剂或清洁液处理,然后用纯化水反复冲洗,洗净并沥干。临用前,再用新鲜注射用水洗或灭菌后备用。配制油性注射液时,其器具必须干燥,注射用油在应用前需经 150~160 ℃ 干热灭菌 1~2 h,冷却后使用。玻璃容器中也可加入少量硫酸清洁液或 75% 乙醇放置,以免滋生微生物,使用时再按规定方法清洗。每次配制用具和容器使用后,均应及时清洗。输送注射用水和药液的聚乙烯塑料管,可先用 0.5% 的 NaOH 浸泡 30 min 后,再用 1% HCl 浸泡 10 min,然后依法用纯化水、注射用水洗净备用。

3)配制方法

　　配制方式有两种:一种是稀配法,本法适用于原料质量好,小剂量注射剂的配制,即将原料加入所需的溶剂中一次配成注射剂所需浓度;另一种是浓配法,本法适用于原料质量一般,大剂量注射剂的配制,即将原料先加入部分溶剂配成浓溶液,溶解(或加热溶解)过滤后,再将全部溶剂加入滤液中,使其达到注射剂规定的浓度,溶解度小的杂质在浓配时可以过滤除去。为保证质量,浓配法配成的药物浓溶液也可用热处理冷藏法处理(即先加热至 100 ℃,再冷却至 0~4 ℃,静置),经处理后的浓溶液滤过后,再加入全部溶剂量。若处方中含两种或两种以上种药物时,难溶性药物宜先溶解或配液时分别溶解后再混合,最后加溶剂至规定量;如有易氧化药物需加抗氧剂时,应先加抗氧剂,后加药物。

　　有些注射液由于色泽或可见性异物的原因,配制时需加活性炭处理,活性炭有较好的吸附、脱色、助滤及除杂质作用。应用时,常把注射用规格(针用)的活性炭,加入药液中加热煮沸一定时间,并适当搅拌,稍冷后即过滤。但必须注意,针用活性炭使用前应在 150 ℃ 干燥 3~4 h,进行活化处理,一般用量为 0.1%~1.0%。使用时应注意活性炭可能对有效成分的吸附,从而影响药物含量的问题。活性炭在酸性条件下吸附能力强,一般均在酸性环境中使用。配液所用注射用水,贮存时间不得超过 12 h。配制的药液,需经过相应的质量检查,合格后进入下一工序。

　　注意事项:

　　①配制注射液时应在洁净的环境中进行,一般不要求无菌,但所用器具及原料附加剂尽可能无菌,以减少污染。

　　②配制剧毒药品注射液时,严格称量与校核,并谨防交叉污染。

　　③对不稳定的药物更应注意调配顺序(先加稳定剂或通惰性气体等),有时要控制温度与避光操作。

　　④对于不易滤清的药液可加 0.1%~0.3% 活性炭处理,小量注射液可用纸浆混炭处理。活性炭常选用一级针用炭或"767"型针用炭,可确保注射液质量。使用活性炭时还应注意其对药物(如生物碱盐等)的吸附作用,要通过加炭前后药物含量的变化,确定能否使用。活性炭在酸性溶液中吸附作用较强,最高吸附能力可达 1:0.3,在碱性溶液中有时出现"胶溶"或脱吸附,反而使溶液中杂质增加,故活性炭最好用酸碱处理并活化后使用。

　　配制油性注射液,常将注射用油先经 150 ℃ 干热灭菌 1~2 h,冷却至适宜温度(一般在主药熔点以下 20~30 ℃),趁热配制、过滤(一般在 60 ℃ 以下),温度不宜过低,否则黏度增大,不易过滤。溶液应进行半成品质量检查(如 pH 值、含量),合格后方可过滤。

6.3.5 注射剂的滤过

滤过操作是配制注射液的重要步骤之一,是保证成品澄明的关键。

1)滤过机理

滤过机理有两种:一种是过筛作用,即大于滤器孔隙的微粒全部被截留在滤过介质表面;另一种是颗粒截留在滤器的深层,如垂熔玻璃漏斗等深层滤器。

2)常用滤器

(1)垂熔玻璃滤器

垂熔玻璃滤器是采用硬质中性玻璃的均匀细粉烧结而成的滤板,经过粘合制成不同规格的漏斗、滤球和滤棒。根据滤板孔径大小不同分为相应的型号。生产厂家不同,其型号表示方法也不同,垂熔玻璃滤器的型号、规格及用途见表6.5。垂熔玻璃滤器多用于注射液膜滤器前的预滤。3号和G2号多用于常压滤过,4号和G3、G4号多用于减压或加压滤过,6号以及G5、G6号做无菌滤过。

表6.5 国产垂熔玻璃滤器规格比较

上海玻璃厂		长春玻璃厂		天津滤器厂	
滤器号	滤板孔径/μm	滤板号	滤板孔径/μm	滤棒号	滤棒孔径/μm
1	80 ~ 120	G1	20 ~ 30	1G1	80 ~ 120
2	40 ~ 80	G2	10 ~ 15	1G2	40 ~ 80
3	15 ~ 40	G3	4.5 ~ 9	1G3	15 ~ 40
4	5 ~ 15	G4	3 ~ 4	1G4	5 ~ 15
5	2 ~ 5	G5	1.5 ~ 2.5	1G5	2 ~ 5
6	<2	G6	<1.5	1G6	<2

垂熔玻璃滤器的特点是化学稳定性好,过滤时无碎渣脱落,吸附性低,一般不影响药液pH,易于清洗,可以热压灭菌。每次使用前要用纯化水反复冲洗,并于1% ~2%硝酸钠硫酸溶液中浸泡12 ~24 h,再用纯化水清洗抽干,最后用注射用水抽洗干净备用。滤器在使用后应立即再按上法处理。垂熔玻璃滤器的示意图和商品分别如图6.5和图6.6所示。

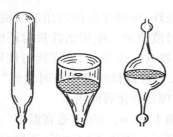

图6.5 垂熔玻璃滤器示意图

图6.6 垂熔玻璃滤器

(2)板框压滤器

由中空的框和支撑过滤介质的实心板组装而成,由多个滤板和滤框交替排列组成,滤过面积大,截留固体多,经济耐用,适于大生产,滤材也可以任意选择。常用于滤过黏性、微粒较大的浸出液,也可用于注射液的粗滤。缺点是装配和清洁较为麻烦,如果装配不好,容易滴漏。板框压滤器如图6.7所示。

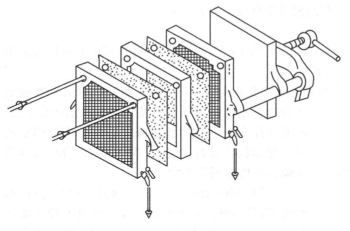

图6.7　板框压滤机

图6.8　钛滤器

(3)钛滤器

用粉末冶金工艺将钛粉加工制成的过滤材料,包括钛滤棒和钛滤片。其化学稳定性好,耐酸碱,可在较大 pH 范围内使用;机械强度大、易再生、寿命长;孔径分布窄,分离效率高;不与微生物发生作用;耐高温,可在 300 ℃正常使用;无微粒脱落。常用于注射液的预滤,如图6.8所示为钛滤器装置图。

(5)砂滤棒

国产的砂滤棒主要有两种:一种是硅藻土滤棒;另一种是多孔素瓷滤棒。硅藻土滤棒质地疏松,一般适用于黏度高、浓度大的药液。根据自然滤速分为粗号(500 mL/min 以上)、中号(500~300 mL/min)、细号(300 mL/min 以下)。注射剂生产常用中号。多孔素瓷滤棒质地致密,滤速比硅藻土滤棒慢,适用于低黏度的药液。砂滤棒价廉易得,滤速快,适用于大生产中粗滤。但砂滤棒易于脱砂,对药液吸附性强,难清洗,且有改变药液 pH 现象,滤器吸留滤液多。砂滤棒用后要进行处理。

(6)微孔滤膜

微孔滤膜是一种高分子薄膜滤过材料,在薄膜上分布有很多的微孔,孔径为 0.025~14 μm,有多种规格。微孔总面积占薄膜总面积的80%,孔径大小均匀,如0.45 μm 的滤膜,其孔径范围为(0.45±0.02) μm,滤膜厚度为 0.12~0.15 mm。微孔滤膜的种类有醋酸纤维膜滤膜、硝酸纤维膜滤膜、醋酸纤维与硝酸纤维混合酯滤膜、聚酰胺硝化纤维素滤膜、聚酰胺滤膜、聚四氟乙烯滤膜等多种。微孔滤膜的主要缺点是易于堵塞,因此,在用微孔滤膜过滤前,一般先用其他滤器进行预滤。

微孔滤膜过滤器的优点:

①微孔孔径小,截留能力强,有利于提高注射剂的澄明度。

②孔径大小均匀,即使加快速度,加大压力差也不易出现微粒"泄漏"现象。

③在过滤面积相同、截留颗粒大小相同的情况下,微孔滤膜的滤速比其他滤器(垂熔玻璃

漏斗、砂滤棒)快 40 倍。

④滤膜无介质的迁移,不会影响药液的 pH,不滞留药液。

⑤滤膜用后弃去,不会造成产品之间的交叉感染。

但微孔滤膜过滤器具有易堵塞,有些滤膜化学性质不理想等缺点。

滤膜的理化性质:

①热稳定性:纤维素混合酯滤膜在干热 125 ℃以下的空气中稳定,故在 121 ℃热压灭菌不受影响。聚四氟乙烯膜在 260 ℃的高温下稳定。

②化学性能:纤维素混合酯滤膜适用于药物的水溶液、稀酸和稀碱、脂肪族和芳香族碳氢化合物或非极性液体。不适用于酮类、酯类、乙醚乙醇混合溶液以及强酸强碱。尼龙膜或聚四氟乙烯膜化学稳定性好,特别是聚四氟乙烯膜,对强酸强碱和有机溶剂均无影响。

常用的微孔滤膜过滤器有两种:一种是圆筒形膜滤器;另一种是圆盘形膜滤器。圆盘形膜滤器如图 6.9 所示,由底盘、底盘垫圈、多孔筛板(或支撑网)、微孔滤膜、盖板垫圈及盖板等部件所组成。滤膜安放时,反面朝向被滤药液,有利于防止膜的堵塞。安装前,滤膜应放在注射用水中浸润 12 h(70 ℃)以上。圆筒形膜滤器最简单的是将微孔滤筒直接装在过滤器内,微孔滤筒有 1 只的,也有 3 只的,多的达 10~20 只,此种滤器滤过面积大,适用于大生产。

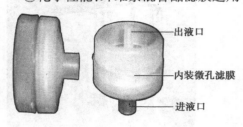

出液口
内装微孔滤膜
进液口

图 6.9　微孔滤膜过滤器

微孔滤膜可用于除菌过滤,特别是对于一些不耐热的产品,常用 0.22 μm 或 0.45 μm 滤膜做无菌过滤。此外,微孔滤膜还用于无菌检验注射液的滤过,一般分两步完成,即先初滤再精滤。操作时应根据不同的滤过要求。结合药液中沉淀物的多少,选择合适的滤器与过滤装置。

6.3.6　注射剂的灌封

注射剂的灌封包括药液的灌注与容器的封口,是注射剂装入容器的最后一道工序,也是注射剂生产中最重要的工序。注射液滤过后,经检查合格应立即灌装和封口,以避免污染,其质量直接由灌封区域环境和灌封设备决定。因此,灌封区域是整个注射剂生产车间的关键部位,应按照 GMP 规定保持较高的洁净度。保证灌封环境的洁净,同时,灌封设备的合理设计及正确使用都直接影响注射剂产品质量。

为使灌注量准确,每次灌注前,必须用精确的量筒校正灌注器的容量,并试灌若干次,然后按《中国药典》(2015 版)附录注射液装量检查法检查,符合装量规定后再正式灌装。大生产时,药液的灌装多在自动灌封机上进行,灌装与封口由机械联动完成。安瓿灌封的工艺过程一般应包括安瓿的排整、灌注、充惰性气体、封口等工序。

灌液部分装有自动止灌装置,当灌注针头降下而无安瓿时,药液不再输出,避免污染机器与浪费。容器灌入注射液后,应立即进行封口。安瓿封口要做到严密不漏气,顶端圆整光滑、无尖头、泡头、瘪头和焦头。现在封口方法一般采用拉封技术。该技术封口严密,颈端圆整光滑。制药生产企业多采用全自动灌封机,如图 6.10 所示。灌注药液时均由下列动作依次协调进行:安瓿传送至移瓶齿板轨道;充气针头下降并充气;灌装药液;安瓿旋转,火焰预热安瓿颈部;安瓿旋转,火焰使其颈部熔融,同时钢夹将其颈部顶端拉断使之封合,再由轨道送出产品。整个过程自动完成,操作方便,生产效率高。

注射剂生产的全过程经过多道工序,将这些工序联结起来,组成联动机,可以提高注射剂的质量和生产效率。目前,我国已设计制成多种规格的洗、灌、封联动机和割、洗、灌、封联动机。该种机器将多个生产工序在一台机器上联动完成。常见的洗、灌、封联动机的结构如图6.11所示。

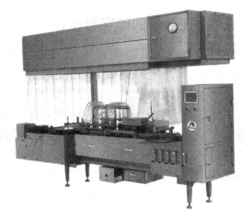

图6.10 ALG.1 安瓿拉丝灌封机　　图6.11 XHGF1/20 安瓿瓶洗烘灌封联动

洗、灌、封联动机在实际生产中的应用,不仅可以将注射剂生产过程中受污染的可能性降低,提高产品质量和生产效率,同时也可使生产车间的布局更为合理,生产环境与生产过程的控制更加方便。

注射剂灌装与封口过程中,对于一些主药遇空气易氧化的产品,要通入惰性气体以置换安瓿中的空气。常用的惰性气体有氮气和二氧化碳。通气时,1~2 mL的安瓿可先灌装药液后通气;5~10 mL安瓿应先通气,再灌装药液,最后再通气。

6.3.7　注射液的灭菌与检漏

1)灭菌

除采用无菌操作生产的注射剂外,一般注射液在灌封后必须尽快进行灭菌,以保证产品的无菌。注射液的灭菌要求是杀灭微生物,以保证用药安全;避免药物的降解,以免影响药效。灭菌与保持药物稳定性是矛盾的两个方面,灭菌温度高、时间长,容易把微生物杀灭,但却不利于药液的稳定,因此选择适宜的灭菌法对保证产品质量甚为重要。在避菌条件较好的情况下生产可采用流通蒸汽灭菌,1~5 mL安瓿多采用流通蒸汽100 ℃、30 min;10~20 mL安瓿常用100 ℃、45 min灭菌。要求按灭菌效果 F_0 大于8进行验证。

2)检漏

灭菌后的安瓿应立即进行漏气检查。若安瓿未严密熔合,有毛细孔或微小裂缝存在,则药液易被微生物与污物污染或药物泄漏,污损包装,应检查剔除。检漏一般采用灭菌和检漏两用的灭菌锅将灭菌,检漏结合进行。灭菌后稍开锅门,同时放进冷水淋洗安瓿使温度降低,然后关紧锅门并抽气,漏气安瓿内气体也被抽出,当真空度为 640~680 mmHg(83.3~90.6 kPa)时,停止抽气,开色水阀,至颜色溶液(0.05%曙红或亚甲蓝)盖没安瓿时止,开放气阀,再将色液抽回贮存器中,开启锅门、用热水淋洗安瓿后,剔除带色的漏气安瓿。也可在灭菌后,趁热立即放颜色水于灭菌锅内,安瓿遇冷内部压力收缩,颜色水即从漏气的毛细孔进入而被检出。深色注射液的检漏,可将安瓿倒置进行热压灭菌,灭菌时安瓿内气体膨胀,将药液从漏气的细孔挤出,使药液减少或成空安瓿而剔除。还可用仪器检查安瓿的隙裂。

6.3.8 注射剂的印字与包装

经质量检查合格后的注射剂,每支安瓿或每瓶注射液均需及时印字或贴签,内容应包括品名、规格、批号、厂名等。目前,药厂大批量生产时,广泛采用印字、装盒、贴签及包装等联成一体的印包联动机,大大提高了印包工序效率。包装对保证注射剂的质量稳定具有重要作用,既要避光又要防止破损,一般用纸盒,内衬瓦楞纸分割成行包装。塑料包装是近年来发展起来的一种新型包装形式,安瓿塑料包装一般有热塑包装和发泡包装。注射剂包装盒外应贴标签,注明品名、规格、生产批号、生产厂名、内装支数及药品生产批准文号等。包装盒内应放注射剂详细使用说明书,说明药物的含量或处方、适应证、用法、用量、禁忌证、不良反应和注意事项、贮藏、批准文号、生产批号、有效期及药厂名称等。

实例解析 1 维生素 C 注射液(抗坏血酸)

临床上用于预防及治疗坏血病,并用于出血性体质,鼻、肺、肾、子宫及其他器官的出血。肌注或静脉注射,一次 0.1~0.25 g,一日 0.25~0.5 g。

【处方】维生素 C(主药)104 g　依地酸二钠(络合剂)0.05 g　碳酸氢钠(pH 调节剂)49.0 g 亚硫酸氢钠(抗氧剂)2.0 g　注射用水加至 1 000 mL。

【分析】①维生素 C 分子中有烯二醇式结构,显强酸性,注射时刺激性大,产生疼痛,故加入碳酸氢钠(或碳酸钠)调节 pH,以避免疼痛,并增强本品的稳定性。②本品易氧化水解,原辅料的质量,特别是维生素 C 原料和碳酸氢钠,是影响维生素 C 注射液的关键。空气中的氧气、溶液 pH 和金属离子(特别是铜离子)对其稳定性影响较大。因此处方中加入抗氧剂(亚硫酸氢钠)、金属离子络合剂及 pH 调节剂,工艺中采用充惰性气体等措施,以提高产品稳定性。但实验表明,抗氧剂只能改善本品色泽,对制剂的含量变化几乎无作用,亚硫酸盐和半胱氨酸对改善本品色泽作用显著。③本品稳定性与温度有关。实验表明,用 100 ℃流通蒸汽 30 min 灭菌,含量降低 3%;而 100 ℃流通蒸汽 15 min 灭菌,含量仅降低 2%,故以 100 ℃流通蒸汽 15 min 灭菌为宜。

【制法】①在配制容器中,加处方量 80% 的注射用水,通二氧化碳至饱和。②加维生素 C 溶解后,分次缓缓加入碳酸氢钠,搅拌使完全溶解。③加入预先配制好的依地酸二钠和亚硫酸氢钠溶液,搅拌均匀,调节药液 pH 为 6.0~6.2,添加二氧化碳饱和的注射用水至足量。④用垂熔玻璃漏斗与膜滤器过滤,溶液中通二氧化碳,并在二氧化碳气流下灌封。⑤最后于 100 ℃流通蒸汽 15 min 灭菌。

实例解析2　维生素 B₂ 注射液

本品为维生素类药,参与体内生物氧化作用,用于预防和治疗口角炎、舌炎、结膜炎、脂溢性皮炎等维生素 B₂ 缺乏症。

【处方】维生素 B₂(主药)2.575 g　烟酰胺(助溶剂)77.25 g　乌拉坦(局麻剂)38.625 g 苯甲醇(抑菌剂)7.5 mL　注射用水加至 1 000 mL。

【分析】①维生素 B₂ 在水中溶解度小,0.5%的浓度已为过饱和溶液,所以必须加入大量的烟酰胺作为助溶剂。此外还可用水杨酸钠、苯甲酸钠、硼酸等作为助溶剂。如 10% 的 PEG-600 以及 10%的甘露糖醇能增加其溶解度。②维生素 B₂ 水溶液对光极不稳定,在酸性或碱性溶液中都易变成酸性或碱性感光黄素。所以在制造本品时,应严格避光操作,产品也需避光保存。酰脲和水杨酸钠能防止维生素 B₂ 的水解和光解作用。

【制法】①将维生素 B₂ 先用少量注射用水调匀待用,再将烟酰胺、乌拉坦溶于适量注射用水中,加入活性炭 0.1 g,搅拌均匀后放置 15 min,粗滤脱碳。②加注射用水约至 900 mL,水浴上加热至 80 ~ 90 ℃,慢慢加入已用注射用水调好的维生素 B₂,保温 20 ~ 30 min,完全溶解后冷却至室温。③加入苯甲醇,用 0.1 mol/L 的 HCl 调节 pH 至 5.5 ~ 6.0,调整体积至 1 000 mL,然后在 10 ℃ 以下放置 8 h。④过滤至澄明、灌封,100 ℃流通蒸汽灭菌 15 min 即可。

本品还可制成长效混悬注射剂,如加 2% 的单硬脂酸铝制成的维生素 B₂ 混悬注射剂,一次注射 150 mg,能维持疗效 45 d,而注射同剂量的水性注射剂只能维持药效 4 ~ 5 d。

实例解析3　柴胡注射液

本品为柴胡挥发油的灭菌溶液,用于流行性感冒的解热止痛。

【处方】北柴胡(主药)1 000 g　氯化钠(等渗调节剂)8.5 g　吐温 80(增溶剂)10 mL　注射用水加至 1 000 mL。

【分析】①本品所用原料为伞形科柴胡属植物。②柴胡根及果实中含微量挥发油并含脂肪酸约 2%,挥发油为柴胡醇。③柴胡中挥发油用一般蒸馏法很难提尽,故先加热回流 6 h 后二次蒸馏,使得组织细胞中的挥发油在沸腾状态下溶于水中,提高了含量。重蒸馏后的残液还可套用于下批药材。④吐温 80 为非离子型表面活性剂,对挥发油的增溶效果并不强,可用丙二醇代替。⑤也可将柴胡重蒸馏后的蒸馏液用乙醚抽提,乙醚液经无水硫酸钠脱水后,回收乙醚,得到柴胡油,将柴胡油溶于注射用油重配成 4% 的柴胡油注射液。

【制备】①取柴胡(饮片或粗粉)1 000 g 加 10 倍量的水,加热回流 6 h 后蒸馏。②收集初蒸馏液 6 000 mL 后,重蒸馏至 1 000 mL。③含量测定(276 nm 处光密度为 0.8)后,加氯化钠和吐温 80,使全部溶解。④过滤、灌封,100 ℃灭菌 30 min 即得。

任务 6.4　输液剂的生产

6.4.1　概述

输液是指一次给药在 50 mL 以上,由静脉滴注输入人体内的大剂量注射剂,通常以玻璃或塑料制作的输液瓶或塑料袋包装。输液剂主要用于纠正体内水和电解质代谢紊乱;恢复和维持血容量以防止休克;在各种原因引起中毒时,用以扩充血容量、稀释毒素、促使毒物排泄;调节体液平衡;补充营养、热量和水分。

1) 输液的种类

①电解质类:输液补充体内水分、电解质,纠正体内酸碱平衡。

②营养输液:将患者所需一切营养完全由非胃肠途径输入体内的疗法称为胃肠外的全营养;将患者所需的营养全部通过静脉给药,则称为全静脉营养。营养输液又分为糖类及多元醇输液、氨基酸输液、脂肪乳输液等。糖类及多元醇类注射液主要用于供给机体热量、补充体液;氨基酸输液主要用于维持危重病人的营养、补充体内蛋白质;脂肪乳输液为一种高能量肠外营养液,适用于不能口服的病者。

③胶体输液:又称血浆代用液,是一类提高或维持血浆渗透压的制剂。

④治疗型输液:将需静脉滴注的治疗药物与渗透压调节剂制成输液剂,可方便临床使用,减少污染,提高用药安全性。治疗型输液适用各种治疗药物,目前有大量产品供临床使用,如左氧氟沙星氯化钠注射液、盐酸昂丹司琼葡萄糖注射液、替硝唑输液、苦参碱输液等。

2) 质量要求

输液的质量要求与注射剂基本一致,检查项目有可见异物、无菌、热原或细菌内毒素、不溶性微粒、pH、含量测定及安全性试验等。由于采用静脉注射途径且注射剂量较大,对产品的质量及安全性要求更为严格。输液剂除上述要求外还有以下特殊要求:每 1 mL 内含 10 μm 不溶性微粒不多于 20 个,含 25 μm 微粒不多于两个;pH 尽量与血浆的 pH 相近;渗透压应为等渗或高渗;不得添加任何抑菌剂;对某些输液还要求不能有产生过敏反应的异性蛋白及降压物质;输入体内不应引起血象的任何异常变化,不损害肝脏、肾脏等。

6.4.2　输液剂的生产工艺

输液剂的生产工艺流程如图 6.12 所示。

1) 物料准备

原辅料必须是"注射用"规格,有些甚至是"输液用"规格;附加剂最好是"注射用"规格。

2) 注射用水

注射用水必须是新鲜注射用水,使用不得超过 12 h。

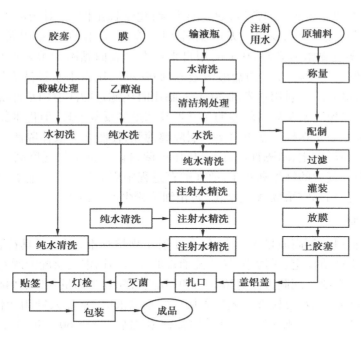

图 6.12 输液剂生产工艺流程

3)输液容器、质量要求及其处理

(1)输液容器

输液容器可分为玻璃瓶、塑料瓶、塑料袋 3 种。玻璃瓶采用硬质中性玻璃,具透明、药物相容性、阻水阻气性好、材料来源广、价格便宜的优点,但也有口部密封性较差、胶塞与药液直接接触、易产生脱落、易碎不利于运输、碰撞导致隐形裂伤易引起药液污染的不足。塑料瓶以聚丙烯塑料瓶为代表,其性能特点主要为稳定性好、口部密封性好、无脱落物、质轻、抗冲击力强、输液产品在生产过程中受污染概率减少、节约能源、一次性使用既卫生又方便等,其不足之处是瓶体透明度差,透气率高。瓶装容器存在一个共同的弱点,即输液产品在使用过程中可形成空气回路,外界空气进入瓶体形成内压以使药液滴出,这大大增加了输液过程中的二次污染。为此,塑料输液袋包装应运而生,塑料袋输液在使用过程中可依靠自身张力压迫药液滴出,无需形成空气回路,大大降低了二次污染的概率。

(2)输液容器的洗涤处理

①输液容器:输液容器的洗涤洁净程度对产品的澄明度即不溶性微粒影响很大,输液玻璃瓶洗涤一般有直接水洗、酸洗、碱洗等方法。碱洗法是用 50~60 ℃的热碱水(如 2% NaOH)冲洗,操作方便,可破坏微生物和热原,但作用较弱,对玻璃有腐蚀性,不宜接触时间太长,仅用于新瓶或洁净度较好的输液瓶的洗涤。采用滚动式洗瓶机可大大提高洗涤效率。如制瓶车间洁净度高,瓶子出炉即密封新鲜使用,也可只用滤过的注射用水精洗即可使用。塑料容器多在洁净车间制膜灌药前现场成型或现场吹制,洁净度高,只需注射用水荡洗或洁净电离空气吹洗即可灌药,操作简单,产品质量较高。

②橡胶塞:橡胶塞对输液的澄明度影响很大,现广泛使用的是化学稳定性、生物安全性、洁净度均优良的丁基橡胶塞。橡胶塞的质量要求:富于弹性及柔软性、针头刺入和拔出后应立即

闭合;具耐溶性,不增加药液中的杂质;耐高温灭菌;化学稳定性高;对药液中的药物或附加剂的吸附作用应达最低限度;无毒、无溶血作用。橡胶塞用前可先用常水漂洗干净,再用 0.5% ~1% 氢氧化钠溶液煮沸 60 min,用自来水洗去表面黏附的填料颗粒等杂质,并用自来水反复搓洗。然后用 1% ~2% 的盐酸溶液煮沸 60 min,用自来水搓洗表层黏附的填料,再用注射用水漂洗,最后用注射用水煮沸 30 min,临用时用滤过的注射用水冲洗干净。

③隔离膜:天然橡胶塞及质量较差的丁基橡胶塞虽经反复处理,但仍难保证输液中不带有微粒,防止的方法之一是在橡胶塞下衬垫二层隔离薄膜,使胶塞与液体隔离。常用的隔离膜是涤纶薄膜,其理化性质稳定,阻隔性好,能耐热压灭菌,抗水、抗张的强度高,不易破裂,但具有静电性,容易吸附空气中的纤维和灰尘,故在贮存过程中应避免污染。输液容器的精洗处理要求在洁净室内进行,局部宜采取 A 级净化,防止细菌粉尘的再污染。

4)输液的配制

输液用的原辅料必须高质量无污染,符合注射用规格标准,配制器具符合 GMP 的要求和规定。目前多采用性质稳定、无污染、易清洗消毒的优质不锈钢夹层配液罐及不锈钢快装管道加压过滤输送配液系统。配制方法有浓配法和稀配法,配制时称量,必须严格核对原辅料的名称、质量、规格。配制好后,要检查半成品质量。配制输液时,常加入针用活性炭,常用量为溶液总量的 0.01% ~0.3%。使用时一般采用加热煮沸后,冷至 60 ~70 ℃再过滤,也可趁热过滤。

5)输液的过滤

输液的过滤装置与过滤方法和注射剂基本相同,过滤多采用加压过滤法,效果较好。过滤材料一般用陶瓷或钛滤棒或板框式压滤机进行预滤和脱炭,精滤多采用微孔滤膜,常用滤膜孔径为 0.45 ~0.8 μm。在预滤时,滤棒上应先吸附一层炭,并在过滤开始后,反复进行回滤直至滤液澄明度合格为止。溶液的黏度会影响滤速,黏度越大,滤速越慢,因此黏度高的输液可在温度较高的情况下过滤。

6)输液的灌封

输液灌封由药液灌注、加膜隔离、塞胶塞和轧铝盖四步连续操作组成,即将药液灌至刻度,立即将隔离膜平放在瓶中央,对准瓶口塞入胶塞,翻下胶塞,盖上铝盖轧紧密封。输液灌封要严格控制室内的洁净度,局部宜采取 A 级净化,防止细菌粉尘的污染。灌封完成后,应逐瓶进行检查,对于轧口不紧的,应予以剔除。大生产中多用旋转式自动灌封机、自动翻塞机、自动落盖轧口机完成整个灌封过程,实现了联动机械化生产,提高了工作效率和产品质量。国内已有由外洗机、洗瓶机、灌装机、轧盖机、贴标机等 6 台单机联合组成的大输液生产成套设备,可以进行自动化连续化生产。

塑料包装输液,现场制输液瓶,经注射用水冲洗、洁净电离空气吹净即可灌装药液,电热熔合封口;聚烯烃多层共挤膜袋装输液制袋后即可灌装药液,熔合封口,整个工艺在同一设备上以及在无菌、无尘的洁净环境下连续进行,生产效率高,质量好。

7)输液的灭菌

灌封后的输液应立即灭菌,从配液到灭菌的时间间隔一般不超过 4 h,以减少微生物的污染,保证产品无菌、无热原。输液的灭菌多采用 121 ℃、15 min 的热压灭菌方法。根据输液容器大而厚的特点,输液灭菌开始应逐渐升温,一般预热 20 ~30 min 达到预定的温度,如果骤然升温,会引起输液瓶爆破,待达到灭菌温度 121 ℃后,维持 15 min,然后停止加热,待锅内压力下降至零,放出锅内蒸汽,等锅内压力与大气相等后,再缓慢(约 15 min)打开灭菌门。目前大生产多采用大容量的柜式灭菌器,采用过热水为热源,升温快,温度分布均匀,灭菌的升温、恒温、降温速率和时间可按预定的程序自动高精度控制进行,且能自动记录和显示灭菌状态。脂肪乳等导热差的输液则可用旋转灭菌方式灭菌。

8)质量检查

澄明度检查以目视检查法为主,但只能检出大于 50 μm 的微粒。《中国药典》(2015 版)规定用微孔滤膜法:100 mL 以上的静脉滴注用注射液,每 1 mL 中含 10 μm 以上的微粒不得超过 20 粒,25 μm 以上的微粒不得超过两粒。

9)包装

输液应按标准进行质量全检,经质量检查合格的产品,贴上标签,注明品名、规格、批号、应用范围、用法和用量、使用或贮存时的注意事项、生产单位、批准文号等规定内容,以免发生混淆。贴好标签后装箱,包装箱上也应标明品名、规格、批号和生产厂家等。

实例解析 4　葡萄糖注射液(5%、10%)

【处方】注射用葡萄糖 50 g(100 g)　1%盐酸适量　注射用水加至 1 000 mL。

【分析】①葡萄糖注射液有时会产生云雾状沉淀或小白点,一般是由于原料不纯或滤过时漏炭等原因所致。解决办法通常采用浓配法,加入适量盐酸,中和蛋白质、脂肪等胶粒上的电荷,使之凝聚后滤除,同时在酸性条件下加热煮沸,可使糊精水解、蛋白质凝集,并加适量活性炭吸附除去,提高成品的澄明度。②葡萄糖注射液不稳定的主要表现为溶液颜色变黄和 pH 下降。成品的灭菌温度越高、时间越长,变色的可能性越大,尤其在 pH 不适合的条件下,加热灭菌可引起显著变色。葡萄糖溶液的变色原因,一般认为葡萄糖注射液热压灭菌易脱水形成 5-羟甲基呋喃甲醛(5-HMF),再分解为乙酰丙酸和甲酸。同时 5-羟甲基呋喃甲醛形成聚合物为一种有色物质,pH 下降。热压灭菌温度和溶液 pH 是影响葡萄糖注射液稳定性的主要因素。因此,在生产过程中应调节 pH 值为 3.8 ~ 4.0,同时严格控制灭菌温度和受热时间,使成品稳定。

【制法】①取适量注射用水加热煮沸,分次加入注射用处方量的葡萄糖,不停搅拌,配成 50% ~ 70%浓溶液。②加 1%盐酸适量调节 pH 至 3.8 ~ 4.0,加入浓溶液量 1 ~ 2 g/L 针用规格活性炭混匀,加热煮沸 20 ~ 30 min。③趁热滤除活性炭,滤液加注射用水至规定量。④测定 pH、含量合格后,经预滤及精滤处理澄明后,灌装,封口,115 ℃、68.6 kPa 热压灭菌 30 min,即得。

【功能与主治】5%、10%葡萄糖注射液具有补充体液、营养、强心、利尿、解毒作用。用于大量失水、血糖过低等症。25%、50%葡萄糖注射液用于降低眼压及颅内压增加引起的各种病症。

实例解析 5　右旋糖酐注射液

【处方】右旋糖酐(中分子)60 g　氯化钠 9 g　注射用水加至 1 000 mL。

【分析】①活性炭为注射用规格。右旋糖酐是用蔗糖经特定细菌发酵后生成的葡萄糖聚合物,易夹杂热原,故制备时活性炭的用量较大。②本品灭菌一次,其相对分子质量下降 3 000 ~ 5 000,灭菌后应尽早移出灭菌锅,以免色泽变黄,应严格控制灭菌温度和灭菌时间。③本品的溶液黏度高,需在较高温度时加压滤过。④本品在贮存过程中易析出片状结晶,主要与贮存温度和相对分子质量有关,在同一温度条件下,相对分子质量越低越容易析出结晶。

【制法】①取注射用水适量加热至沸,加入右旋糖酐配成 12% ~ 15% 的浓溶液。②加 1.5% 活性炭,微沸 1 ~ 2 h,加压滤过脱炭,加注射用水至 1 000 mL,加入氯化钠使其溶解,冷却至室温。③取样,测定含量和 pH,并控制 pH 在 4.4 ~ 4.9,再加 0.05% 活性炭搅拌,加热至 70 ~ 80 ℃,滤过至药液澄明,灌封,用 112 ℃ 热压灭菌 30 min,即可。

【功能与主治】本品能提高血浆胶体渗透压,增加血浆容量,维持血压。常用于治疗外科性休克、大出血、烫伤及手术休克等,用以代替血浆。

实例解析 6　复方氨基酸输液

用于大型手术前改善患者的营养,补充创伤、烧伤等蛋白质严重损失的患者所需的氨基酸;纠正肝硬化和肝病所致的蛋白紊乱,治疗肝昏迷;提供慢性、消耗性疾病、急性传染病、恶性肿瘤患者的静脉营养。

【处方】L-赖氨酸盐酸盐 19.2 g　L-缬氨酸 6.4 g　L-精氨酸盐酸盐 10.9 g　L-苯丙氨酸 8.6 g　L-组氨酸盐酸盐 4.7 g　L-苏氨酸 7.0 g　L-半胱氨酸盐酸盐 1.0 g　L-色氨酸 3.0 g　L-异亮氨酸 6.6 g　L-蛋氨酸 6.8 g　L-亮氨酸 10.0 g　甘氨酸 6.0 g　亚硫酸氢钠(抗氧剂)0.5 g　注射用水加至 1 000 mL。

【分析】①氨基酸是构成蛋白质的成分,也是生物合成激素和酶的原料,在生命体内具有重要而特殊的生理功能。由于蛋白质水解液中氨基酸的组成比例不符合治疗需要,同时常有酸中毒、高血氨症、变态反应等不良反应,近年来均被复方氨基酸输液所取代。经研究只有 L-型氨基酸才能被人体利用,选用原料时应加以注意。②产品质量问题主要为澄明度问题,其关键是原料的纯度,一般需反复精制,并要严格控制质量;其次是稳定性,表现为含量下降,色泽变深,其中以变色最为明显。含量下降以色氨酸最多,赖氨酸、组氨酸、蛋氨酸也有少量下降。色泽变深通常是由色氨酸、苯丙氨酸、异亮氨酸氧化所致,而抗氧剂的选择应通过实验进行,有些抗氧剂能使产品变浑。影响稳定的因素有:氧、光、温度、金属离子、pH 值等,故输液还应通氮气,调节 pH 值,加入抗氧剂,避免金属离子混入,避光保存。

【制法】①取约 800 mL 热注射用水,按处方量投入各种氨基酸,搅拌使全溶。②加抗氧剂,并用 10% 氢氧化钠调 pH 至 6.0 左右。③加注射用水适量,再加 0.15% 的活性炭脱色,过滤至澄明。④灌封于 200 mL 输液瓶内,充氮气,加塞,轧盖,于 100 ℃ 灭菌 30 min 即可。

任务 6.5　注射剂的质量检查

根据《中国药典》(2015 版)四部通则,注射剂的质量检查包括装量、可见异物、无菌检查、细菌内毒素或热原检查、含量、pH 以及特定的检查项目等。

6.5.1　装量检查

标示装量不大于 2 mL 者取供试品 5 支,2 mL 以上至 50 mL 者取 3 支,将内容物分别用相应体积的干燥注射器及注射针头抽尽,然后注入经标化的量具内(量具的大小应使待测体积至少占额定体积的 40%),在室温下检视,每支装量均不得少于其标示量。测定油溶液和混悬液的装量时,应先升温摇匀,再同前法操作,放冷检视。标示装量为 50 mL 以上的注射液及注射用浓溶液,照《中国药典》(2015 版)通则中最低装量检查法检查,应符合规定。

6.5.2　可见异物检查

《中国药典》(2015 版)规定,注射剂在出厂前,均应采用适宜的方法逐一进行检查,剔除不合格产品。可见异物检查法有灯检法和光散射法。一般采用灯检法。灯检法不适用的品种,如用深色透明容器包装或液体色泽较深(一般深于各标准比色液 7 号)的品种可选用光散射法。

6.5.3　澄明度检查

微粒注入人体后,较大的可堵塞毛细血管形成血栓,若侵入肺、脑、肾、眼等组织也可形成栓塞,并由于巨噬细胞的包围和增殖,形成肉芽肿等危害。澄明度检查,不但可保证用药安全,而且可以发现生产中的问题。如白点多可能由原料或安瓿产生;纤维多因环境污染所致;玻璃屑往往是圆口、灌封不当所致。我国药典对澄明度检查规定,应按照卫生部关于注射剂澄明度检查的规定检查。对所用装置、人员条件、检查数量、检查方法、时限与判断标准等均有详细规定。目前工厂仍为目力检查法。国内外正在研究全自动检查机。

6.5.4　热原检查

由于家兔对热原的反应与人体相同,目前各国药典法定的方法仍为家兔法,具体参阅《中国药典》。对家兔的要求,试验前的准备,检查法,结果判断均有明确规定。对家兔的试验关键是动物的状况、房屋条件和操作。鲎试验法灵敏度高,操作简单,实验费用少,可迅速获得结果,适用于生产过程中的热原控制,但易出现"假阳性"。鲎试验法原理是利用鲎的变形细胞溶解物(Amebocyte lysate)与内毒素之间的胶凝反应。市场上有现成的鲎热原试剂。具体操作和鉴定结果的方法参阅《中国药典》(2015 版)。鲎试验法特别适用于某些不能用家兔进行热原检测的品种,如放射性制剂、肿瘤抑制剂等。因为这些制剂具有细胞毒性(Cytotoxicity)而具有一定的生物效应,不适宜用家兔法检测。国内用此法检查输液、注射剂、放射性制剂的热原已作了不少工作。但由于其对革兰阴性菌以外的内毒素不够灵敏,故尚不能取代家兔的热原试验法。近几年来发展了定量测定热原的显色基质法。

6.5.5　无菌检查

任何注射剂在灭菌后,均应抽取一定数量的样品进行无菌检查。通过无菌操作制备的成品更应检查其无菌状况,具体方法参阅《中国药典》(2015版)。

6.5.6　其他检查

注射剂的装量检查可参阅《中国药典》(2015版)附录。此外,视品种不同,有的尚需进行有关物质、降压物质检查、异常毒性检查、pH测定、刺激性、过敏试验及抽针试验等。

综合测试

一、单项选择题

1. 常用的水溶性抗氧剂是(　　)。
　　A. 依地酸二钠　　　　　　B. 柠檬酸　　　　　　C. 酒石酸
　　D. 二氧化碳　　　　　　　E. 以上均不是

2. 保持注射液稳定性的首选措施是(　　)。
　　A. 调整pH值　　　　　　　B. 加入抗氧剂　　　　C. 加入抑菌剂
　　D. 加入增溶剂　　　　　　E. 加入稳定剂

3. 注射用水可采取哪种方法制备?(　　)
　　A. 离子交换法　　　　　　B. 蒸馏法　　　　　　C. 反渗透法
　　D. 电渗析法　　　　　　　E. 重蒸馏法

4. 热原的主要成分是(　　)。
　　A. 蛋白质　　　　　　　　B. 胆固醇　　　　　　C. 脂多糖
　　D. 磷脂　　　　　　　　　E. 生物激素

5. 在注射剂中具有局部止痛和抑菌双重作用的附加剂是(　　)。
　　A. 盐酸普鲁卡因　　　　　B. 盐酸利多卡因　　　C. 苯酚
　　D. 苯甲醇　　　　　　　　E. 硫柳汞

6. 制备维生素C注射液时,以下不属于抗氧化措施的是(　　)。
　　A. 通入二氧化碳　　　　　B. 加亚硫酸氢钠　　　C. 调节pH值为6.0~6.2
　　D. 100 ℃ 15 min 灭菌　　E. 将注射用水煮沸放冷后使用

7. 注射剂中加入硫代硫酸钠做抗氧剂时,通入的气体应该是(　　)。
　　A. O_2　　　　B. CO_2　　　　C. N_2　　　　D. 空气

8. NaCl作等渗调节剂时,其用量的计算公式为(　　)。
　　A. $X=0.9\% V \cdot EW$　　　B. $X=0.9\% V+EW$　　　C. $X=EW \cdot 0.9\% V$
　　D. $X=0.009\% V \cdot EW$　　E. $X=0.09\% V \cdot EW$

9. 注射用水除符合蒸馏水的一般质量要求外,还应通过(　　)检查。

　　A. 细菌　　　　　　　　　B. 热原　　　　　　　　　C. 重金属离子

　　D. 氯离子　　　　　　　　E. 硫酸根离子

10. 焦亚硫酸钠在注射剂中作为(　　　)。

　　A. pH 调节剂　　　　　　B. 金属离子络合剂　　　C. 稳定剂

　　D. 抗氧剂　　　　　　　　E. 等渗调节剂

11. 注射用油的质量要求中(　　　)。

　　A. 酸价越高越好　　　　　B. 碘价越高越好　　　　C. 酸价越低越好

　　D. 皂化价越高越好　　　　E. 皂化价越高越好

12. 注射剂的制备关键步骤为(　　　)。

　　A. 配液　　　　B. 过滤　　　　C. 灌封　　　　D. 灭菌　　　　E. 质量检查

13. 制备注射剂的环境区域划分,正确的是(　　　)。

　　A. 精滤、灌封、灭菌为洁净区

　　B. 配制、灌封、灭菌为洁净区

　　C. 灌封、灭菌为洁净区

　　D. 配制、精滤、灌封为洁净区

　　E. 精滤、灌封、安瓿干燥灭菌后冷却为洁净区

14. (　　　)常用于注射液的最后精滤。

　　A. 砂滤棒　　　　　　　　B. 垂熔玻璃棒　　　　　C. 微孔滤膜

　　D. 布氏漏斗　　　　　　　E. 垂熔玻璃漏斗

15. 安瓿宜用(　　　)方法灭菌。

　　A. 紫外灭菌　　　　　　　B. 干热灭菌　　　　　　C. 滤过除菌

　　D. 辐射灭菌　　　　　　　E. 微波灭菌

16. (　　　)注射剂不许加入抑菌剂。

　　A. 肌肉　　　　　　　　　B. 静脉　　　　　　　　C. 脊椎

　　D. A 和 B　　　　　　　　E. B 和 C

17. 注射剂最常用的抑菌剂为(　　　)。

　　A. 尼泊金类　　　　　　　B. 三氯叔丁醇　　　　　C. 碘仿

　　D. 醋酸苯汞　　　　　　　E. 乙醇

二、多项选择题

1. 生产注射剂时常加入适当活性炭,其作用有(　　　)。

　　A. 吸附热原　　　　　　　B. 增加主药的稳定性　　C. 助滤

　　D. 脱盐　　　　　　　　　E. 提高澄明度

2. 热原污染途径有(　　　)。

　　A. 从溶剂中带入　　　　　B. 从原料中带入　　　　C. 从容器、用具、管道和装置等带入

　　D. 制备过程中的污染　　　E. 从输液器具带入

3. 注射液机械灌封中可能出现的问题有(　　　)。

　　A. 药液蒸发　　　　　　　B. 出现鼓泡　　　　　　C. 安瓿长短不一

　　D. 焦头　　　　　　　　　E. 装量不正确

4. 不能添加抑菌剂的有( )。

   A. 脊椎注射液　　　　　　　B. 输液　　　　　　　　　C. 常用滴眼剂

   D. 多剂量注射液　　　　　　E. 外伤或手术用滴眼剂

5. 输液的质量要求与注射剂基本相同,但在( )上要求更高。

   A. 无菌　　　　　　　　　　B. 无热原　　　　　　　　C. 澄明度

   D. pH 值呈中性　　　　　　E. 与血液等渗

6. 除去药液中热原的方法有( )。

   A. 吸附法　　　　　　　　　B. 离子交换法　　　　　　C. 高温法

   D. 酸碱法　　　　　　　　　E. 凝胶过滤法

7. 延缓主药氧化的附加剂有( )。

   A. 等渗调节剂　　　　　　　B. 抗氧剂　　　　　　　　C. 金属离子络合剂

   D. 惰性气体　　　　　　　　E. pH 调整剂

8. 为增加易氧化药物的稳定性,可采取( )等措施。

   A. 加等渗调节剂　　　　　　B. 加抗氧剂　　　　　　　C. 加金属离子络合剂

   D. 通惰性气体　　　　　　　E. 加 pH 调整剂

9. 输液的灌封包括( )等过程。

   A. 精滤　　　　　　　　　　B. 灌液　　　　　　　　　C. 衬垫薄膜

   D. 塞胶塞　　　　　　　　　E. 扎铝盖

10. 下列( )不是去除器具中热原的方法。

   A. 吸附法　　　　　　　　　B. 离子交换法　　　　　　C. 高温法

   D. 酸碱法　　　　　　　　　E. 凝胶过滤法

11. 制备注射用水的方法有( )。

   A. 离子交换法　　　　　　　B. 重蒸馏法　　　　　　　C. 反渗透法

   D. 凝胶过滤法　　　　　　　E. 电渗析法

12. 输液目前存在的主要问题有( )。

   A. 澄明度问题　　　　　　　B. 染菌　　　　　　　　　C. 热原反应

   D. 刺激性问题　　　　　　　E. 剂量问题

13. 热原的化学组成为( )。

   A. 淀粉　　　　　　　　　　B. 葡萄糖　　　　　　　　C. 蛋白质

   D. 磷脂　　　　　　　　　　E. 脂多糖

14. 注射剂的灌封包括( )等步骤。

   A. 精滤　　　　　　　　　　B. 灌液　　　　　　　　　C. 封口

   D. 衬垫薄膜　　　　　　　　E. 轧口

三、问答题

1. 说明热原的组成和性质,产生热原的途径、检查方法及消除热原的方法。

2. 什么是注射剂? 应符合哪些质量要求? 按分散系统可分为哪几类? 举例说明。

3. 说明注射剂的质量要求及检查方法。

4. 注射剂的溶媒有哪几类?

6. 注射剂生产按照生产工艺及质量要求分哪些区? 各级洁净度适用范围有哪些?

7. 注射剂中常用的附加剂有哪些？起什么作用？常用的浓度是多少？

8. 说明滤过的机理,影响滤过的因素,常用过滤器的种类特点及选用原则。

9. 输液在生产中及使用中常出现的问题有哪些？应采取哪些措施解决？

10. 已知1%(g/mL)枸橼酸钠水溶液的冰点降低值为0.185,计算其等渗溶液浓度。

11. 配制2%盐酸普鲁卡因注射液150 mL,需加多少氯化钠才能成为等渗溶液？(用冰点降低数据法计算)(已知:1%盐酸普鲁卡因溶液的冰点降低度为0.12,1%氯化钠溶液的冰点降低度为0.58)

12. 影响注射液成品率的因素有哪些？如何提高成品率？

13. 注射液澄明度检查有何意义？为什么澄明度对发现注射剂生产中的问题及改进工艺有积极作用？

14. 易氧化药物注射剂的生产应注意哪些问题？

15. 注射剂的生产工艺流程怎样？输液的生产工艺流程怎样？比较两者异同。

16. 安瓿质量要求？安瓿按玻璃化学组成分为哪几类？各自适用性？应怎样处理？

17. 注射液配制方法有几种？各自适用性？

18. 注射液应怎样过滤？常用的滤器有哪几种？各自性能特点？

19. 注射剂的灌封包括哪几个步骤？灌封时应注意哪些问题？

20. 什么是输液？可分为哪几类？举例说明。目前存在哪些问题？应怎样解决？

21. 输液在质量要求与制备工艺上与注射剂有何不同？

技能训练6.1　维生素C注射剂的生产

【实训目的】

学会注射剂的生产工艺过程和基本操作;学会注射剂的质量要求与检查方法。

【实训内容】

(1)维生素C注射液(抗坏血酸注射液)的制备

①处方:维生素C 104 g　碳酸氢钠49 g　亚硫酸氢钠2 g　依地酸二钠0.05 g　注射用水加至1 000 mL。

②制法:在配制容器中,加配制量80%的注射用水,通二氧化碳饱和溶液,加维生素C溶解后,分次缓缓加入碳酸氢钠,搅拌使其完全溶解,加入预先配制好的依地酸二钠溶液和亚硫酸氢钠溶液,搅拌均匀,调节药液pH至6.0~6.2,添加二氧化碳饱和溶液的注射用水至足量,用垂熔玻璃滤器与膜滤器滤过,溶液中通入二氧化碳,并在二氧化碳气流下灌装(安瓿),封口,最后用100 ℃流通蒸汽灭菌15 min即得。

③操作注意事项:

a. 维生素C在水溶液中极易氧化,故本品质量的好坏与原辅料的质量密切相关。同时本品的稳定性还与空气中的氧、溶液的pH和金属离子等因素有关,在生产中采取调节药液pH、充惰性气体、加抗氧剂(亚硫酸氢钠)及金属络合剂(依地酸二钠)的综合措施,以防止维生素

C 的氧化。

b. 本品的稳定性与温度有关,经实验证明 100 ℃ 灭菌 30 min,含量减少 3%,而灭菌 15 min,含量减少 2%,故一般采用流通蒸汽 100 ℃ 灭菌 15 min。但操作过程应尽量在避菌条件下进行,以防污染。

(2)维生素 C 注射液(抗坏血酸注射液)的质量检查

①装量:按照《中国药典》(2015 版)附录二部ⅠB 方法检查,取供试品 5 支,将内容物分别用 2 mL 的干燥注射器及注射针头抽尽,然后注入经标化的 5 mL 量筒内,在室温下检视,每支装量均不得少于其标示量。

②可见异物:按照《中国药典》(2015 版)附录二部ⅪH 检查,取供试品 20 支,擦净容器外壁,手持供试品颈部轻轻旋转和翻转使药液中存在的可见性异物悬浮,注意不使药液产生气泡,置供试品于检查装置的遮光板边缘处,分别在黑色背景和白色背景下在明视距离(通常为 25 cm)用目检视。20 支供试品中均不得检出可见异物,如检出可见异物的供试品不超过 1 支,应另取 20 支同法检查,均不得检出。

③pH 测定:pH 值应为 5.0 ~ 7.0。

④含量测定:含量应为标示量的 90.0% ~ 110.0%。测定方法:精密量取本品适量(约相当于维生素 C 0.2 g),加水 15 mL 与丙酮 2 mL,摇匀,放置 5 min,加稀醋酸 4 mL 与淀粉指示液 1 mL,用碘滴定液(0.1 mol/L)滴定,至溶液显蓝色并持续 30 s 不褪。每 1 mL 碘滴定液(0.1 mol/L)相当于 8.806 mg 的 $C_6H_8O_6$。

⑤颜色:取供试品,在 420 nm 波长处测定,吸光度不得大于 0.06。

⑥热原检查(家兔法):本法是将一定剂量的供试品,静脉注入家兔体内,在规定时间内,观察家兔体温升高的情况,以判定供试品中所含热原的限度是否在规定时间内,观察家兔体温升高的情况,以判定供试品中所含热原的限度是否符合规定。

a. 供试用家兔:供试用的家兔应健康无伤,体重 1.7 ~ 3.0 kg,雌兔应无孕。预测体温前 7 d 即应用同一饲料饲养,在此期间内,体重应不减轻,精神、食欲、排泄等不得有异常现象。未经使用于热原检查的家兔;或供试品判定为符合规定,但组内升温达 0.6 ℃ 的家兔;或供试品判定为不符合规定,但其组内家兔平均升温未达 0.8 ℃,且已休息两周以上的家兔;或三周内未曾使用的家兔,均应在检查供试品前 3 ~ 7 d 内预测体温,进行挑选。挑选试验的条件与检查供试品时相同,仅不注射药液,每隔 1 h 测量 1 次体温,共测 4 次,4 次体温均在 38.0 ~ 39.6 ℃ 的范围内,且最高与最低体温的差数不超过 0.4 ℃ 的家兔,方可供热原检查用。用于热原检查后的家兔,如供试品判定为符合规定,至少应休息 2 d 方可供第 2 次检查用。如供试品判定为不符合规定,且其组内家兔平均升温达 0.8 ℃ 或更高时,则组内全部家兔不再使用。用于一般药品的检查,每一家兔的使用次数不应超过 10 次。

b. 试验前的准备:在做热原检查前 1 ~ 2 d,供试用家兔应尽可能处于同一温度的环境中,实验室和饲养室的温度相差不得大于 5 ℃,实验室的温度应在 17 ~ 28 ℃,在试验全部过程中,应注意室温变化不得大于 3 ℃,应避免噪声干扰。家兔在试验前至少 1 h 开始停止给食并置于适宜的装置中,直至试验完毕。家兔体温应使用精密度为 ±0.1 ℃ 的肛温计,或其他同样精确的测温装置。肛温计插入肛门的深度和时间各兔应相同,深度一般约为 6 cm,时间不得少于 1.5 min,每隔 30 ~ 60 min 测量体温 1 次,一般测量 2 次,两次体温之差不得超过 0.2 ℃,以此两次体温的平均值作为该兔的正常体温。当日使用的家兔,正常体温应在 38.0 ~ 39.6 ℃,

且各兔间正常体温之差不得超过 1 ℃,试验用的注射器、针头及一切和供试品溶液接触的器皿,应置烘箱中用 250 ℃ 加热 30 min 或用 180 ℃ 加热 2 h,也可用其他适宜的方法除去热原。

c.检查法:取试用的家兔 3 只,测定其正常体温后 15 min 以内,自耳静脉缓缓注入规定剂量并温热至约 38 ℃ 的供试品溶液,然后每隔 1 h 按前法测量其体温 1 次,共测 3 次,以 3 次体温中最高的一次减去正常体温,即为该兔体温的升高度数。如 3 只家兔中有 1 只体温升高 0.6 ℃ 或 0.6 ℃ 以上,或 3 只家兔体温升高均低于 0.6 ℃,但升高的总数达 1.4 ℃ 或 1.4 ℃ 以上,应另取 5 只家兔复试,检查方法同上。

d.结果判断:在初试 3 只家兔中,体温升高均低于 0.6 ℃,并且 3 只家兔体温升高总数低于 1.4 ℃;或在复试的 5 只家兔中,体温升高 0.6 ℃ 或 0.6 ℃ 以上的兔数仅有 1 只,并且初试、复试合并 8 只家兔的体温升高总数为 3.5 ℃ 或 3.5 ℃ 以下,均认为供试品的热原检查符合规定。

在初试 3 只家兔中,体温升高 0.6 ℃ 或 0.6 ℃ 以上的兔数超过 1 只;或在复试的 5 只家兔中,体温升高 0.6 ℃ 或 0.6 ℃ 以上的兔数超过 1 只;或在初试、复试合并 8 只家兔的体温升高总数超过 3.5 ℃,均认为供试品的热原检查不符合规定。

(3)实验结果

实验结果记录于表 6.6 中。

表 6.6　维生素 C 注射液的质量检查结果

项　目	装　量	可见异物	pH	含量(占标示量)	颜　色	热　原
理论结果	2 mL	无	5.0~7.0	90.0%~110.0%	$A_{420} \leqslant 0.06$	无
测定结果						

项目 7 无菌制剂的生产

📖 **项目描述**

　　滴眼剂和粉针剂是无菌制剂的主要剂型,也是实际生活中应用比较普遍的剂型。本项目主要介绍滴眼剂的含义、处方组成、分类、制备工艺、质量要求;粉针剂的含义、特点、质量要求、制备工艺等。

📖 **学习目标**

　　掌握滴眼剂、粉针剂的制备方法与技术。熟悉无菌制剂的含义与分类,眼用液体制剂的种类与应用,滴眼剂的质量控制项目,粉针剂、滴眼剂常用的容器,粉针剂生产中容易出现的问题及解决方法。了解滴眼剂生产所用设备的结构。

任务 7.1　认识无菌制剂

　　《药品生产质量管理规范(2010 年修订)》(简称 GMP)附录 1 中指出无菌药品是指法定药品标准中列有无菌检查项目的制剂和原料药,包括无菌制剂和无菌原料药。无菌制剂使用时一般直接注入体内或直接接触创面、黏膜。所以这类制剂在使用前必须保证处于无菌状态,因此,生产和贮存该类制剂时,对设备、人员及环境有特殊要求。

　　新版 GMP 以欧盟 GMP 为基础,考虑国内差距,以 WHO 2003 版为底线。对无菌制剂和原料药的生产方面提出了很高的要求。新版 GMP 认证有两个时间节点:药品生产企业血液制品、疫苗、注射剂等无菌药品的生产,应在 2013 年 12 月 31 日前达到新版药品 GMP 要求;其他类别药品的生产均应在 2015 年 12 月 31 日前达到新版药品 GMP 要求。未达到新版药品 GMP 要求的企业(车间),在上述规定期限后不得继续生产药品。

7.1.1　无菌制剂的含义

　　根据人体对环境微生物的耐受程度,《中国药典》(2015 版)对不同给药途径的药物制剂大体分为:无菌制剂和非无菌制剂(即限菌制剂)。无菌制剂是指采用某一无菌操作方法或技术制备的不含任何活的微生物繁殖体和芽孢的一类药物制剂,包括大小容量注射剂。限菌制剂是指允许一定限量的微生物存在,但不得有规定控制菌存在的药物制剂,如口服制剂不得含大肠杆菌、金黄色葡萄球菌等有害菌。广义地讲,不论无菌和非无菌制剂都规定有染菌的限度,前者要求不得检出活菌,后者限制染菌的种类与数量。

7.1.2　无菌制剂的分类

药物制剂中的无菌制剂包括:注射用制剂,如注射剂、输液、粉针剂等;眼用制剂,如滴眼剂、眼用膜剂、软膏剂和凝胶剂等;植入型制剂,如植入片等;创面用制剂,如溃疡、烧伤及外伤用溶液、软膏剂和气雾剂等;手术用制剂,如止血海绵剂和骨蜡等。

无菌药品按生产工艺可分为两类:采用最终灭菌工艺的为最终灭菌产品;部分或全部工序采用无菌生产工艺的为非最终灭菌产品。

任务 7.2　无菌滴眼剂的生产

7.2.1　眼用液体制剂概述

眼用制剂是直接用于眼部发挥治疗作用的无菌制剂,可分为眼用液体制剂、眼用半固体制剂(眼膏剂、眼用乳膏剂、眼用凝胶剂)和眼用固体制剂(眼膜剂、眼丸剂、眼内插入剂)等。凡是供洗眼、滴眼用以治疗或诊断眼部疾病的液体制剂,称为眼用液体制剂。它们多数为真溶液或胶体溶液,少数为混悬液或油溶液。也可将药物以粉末、颗粒、块状或片状形式包装,另备溶剂,在临用前配成澄明溶液或混悬液。眼部给药后,在眼球内外部发挥局部治疗作用。近年来,一些眼用新剂型,如眼用膜剂、眼胶以及接触眼镜等也已逐步应用于临床。

眼用液体制剂按用法可分为滴眼剂、洗眼剂和眼内注射溶液3类。滴眼剂是指由药物与适宜辅料制成的供滴眼用的无菌水性、油性澄明溶液、混悬液或乳状液。一般作为杀菌、消炎、散瞳、麻醉等作用,也有用作润滑或代替泪液。洗眼剂是指将药物配成一定浓度的灭菌水溶液,供眼部冲洗、清洁用。如生理盐水,2%硼酸溶液等。眼内注射溶液是指由药物与适宜辅料制成的无菌澄明溶液,供眼周围组织或眼内注射。

7.2.2　眼用药物的吸收途径及影响吸收的因素

1)吸收途径

药物溶液滴入结膜囊内后主要经过角膜和结膜两条途径吸收。一般认为,滴入眼中的药物首先进入角膜内,通过角膜至前房再进入虹膜;药物经结膜吸收时,通过巩膜可达眼球后部。若将药物注射于球后,则药物进入眼后段,对球后神经及其他结构发挥作用。此外,药物尚可通过眼以外的部位给药后分布到眼球,有些药物能透过血管与眼球间的血—水屏障,但有些药物全身给药后往往达到中毒浓度后才能发挥治疗作用。

用于眼部的药物,大多数情况下以局部作用为主,也有眼部用药发挥全身治疗作用的报道。

2)影响吸收的因素

(1)药物从眼睑缝隙的损失

人正常泪液容量约7μL,若不眨眼,可容纳30 μL 左右的液体。通常一滴滴眼液为50～70 μL,约70%的药液从眼部溢出而造成损失。若眨眼则有90%的药液损失,加之泪液对药液的稀释损失更大,因而应增加滴药次数,有利于提高主药的利用率。

(2)药物从外周血管消除

药物在进入眼睑和眼结膜的同时也通过外周血管从眼组织消除。眼结膜的血管和淋巴管很多,并且当有外来物引起刺激时,血管扩展,因而透入结膜的药物有很大比例将进入血液,并有可能引起全身性副作用。

(3)pH 值与 pKa 值

角膜上皮层和内皮层均有丰富的类脂物,因而脂溶性药物易渗入,水溶性药物则较易渗入角膜的水性基质层,两相都能溶解的药物容易通过角膜,完全解离的药物难以透过完整的角膜。

(4)刺激性

眼用制剂的刺激性较大时,使结膜的血管和淋巴管扩张,不仅增加药物从外周血管的消除,而且能使泪腺分泌增多。泪液过多将稀释药物浓度,并溢出眼睛或进入鼻腔和口腔,从而影响药物的吸收利用,降低药效。

(5)表面张力

滴眼剂表面张力越小,越有利于泪液与滴眼剂的充分混合,也有利于药物与角膜上皮接触,使药物容易渗入。适量的表面活性剂有促进吸收的作用。

(6)黏度

增加黏度可使药物与角膜接触时间延长,有利于药物的吸收。

7.2.3 滴眼剂的质量要求

滴眼液虽然是外用剂型,但质量要求类似注射剂,对 pH 值、渗透压、无菌、澄明度等都有一定要求。

①pH 值:pH 值对滴眼液有重要影响,由 pH 值不当而引起的刺激性,可增加泪液的分泌,导致药物迅速流失,甚至损伤角膜。正常眼可耐受的 pH 范围为 5.0～9.0。pH 值6～8 时无不适感觉,小于 5.0 或大于 11.4 有明显的刺激性。

②渗透压:眼球能适应的渗透压范围相当于 0.6%～1.5%的氯化钠溶液,超过 2%就有明显不适。低渗溶液是用合适的调节剂调成等渗,如氯化钠、硼酸、葡萄糖等。眼球对渗透压的感觉不如对 pH 敏感。

③无菌:眼部有无外伤是滴眼剂无菌要求严格程度的界限。用于眼外伤或术后的眼用制剂要求绝对无菌。一般滴眼剂(即用于无眼外伤的滴眼剂)要求无致病菌(不得检出铜绿假单胞菌和金黄色葡萄球菌)。

④澄明度:滴眼剂的澄明度要求比注射液稍低些。一般玻璃容器的滴眼剂按注射剂的澄明度检查方法检查,但有色玻璃或塑料容器的滴眼剂应在照度 3 000 ~ 5 000 lx 下用眼检视,特别不得有玻璃屑。混悬剂滴眼剂应进行药物颗粒细度检查,一般规定含 15 μm 以下的颗粒不得少于90% ,50 μm 的颗粒不得超过10% 。不应有玻璃,颗粒应易摇匀,不得结块。

⑤黏度:将滴眼剂的黏度适当增大可使药物在眼内停留时间延长,从而增强药物的作用。合适的黏度为 0.04 ~ 0.05 Pa · s。

⑥稳定性:眼用溶液类似注射剂,应注意稳定性问题,如毒扁豆碱、后马托品、乙基吗啡等。

7.2.4　滴眼剂的附加剂

1)pH 调节剂

滴眼剂的 pH 调节应兼顾药物的溶解度、稳定性、对眼黏膜的刺激性的要求,同时也应考虑 pH 值对药物吸收及药效的影响。滴眼剂的最佳 pH,应是刺激性最小、药物溶解度最大和制剂稳定性最强。通常选用适当的缓冲液,使滴眼剂的 pH 稳定在一定范围内。常用的 pH 调节剂有磷酸盐或硼酸盐缓冲液。

(1)磷酸盐缓冲液(沙氏磷酸盐缓冲液)

用 8 g 无水磷酸二氢钠和 8 g 无水磷酸氢二钠各配成 1 000 mL 溶液。按不同比例配合得 pH 5.9 ~ 8.0 的缓冲液,等量配合的 pH 为 6.8 最为常用。适用的药物有阿托品、麻黄碱、后马托品、毛果芸香碱、东莨菪碱等。

(2)硼酸盐缓冲液(巴氏硼酸盐缓冲液)

配制 1.24% 的硼酸溶液和 1% 硼砂溶液,再按不同量配合可得 pH 为 6.7 ~ 9.1 缓冲液。能使磺胺类药物的钠盐溶液稳定而不析出结晶。适用药物:盐酸可卡因、盐酸普鲁卡因、盐酸丁卡因、新福林、盐酸乙基吗啡、甲基硫酸新斯的明、水杨酸毒扁豆碱、肾上腺素和硫酸锌等。因 pH 调节剂本身也产生一定的渗透压,因此在此基础上补加氯化钠至等渗即可作为滴眼剂的溶剂使用。

2)等渗调节剂

滴眼剂应与泪液等渗,渗透压过高或过低对眼都有刺激性。眼球能适应的渗透压范围相当于浓度为 0.6% ~ 1.5% 的氯化钠溶液,超过耐受范围就有明显的不适,但不如对 pH 值敏感,渗透压的调整可不必很精密。最好将滴眼剂的渗透压调节到等渗或高渗。常用的等渗调节剂有氯化钠、葡萄糖、硼酸、硼砂等。滴眼剂等渗的计算方法见注射液。

3)抑菌剂

多数滴眼剂属于多剂量制剂,在病人多次使用过程中很易染菌,所以要加抑菌剂。术后、眼外伤用滴眼剂多采用单剂量包装并不得加入抑菌剂。

(1)对眼用抑菌剂的要求

对眼睛无刺激性;滴眼剂未开启时,保证抑菌;在病人多次使用的过程中,使它于下次使用之前恢复无菌;一般滴眼剂的抑菌剂要求作用迅速(即在 1 ~ 2 h 内达到无菌)。

(2)常用的抑菌剂

①有机汞类:硝酸苯汞在 pH 为 6 ~ 7.5 时作用最强,与氯化钠、碘化物、溴化物等有配伍

禁忌。硫柳汞稳定性较差，日久变质。

②季铵盐类：阳离子表面活性剂，如苯扎溴铵、苯扎氯铵、氯己定等，抑菌力很强，很稳定。配伍禁忌很多，pH 小于 5 时，作用减弱，遇阴离子化合物时失效。

③醇类：常用三氯叔丁醇，弱酸中作用好，与碱有配伍禁忌。苯乙醇配伍禁忌很少，单用效果不好，与其他类抑菌剂有协同作用。苯氧乙醇对铜绿假单胞菌有特殊抑菌力。

④酯类：常用的有羟苯酯类，即尼泊金类。如对羟基苯甲酸甲酯、乙酯与丙酯。乙酯可单独使用，甲酯与丙酯常混合使用。在弱酸中作用比较强，有一定的刺激性。

⑤酸类：常用的为山梨酸，微溶于水，对真菌有较好的抑菌力，适用于含有聚山梨酯的眼用溶液中。

⑥复合抑菌剂：使用单一抑菌剂往往抑菌效果不理想，两种以上抑菌剂联合使用，产生协同作用，效果更好。常用复合抑菌剂：

a. 苯扎氯铵+依地酸钠。

b. 苯扎氯铵+三氯叔丁醇+依地酸钠或尼泊金。

c. 苯氧乙醇+尼泊金。

4）增稠剂

适当增大滴眼剂的黏度可使药物在眼内停留时间延长，从而增强药物的作用，合适范围为：$0.04 \sim 0.05$ Pa·s。常用增黏剂：MC、HPMC、CMC-Na、PVA、PVP 等。

5）稳定剂、增溶剂与助溶剂

增加药物的溶解度或解决制剂的稳定性问题，在液体制剂中已经讲过；对于不稳定药物，需加抗氧剂和金属螯合剂；溶解度小的药物需加增溶剂或助溶剂；大分子药物吸收不佳时可加吸收促进剂。

7.2.5 滴眼剂的制备

1）工艺流程图

滴眼剂的工艺流程如图 7.1 所示。

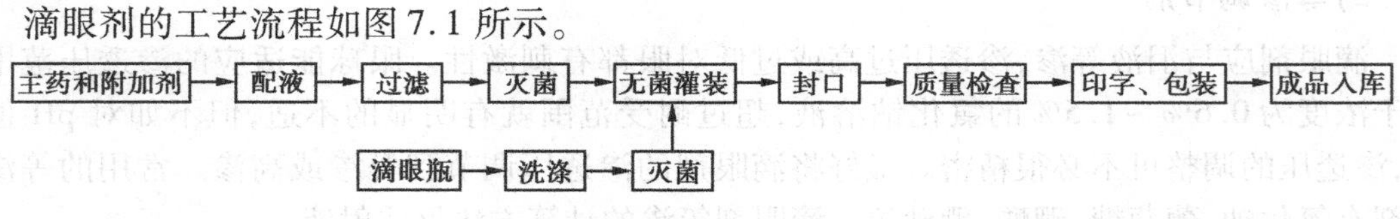

主药和附加剂 → 配液 → 过滤 → 灭菌 → 无菌灌装 → 封口 → 质量检查 → 印字、包装 → 成品入库

滴眼瓶 → 洗涤 → 灭菌

图 7.1　滴眼剂配制流程图

此工艺适用于药物性质稳定者，对于不耐热的主药，需采用无菌法操作。而对用于眼部手术或眼外伤的制剂，应制成单剂量包装，如安瓿剂，并按安瓿生产工艺进行，保证完全无菌。洗眼液用输液瓶包装，按输液工艺处理。

2）滴眼剂的制备

（1）容器及附件的处理

滴眼剂的容器有玻璃瓶和塑料瓶两种，目前常用塑料瓶包装。包装容器应无菌、不易破裂、其透明度不影响可见异物检查。玻璃瓶一般为中性玻璃瓶，配有滴管并封有铝盖；配以橡胶帽塞的滴眼瓶简单实用。洗涤方法与注射剂容器相同,可用干热灭菌。

塑料瓶由聚烯烃吹塑制成,当时封口,不易污染,价廉,不碎,轻便。但应注意与药液之间存在物质交换,因此塑料瓶应通过试验后方能确定是否选用。塑料滴眼瓶的清洗处理:切开封口,采用真空灌装器将注射用水灌入滴眼瓶中,然后用甩水机将瓶中水甩干,如此反复3次。用环氧乙烷气体灭菌。橡胶塞、帽与大输液不同的是它无隔离膜隔离,而直接与药液接触,也有吸附药物与抑菌问题,常采用饱和吸附的办法解决。处理方法如下:先用0.5%~1.0%碳酸钠煮沸15 min,放冷,刷搓,常水洗净,再用0.3%盐酸煮沸15 min,放冷,刷搓,洗净重复两次,最后用过滤的蒸馏水洗净,煮沸灭菌后备用。

(2)配液和过滤

滴眼剂所用器具洗净后干热灭菌,或用杀菌剂浸泡灭菌,用前再用新鲜的注射用水洗净。药物、附加剂用适量溶剂溶解,必要时加活性炭(0.05%~0.3%)处理,经滤棒、垂熔滤球或微孔滤膜过滤至澄明,加溶剂至足量,灭菌后做半成品检查。眼用混悬剂的配制,先将微粉化药物灭菌,另取表面活性剂、助悬剂加少量注射用水配成黏稠液,再与主药用乳匀机搅匀,添加注射用水至全量。

(3)灌装

目前生产上均采用减压灌装。

(4)质量检查

质量检查主要是检查澄明度、主药含量、抽样检查铜绿假单胞菌及金黄色葡萄球菌。

7.2.6　质量检查

除另有规定外,滴眼剂应按照《中国药典》(2015版)附录要求进行以下相应检查。

(1)可见异物

除另有规定外,滴眼剂照可见异物检查法中滴眼剂项下的方法检查,应符合规定。

(2)粒度

除另有规定外,混悬型眼用制剂照下述方法检查,粒度应符合规定。取供试品剧烈振摇,立即量取适量(相当于主药10 μg)置于载玻片上,照粒度和粒度分布测定法检查,大于50 μm的粒子不得过两个,且不得检出大于90 μm的粒子。

(3)沉降体积比

除另有规定外,混悬型滴眼剂照下述方法检查,沉降体积比应不低于0.90。用具塞量筒量取供试品50 mL,密塞,用力振摇1 min,记下混悬物的开始高度 H_0,静置3 h,记下混悬物的最终高度 H,按式(7.1)计算沉降体积比。

$$沉降体积比 = \frac{H}{H_0} \tag{7.1}$$

(4)渗透压摩尔浓度

除另有规定外,水溶液型滴眼剂、洗眼剂和眼内注射溶液照渗透压摩尔浓度测定法检查,应符合规定。

(5)无菌

照无菌检查法检查,应符合规定。

任务 7.3 无菌粉针的生产

7.3.1 概述

注射用无菌粉末又称粉针,是一种较常用的注射剂型,是指药物制成的供临用前用适宜的无菌溶液配制成澄清溶液或均匀混悬液的无菌粉末或无菌块状物。可用适宜的注射用溶剂配制后注射,也可用静脉输液配制后静脉滴注。粉针在标签中应标明所用溶剂。

适用于在水中不稳定的药物,特别是对湿热敏感的抗生素类药物及生物制品。如青霉素 G 的钾盐和钠盐、头孢菌素类及一些酶制剂(胰蛋白酶、辅酶 A)均需制成注射用无菌粉末供临床使用。

1)注射用无菌粉末的分类

依据生产工艺不同,可分为用冷冻干燥工艺制得的注射用冷冻干燥制品(简称冻干粉针)和用无菌粉末分装制成的注射用无菌分装产品。前者是将灌装了药液的安瓿进行冷冻干燥后封口而得,常见于生物制品,如辅酶类;后者是将已经用灭菌溶剂法或喷雾干燥法精制而得的无菌药物粉末在避菌条件下分装而得,常见于抗生素药品,如青霉素。

2)注射用无菌粉末的质量要求

除应符合《中国药典》(2015 版)对注射用原料药物的各项规定外,还应符合下列要求:
①粉末无异物:配成溶液或混悬液后澄明度检查合格。
②粉末细度或结晶度应适宜,便于分装。
③无菌、无热原。

在多数情况下,制成粉针的药物稳定性较差。因此,粉针的制造一般没有灭菌的过程,因而对无菌操作有较严格的要求,特别在灌封等关键工序,最好采用层流洁净措施,以保证操作环境的洁净度。

7.3.2 注射用无菌分装产品

将符合注射要求的药物粉末在无菌操作条件下直接分装于洁净灭菌的小瓶或安瓿中,密封而成。药物若能耐受一定的温度,则可以进行补充灭菌。在制定合理的生产工艺之前,首先应对药物的理化性质进行了解,主要测定内容为:物料的热稳定性,以确定产品最后能否进行灭菌处理;物料的临界相对湿度,生产中分装室的相对湿度必须控制在临界相对湿度以下,以免吸潮变质;物料的粉末晶型与松密度等,使之适于分装。

1)无菌粉末的分装及其主要设备

(1)原材料的准备

无菌原料可用灭菌结晶法或喷雾干燥法制备,必要时需进行粉碎,过筛等操作。西林小瓶以及胶塞的处理按注射剂的要求进行,但均需进行灭菌处理。灭菌空瓶的存放柜应有净化空气保护,存放时间不小于24 h。粉针剂是非最终灭菌的注射剂,原料药的无菌水平决定了产品的无菌水平,因此灌装前应对原料进行严格的质量检查。

（2）分装

分装必须在高度洁净的无菌室中按无菌操作法进行,分装后小瓶应立即加塞并用铝盖密封。药物的分装及安瓿的封口宜在局部层流下进行。目前分装的机械设备有插管分装机、螺旋自动分装机、真空吸粉分装机等。此外,青霉素分装车间不得与其他抗生素分装车间轮换生产,以防止交叉污染。

（3）灭菌及异物检查

对于耐热的品种,如青霉素,一般可按照前述条件进行补充灭菌,以确保安全。对于不耐热品种,必须严格无菌操作。异物检查一般在传送带上目检。

2）无菌分装工艺中存在的问题及解决办法

①装量差异:物料流动性差是其主要原因。药物的吸潮性、晶型、粒度以及机械设备性能等均会影响流动性,以致影响装量。应根据具体情况分别采取措施,尤其是控制分装环境的相对湿度。

②澄明度问题:由于药物粉末经过一系列处理,污染机会增加,以致澄明度不合要求。应严格控制原料质量及其处理方法和环境,防止污染。

③无菌问题:由于产品是无菌操作制备,稍有不慎就有可能受到污染,而且微生物在固体粉末中的繁殖速度慢,不易被肉眼所见,危险性大。为解决此问题,一般都采用层流净化装置。

④吸潮变质:一般认为是由于胶塞透气性和铝盖松动所致。因此,一方面要进行橡胶塞密封性能的测定,选择性能好的胶塞;另一方面,铝盖压紧后瓶口应烫蜡,以防水气透入。

7.3.3　注射用冷冻干燥制品

注射用冷冻干燥制品是将药物先制成无菌水溶液,进行无菌灌装,再经冷冻干燥,在无菌条件下封口制成的粉针剂。一些虽在水中稳定但加热即分解失效的药物,如酶制剂及血浆、蛋白质等生物制品常制成冻干粉针剂。

1）冷冻干燥技术

冷冻干燥技术是把含有大量水分的物料预先进行降温,冻结成冰点以下的固体,在真空条件下使冰直接升华,以水蒸气形式除去,从而得到干燥产品的一种技术。因为是利用升华达到除水分的目的,故也可称为升华干燥。

2）注射用冷冻干燥制品的特点

注射用冷冻干燥制品主要有以下5个特点:

①对热敏感的药物可避免高温而分解变质。

②产品质地疏松,加水后迅速溶解恢复原有特性。

③含水量低,同时由于干燥在真空中进行,药物不易氧化。

④因为污染相对机会减少,产品中的微粒物质比用其他方法生产者少。

⑤产品剂量准确,外观优良。

注射用冷冻干燥制品不足之处为溶剂不能随意选择,某些产品重新配制溶液时出现浑浊。且制备时需要特殊设备,成本较高。

3)冷冻干燥设备

冷冻真空干燥机简称冻干机。冻干机按系统分,由制冷系统、真空系统、加热系统和控制系统4个主要部分组成;按结构分,由冻干箱、真空冷凝器、冷冻机、真空泵和阀门、电器控制元件组成。冻干箱是能抽成真空的密闭容器,箱内设有若干层搁板,搁板内置冷冻管和加热管。冷凝器内装有螺旋冷冻管数组,其操作温度应低于冻干箱内的温度,工作温度可达-45~-60℃,其作用是将来自干燥箱中升华的水分进行冷凝,以保证冻干过程顺利进行。

4)注射用冷冻干燥制品的制备

（1）冻干粉针的制备流程图

制备冻干粉针前药液的配制基本与水性注射剂相同,经冷冻干燥,在无菌条件下封口制得。制备工艺流程如图7.2所示。

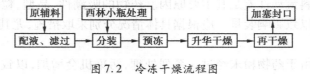

图7.2　冷冻干燥流程图

（2）冻干粉针制备过程

①配液、滤过和分装:冻干前的原辅料、西林小瓶需按适宜的方法处理,然后进行配液、无菌过滤和分装。当药物剂量和体积较小时,需加适宜稀释剂以增加容积。药液通过 0.22 μm 微孔滤膜除菌滤过后分装在灭菌西林小瓶内,分装时溶液厚度要薄些,液面深度为 1~2 cm,最深不超过容器深度的1/2,以便水分升华。

②冷冻干燥:冷冻干燥工艺可分为预冻、减压、升华干燥、再干燥等几个过程。

a.预冻:预冻是恒压降温过程。药液随温度的下降冻结成固体,温度一般应降至产品共熔点以下 10~20 ℃以保证冷冻完全。若预冻不完全,在减压过程中可能产生沸腾冲瓶的现象,使制品表面不平整。

b.升华干燥:升华干燥首先是恒温减压过程,然后是在抽气条件下,恒压升温,使固态水升华逸去。升华干燥法分为两种:一种是一次升华法,适用于共熔点为-10~-20 ℃的制品,且溶液黏度不大。它首先将预冻后的制品减压,待真空度达一定数值后,启动加热系统缓缓加热,使制品中的冰升华,升华温度约为-20 ℃,药液中的水分可基本除尽。

另一种是反复冷冻升华法,该法的减压和加热升华过程与一次升华法相同,只是预冻过程须在共熔点与共熔点以下20 ℃之间反复升降预冻,而不是一次降温完成。通过反复升温降温处理,制品晶体的结构被改变。由致密变为疏松,有利于水分的升华。因此,本法常用于结构较复杂、稠度大及熔点较低的制品,如蜂蜜、蜂王浆等。

c.再干燥:升华完成后,温度继续升高至 0 ℃或室温,并保持一段时间,可使已升华的水蒸气或残留的水分被抽尽。再干燥可保证冻干制品含水量<1%,并有防止回潮作用。

③封口及轧盖:冷冻干燥完毕,通过安装在冻干箱内的液压或螺杆升降装置全压塞,用铝盖轧口密封。

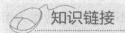知识链接

冷冻干燥原理

冷冻干燥原理可以用水的三相平衡图说明,如图7.3所示。

水(H_2O)有3种相态,即固态、液态和气态,3种相态既可以相互转换又可以共存。如图所示为水(H_2O)的相平衡图。图中OA、OB、OC 3条曲线分别表示冰和水、水和水蒸气、冰和水蒸气两相共存时水蒸气与温度之间的关系,分别称为融化曲线、汽化曲线和升华曲线。O点称为三相点,所对应的温度为0.01 ℃,水蒸气压为613.3 Pa,在这样的温度和水蒸气压下,水、冰、水蒸气三者可共存且相互平衡。

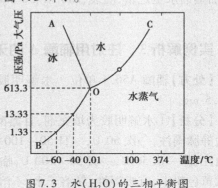

图7.3　水(H_2O)的三相平衡图

实例解析1　醋酸可的松滴眼液的制备(混悬液)

【处方】醋酸可的松(微晶)5.0 g　吐温80 0.8 g　硝酸苯汞0.02 g;硼酸20.0 g　羧甲基纤维素钠2.0 g　蒸馏水加至1 000 mL。

【分析】①醋酸可的松(微晶)为主药,吐温80为表面活性剂,硝酸苯汞为抑菌剂,硼酸为渗透压调节剂,羧甲基纤维素钠为混悬剂。②醋酸可的松微晶的粒径应在5~20 μm,过粗易产生刺激性,降低疗效,甚至会损伤角膜。③羧甲基纤维素钠为助悬剂,配液前需精制。本滴眼液中不能加入阳离子型表面活性剂,因与羧甲基纤维素钠有配伍禁忌。④为防止结块,灭菌过程中应振摇,或采用旋转无菌设备,灭菌前后均应检查有无结块。⑤硼酸为pH与等渗调节剂,因氯化钠能使羧甲基纤维素钠黏度显著下降,促使结块沉降,改用2%的硼酸后,不仅改善降低黏度的缺点,且能减轻药液对眼黏膜的刺激性。本品pH为4.5~7.0。

【制法】①取硝酸苯汞溶于处方量50%的蒸馏水中,加热至40~50 ℃,加入硼酸,吐温80使溶解,3号垂熔漏斗过滤待用。②另将羧甲基纤维素钠溶于处方量30%的蒸馏水中,用垫有200目尼龙布的布氏漏斗过滤,加热至80~90 ℃,加醋酸可的松微晶搅匀,保温30 min,冷至40~50 ℃。③上述两种溶液合并,加蒸馏水至足量,200目尼龙筛过滤两次,分装,封口,100 ℃流通蒸汽灭菌30 min即得。

实例解析2　氯霉素滴眼液的制备

【处方】氯霉素(主药)0.25 g　氯化钠(渗透压调节剂)0.9 g　尼泊金甲酯(抑菌剂)0.023 g　尼泊金丙酯(抑菌剂)0.011 g　蒸馏水加至100 mL。

【分析】①氯霉素为主药,氯化钠为渗透压调节剂,尼泊金甲酯和尼泊金丙酯为抑菌剂。

②氯霉素对热稳定,配液时加热以加速溶解,用 100 ℃ 流通蒸汽灭菌。③处方中可加硼砂、硼酸做缓冲剂,也可调节渗透压,同时还可增加氯霉素的溶解度,但此处不如用生理盐水为溶剂者更稳定且刺激性小。

【制法】①取尼泊金甲酯、丙酯,加沸蒸馏水溶解,于 60 ℃ 时溶入氯霉素和氯化钠。②过滤,加蒸馏水至足量,灌装,100 ℃、30 min 灭菌。

实例解析 3　注射用辅酶 A 的无菌冻干制剂的制备

【处方】辅酶 A 56.1 单位　水解明胶 5 mg　甘露醇 10 mg　葡萄糖酸钙 1 mg　半胱氨酸 0.5 mg。

【分析】①水解明胶为填充剂,甘露醇和葡萄糖酸钙为填充剂,半胱氨酸为稳定剂。②本品为静脉滴注,一次 50 U,一日 50～100 U,临用前用 5% 葡萄糖注射液 500 mL 溶解后滴注。肌内注射,一次 50 U,一日 50～100 U,临用前用生理盐水 2 mL 溶解后注射。③辅酶 A 为白色或微黄色粉末,有吸湿性,易溶于水,不溶于丙酮、乙醚、乙醇,易被空气、过氧化氢、碘、高锰酸盐等氧化成无活性二硫化物,故在制剂中加入半胱氨酸等,用甘露醇、水解明胶等作为赋形剂。④辅酶 A 在冻干工艺中易丢失效价,故投料量应酌情增加。

【制法】①将上述各成分用适量注射水溶解后,无菌过滤,分装于安瓿中。②每支 0.5 mL,冷冻干燥后封口,漏气检查即得。

综合测试

一、单项选择题

1. 以下各项中,不是滴眼剂附加剂的为(　　)。

 A. pH 调节剂　　　　　　　　　B. 润滑剂　　　　　　　　　C. 等渗调节剂

 D. 抑菌剂　　　　　　　　　　E. 增稠剂

2. 有关滴眼剂错误的叙述是(　　)。

 A. 滴眼剂是直接用于眼部的外用液体制剂

 B. 正常眼可耐受的 pH 值为 5.0～9.0

 C. 混悬型滴眼剂要求粒子大小不得超过 50 μm

 D. 滴入眼中的药物首先进入角膜内,通过角膜至前房再进入虹膜

 E. 增加滴眼剂的黏度,使药物扩散速度减小,不利于药物的吸收

3. 红霉素滴眼剂中加入硼酸的主要作用是(　　)。

 A. 增溶　　　　　　　　　　B. 调节 pH 值　　　　　　　　　C. 防腐

 D. 增加疗效　　　　　　　　E. 调节渗透压

4. 注射用冷冻干燥制品的优点不包括(　　)。

 A. 对热敏感的药物可避免高温而分解变质

 B. 产品质地疏松,加水后迅速溶解恢复原有特性

 C. 含水量低,同时由于干燥在真空中进行,药物不易氧化

D. 因为污染相对机会增高,产品中的微粒物质比用其他方法生产者少

E. 产品剂量准确,外观优良

5. 制备冷冻干燥制品时预先要测定产品(　　)。

   A. 临界相对湿度　　　　　　B. 低共熔点　　　　　　C. 昙点(浊点)

   D. 熔点　　　　　　　　　　E. 沸点

6. 滴眼剂选用抑菌剂时不能用下列哪种抑菌剂? (　　)

   A. 三氯叔丁醇　　　　　　　B. 尼泊金类　　　　　　C. 苯酚

   D. 硝酸苯汞　　　　　　　　E. 山梨酸

7. 注射用青霉素粉针临用前应加入(　　)。

   A. 注射用水　　　　　　　　B. 蒸馏水　　　　　　　C. 去离子水

   D. 灭菌注射用水　　　　　　E. 酒精

8. 滴眼剂的质量要求中,哪一条与注射剂不同? (　　)

   A. 有一定 pH 值　　　　　　B. 等渗　　　　　　　　C. 无菌

   D. 澄明度符合要求　　　　　E. 无热原

9. 滴眼剂允许的 pH 范围为(　　)。

   A. 6～8　　　　　　　　　　B. 5～9　　　　　　　　C. 4～9

   D. 5～10　　　　　　　　　 E. 4～8

10. 下列不属于无菌制剂的是(　　)。

   A. 创口用制剂　　　　　　　B. 10%葡萄糖注射剂　　C. 金霉素眼膏

   D. 麻黄碱喷雾剂　　　　　　E. 植入剂

二、多项选择题

1. 需要制成注射用冷冻干燥制品的品种有(　　)。

   A. 细胞色素 C　　　　　　　B. 四环素盐酸盐　　　　C. 注射用胰蛋白酶

   D. 普鲁卡因青霉素　　　　　E. 盐酸吗啡

2. 按卫生部《药品卫生检查方法》的规定检查,一般滴眼剂要求没有的致病菌有(　　)。

   A. 伤寒杆菌　　　　　　　　B. 绿假单胞菌　　　　　C. 白色念球菌

   D. 金黄色葡萄球菌　　　　　E. 肺炎球菌

3. 用于手术及外伤眼的滴眼剂要求(　　)。

   A. 绝对无菌　　　　　　　　B. 单剂量包装　　　　　C. 应加抑菌剂

   D. 多剂量包装　　　　　　　E. 须经无菌检查

4. 冷冻干燥的特点是(　　)。

   A. 可避免药品因高热而分解变质

   B. 可随意选择溶剂以制备某种特殊的晶型

   C. 含水量低

   D. 产品剂量不易准确,外观不佳

   E. 所得产品质地疏松,加水后迅速溶解恢复药液原有特性

5. 冷冻干燥技术包括(　　)等工艺。

   A. 预冻　　B. 减压　　C. 灭菌　　D. 再干燥　　E. 升华干燥

三、简答题

1. 简述无菌制剂、限菌制剂、灭菌制剂的定义。
2. 滴眼剂常见的附加剂有哪些？举例说明。
3. 简述注射用无菌粉末的生产工艺。

技能训练 7.1　滴眼剂的生产

【实训目的】

1. 掌握一般滴眼剂的制备方法。
2. 熟悉滴眼剂的质量评定及渗透压调节方法。
3. 了解常用滴眼剂的附加剂种类。

【仪器与试剂】

仪器：G_4 号垂熔玻璃漏斗、灌注器、滴眼剂小瓶（10 mL）、分析天平、水浴等。

试剂：氯霉素、硼酸、硼砂、硫柳汞、硫酸锌、甘油、氯化钠、灭菌蒸馏水。

【实训内容】

(1)氯霉素滴眼剂的制备

①处方：氯霉素 0.25 g　硼酸 1.9 g　硼砂 0.038 g　硫柳汞 0.004 g　灭菌注射用水加至 100 mL。

②制法：取灭菌蒸馏水约 90 mL，加热至沸。加入硼酸，硼砂使溶待冷至约 60 ℃，加入氯霉素，硫柳汞搅拌使其溶解，加灭菌馏水至 100 mL。精滤，检查澄明度合格后，无菌分装。

③用途：本品用于治疗沙眼、急性或慢性结膜炎、敛缘炎、角膜溃疡、麦粒肿、结核性结膜炎、泪囊炎、化脓性内膜炎、眼球炎等。

(2)1% 硫酸阿托品滴眼剂

①处方：硫酸阿托品 1.0 g　氯化钠 0.75 g　甘油 5.0 mL　尼泊金乙酯 0.03 g　灭菌蒸馏水加至 100 mL。

②制法：取尼泊金溶于适量沸注射用水中，再加入氯化钠，硫酸阿托品搅拌溶解。注射用水加至全量，搅匀，用垂熔漏斗过滤至澄明，分装于滴眼瓶中，封口即得。

(3)5% 硫酸锌滴眼剂的制备

①处方：硫酸锌 0.5 g　硼酸 1.7 g　甘油 5.0 mL　尼泊金乙酯 0.03 g　灭菌蒸馏水加至 100 mL。

②制法：取尼泊金溶于适量沸注射用水中，再加入甘油搅匀，然后加硼酸、硫酸锌搅拌溶解。注射用水加至全量，搅匀，用垂熔漏斗过滤至澄明，分装于滴眼瓶中，封口即得。

③用途：本品具有收敛与防腐作用，常用于治疗慢性结膜炎、角膜炎、沙眼及眼炎等。2 ~ 3 滴/次，2 ~ 3 次/d。

(4)5% 氯化钠滴眼剂的制备

①处方：氯化钠 5.0 g　注射用水加至 100 mL。

②制法:取氯化钠溶于适量注射用水中,添加注射用水加至全量,搅匀。用垂熔漏斗过滤至澄明,分装于滴眼瓶中,封口即得。

③用途:用于因外伤或眼压高、严重角膜水肿而造成检查看不清时,可用本品脱水便于检查病情。

④质量检查:澄明度是按卫生部《澄明度检查细则和判断标准》的规定检查。渗透压是分别计算各处方组成的渗透压是否符合要求。pH 值是测定各滴眼剂 pH 值,应符合要求。最低装量检查是采用容量法(适用于标示装量以容量计者)。除另有规定外,取供试品 5 个(50 mL 以上者 3 个),开启时注意避免损失,将内容物转移至干燥量入式量筒中,黏稠液体倾出后,将容器倒置 15 min,尽量倾净。2 mL 及以下者用预经标化的干燥量入式注射器抽尽。读出每个容器内容物的装量,并求其平均装量,均应符合表 7.1 的有关规定。如 1 个容器装量不符合规定,则另取 5 个(50 mL 以上者 3 个)复试,应全部符合规定。

表 7.1 容量法检测最低装量的标准

标示装量	注射液及注射用浓溶液		口服及外用固体、半固体、液体;黏稠液体	
	平均装量	每个容器装量	平均装量	每个容器装量
20 g(mL)以下	—	—	不少于标示装量	不少于标示装置的93%
20 ~ 50 g(mL)	—	—	不少于标示装置	不少于标示装量的95%
50 g(mL)以上	不少于标示装量	不少于标示装量	不少于标示装量	不少于标示装量的97%

【实训结果与讨论】

①将滴眼剂质量检查结果记录于表 7.2 中。

表 7.2 滴眼剂质量检查结果

制 剂	澄明度	渗透压	pH 值	最低装量
氯霉素滴眼剂				
1% 硫酸阿托品滴眼剂				
硫酸锌滴眼剂				
5% 氯化钠滴眼剂				

②具体分析产品质量,计算成品合格率。

【操作注意事项】

①氯霉素易水解,处方中的用量已饱和,故添加硼砂助溶,并需加热溶解。若配制高浓度时,可加入适量的吐温 80 作增溶剂。

②氯霉素在中性或弱酸性溶液中对热较稳定,在水中煮沸 5 h,对抗菌作用无损失;但在强酸或强碱溶液中则迅速破坏而失效。本品选用硼酸缓冲液来调整 pH 值。

③氯霉素滴眼剂在贮藏过程中,效价常逐渐降低,故配液时适当提高投料量,使在有效贮藏期间,效价能保持在规定含量以内。

④1% 硫酸阿托品滴眼剂为毒药，操作时应注意安全。

⑤硫酸锌在中性或弱碱性溶液中，极易水解生成 $Zn(OH)_2$ 沉淀，并易形成水合络离子，故本品加硼酸使溶液呈微酸性（pH 值为 4.7~5.2）以保持稳定。

⑥硫酸锌与磷酸盐、硼砂能产生磷酸锌、碱式硼酸锌沉淀，故调节 pH 忌用磷酸盐缓冲液或硼酸盐缓冲液。

项目 8 颗粒剂生产

📖 **项目描述**

颗粒剂是固体制剂的常见剂型,是颗粒压片制备片剂的组成部分,是实际生活中应用比较普遍的剂型,该项目主要介绍药厂颗粒剂生产的工艺要求、生产流程、关键设备的使用方法、产品质量检查的内容和检查方法,通过本项目的学习可满足药厂颗粒剂的生产要求。

📖 **学习目标**

掌握颗粒剂的定义、特点与制备方法,熟悉颗粒剂的质量要求,熟悉颗粒剂的常用附加剂,了解颗粒剂的生产工艺。

任务 8.1 认识颗粒剂

8.1.1 颗粒剂的概念及特点

颗粒剂是指药物和适宜的辅料制成的具有一定粒度干燥颗粒状制剂,供口服用,其中粒径范围在 105 ~ 500 μm 的颗粒剂又称细粒剂。

颗粒剂的特点:飞散性、附着性、聚集性、吸湿性等均较小;服用方便;必要时可加入包衣制成缓释制剂;分剂量不易准确,混合性能差;成本高,易潮解,对包装方法和材料要求高,机动性差,无法随证加减,适口性稍差(与包衣剂相比)。

8.1.2 颗粒剂的分类

颗粒剂有多种分类方法,按制备、用法和作用,主要有下述 5 种。

1) 混悬颗粒

混悬颗粒是指难溶性固体药物与适宜辅料制成一定粒度的干燥颗粒剂。临用前加水或其他适宜的液体振摇即可分散成混悬液供口服。除另有规定外,混悬颗粒应进行溶出度检查。

2)泡腾颗粒

泡腾颗粒是指含有碳酸氢钠和有机酸,遇水可放出大量气体而呈泡腾状的颗粒剂。泡腾颗粒中的药物应是易溶性的,加水产生气泡后能溶解。有机酸一般用枸橼酸、酒石酸等。泡腾颗粒应溶解或分散于水中后服用。

3)肠溶颗粒

肠溶颗粒是指采用肠溶材料包裹颗粒或其他适宜方法制成的颗粒剂。肠溶颗粒耐胃酸而在肠液中释放活性成分,可防止药物在胃内分解失效,避免对胃的刺激或控制药物在肠道内定位释放。肠溶颗粒应进行释放度检查。

4)缓释颗粒

缓释颗粒是指在水或规定的释放介质中缓慢地非恒速释放药物的颗粒剂。缓释颗粒应符合缓释制剂的有关要求并应进行释放度检查。

5)控释颗粒

控释颗粒是指在水或规定的释放介质中缓慢地恒速或接近于恒速释放药物的颗粒剂。控释颗粒应符合控释制剂的有关要求并应进行释放度检查。

8.1.3　颗粒剂的质量要求

外观性状颗粒剂成品外观应干燥,颗粒大小均匀,色泽一致,具一定硬度,无吸潮、软化、结块、潮解等现象;水分除另有规定外,不得超过 6.0%;粒度不能通过 1 号筛和能通过 5 号筛的颗粒和粉末总和,不得超过 15%;可溶性颗粒用热水冲服时应全部溶化允许轻微混浊;混悬性颗粒剂能混悬均匀,并不得有焦屑等异物;泡腾性颗粒剂加水后应立即产生二氧化碳气并呈泡腾状;其他装量差异:超出限度的不得多于 2 袋(瓶),并不得有 1 袋(瓶)超出限度一倍,微生物限度等均应符合有关规定;除另有规定外,药材应加工成片或段,按具体品种规定的方法提取,滤过,滤液浓缩至规定相对密度的清膏,加定量辅料或药材细粉,混匀,制成颗粒,干燥,加辅料量一般不超过清膏量的 5 倍;挥发油应均匀喷入干燥颗粒中,密闭至规定时间。

8.1.4　颗粒剂生产常用辅料

1)颗粒剂常用辅料的种类

(1)填充剂
常用的填充剂品种有淀粉、乳糖、糊精、糖粉、硫酸钙、蔗糖、甘露醇、微晶纤维素、葡萄糖。

(2)粘合剂
天然的粘合剂有淀粉浆、预胶化淀粉、糊精。合成粘合剂有聚维酮、乙基纤维素、羟丙基纤维素。

(3)润湿剂
润湿剂的常用品种有蒸馏水、乙醇。

（4）崩解剂

崩解剂的常用品种有淀粉、羧甲基淀粉钠、微晶纤维素、交联羧甲基纤维素钠、低取代-羟丙基纤维素、枸橼酸、聚山梨酯80。

（5）润滑剂

润滑剂的分类有：

①疏水性及水不溶性润滑剂：硬脂酸、硬脂酸钙和硬脂酸镁、滑石粉、氢化植物油。

②水溶性润滑剂：聚乙二醇、十二烷基硫酸钠。

③助流剂：微粉硅胶、滑石粉。

④润滑剂常用品种：硬脂酸镁、滑石粉、氢化植物油、氢氧化铝凝胶、氧化镁、石蜡、白油、甘油、甘氨酸。

🖱 知识链接

颗粒剂在生产与贮藏期间应符合下列有关规定

①药物与辅料应均匀混合，凡属挥发性药物或遇热不稳定的药物在制备过程应注意控制适宜的温度条件，凡遇光不稳定的药物应遮光操作。

②颗粒剂应干燥，色泽一致，无吸潮、结块、潮解等现象。

③根据需要可加入适宜的矫味剂、芳香剂、着色剂、分散剂和防腐剂等添加剂。

④颗粒剂的溶出度、释放度、含量均匀度、微生物限度等应符合要求。必要时，包衣颗粒剂应检查残留溶剂。

⑤除另有规定外，颗粒剂应密封，置干燥处贮存，防止受潮。

⑥单剂量包装的颗粒剂在标签上要标明每个袋（瓶）中活性成分的名称及含量。多剂量包装的颗粒剂除应有确切的分剂量方法外，在标签上要标明颗粒中活性成分的名称和质量。

2）辅料的选用

目前最常用的辅料为糖粉和糊精。此外还根据应用需要选择使用 β-环糊精和泡腾崩解剂。

①糖粉是可溶性颗粒剂的优良赋形剂，并有矫味及粘合作用。糖粉易吸湿结块，应注意密封保存。

②糊精是淀粉的水解产物。颗粒剂宜选用可溶性糊精。使用前应低温干燥，过筛。

③β-环糊精（β-CD）能将芳香挥发性成分制成包合物，再混匀于其他药物制成的颗粒中，可使液体药物粉末化，且增加油性药物的溶解度和颗粒剂的稳定性。

④泡腾崩解剂是泡腾颗粒剂必须使用的赋形剂，由有机酸与碳酸氢钠或碳酸钠等组成。

任务 8.2 制粒技术与设备

8.2.1 制粒技术概念

制粒技术是把粉末、熔融液、水溶液等状态的物料加工制成一定形状与大小的粒状物的技术。制粒的目的是改善流动性,便于分装、压片;防止各成分因粒度密度差异出现离析现象;防止粉尘飞扬及器壁上的粘附;调整堆密度,改善溶解性能;改善片剂生产中压力传递的均匀性;便于服用,方便携带,提高商品价值。

8.2.2 制粒方法

1)湿法制粒

在药物粉末中加入粘合剂或润湿剂先制成软材,过筛而制成湿颗粒,湿颗粒干燥后再经过整粒而得。湿法制成的颗粒具有表面改性较好、外形美观、耐磨性较强、压缩成形性好等优点,在医药工业中应用最为广泛。

湿法制粒方法是粘合剂中的液体将药物粉末表面润湿,使粉粒间产生黏着力,然后在液体架桥与外加机械力的作用下制成一定形状和大小的颗粒,经干燥后最终以固体桥的形式固结。湿法制粒主要包括制软材、制湿颗粒、湿颗粒干燥及整粒等过程。

(1)制软材

将按处方称量好的原辅料细粉混匀,加入适量的润湿剂或粘合剂混匀即成软材。制软材应注意的问题有粘合剂的种类与用量要根据物料的性质而定;加入粘合剂的浓度与搅拌时间要根据不同品种灵活掌握;软材质量。由于原辅料的差异,很难定出统一标准,一般凭经验掌握,用手捏紧能成团块,手指轻压又能散裂得开;湿搅时间的长短对颗粒的软材有很大关系,湿混合时间越长,则黏性越大,制成的颗粒就越硬。

(2)制湿颗粒

制湿颗粒是使软材通过筛网而成颗粒。颗粒由筛孔落下如成长条状时,表明软材过湿,湿合剂或润湿剂过多。相反若软材通过筛孔后呈粉状,表明软材过干,应适当调整。常用设备有摇摆式颗粒机、高速搅拌制粒机。筛网有尼龙丝、镀锌铁丝、不锈钢、板块4种筛网。

(3)湿颗粒干燥

过筛制得的湿颗粒应立即干燥,以免结块或受压变形(可采用不锈钢盘将制好的湿颗粒摊开放置并不时翻动以解决湿颗粒存放结块及变形问题)。

①干燥温度:由原料的性质而定,一般为50~60 ℃;一些对湿、热稳定的药物,干燥温度可适当增高到80~100 ℃。

②干燥程度:通过测定含水量进行控制。颗粒剂要求颗粒的含水量不得超过2%;片剂颗

粒根据每一个具体品种的不同而保留适当的水分,一般为3%左右。

③干燥设备:常用的有箱式(如烘房、烘箱)干燥、沸腾干燥、微波干燥或远红外干燥等加热干燥设备。

(4)整粒

湿粒用各种干燥设备干燥后,可能有结块粘连等,须再通过摇摆式颗粒机,过一号筛(12~14目),使大颗粒磨碎,再通过四号筛(60目)除去细小颗粒和细粉,筛下的细小颗粒和细粉可重新制粒,或并入下次同一批药粉中,混匀制粒。

颗粒剂处方中若含芳香挥发性成分,一般宜溶于适量乙醇中,用雾化器均匀地喷洒在干燥的颗粒上,然后密封放置一定时间,等穿透均匀吸收后方可进行包装。

(5)影响湿法制粒的因素

①原辅料性质:粉末细、质地疏松,干燥及黏性较差,在水中溶解度小,应选用黏性较强的粘合剂,且粘合剂的用量要多些。在水中溶解度大,原辅料本身黏性较强,应选用润湿剂或黏性较小的粘合剂,且粘合剂的用量相对要少些。原辅料对湿敏感,易水解,不能选用水作为粘合剂的溶剂,选用无水乙醇或其他有机溶媒作粘合剂的溶剂。原辅料对热敏感,易分解,尽量不选用水作为粘合剂的溶剂,选用一定溶度的乙醇作粘合剂的溶剂,以减少颗粒干燥的时间和降低干燥温度。原辅料对湿、热稳定,选用成本较低的水作为粘合剂的溶剂。

②润湿剂和粘合剂

a.润湿剂:使物料润湿以产生足够强度的黏性以利于制成颗粒的液体。润湿剂本身无黏性或黏性不强,但可润湿物料并诱发物料本身的黏性,使之能聚结成软材并制成颗粒。如蒸馏水、乙醇。

b.粘合剂:能使无黏性或黏性较小的物料聚集粘结成颗粒或压缩成型的具黏性的固体粉末或黏稠液体。如聚维酮(PVP)、羟丙甲纤维素(HPMC)、羧甲纤维素钠(CMC-Na)、糖浆等。

③制粒搅拌时间:制软材时搅动的时间应适度掌握,一般凭经验掌握,用手捏紧能成团块而不粘手,手指轻压又能散裂得开。搅拌时间长,黏性过强,制粒困难;搅拌时间短,黏性不强,成粒性较差。

2)湿法制粒分类

(1)空白颗粒法

对湿、热不稳定而剂量又较小的药物,可将辅粒以及其他对湿热稳定的药物先用湿法制粒,干燥并整粒后,再将不耐湿热的药物与颗粒混合均匀。将仅用辅粒制成干颗粒,再将药物与颗粒混合后(压片或分装)的方法称为空白颗粒法。

(2)一步制粒

一步制粒是将原辅料混合,喷加粘合剂搅拌,使粘合剂呈雾状与原辅料相遇使之成粒,同时进行干燥等操作步骤连在一起在一台设备中完成故称一步制粒法,又称流化喷雾制粒。一步制粒的特点是在一台设备内进行混合、制粒、干燥,还可包衣,操作简单、节

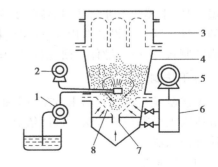

图8.1　流化床喷雾制粒机的结构示意图
1—粘合剂输送泵;2—压缩机;3—袋滤器;
4—流化室;5—鼓风机;6—空气预热器;
7—二次喷射气流入口;8—气体分布器

约时间、劳动强度低,制得的颗粒粒密度小、粒度均匀,流动性、压缩成型性好,但颗粒强度小。

流化床喷雾制粒(图8.1)的作用原理:经净化的空气加热后通过筛板进入容器,加热物料并使其呈流态状。此时粘合剂以雾状喷入,使物料粉末聚结成粒子核,逐渐长大进而形成颗粒,同步干燥,粉末间的液体桥→固体桥,得到多孔性、表面积较大的柔软颗粒。流化床喷雾干燥效率高,干燥速度快,产量大,干燥均匀,干燥温度低,操作方便,适于同品种的连续大量生产。流化床干燥法的干颗粒中,细颗粒比例高,但细粉比例不高,有时干颗粒不够坚实完整。此外干燥室内不易清洗,尤其是有色制剂颗粒干燥时给清洁工作带来困难。

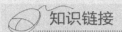
知识链接

流化床制粒的优点

①混合、制粒、干燥一次完成,生产工艺简单、自动化程度高。

②所得颗粒圆整、均匀,溶解性能好。

③颗粒的流动性和可压性好,压片时片重波动幅度小,所得片剂崩解性能好、外观质量佳。

④颗粒间较少或几乎不发生可溶性成分迁移,减小了由此造成片剂含量不均匀的可能性。

⑤在密闭容器内操作,无粉尘飞扬,符合GMP要求。

⑥流化床适于中成药,尤其是浸膏量大、辅料相对较少的中药颗粒的制备,及对湿和热敏感的药物制粒。

(3)喷雾制粒

喷雾制粒是将原、辅料与粘合剂混合,不断搅拌制成含固体量为50%~60%的药物溶液或混悬液,再用泵通过高压喷雾器喷雾于干燥室内的热气流中,使水分迅速蒸发以直接制成球形干燥细颗粒的方法(图8.2)。其特点是由液体直接得到固体粉状颗粒,雾滴比表面积大,热风温度高,干燥速度非常快,物粒的受热时间极短,干燥物料的温度相对较低,适合于热敏性物料的处理。缺点是设备费用高、能量消耗大、操作费用高。近年来在抗生素粉针的生产、微型胶囊的制备、固体分散体的研究以及中药提取液的干燥中都利用了喷雾干燥制粒技术。

3)干法制粒

干法制粒是将药物粉末(必要时加入稀释剂等)混匀后,用适宜的设备直接压成块,再破碎成所需大小颗粒的方法。该法依靠压缩力的作用使粒子间产生结合力。干法制粒可分为重压法和滚压法。

(1)重压法

重压法又称大片法,是将固体粉末先在重型压片机上压成直径为20~25 mm的胚片,再破碎成所需大小的颗粒。

(2)滚压法

滚压法是利用滚压机将药物粉末滚压成片状物,通过颗粒机破碎成一定大小的颗粒(图8.3)。

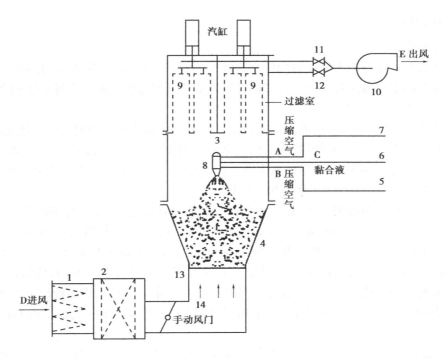

图 8.2　喷雾干燥制粒机的工作原理图

1—空气过滤器;2—加热器;3—喷雾干燥室;4—原料容器;5,6,7—管道;
8—喷嘴;9—捕集袋;10—引风机;11,12—排风阀;13—气流分布板;14—送风道

干法制粒特点是常用于热敏性物料、遇水不稳定的药物及压缩易成形的药物,方法简单、省工省时。但应注意压缩可能引起的晶型转变及活性降低等。

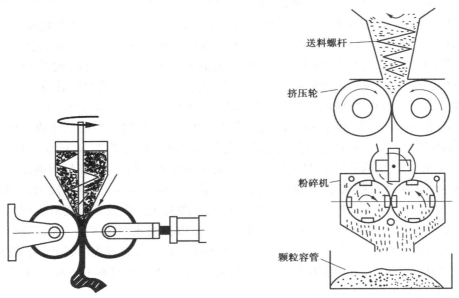

图 8.3　滚压法干法制粒的结构示意图

4) 中药颗粒

(1) 成分提取

因中药含有效成分的不同及对颗粒剂溶解性的要求不同,应采用不同的溶剂和方法进行提取。多数药物用煎煮法提取,也有用渗漉法、浸渍法及回流法提取。含挥发油的药材还可用"双提法"。

①煎煮法:是将药材加水煎煮取汁的方法。一般操作过程为:取药材,适当地切碎或粉碎,置适宜煎煮容器中,加适量水使浸没药材,浸泡适宜时间后,加热至沸,浸出一定时间,分离煎出液,药渣依法煎出 2~3 次,收集各煎出液,离心分离或沉降滤过后,低温浓缩至规定浓度,稠膏的比重一般热测(80~90 ℃)为 1.30~1.35。

为了减少颗粒剂的服用量和引湿性,常采用水煮醇沉淀法,即将水煎煮液蒸发至一定浓度(一般比重为 1:1 左右),冷后加入 1~2 倍置的乙醇,充分混匀,放置过夜,使其沉淀,次日取其上清液(必要时滤过),沉淀物用少量 50%~60% 乙醇洗净,洗液与滤液合并,减压回收乙醇后,待浓缩至一定浓度时移置放冷处(或加一定量水,混匀)静置一定时间,使沉淀完全滤过,滤液低温蒸发至稠膏状。煎煮法适用于有效成分能溶于水,且对湿、热均较稳定的药材。煎煮法为目前颗粒剂生产中最常用方法,除醇溶性药物外,所有颗粒剂药物的提取和制稠膏均用此法。

②浸渍法:是将药材用适当的溶剂在常温或温热条件下浸泡,使有效成分浸出的一种方法。其操作方法为:将药材粉碎成粗末或切成饮片,置于有盖容器中,加入规定量的溶剂后密封,搅拌或振荡,浸渍 3~5 d 或规定时间,使有效成分充分浸出,倾取上清液,滤过,压榨残液渣,合并滤液和压榨液,静止 24 h,滤过即得。浸渍法适宜于带黏性、无组织结构、新鲜及易于膨胀的药材的浸取,尤其适用于有效成分遇热易挥发或易破坏的药材。但是具有操作用期长,浸出溶剂用量较大,且往往浸出效率差,不易完全浸出等缺点。

③渗漉法:将经过适宜加工后的药材粉末装于渗漉器内,浸出溶剂从渗漉器上部添加,溶剂渗过药材层往下流动过程中浸出的方法。其一般操作方法为:进行渗漉前,先将药材粉末放在有盖容器内,再加入药材量 60%~70% 的浸出溶剂均匀润湿后,密闭,放置 15 min 至数小时,使药材充分膨胀以免在渗漉筒内膨胀。取适量脱脂棉,用浸出液湿润后,轻轻垫铺在渗漉筒的底部,然后将已润湿膨胀的药粉分次装入渗漉筒中,每次投入后均匀压平。松紧程度根据药材及浸出溶剂而定。装完后,用滤纸或纱布将上面覆盖,并加一些玻璃珠或石块之类的重物,以防加溶剂时药粉浮起;操作时,先打开渗漉筒浸出液出口之活塞,从上部缓缓加入溶剂至高出药粉数厘米,加盖放置浸渍 24~48 h,使溶剂充分渗透扩散。渗漉时,溶剂渗入药材的细胞中溶解大量的可溶性物质之后,浓度增高,比重增大而向下移动,上层的浸出溶剂或较稀浸出溶煤置换其位置,造成良好的细胞壁内外浓度差。渗漉法浸出效果及提取程度均优于浸渍法。渗漉法对药材粒度及工艺条件的要求较高,一般渗漉液流出速度以 1 kg 药材计算,慢速浸出以 1~3 mL/min 为宜;快速浸出以 3~5 mL/min 为宜。渗漉过程中,随时补充溶剂,使药材中有效成分充分浸出。浸出溶剂的用量一般为 1:(4~8)(药材粉末:浸出溶剂)。

(2)提取液的浓缩、干燥技术

浸膏剂的浓缩与干燥方法很多,最近常用于中药浸膏的浓缩或干燥的新技术有:薄膜浓缩、反渗透法和喷雾干燥、离心喷雾干燥、微波干燥及远红外干燥技术等。现举例说明冷冻浓缩技术在中药颗粒剂制备中的应用。冷冻浓缩技术是使药液于-5～-20 ℃低温冷冻,通过不断搅拌使之结出冰块成为微粒,然后以离心机除去冰屑而得到浓缩的浸膏。此种超低温浓缩可达到有效成分的高保留率。如桂枝芍药汤中的有效成分桂皮醛,采用冷冻浓缩法可保留该成分为一般真空加热浓缩法的 50 倍之多。但反潮性强,成本高,未能用于大量生产。

（3）制粒方法

中药颗粒剂制粒的程序一般是将浓缩到一定比重范围的浸膏按比例与辅料捏合,必要时加适量的润湿剂,整粒,干燥。

成型技术可分为 3 种:干法成型、湿法成型和直接成型。

①干法成型:是在干燥浸膏粉末中加入适宜的辅料(如干粘合剂),混匀后,加压成逐步整到符合要求的粒度。若一步整粒,收率差,若制粒是由压片机和粉碎机(振荡式)组合而成,则成型率也较低,如小青龙汤的颗粒成型率只有 30%～40%,如用现代技术自动生产的制粒设备系统,生产小青龙汤的颗粒,成型率为 65%～70%,且每批颗粒的质量相差无几,溶出性一致。干法成型不受溶媒和温度的影响,易于制备成型,质量稳定,比湿法制粒简易,崩解性与溶出性好,但要有固定的设备。

②湿法成型:是利用干燥浸膏粉末本身含有多量的黏液质、多糖类等物质为粘合剂,与适宜辅料(如赋形剂等)混匀后,必要时在 80 ℃以下热风干燥除去少量水分,然后加润湿剂(常用 90% 乙醇)制成软材,用挤压式造粒机或高速离心切碎机等制成湿粒。湿粒干燥一般使用通气式干燥机、平行流干燥机或减压干燥机(减压干燥时的真空度一般为 2.67～13.3 kPa),最后整粒的机械有振荡器和按筒式成粒器,也可用造粒机整粒。湿法成型必须优选辅料,处方合理才能使质量稳定,确保颗粒剂的崩解性与溶出性。

③直接成型:是由湿法成型演变而来,特点是炼合成软材,造粒与干燥三道工序同时进行,即流化造粒。

（4）湿颗粒的干燥

湿粒制成后,应尽可能迅速干燥,放置过久湿粒易结块或变质。干燥温度一般以 60～80 ℃为宜。注意干燥温度应逐渐升高,否则颗粒的表面干燥易结成一层硬膜而影响内部水分的蒸发;而且颗粒中的糖粉骤遇高温时能熔化,使颗粒坚硬,糖粉与其共存时,温度稍高即结成黏块。颗粒的干燥程度可通过测定含水量进行控制,一般应控制在 2% 以内。生产中凭经验掌握,即用手紧捏干粒,当在手放松后颗粒不应粘结成团,手握成拳也不应有细粉,无潮湿感觉即可。干燥设备的类型较多,生产上常用的有烘箱或烘房、流化床干燥装置、振动式远红外干燥机等。

①烘箱或烘房:它们是常用的气流干燥设备,将湿颗粒堆放于烘盘上,厚度以不超过 2 cm 为宜。烘盘置于搁架上或烘车搁架上,集中送入干燥箱内干燥(图 8.4)。这种干燥方法对被干燥物料的性质要求不严,适应性较广,但是这种干燥方法有许多缺点,主要体现在以下两点:

a.在干燥过程中,被干燥的颗粒处于静态,受热面小,因而包裹于颗粒内的水分难以蒸发,干燥时间长,效率低,浪费能源。

b.颗粒受热不匀,容易因受热时间过长或过热而引起成分的破坏。

②振动式远红外干燥机:应用振动式远红外干燥机进行颗粒干燥,是 20 世纪 70 年代发展起来的一项新技术。其原理是远红外加热干燥,主要利用远红外辐射源所发出的远红外射线,直接被加热的物体所吸收,产生分子共振,引起分子原子的振动和转动,从而直接变为热能使

物体发热升温,达到干燥目的。性能特点是振动式远红外干燥机具有快速、优质和耗能低的特点。快速,湿颗粒在机内停留6~8 min,而通过远红外辐射时仅1.5~2.5 min,箱内气相温度达68 ℃,干燥能力每小时干燥干料120 kg。干燥时物料最高温度为90 ℃,由于加热时间短,药物成分不易破坏,颗粒也起灭菌作用。颗粒外观色泽鲜艳均匀、香味好,成品含水量达到2%以上,达到优级品水平。耗费低,平均每度电能干燥药物3.5 kg。振动式远红外干燥对被干燥颗粒的性质有一定的要求,有些颗粒剂湿粒黏度较大,若不经任何处理,直接进入振动式远

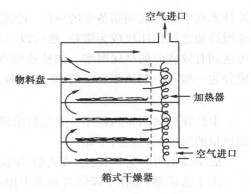

图 8.4　热空气干燥的示意图

红外烘箱,在干燥过程中颗粒容易黏结,形成大颗粒或块状物,使包裹于大颗粒内的水分难以蒸发,部分颗粒还容易粘结在远红外烘箱振槽板面上,造成积料和结焦现象。因此,在使用振动式远红外烘箱干燥颗粒前,先对湿颗粒进行室温去湿须处理,使颗粒的性质能满足要求。采用空气除湿机或硅胶吸湿等方法能较好地解决上述问题。

(5)整粒

湿粒用各种干燥设备干燥后,可能有结块粘连等,须再通过摇摆式颗粒机,过一号筛(12~14目),使大颗粒磨碎,再通过四号筛(60目)除去细小颗粒和细粉,筛下的细小颗粒和细粉可重新制粒,或并入下次同一批药粉中,混匀制粒。颗粒剂处方中若含芳香挥发性成分,一般宜溶于适量乙醇中,用雾化器均匀地喷洒在干燥的颗粒上,然后密封放置一定时间,等穿透均匀吸收后方可进行包装。

(6)包装

颗粒剂中因含有浸膏或少量蔗糖,极易吸潮溶化,故应密封包装和干燥贮藏。用复合铝塑袋分装,不易透湿、透气,贮存期内一般不会出现吸潮软化现象。

知识链接

中药制粒中的注意事项

①药材原料:制备颗粒剂所选用药材不但注重地道药材、区分药材的真伪、质量优劣,而且要根据药树的特性分析其是否适宜此剂型。

②药材煎煮次数与时间:大生产中颗粒剂,一般采用两次煎煮,以免煎煮次数越多,能源、工时消耗越大。

③清膏的比重:药材经水煎煮,去渣浓缩后得清膏。经实践证明,清膏比重越大,和糖粉混合制粒或压块崩解时限越长。

④颗粒的烘干温度与时间:颗粒干燥温度应逐渐升高,否则颗粒的表面干燥后不仅会结成一层硬膜而影响内部水分的蒸发,而且颗粒中的糖粉因骤遇高温能熔化,使颗粒变坚硬而影响崩解。干燥温度一般控制在60~80 ℃为宜。

⑤颗粒的含水量:颗粒的含水量与机压时冲剂的成型质量及药品在贮藏期间质量变化有密切关系。含水量过高,生产块状冲剂易黏冲,贮藏期间易变质。含水量过少,则不宜成块。颗粒含水量以控制在3% ~5%为宜。

⑥颗粒的均匀度:颗粒均匀度对颗粒剂的外观质量有较大影响。颗粒型的冲剂一般选用14~18目筛制成颗粒,于70 ℃以下烘干,再用10~12目筛整粒即可。

8.2.3　制粒设备

1)筛网

（1）尼龙丝筛网

尼龙丝筛网不影响药物的稳定性、有弹性,适用于"湿而不太黏但成粒好"的软材制颗粒。当软材较黏时,过筛慢,软材经反复搓、拌,制成的颗粒的硬度较大,尼龙筛网易断。

（2）镀锌铁丝筛网

镀锌铁丝筛网可用于较黏的软材制颗粒,但易有金属屑(断的铁丝)带入颗粒,还可能影响某些药物的稳定性。可在设备的关键位置加装磁铁吸附断的铁丝,效果也不错。

（3）不锈钢筛网

质量好的纯的不锈钢筛网制粒效果较好,但易有断的不锈钢丝带入颗粒,且不能用磁铁吸附。

（4）板块筛网

板块筛网可解决有金属屑带入颗粒的问题,但价格贵、制粒速度慢。

2)湿法制粒机

（1）摇摆式颗粒机

摇摆式颗粒机是一种将潮湿粉末状混合物,在旋转滚筒的正、反旋转作用下,强制性通过筛网而制成颗粒的专用设备。

①基本结构:摇摆式颗粒机主要由动力部分、制粒部分和机座构成。动力部分包括电动机、皮带传动装置、涡轮蜗杆减速器、齿轮齿条传动结构等。制粒部分由加料斗(由长方体不锈钢制造)、六角滚筒、筛网及管夹等组成。具体结构图如图8.5所示。

②工作原理:以强制挤出型为机理。电动机通过传动系统使滚筒作左右往复摆动,滚筒为六角滚筒,在其上固定有若干截面为梯形的"刮刀"。借助滚筒正反方向旋转时刮刀对湿物料的挤压与剪切作用,将其物料经不同目数的筛网挤出成粒。

③特点:摇摆式颗粒机是目前国内医药生产中最常用的制粒设备。具有结构简单、操作方便、装拆和清理方便等特点。适用于湿法制粒、干法制粒,并适用于整粒。

（2）高速混合制粒机

高速混合制粒机是在同一封闭容器内完成,干混-湿混-制粒,工艺缩减。高速混合制粒机主要由容器、搅拌桨、切割刀、搅拌电机、制粒电机、电器控制器和机架等组成(图8.6)。它的工作原理是将粉体物料与粘合剂置圆筒形容器中,由底部混合浆充分混合成湿润软材,再由侧

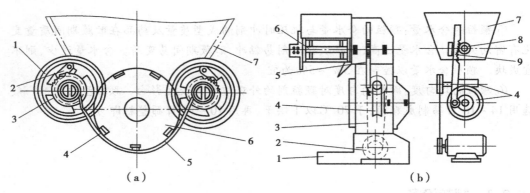

图 8.5　摇摆式制粒机

(a)摇摆式制粒机的工作原理;(b)摇摆式制粒机制整机结构

1—手柄;2—棘爪;3—夹管;4—七角滚轮;　　1—底座;2—电动机;3—传动皮带;4—涡轮蜗杆;

5—筛网;6—软材;7—料斗　　　　　　　　　5—齿条;6—七角滚轮;7—料斗;8—转轴齿轮;9—挡块

置的高速粉碎桨将其切割成均匀的湿颗粒。

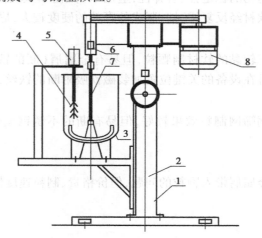

图 8.6　高速混合制粒机试验装置

1—试验台;2—升降平台;3—筒体;4—制粒桨;

5—串激电机;6—扭矩传感器;7—搅拌桨;8—调速电机

(3)挤压式制粒机

挤压式制粒机制作的颗粒是通过螺杆及网板硬性挤压出来的(图8.7),因此颗粒形状规则、质地紧密细粉少,不易吸湿,产品的保存期长,特别适用于食品制作颗粒状冲剂等产品。

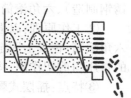

图 8.7　螺旋挤压制粒机

3)干法制粒设备——干法辊压式制粒机

干法辊式压制粒机是利用物料中的结晶水,直接将粉料制成颗粒的新设备。不需要水或乙醇等润湿剂,不需要二次加热干燥,工序少,工效高,成本低。

工作原理是将药物与辅料的粉末混合均匀后压成大片状或板状,然后再粉碎成所需大小的颗粒的方法。该法不加入任何粘合剂,靠压缩力的作用使粒子间产生结合力。特点是不需干燥的过程,适用于热敏性物料、遇水易分解的药物。

4)自动颗粒包装机

自动包装机主要用于食品、医药、化工等行业和植物种子的物料自动包装。物料可以是颗粒、片剂、液体、粉剂、膏体等形态。自动包装机具有自动完成计量、充料、制袋、封合、切断、输送、打印生产批号、增加易切口、无料示警、搅拌等功能。其主要特点包括:

①有与物料接触的器件均选用不锈钢和无毒耐腐蚀塑料制成,符合各种包装要求。

②现无级调整包装速度和袋长。包装速度和袋长在规定范围内无级调整,不需要更换零件,简单方便。

③采用光电检测、稳定可靠。

④可根据不同袋材,按照预定温度,采用双路热封,良好的热平衡能保证封口的质量美观。

⑤操作简单,维修方便;结构简单,外形美观,价格适中。

⑥质量轻,搬运方便。

⑦性能优良,使用寿命长。

任务8.3 颗粒剂的生产

8.3.1 颗粒剂生产的工艺流程

颗粒剂的制备工艺与片剂的制备工艺相似,但不需要压成药片,而是将制得的颗粒直接装入容器中,具体操作如图8.8所示。

8.3.2 颗粒剂制备的操作要点

1)制软材

将药物与适当的稀释剂混合,必要时加入崩解剂充分混匀,加入适量的水或其他粘合剂制软材。粘合剂和润湿剂的用量以能制成适宜软材的最少量为原则,使制得的软材干湿适宜,根据经验以"手握成团,轻压即散"为准。

药物加辅料,经充分混合,加入适量的水、醇或粘合剂制成软材;化学药物加稀释剂和崩解剂,经充分混合,加粘合剂或润湿剂制成软材;中药材经浸出、浓缩制成稠膏,测相对密度,加入辅料,制成软材。

2)制湿颗粒

制得的软材以适宜的方式通过适宜的筛(10~14目),制成均匀的颗粒。常用的制粒法有小量生产和大量生产。小量生产,用手压或搓过筛网;大量生产,用制粒机,分湿法制粒和干法制粒。

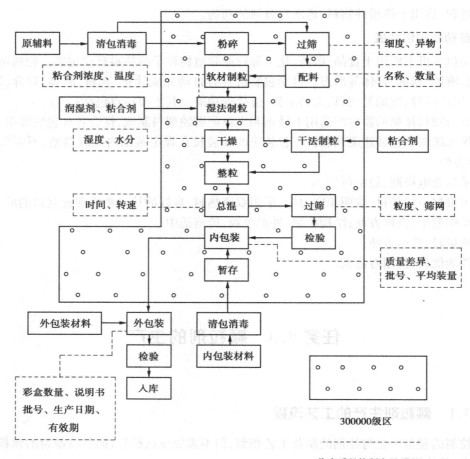

图 8.8 颗粒剂工艺流程图及环境区域的划分

3)湿颗粒的干燥

除流化床(或喷雾制粒法)制得的颗粒已被干燥外,用其他方法制得的湿颗粒应及时干燥,避免粘结成块、团。干燥温度为常压 60~90 ℃,温度逐渐升高。干燥时应定时翻动,不应堆积太厚。

(1)湿颗粒的干燥过程

湿颗粒的干燥是指水分从湿物料内部借扩散作用达到表面,使物料表面受热气化、蒸发。表面水分蒸发后,内部水分通过颗粒内部的湿度差向表面扩散,继续在表面蒸发,以达到干燥的目的。

(2)湿颗粒在干燥过程中应注意的问题

①湿颗粒应尽快干燥,否则,易造成湿颗粒变形,结块或变质。

②以稀醇制粒并易水解的药物,更应尽快干燥。因放久后醇挥发、水分相应增高,使药物水解加速。

③严格控制颗粒的干燥速度。干燥速度取决于外界条件及颗粒内部液体向表面扩散的难易。外界条件有空气的湿度、温度、流动情况及物料的分散程度。

④干燥过程中温度应逐渐升高,否则颗粒表面干燥后结成一层硬膜,而影响内部水分的蒸发。

⑤如颗粒中含有糖粉和淀粉,温度突然升高可使糖熔化、淀粉糊化影响片剂的崩解。

4)整粒与分级

在干燥过程中,某些颗粒可能发生粘连,甚至结块,因此,要对干燥的颗粒给予适当整理,以使结块、粘连的颗粒散开,获得一定粒度的均匀颗粒。在包装前筛去过粗(一号药筛)或过细(五号药筛)的颗粒的过程称为整粒。

5)质量检查与分剂量

将制得的颗粒进行质量检查,按剂量装入适宜袋中。颗粒剂应选用质地较厚的塑料薄膜袋或铝塑包装。颗粒剂常用薄膜包衣,达到稳定、缓控释、肠溶的目的。颗粒剂贮存应注意均匀性,防止多组分颗粒的分层和吸潮。

6)包装

颗粒剂中因含有浸膏或少量蔗糖,极易吸潮溶化,故应密封包装和干燥贮藏。用复合铝塑袋分装,不易透湿、透气,贮存期内一般不会出现吸潮软化现象。

一般采用自动颗粒包装机进行分装。应选用不易透气、透湿的包装材料,如复合铝塑袋、铝箔袋或不透气的塑料瓶等,并应干燥贮藏。

8.3.3　酒溶性颗粒剂制备

酒溶性颗粒剂加入白酒后即溶解成为澄清的药酒,可代替药酒服用。

1)要求

处方中药材的有效成分应易溶于稀乙醇中。提取时所用溶剂为乙醇,但其含醇量应与欲饮白酒的含醇量相同,方能使颗粒剂溶于白酒后保持澄明。一般以60度左右的白酒计算。所加赋形剂应能溶于欲饮白酒中,通常加糖或其他可溶性物质或兼有矫味物质。每包颗粒剂的量,一般以能冲泡成药酒 0.25 ~ 0.5 kg 为宜,由病人根据规定用量饮用。

2)制法

提取采用渗漉法、浸渍法或回流法等方法,以 60% 左右乙醇为溶剂(或欲饮白酒的含醇度数),提取液回收乙醇后,浓缩至稠膏状备用。制粒、干燥、整粒及包装等同水溶性颗粒剂。

8.3.4　泡腾颗粒剂制备

泡腾颗粒剂由药物与泡腾崩解剂制成,遇水产生二氧化碳气体,使药液产生气泡呈泡腾状态的颗粒剂。由于酸、碱中和反应产生二氧化碳,使颗粒快速崩散,具速溶性。同时,二氧化碳溶于水后呈酸性,能刺激味蕾,因而可达到矫味的作用,若再配以芳香剂和甜味剂等,可得到碳酸饮料的风味。常用作泡腾崩解剂的有机酸有枸橼酸、酒石酸等,弱碱有碳酸氢钠、碳酸钠等。一般不宜采用一种酸,单用枸橼酸黏性太大,制粒困难,单用酒石酸硬度不够,颗粒易碎。两种酸的比例可以变动,只要它们总量达到中和碳酸氢钠放出二氧化碳即可。

知识链接

典型泡腾颗粒剂的制备

泡腾颗粒剂是利用有机酸与弱碱遇水作用产生二氧化碳气体,使药液产生气泡呈泡腾状态的一种颗粒剂。由于酸与碱中和反应,产生二氧化碳,使颗粒疏松,崩裂,具速溶性同时,二氧化碳溶于水后呈酸性,能刺激味蕾,因而可达到矫味的作用,若再配有甜味剂和芳香剂,可以得到碳酸饮料的风味。常用的有机酸有枸橼酸、酒石酸等,弱碱有碳酸氢钠、碳酸钠等。

其制法为:

①将处方药料按水溶性颗粒剂提取、精制得稠膏或干浸膏粉,分成两份:一份中加入有机酸及其他适量辅料制成酸性颗粒,干燥备用;另一份中加入弱碱及其他适量辅料制成碱性颗粒,干燥备用。再将两种颗粒混合均匀,整粒,包装即得。酸碱应分别加入,应注意控制干燥颗粒水分,以免服用前酸碱发生反应。

②将泡腾物料碳酸氢钠与枸橼酸(或酒石酸),各与糖粉及稠浸膏分别制成两种颗粒,干燥,再将两种颗粒混合均匀,整粒,分装。也可以将部分糖粉与碳酸氢钠混匀,用蒸馏水喷雾制粒,挤压过 12 目筛,70 ℃左右干燥,整粒。

③将剩余糖粉与稠膏混匀,制软材,挤压过 12 目筛制颗粒,70 ℃左右干燥、整粒。再将以上两项颗粒合并,喷入香精,加入枸橼酸混匀,过 12 目筛 3～4 次后,分装于塑料袋内。必须注意控制干颗粒的水分,以免在服前酸与碱已发生反应。

8.3.5 块状冲剂的制备

块状冲剂的制法有两种:一是模压法,一是机压法。两法均是将中药提取物或药材粉与糖粉或其他辅料,充分混匀,制成颗粒。模压法用模具将颗粒(控制一定含水量)压制成块,干燥即得。而机压法为干颗粒中加水溶性润滑剂后,采用压力较大的花篮式单冲压块机冲压成块制得。

任务 8.4 颗粒剂质量检查方法

除另有规定外,颗粒剂应进行以下相应检查。

8.4.1 外观

颗粒剂应干燥、均匀、色泽一致,无吸潮、软化、结块、潮解等现象。

8.4.2　粒度

除另有规定外,照粒度和粒度分布测定法[附录Ⅸ E 第二法(2)]检查,不能通过一号筛(2 000 μm)与能通过五号筛(180 μm)的总和不得超过供试量的15%。

8.4.3　干燥失重

除另有规定外,照干燥失重测定法(附录Ⅷ L)测定,于105 ℃干燥至恒重,含糖颗粒应在80 ℃减压干燥,减失质量不得过2.0%。

8.4.4　溶化性

除另有规定外,可溶颗粒和泡腾颗粒照下述方法检查,溶化性应符合规定。可溶颗粒检查法取供试品 10 g,加热水 200 mL,搅拌 5 min,可溶颗粒应全部溶化或轻微浑浊,但不得有异物。泡腾颗粒检查法取单剂量包装的泡腾颗粒 3 袋,分别置盛有 200 mL 水的烧杯中,水温为 15～25 ℃,应迅速产生气体而成泡腾状,5 min 内 3 袋颗粒均应完全分散或溶解在水中。混悬颗粒或已规定检查溶出度或释放度的颗粒剂,可不进行溶化性检查。

8.4.5　装量差异

单剂量包装的颗粒剂按下述方法检查,应符合规定。

检查法取供试品 10 袋(瓶),除去包装,分别精密称定每袋(瓶)内容物的质量,求出每袋(瓶)内容物的装量与平均装量。每袋(瓶)装量与平均装量相比较[凡无含量测定的颗粒剂,每袋(瓶)装量应与标示装量比较],超出装量差异限度的颗粒剂不得多于 2 袋(瓶),并不得有 1 袋(瓶)超出装量差异限度 1 倍,颗粒剂装量差异限度见表8.1。

表 8.1　颗粒剂装量差异限度表

标示装量(平均装量)	装量差异限度
1.0 g/1.0 g 以上	±10%
1.0 g/1.5 g 以上	±8%
1.5 g/6.0 g 以上	±7%
6.0 g 以上	±5%

凡规定检查含量均匀度的颗粒剂,一般不再进行装量差异的检查。

8.4.6　装量

多剂量包装的颗粒剂,照最低装量检查法检查,应符合规定。

实例解析 1　抗感颗粒

【处方】金银花 210 g　赤芍 210 g　绵马贯众 70 g。

【分析】①阿司匹林为主药,淀粉为稀释剂兼有内加崩解剂的作用,淀粉浆为粘合剂,干淀粉为外加崩解剂,滑石粉为润滑剂。②枸橼酸能增加阿司匹林的溶解度。

【制法】①将阿司匹林及淀粉混合均匀,加入 10% 淀粉浆(含枸橼酸)制成软材。②用 14 目尼龙筛网制粒,60 ~ 70 ℃通风干燥。③干燥好的颗粒,12 目筛整粒,并加入干淀粉、滑石粉混匀。④压片,包肠溶衣,分装,即得。

实例解析 2　维生素 C 颗粒剂

【处方】维生素 C 1.0 g　糊精 10.0 g　糖粉 9.0 g　酒石酸 0.1 g　50%乙醇(体积分数)适量　制成 10 包。

【分析】①处方中维生素 C 为主药,酒石酸为泡腾崩解剂,蔗糖粉为粘合剂,氯化钠、糖精钠、香精为矫味剂,PEG-6000 为水溶性润滑剂。②泡腾片处方设计中也可以用碳酸氢钾、碳酸钙等代替碳酸氢钠,以适应某些不宜多食钠的患者。

【制法】①取维生素 C、酒石酸分别过 100 目筛,混匀。②以 95% 乙醇和适量色素溶液制成软材,过 14 目筛制湿粒,于 50 ~ 55 ℃干燥,备用。③另取碳酸氢钠、蔗糖粉、氯化钠、糖精钠和色糖浆适量制成软材,过 12 目筛,于 50 ~ 55 ℃干燥。④将上述干颗粒混合,16 目筛整粒,加适量香精的醇溶液,密闭片刻,加适量 PEG-6000 混匀,压片。

综合测试

一、单项选择题

1. 颗粒剂由于药物吸湿后又逐渐干燥并最终失效,原因是(　　)。

　　A. 溶解度的改变　　B. 潮解　　　　　　C. 液化　　　　　　D. 结块

2. 药典规定颗粒剂的水分含量不得超过(　　)。

　　A. 3.0%　　　　　　B. 5.0%　　　　　　C. 9.0%　　　　　　D. 12.0%

3. 颗粒剂质量检查不包括(　　)。

　　A. 干燥失重　　　　B. 粒度　　　　　　C. 溶化性　　　　　D. 热原检查

4. 敏感药物的干燥方法是(　　)。

　　A. 一步制粒法　　　B. 沸腾干燥　　　　C. 冷冻干燥　　　　D. 干法制粒

5. 可简化制粒步骤的方法(　　)。

　　A. 一步制粒法　　　B. 沸腾干燥　　　　C. 冷冻干燥　　　　D. 喷雾制粒

6. 颗粒粗细相差悬殊或颗粒流动性差时会产生(　　)。

　　A. 裂片　　　　　　B. 松片　　　　　　C. 粘冲　　　　　　D. 色斑

　　E. 片重差异超限

7. 湿法制粒的工艺流程为(　　　　)。

　　A. 原辅料→粉碎→混合→制软材→制粒→整粒→压片

　　B. 原辅料→混合→粉碎→制软材→制粒→整粒→干燥→压片

　　C. 原辅料→粉碎→混合→制软材→制粒→干燥→压片

　　D. 原辅料→粉碎→混合→制软材→制粒→干燥→整粒→压片

　　E. 原辅料→粉碎→混合→制软材→制粒→干燥→压片

8. 一步制粒机可完成的工序是(　　　　)。

　　A. 粉碎、混合、制粒、干燥　　　　　　B. 混合、制粒、干燥

　　C. 过筛、制粒、混合、干燥　　　　　　D. 过筛、制粒、混合

　　E. 制粒、混合、干燥

9. 制粒的方法有(　　　　)。

　　A. 湿法制粒　　　　　B. 干法制粒　　　　　C. 喷雾制粒　　　　　D. 以上均对

10. 挤压制粒工艺包括(　　　　)。

　　A. 混合　　　　　B. 制软材　　　　　C. 过筛　　　　　D. 以上均对

11. 颗粒制备的过程中,整粒时粗粒和筛出的细粉在生产中称为(　　　　)。

　　A. 粗粉　　　　　B. 粉末　　　　　C. 粉头　　　　　D. 以上均对

12. 制备颗粒时,软材的要求为(　　　　)。

　　A. 握之成团,按之即散　　　　　　B. 握之成团,按之不散

　　C. 握之不成团　　　　　　　　　　D. 以上说法均不对

13. 关于湿颗粒干燥的叙述,错误的是(　　　　)。

　　A. 温度要逐渐升高　　　　　　　　B. 湿颗粒不宜堆积过厚

　　C. 温度应适宜　　　　　　　　　　D. 温度要达到 100 ℃

14. 制备软材时,软材在搅拌器中的表现应为(　　　　)。

　　A. 成团块状　　　　　　　　　　　B. 细粉尚未粘合

　　C. 翻滚成浪　　　　　　　　　　　D. 细粉少且紧贴颗粒

15. 制备颗粒时,常用的粘合剂不包括(　　　　)。

　　A. 胶浆　　　　　B. 淀粉浆　　　　　C. 糖浆　　　　　D. 乙醇

16. 湿颗粒的干燥温度,一般为(　　　　)℃。

　　A. 30 ~ 80　　　　　B. 30 ~ 60　　　　　C. 50 ~ 60　　　　　D. 60 ~ 100

17. 制备软材时(　　　　)。

　　A. 混合时的强度越大,硬度越小　　　B. 混合时间越长,硬度越大

　　C. 混合时间越长,硬度越小　　　　　D. 粘合剂用量越多,硬度越小

二、多项选择题

1. 颗粒剂根据在水中的溶解情况,可认为(　　　　)。

　　A. 易溶性颗粒剂　　　　　　　　　　B. 可溶性颗粒剂

　　C. 混悬性颗粒剂　　　　　　　　　　D. 泡腾性颗粒剂

2. 与散剂相比,颗粒剂的优点在于(　　　　)。

　　A. 聚集性、吸湿性小,有利于分剂量　　B. 服用更方便

　　C. 可进一步制成缓释制剂　　　　　　D. 易于混合,不易分层

3.《中国药典》规定颗粒剂检测的项目有(　　　)。

    A.干燥失重　　　　　B.粒度　　　　　C.含量测定　　　　　D.装量差异

4.关于颗粒剂粒度要求的叙述,不正确的是(　　　)。

    A.不能通过一号筛和能通过四号筛的颗粒和粉末总和,不得超过15%

    B.不能通过一号筛和能通过四号筛的颗粒和粉末总和,不得超过10%

    C.不能通过一号筛和能通过五号筛的颗粒和粉末总和,不得超过10%

    D.不能通过一号筛和能通过五号筛的颗粒和粉末总和,不得超过15%

5.以下对颗粒剂表述正确的是(　　　)。

    A.飞散性和附着性较小　　　　　　　B.吸湿性和聚集性较小

    C.颗粒剂可包衣或制成缓释制剂　　　D.颗粒剂的含水量不得超过3%

6.平均装置1.0 g及1.0 g以下颗粒的装量差异限度不是(　　　)。

    A.±15%　　　　　　B.±10%　　　　　C.±8%　　　　　D.±7%

7.有关颗粒剂叙述正确的是(　　　)。

    A.颗粒剂是将药物与适宜的辅料配合而制成的颗粒状制剂

    B.颗粒机一般可分为可溶性颗粒剂、混悬型颗粒剂

    C.若粒径在105～500 μm范围内,又称为细粒剂

    D.应用携带比较方便

    E.颗粒剂可以直接吞服,也可以冲入水中引入

8.含有枸橼酸和碳酸氢钠的颗粒剂,不属于(　　　)。

    A.酒溶性颗粒剂　　　　　　　　　　B.水溶性颗粒剂

    C.混悬性颗粒剂　　　　　　　　　　D.泡腾性颗粒剂

三、简答题

1.圆形振动筛为什么可同时进行粗粉、中粉、细粉的分离?

2.摇摆式制粒机应如何进行制粒操作?

3.采用摇摆式颗粒机制湿颗粒时,筛网安装的松紧程度对颗粒质量有什么影响?

4.湿法制粒常用的制粒方法有哪几种? 各有何应用特点?

5.解释一步制粒机的工作原理及易生产中出现的问题及解决办法。

技能训练 8.1　颗粒剂生产

【实训目的】

①通过实习掌握颗粒剂制备的基本工艺过程。

②熟悉颗粒剂质量检查和包装。

【实训原理】

    颗粒剂是指与适宜的辅料所制成的干燥颗粒状剂型。颗粒剂生产过程主要为:药物粉碎
→过筛→制备颗粒→干燥→质量检查→分装→包装→储存。

【实训材料】

天平、粉碎机、振荡筛、制粒机、封口机、包装机等。

【实训内容】

复方维生素 B 颗粒剂的制备

（1）处方

盐酸硫胺 1.20 g　苯甲酸钠 4.0 g　核黄素 0.24 g　枸橼酸 2.0 g　盐酸吡多辛 0.36 g　橙皮酊 20 mL　烟酰胺 1.20 g　蔗糖粉 986 g　混旋泛酸钙 0.24 g。

（2）制法

将核黄素加蔗糖混合粉碎 3 次,过 80 目筛;将盐酸吡多辛、混旋泛酸钙、橙皮酊、枸橼酸溶于纯化水中作润湿剂;另将盐酸硫胺、烟酰胺等与上述稀释的核黄素拌和均匀后制粒,60 ~65 ℃ 干燥,整粒,分级即得。

①粉碎:按要求粉碎成相应目的粉末。

②配料:按处方用量分锅进行配料,配料时按品种称量,不得交叉称量,计算、称量进行双人复核。

③制备软材:将配好的药物放入湿法制粒机搅拌,在搅拌时加入溶剂制成适宜的软材,软材要求"握之成团、捏之即散"。

④制湿颗粒:将软材投入摇摆式颗粒机制湿颗粒,湿颗粒要求松散均匀,没有结块,制颗粒随时检查筛网有无穿漏。

⑤干燥:先把处方量淀粉放入烘箱中,设定温度 100 ~ 105 ℃ 干燥,控制水分在 5% ~ 8%;待湿颗粒制好后把湿颗粒放入烘盘上,设烘箱 60 ℃ 干燥。

⑥整粒总混:干颗粒用筛网整颗粒;所得颗粒与其他附加剂混合。混合后装入洁净的转桶中,双人复核称量,粘贴标签入中间站,及时填写生产记录。

⑦颗粒剂常规质量检查:

a.粒度:不能通过一号筛和能通过四号筛的粒度和粉末总和,不得超过 8.0%。

b.水分:含水分不得超过 5.0%。

c.溶化性:取颗粒剂 10 g,加入热水 200 mL,搅拌 5 min,应全部溶化,不得有焦屑等异物。

d.装量:单剂量包装的颗粒剂的最低装量,应符合装量规定。

⑧生产结束后,按清场规程进行清场工作。

【操作注意事项】

①处方中核黄素带有黄色,须与辅料充分混匀;加入枸橼酸使颗粒呈弱酸性,以增加主药的稳定性。

②颗粒的含水量与机压时冲剂的成型质量及药品在贮藏期间质量变化有密切关系。含水量过高,生产块状冲剂易粘冲,贮存间易变质。含水量过少,则不宜成块。颗粒含水量以控制在 3% ~5% 为宜。

③颗粒的烘干温度与时间:颗粒干燥温度应逐渐升高,否则颗粒的表面干燥后不仅会结成一层硬膜而影响内部水分的蒸发,而且颗粒中的糖粉因骤遇高温能熔化,使颗粒变坚硬而影响崩解。干燥温度一般控制在 60 ~70 ℃ 为宜。

④颗粒均匀度对颗粒剂的外观质量有较大影响。颗粒型的冲剂一般选用 14 ~18 目筛制成颗粒,于 70 ℃ 以下烘干,再用 10 ~12 目筛整粒即可。

项目 9   胶囊剂生产

📖 **项目描述**

　　胶囊剂是固体制剂的一个剂型,是目前临床应用最广泛的药用制剂之一。该项目主要介绍胶囊剂的概念、特点、分类;硬、软胶囊剂的生产工艺流程、优点、质量检查内容、主要生产设备,胶囊剂质量检查要点及胶囊剂岗位操作规范。

📖 **学习目标**

　　了解胶囊剂的概念、特点、种类;掌握胶囊剂的制备工艺(软、硬胶囊);了解胶囊剂的生产管理要点和生产质量控制要点。

任务 9.1   认识胶囊剂

9.1.1   胶囊剂的概念及特点

　　胶囊剂(Capsules)是指药物或加有辅料充填于空心胶囊或密封于软质囊材中的固体制剂,主要供口服用。胶囊剂的特点是可掩盖药物等内容物不适的苦味、腥味及臭味等异味,改变令人或令部分人难以服用等的问题,并使其整洁、美观、容易吞服;相对用药剂量准确,精确度较高,可以达到毫克/粒计量;药物的生物利用度高,相对而言,胶囊剂与片剂、丸剂不同,制备时不需要加粘合剂和压力,又基本属于溶解或细微粉分散于内容物中,一旦崩解就一同释放,所以呈效迅速,比丸剂、片剂明显快并吸收要好;药物的生物利用度高的原因,达到相同药效所需要的血液浓度,软胶囊的单位用药量就相对可以减少而达到与相同目的的片剂等的疗效。如消炎痛胶囊剂与片剂分别一次口服 100 mg,6 例服胶囊剂者,平均在 1.5 h 血中浓度达到高峰为 6 g/mL;另 6 例服片剂者,平均在 2.5 h 血中浓度才达到高峰,且只有 3.5 μg/mL。一般胶囊的崩解时间是 30 min 以内,片剂、丸剂是 1 h 以内;提高药物稳定性。如对光敏感的药物,遇湿热不稳定的药物,容易氧化等的药物,由于其相对封闭成囊,所以可制备成添加遮光剂的软胶囊,防护药物受湿和空气中氧、光线的作用,从而提高其稳定性;能弥补其他固体剂型的不足。如含油量高因而不易制成丸、片剂的药物,可制成软胶囊剂;如将牡荆油和卵磷脂等可以制成软胶囊剂。又如服用剂量小,难溶于水,消化道内不易吸收的药物,可使其溶于适当的油中,再制成软胶囊剂,不仅增加了消化道的吸收,提高了疗效,并且稳定性较好,用要量准确;可定时定位释放药物。如需在肠道中显效者,可制成肠溶性胶囊。也可制成直肠用胶囊供直肠给药;可以做成软胶囊的内容物非常广泛,适用性大。软胶囊的用途很广,如口服药品软胶囊、栓剂类用药品软胶囊、外用保健类软胶囊、保健食品软胶囊、一般食品软胶囊、化妆品软胶囊、生活洗浴软胶囊、清香类生活用品软胶囊、彩弹玩具类软胶囊、调味品软胶囊等;携带轻巧,使用方便;但是,软胶囊也有局限性,凡药物等内容物是水溶液或稀乙醇溶液等,均不宜填充于胶囊中,因易使胶囊溶化,易溶性药物和刺激性较强的药物,均不宜制成胶囊剂,因胶囊剂在胃中溶化时,由于局部浓度过高而刺激胃黏膜。风化药物可使胶囊软化,潮解药物可使胶囊过分干燥而变脆,都不宜作胶囊剂。

9.1.2 胶囊剂的分类

1)硬胶囊(通称为胶囊)

硬胶囊是指采用适宜的制剂技术,将药物或加适宜辅料制成粉末、颗粒、小片或小丸等充填于空心胶囊中的胶囊剂。中药硬胶囊是指将提取物、提取物加饮片细粉或饮片细粉或与适宜辅料制成的均匀粉末、细小颗粒、小丸、半固体或液体等,填充于空心胶囊中的胶囊剂。化药硬胶囊是指采用适宜的制剂技术,将药物或加适宜辅料制成粉末、颗粒、小片、小丸、半固体或液体等,填充于空心胶囊中的胶囊剂。

我国目前药用硬胶囊有 4 种类别,共分为 6 个型号:0、1、2、3、4、5。常用型号是 0,1,2,3 号 4 种(表9.1)。品种有透明、不透明及半透明 3 种。颜色有粉红、红、绿、黄、蓝两节不同的带色胶囊。质量可分为优等品、一等品及合格品 3 个等级。空胶囊壳上还可用食用油墨印字。

表9.1 空胶囊号数及对应的容积

空胶囊号数	0	1	2	3	4	5
容积/mL	0.75	0.55	0.40	0.30	0.25	0.15

现有两种新型硬质胶囊:

①双环胶囊:囊体有排气孔和逐渐变细的边缘,能保证高速填充时的流畅,先预锁合再紧密锁合。

②旋锁胶囊:新充填方式,在新型充填机上先完成旋紧后再锁合,其密封度高,适宜液体充填。

2)软胶囊

软胶囊(胶丸)是将一定量的液体药物直接包封,或将固体药物溶解或分散在适宜的赋形剂中制备成溶液、混悬液、乳状液或半固体,密封于球形或椭圆形的软质囊材中的胶囊剂。将油类或对明胶等囊材无溶解作用的液体药物或混悬液封闭于软胶囊内而制成的胶囊剂,又称胶丸剂。用压制法制成的,中间往往有压缝,称为有缝胶丸;用滴制法制成的,呈圆球形而无缝,称为无缝胶丸。软胶囊剂服用方便,起效迅速,服用量少,适用于多种病症,如藿香正气软胶囊等。

3)缓释胶囊

缓释胶囊是指在水中或规定的释放介质中缓慢地非恒速释放药物的胶囊剂。

4)控释胶囊

控释胶囊是指在水中或规定的释放介质中缓慢地恒速或接近恒速释放药物的胶囊剂。

5)肠溶胶囊

肠溶胶囊是指硬胶囊或软胶囊,是用适宜的肠溶材料制备而成,或用经肠溶材料包衣的颗粒或小丸充填胶囊,它在胃液中不溶解,仅在肠液中崩解溶化而释放出活性成分,达到一种肠溶的效果,故而称为肠溶胶囊剂。

知识链接

胶囊剂在生产与贮藏期间应符合下列有关规定

①胶囊剂内容物不论其活性成分或辅料,均不应造成胶囊壳的变质。

②小剂量药物,应先用适宜的稀释剂稀释,并混合均匀。

③胶囊剂应整洁,不得有黏结、变形或破裂现象,并应无异臭。

④除另有规定外,胶囊剂应密封贮存,其存放环境温度不高于30 ℃,防止发霉、变质,并应符合微生物限度检查要求。

任务9.2　硬胶囊剂的生产

9.2.1　硬胶囊剂的制备工艺流程

硬胶囊剂的制备工艺流程是:制备空囊→药物和辅料混合→胶囊的填充与套合→整理→包装→质检→成品。更具体的工艺流程图如图9.1所示。

1)空胶囊的制备

空心胶囊的规格从小到大分为:5、4、3、2、1、0、00、000号共8种,随着号数由大到小,容积由小到大。比较常用的胶囊规格是0~5号。空胶囊的制备大体经过:溶胶→蘸胶→干燥→拔壳→截割→整理等工序。硬胶囊剂中除药物外,常用的辅料还有稀释剂如淀粉、蔗糖、微晶纤维素、乳糖、氧化镁等。往空胶囊中填充药物,小量制备时可手工操作;当制备量较多时,可借助于塑料或不锈钢胶囊填充器填充;工业上大量生产胶囊剂则使用自动胶囊填充机。

(1)原料

明胶是制备囊材的主要原料,明胶又有A、B两大类,也就是酸性和碱性明胶。明胶的来源不同硬度也不同,配合使用较为合理。除了明胶以外,制备囊材时还应添加适当的辅料,以

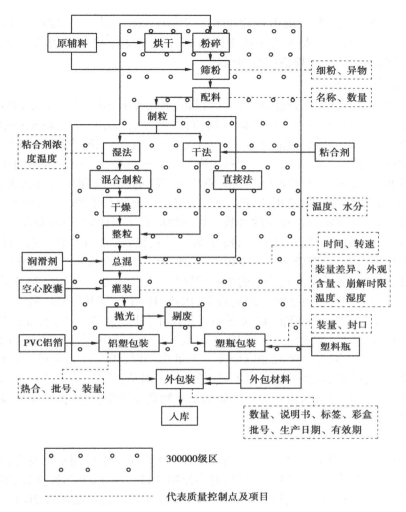

图9.1　硬质胶囊制备工艺流程图

保证其质量。辅料有：

①增塑剂：如甘油可增加胶囊的韧性及弹性，羧甲基纤维素钠可增加明胶液的黏度及其可塑性。

②增稠剂：如琼脂可增加胶液的凝结力。

③遮光剂：如2%～3%的二氧化钛，可防止光对药物的氧化。

④着色剂：如柠檬黄、胭脂红等，可增加美观，易于识别。

⑤防腐剂：如尼泊金类，可防止胶液在制备胶囊的过程中发生霉变。

⑥芳香性矫味剂：如0.1%的乙基香草醛，可调整胶囊剂的口感。

（2）空胶囊制作

空胶囊的制作过程可分为溶胶、蘸胶制坯、干燥、拔壳、截割及整理6道工序，多由自动化生产线完成。按照国家的生产标准，将空心胶囊划分为3个等级，即优等品（指机制空胶囊）、一等品（指适用于机装的空胶囊）、合格品（指仅适用于手工填充的空胶囊）。并对胶囊的外观和理化性状，以及菌检标准都作了相应的规定。

空胶囊的制备工艺：空胶囊是由囊体和囊帽两部分组成，其制备流程为：溶胶、蘸胶（制坯)、干燥、拔壳、切割、整理,一般由自动化生产线完成,生产环境洁净度应达 10 000 级,温度 10 ~25 ℃,相对湿度 35% ~45% 为了便于识别,空胶囊壳上还可用食用油墨印字。空胶囊的规格与质量:空胶囊的质量与规格均有明确规定。

（3）填充物料的制备

若纯药物粉碎至适宜粒度就能满足硬胶囊剂的填充要求,即可直接填充,但多数药物由于流动性差等方面的原因,需加入一定的稀释剂、润滑剂等辅料才能满足填充(或临床用药)的要求。一般可加入蔗糖、乳糖、微晶纤维素、改性淀粉、二氧化硅、硬脂酸镁、滑石粉、HPC 等改善物料的流动性或避免分层,也可加入辅料制成颗粒后进行填充。胶囊规格的选择与套合、封口:应根据药物的填充量选择空胶囊的规格,首先按药物的规定剂量所占容积来选择最小空胶囊,可根据经验试装后决定,但常用的方法是先测定待填充物料的堆密度,然后根据应装剂量计算该物料的容积,以决定应选胶囊的号数。将药物填充于囊体后,即可套合胶囊帽。目前多使用锁口式胶囊,密闭性良好,不必封口;使用非锁口式胶囊(平口套合)时需封口,封口材料常用不同浓度的明胶液,如明胶 20%、水 40%、乙醇 40% 的混合液等。硬胶囊中填充的物品,除特殊规定外,一般均要求是混合均匀的细粉或颗粒。填充方法一般小量制备时,可用手工填充法。先将固体药物的粉末置于纸或玻璃板上,用药刀铺上一层并轻轻压紧,厚度为下节胶囊高度的 1/4 ~1/3,然后持下节胶囊,口向下插入粉层中,使药物嵌入囊内,如此压装数次至胶囊被填满,然后称取质量,如质量达标,即将上节胶囊套上。在填装过程中所施加的压力应均匀,使每一胶囊计量准确,并应随时加以校准。大量生产时,用自动填充机。定量粉末在填充时经常发生小剂量的损失而使胶囊含量不足,故在加工时应按实际需要的剂量多准备几份,待全部填充于胶囊后再将多余的粉末去除。如果填充物是浸膏粉,应该保持干燥,添加适当的辅料,混合均匀后再填充。

（4）胶囊的封口

封口是一道很重要的工序,有平口和锁口两种。生产中一般使用平口胶囊,待物料填充后再进行封口,以防止其内容物的泄漏。但目前多使用锁口式胶囊,密闭性良好,不必封口;使用平口时需封口,封口材料常用与制备空胶囊浓度相同的明胶液,比如明胶 20%、水 40%、乙醇 40% 的混合液等。胶囊在填充过程中囊壳外壁可能会吸附或粘结少许药粉,必要时应进行除粉或者抛光。

（5）整理与包装

填充后的硬胶囊剂表面往往黏有少量药物或者辅料粉末,应予以清洁。可用喷有少许液体石蜡的纱布轻轻搓使之光亮,然后用铝塑包装机包装或者装入适宜的容器中。

2）硬胶囊剂的特点

外观光洁,美观,可掩盖原料不适当的苦味及臭味,使消费者易于接受;功能因子的生物利用度高,辅料用量少。在制备过程中可以不加粘合剂、不加压,因此在胃肠道中崩解快,一般服后 3 ~10 min 即可崩解释放功能物质,与丸剂和片剂相比,硬胶囊显效快、吸收好;稳定性好。例如维生素宜装入不透光的硬胶囊中,便于保存;可延长释放保健功能物质。先将原料制成颗粒状,然后用不同释放速度的材料包衣,按比例混匀,装入空胶囊中即可达到延效的目的。凡药物易溶解囊材、易风化、对胃黏膜刺激性强者,不宜制成胶囊剂。

3）制作硬胶囊剂的药物要求

硬胶囊的填充物都以固体药物为主,但并不是所有的固体药物都适合制成胶囊剂,必须根据囊壳材料的理化性质决定。若内容物是高度风化或易潮解的药物,会因风化释放结晶水使囊壳变软;或因吸湿性强药物,可使囊壳干燥变脆,这些都不宜制成硬胶囊剂。

4)硬胶囊剂的质量要求

除遵守《中国药典》(2015版)的通则外,应增加卫生学检查。胶囊剂在制备过程中受微生物污染的机会很多,如空囊壳在运输和存放过程中,在制作填充的整个过程中,内、外包装材料等都会污染微生物。中药全粉制成胶囊剂污染更严重,处理不当,常在存放过程中就出现内容物成絮或条状。故应增加内容物不得检出活螨和螨卵,大肠杆菌数不得超过1 000个/g,霉菌总数不得超过100个/g等卫生学检查内容。

此外,硬胶囊剂的包装亦应予以重视,必须存放在密闭不通气的容器内,最好以铝塑包装为佳。

9.2.2 硬胶囊生产工艺设备

1)硬胶囊充填机分类

全自动胶囊充填机按其工作台运动形式分为间歇运转式和连续回转式。

2)充填方法

(1)粉末及颗粒的充填

①冲程法:冲程法填充主要依据药物的密度与容积和剂量的关系,通过调节充填机速度,变更推进螺杆的导程,来增减充填时的压力,以控制分装质量及差异,具体如图9.2所示。半自动充填机多采用此法进行填充,该方法适应性强,一般粉末及颗粒均适用。

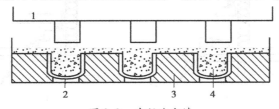

图9.2 冲程法充填
1—充填装置;2—囊体;3—囊体盘;4—药粉

②填塞式定量法(模板定量装置):药粉从锥形储料斗通过搅拌输送器直接进入计量粉斗。计量粉斗里有多组孔眼,组成定量杯。填塞杆经多次将落入杯中药粉夯实。最后一组将已达到定量要求的药粉充入胶囊体,具体如图9.3所示。

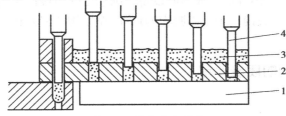

图9.3 填塞式定量法
1—计量盘;2—定量杯;3—药粉或颗粒;4—填塞杆

填塞式定量法优点是装量准确,误差可在±2%。特别对流动性差和易黏的药物,调节压力和升降充填高度可调节充填质量。

③间歇插管式定量:空心计量管插入药粉斗,管内的冲塞将药粉压紧,计量管离开粉面,旋转180°,冲塞下降将管内药料压入胶囊体中。具体如图9.4所示。间歇插管式定量特点:药粉斗中药粉高度可调,计量管中冲杆的冲程也可调,这样可无级调整充填质量。对流动性好的药物,其误差可较小。间歇式操作,由于在生产过程中要单独调整各计量管,因而比较耗时。

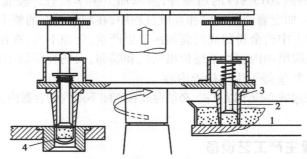

图9.4 间歇插管式定量原理
1—药粉斗;2—冲杆;3—计量管;4—囊体

（2）固体药物的充填

从流动性来看,圆形最好排列,一般不填素片。为保证其顺利充填,对糖衣片和糖衣药丸的半径与长度之比以1.08和1.05为宜。固体药物的充填主要是采用滑块定量法,具体如图9.5所示。

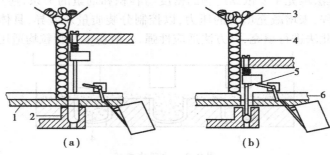

图9.5 滑块定量法
（a）计量;（b）充填
1—底板;2—囊体板;3—料斗;4—溜道;5—加料器;6—滑块

（3）液体药物的充填

国内尚无此设备生产,国外已有成熟的设备。国家已列为科技攻关项目,不久将能实现对膏类及油剂药物的充填。关键在于空心胶囊的特性、充填物的配方和充填机的液体定量泵。

9.2.3 硬胶囊剂的质量评定

（1）外观要求

胶囊剂应整洁,不得有粘结、变形或破裂现象,并应无异臭。

（2）装量差异限度

平均装量（g）0.30以下,0.30或0.30以上。装量差异限度（%）为±10,±7.5。除另有规定外,取胶囊20粒,分别精密称定质量,倾出内容物（不得损失囊壳）,用小刷刷净,再分别称定囊壳质量,求出每粒的装量与平均装量。每粒的装量与平均装量相比较,超出装量差异限度的胶囊不得多于 2 粒,并不得有一粒超出限度的 1 倍。

（3）崩解时限

取硬胶囊 6 粒,照片剂崩解时限项下的方法（软胶囊剂或漂浮在水面的硬胶囊剂可加挡板）检查,各粒均应在 30 min 内全部崩解通过筛网（囊壳碎片除外）。如有 1 粒不能全部通过筛网,应另取 6 粒复试。

（4）主药含量

通常取胶囊 10 粒,依法测定每粒平均含量。

任务 9.3　软胶囊剂的生产

软胶囊是继片、针剂后发展起来的一种新剂型,系将油状药物、药物溶液或药物混悬液、糊状物甚至药物粉末定量压注并包封于胶膜内,形成大小、形状各异的密封胶囊,可用滴制法或压制法制备。软胶囊囊材是用明胶、甘油、增塑剂、防腐剂、遮光剂、色素和其他适宜的药用材料制成。其大小与形态有多种,有球形（0.15 ~ 0.3 mL）、椭圆形（0.10 ~ 0.5 mL）、长方形（0.3 ~ 0.8 mL）及筒形（0.4 ~ 4.5 mL）等,可根据临床需要制成内服或外用的不同品种,胶囊壳的弹性大,故又称弹性胶囊剂或称胶丸剂。软胶囊的主要特点有整洁美观、容易吞服、可掩盖药物的不适恶臭气味;装量均匀准确,溶液装量精度可达±1%,尤适合装药效强、过量后副作用大的药物,如甾体激素口服避孕药等;软胶囊完全密封,其厚度可防氧进入,故对挥发性药物或遇空气容易变质的药物可以提高其稳定性,并使药物具有更长的存储期;适合难以压片或贮存中会变形的低熔点固体药物;可提高药物的生物利用度;可做成肠溶性软胶囊及缓释制剂;若是油状药物,还可省去吸收、固化等技术处理,可有效避免油状药物从吸收辅料中渗出,故软胶囊是油性药物最适宜的剂型;此外,低熔点药物、生物利用度差的疏水性药物、不良苦味及臭味的药物、微量活性药物及遇光、湿、热不稳定及易氧化的药物也适合制成软胶囊。

9.3.1　软胶囊的制法

1）配料

药物本身是油类的,只需加入适量抑菌剂,或再添加一定数量的玉米油（或 PEG-400）,混匀即得。药物若是固态,首先将其粉碎过 100 ~ 200 目筛,再与玉米油混合,经胶体磨研匀,或用低速搅拌加玻璃砂研匀,使药物以极细腻的质点形式均匀的悬浮于玉米油中。软胶囊大多填充药物的非水溶液,若要添加与水相混溶的液体如聚乙二醇、吐温 80 等时,因注意其吸水性,因胶囊壳水分会迅速向内容物转移,而使胶壳的弹性降低。在长期储存中,酸性内容物也会对明胶水解造成泄漏,碱性液体能使胶壳溶解度降低,因而内容物的 pH 值应控制在 2.5 ~ 7.0 为宜。醛类药物会使明胶固化而影响溶出;遇水不稳定的药物应采用何种保护措施等,均应在内容物的配方时考虑。

2）化胶

软胶囊壳与硬胶囊壳相似，主要含明胶、阿拉伯胶、增塑剂、防腐剂（如山梨酸钾、尼泊金等）、遮光剂和色素等成分，其中明胶：甘油：水以 $1:(0.3～0.4):(0.7～1.4)$ 的比例为宜，根据生产需要，按上述比例，将以上物料加入夹层罐中搅拌，蒸汽夹层加热，使其溶化，保温 $1～2\ h$，静置待泡沫上浮后，保温过滤，成为胶浆备用。

3）滴制或压制

软胶囊的制法有两种：滴制法和压制法。

采用滴制机生产软胶囊剂，将油料加入料斗中；明胶浆加入胶浆斗中，并保持一定温度；盛软胶囊器中放入冷却液（必须安全无害，和明胶不相混溶，一般为液体石蜡、植物油、硅油等），根据每一胶丸内含药量多少，调节好出料口和出胶口，胶浆、油料先后以不同的速度从同心管出口滴出，明胶在外层，药液从中心管滴出，明胶浆先滴到液体石蜡上面并展开，油料立即滴在刚刚展开的明胶表面上，由于重力加速度的道理，胶皮继续下降，使胶皮完全封口，油料便被包裹在胶皮里面，再加上表面张力作用，使胶皮成为圆球形，由于温度不断地下降，逐渐凝固成软胶囊，将制得的胶丸在室温（20～30 ℃）冷风干燥，再经石油醚洗涤两次，再经过 95% 乙醇洗涤后于 30～35 ℃ 烘干，直至水分合格后为止，即得软胶囊。制备过程中必须控制药液、明胶和冷却液三者的密度以保证胶囊有一定的沉降速度，同时有足够的时间冷却。滴制法设备简单，投资少，生产过程中几乎不产生废胶，产品成本低。

软胶囊制备常采用压制机生产，将明胶与甘油、水等溶解制成胶板会胶带，再将药物置于两块胶板之间，调节好出胶皮的厚度和均匀度，用钢模压制而成。连续生产采用自动旋转扎囊机，两条机器自动制成的胶带向相反方向移动，到达旋转模前，一部分已加压结合，此时药液从填充泵中经导管进入胶带间，旋转进入凹槽，后胶带全部轧压结合，将多余胶带切割即可，制出的胶丸，先冷却固定，再用乙醇洗涤去油，干燥即得。压制法产量大，自动化程度高，成品率也较高，计量准确，适合于工业化大生产，其具体工艺过程如图 9.6 所示。

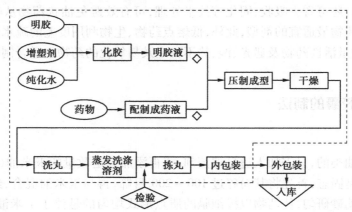

图 9.6　压制法生产软胶囊工艺流程图（虚线框内代表 30 万级或以上洁净生产区域）

4）检查与包装

检查剔除废品即可包装，包装方法及容器与片剂相同。

9.3.2　质量要求

软胶囊的质量要求与硬胶囊相同。因各种原因,软胶囊本身存在着一些稳定性问题,如贮存期内的崩解不合格、胶囊内发生迁移等,但可通过调整增塑剂、改善工艺过程等方法加以解决。

9.3.3　主要生产设备

1)压制法进口设备

转辊式软胶囊生产线速度:1.5~6 r/min,结构为 AISI304 不锈钢,产品接触部件为 AISI316 不锈钢,带微润滑系统、清洁泵,无交叉污染,符合当前 GMP 要求,产品灌装精度可达 ±1%,生产效率达99%,实行计算机控制,另外配备转鼓干燥笼、托盘、带加热温控的胶料及药料罐、对转式熔胶罐、废胶回收系统等辅助设备。相应的检测设备和仪器有 LEICA 远程摄像、胶囊目测质检系统、胶囊硬度检测仪、旋转黏度仪等。还可配置全自动胶囊分拣机、软胶囊印字机等。

2)全自动无缝软胶囊机

全自动无缝软胶囊机的工作原理及结构特点是由供料、供胶、脉冲切割、石蜡油循环、制冷、电控等系统组成,该机装量准确、生产率高,自动化程度高。主要技术参数为胶丸装量:20~500 mg;生产能力:7 200~43 200 丸/h。

3)滴制法生产设备

全套软胶囊设备,包括双滴头软胶囊机、滚筒干燥机、冷冻机、烊胶桶、揩丸机等全套设备。

9.3.4　软胶囊印字

在软胶囊上可将商标、图文等借助于食用色膏(俗称油墨)印刷在表面,可提高防伪功能和识别效果,增加对患者的亲和力,提高市场竞争力。软胶囊印字机体积小、轻便、噪声低、字形清晰、操作简单、安全可靠、符合 GMP 要求,适用胶囊:椭圆形、球形、异形软胶囊。

9.3.5　生产工艺环节要求

软胶囊在生产工艺环节要求为:
①软胶囊工艺室:温度 22~24 ℃,相对湿度 20%。
②软胶囊干燥室:温度 22~24 ℃,相对湿度 20%。
③软胶囊检测室:温度 22~24 ℃,相对湿度 35%。

9.3.6　软胶囊的现状

目前,软胶囊制剂在国外发展很快,世界上年产量超过 600 亿粒,品种多达 3 600 余种。

美国是世界最大的软胶囊生产国,其次为德国、英国。全世界的软胶囊剂销售额达 3 亿美元,其中滋补营养品占 70%。我国在 20 世纪 70 年代前期采用模压法生产,但设备落后、产品质量差,后来引进了转模式软胶囊机,质量有所提高。40 年来国内软胶囊剂发展很快,有很多厂家开发出了软胶囊,如天津天士力的复方丹参软胶囊、东盛盖天力的四季三黄软胶囊、藿香正气软胶囊(国内包括石家庄神威、北京同仁堂、天津中药制药厂、广州中药一厂等数家生产)、天津中央药业的麻仁软胶囊、上海华大的长生银杏软胶囊等中药产品,还有华北制药集团的维灵深海鱼油软胶囊、鱼油磷脂软胶囊等保健品,以及众多的化妆品等。

9.3.7　国内中药软胶囊的研究与开发

1) 中药软胶囊的研究占主导

国内软胶囊的生产最初只是鱼肝油、维生素 A、维生素 D、亚油酸等几个西药品种,存在品种单一、生产重复的弊端。至 20 世纪 90 年代相继开发了藿香正气软胶囊等中药产品,使中药软胶囊的研究形成趋势。中药软胶囊与西药不同,西药成分单一,大多为油状药物或疏水性药粉,易于制成油溶液,比较容易囊化;而中药处方复杂,出膏率大,吸水性强,内容物制备较为复杂。因此,中药软胶囊内容物现多制成混悬液或糊状物,这就要求内容物不仅要均匀稳定,而且还要有良好的流动性,同时对生产设备要求也高。

2) 制备研究

目前有两种制备方法:一是由浸膏直接制备。浸膏与油难以直接混合,可采用乳化法制得较细腻的乳剂。在制备过程中浸膏水分不能过高,否则易造成胶囊渗漏。药物量小时可将易于研成细粉的药物加入浸膏中,降低水分,提高硬度。如复方丹参胶丸就是将三七研成细粉加入到丹参浸膏中制备成囊的。另一种方法是由干膏粉制备。如利鼻软胶囊是将水提液浓缩制成干浸膏粉,与菜油按 1∶1 的比例混匀后投料。

3) 辅料选择

中药软胶囊常出现内容物形状不均匀、易分层等缺点,造成装量不准确。因此,基质中除选用植物油外,还必须加入适宜的润湿剂和助悬剂。润湿剂一般为表面活性剂,如吐温、司盘等;助悬剂可选用能增加分散介质的固体物质,如蜂蜡、单硬脂酸铝、乙基纤维素等。

4) 胶皮质量

在胶皮质量改进方面,多沿用明胶、水、甘油三者配制,胶皮老化变硬问题日渐突出,严重影响中药软胶囊的体外崩解和体内的生物利用度。软胶囊与其他剂型相比具有生物利用度高、密封性好、含量准确、外形美观的特点,是一种很有发展前途的剂型。但是,中药软胶囊目前还只停留于制备性研究,其制剂的稳定性、生物利用度及基础性研究几乎空白。国内"软胶囊热"的兴起,在制备理论、制剂技术、制造机械等方面都有待研究和发展,这对解决我国软胶囊品种少(仅占世界量的 1%)、产量低(占世界量的 6%)的现状,以及对软胶囊多剂型开发、提高质量均有积极意义。

任务 9.4　胶囊剂质量检查

9.4.1　胶囊剂质量检查要点

（1）形状

胶囊外形大小、是否特异规格，软胶囊常为球形、橄榄形等形状。应无瘪粒、变形、膨胀等现象，胶囊壳应不脆化，软胶囊无破裂漏油现象。有的假药胶囊壳较脆，易碎。硬胶囊接口咬合情况应良好，无明显不配套现象，软胶囊接口应平滑，形体应则。

（2）色泽

颜色应均匀，无色斑、褪色、变色现象。胶囊壳内应无杂质。是否属双色、是否透明。

（3）内容物

粉末细度、颗粒直径应均匀，软胶囊内容物的黏度、色泽应正常。各带色成分颗粒颜色分布应均匀。晶形大小、发亮程度及所呈颜色。应具有该药特有气味，应无杂质、无异臭。

溶解情况、溶解后的颜色、沉淀情况。如地奥心血康胶囊的鉴别：取两粒胶囊的内容物，加水 10 mL 使溶解，置具塞试管中，强力振摇 1 min，产生持久性泡沫（药典鉴别方法）。

胶囊内不应装得过满或过少、质量与标示装量应相符。是否易燃、是否易炭化、燃烧时的气味。粉末手捻时的手感。口尝时应有该药特有的味道，软胶囊无酸败味。

（4）胶囊印字

颜色应均匀、一致；字体字形字号、图形有无特征。如假康泰克胶囊的印字不清晰、掉色；其他霉变、染螨、软化、粘连、漏粉、硬化、沙眼、虫蛀等。

9.4.2　胶囊剂的质量检查

胶囊剂的质量检查应符合《中国药典》（2015 版）四部通则项下胶囊剂的检测要求。

（1）外观

胶囊外观应整洁，不得有粘结、变形或破裂等现象，并应无异臭。硬胶囊剂的内容物应干燥、松紧适度、混合均匀。

（2）水分

硬胶囊剂内容物的水分，除另有规定外，不得超过 9.0%。

（3）装量差异

取供试品 20 粒，分别精密称定质量，倾出内容物（不得损失囊壳），硬胶囊剂囊壳用小刷或其他适宜的用具拭净（软胶囊剂囊壳用乙醚等溶剂洗净，置通风干燥处使溶剂挥散尽），再分别精密称定囊壳质量，求出每粒胶囊内容物的装量与 20 粒的平均装量。每粒装量与平均装量相比较，超出装量差异限度的不得多于 2 粒，并不得有一粒超出限度 1 倍，胶囊剂的装量差异见表 9.2。

表9.2 胶囊剂的装量差异

平均装量	装量差异限度
0.3 g 以下	±10%
0.3 g 或 0.3 g 以上	±7.5%

（4）崩解度与溶出度

胶囊剂作为一种固体制剂，通常应作崩解度、溶出度或释放度检查，除另有规定外，应符合规定，胶囊剂的崩解度见表9.3。凡规定检查溶出度或释放度的胶囊不再检查崩解度。

表9.3 胶囊剂的崩解度

胶囊剂	崩解时限
硬胶囊剂	30 min
软胶囊剂	60 min
肠溶胶囊剂	人工胃液中2 h不得有裂缝或崩解，人工肠液中1 h内应全部崩解

实例解析1 盐酸克林霉素胶囊

【处方】盐酸克林霉素1 500 g 干淀粉510 g 微粉硅胶90 g 硬脂酸镁47 g 共制成胶囊10 000粒。阿司匹林300 g 淀粉40 g 枸橼酸15 g 干淀粉70 g 淀粉浆（10%）适量 滑石粉10 g 共制成1 000片（每片含主药0.3 g）。

【分析】①盐酸克林霉素为主药。②干淀粉为稀释剂兼有内加崩解剂的作用。③淀粉浆为粘合剂，微粉硅胶为助流剂，硬脂酸镁为润滑剂。

【制法】①处方中原料按纯品投入。②原料过40目筛，淀粉（干）、微粉硅胶、硬脂酸镁过100目筛，备用。③处理后的物料投入三维高效混合机中混合。④按测出含量计算填充装量，全自动胶囊充填机填入2#蓝白空心胶囊，打光。⑤检查合格后，包装即得。

实例解析2 硝苯地平软胶囊

【处方】硝苯地平5 g PEG-400为200 g 二氧化钛适量 制成1 000个胶囊（每个内含主药5 mg）。

【分析】①处方中硝苯地平为主药，硝苯地平在植物油中不溶，故选PEG-400为溶剂。②本品不稳定，操作时需避光，二氧化钛为遮光剂。

【制法】①将硝苯地平与1/8量PEG-400的混合并用胶体磨粉碎，然后加入余量的PEG-400混溶，即得透明的淡黄色药液。②另配明胶液（明胶液100份、甘油55份、纯化水120份、二氧化钛1.5份）备用。③在室温（23±2）℃，相对湿度40%的条件下，于自动旋转轧囊机上用明胶液包药液成囊，且在室温（28±2）℃、相对湿度40%将此胶囊干燥即得。

 综合测试

一、单项选择题

1. 常用的软胶囊囊壳的组成为（　　　）。
   A. 明胶、甘油、水　　　　　　　　B. 淀粉、甘油、水
   C. 可压性淀粉、丙二醇、水　　　　D. 明胶、甘油、乙醇
   E. 聚乙二醇、水

2. 宜制成软胶囊剂的是（　　　）。
   A. O/W 乳剂　　　　　　　　　　　B. 硫酸锌
   C. 维生素 E　　　　　　　　　　　D. 药物的稀乙醇溶液
   E. 药物的水溶液

3. 制备空胶囊时加入的山梨醇是（　　　）。
   A. 成型材料　　　B. 增塑剂　　　C. 胶冻剂　　　D. 溶剂　　　E. 保湿剂

4. 下列是软胶囊剂的制备方法，除（　　　）以外。
   A. 滴制法　　　B. 凝聚法　　　C. 钢板模法　　　D. 旋转模压法

5. 可以制成胶囊剂的是（　　　）。
   A. 硫酸镁　　　B. 复方樟脑酊　　　C. 亚油酸　　　D. 水合氯醛　　　E. 以上都是

6. 将药物装于空硬质胶囊中制成的制剂称为（　　　）。
   A. 栓剂　　　B. 胶囊剂　　　C. 丸剂　　　D. 颗粒剂

7. 胶囊剂的外包装要求在（　　　）下进行。
   A. 一般生产区　　　　　　　　　　B. 10 000 级洁净区
   C. 10 万级洁净区　　　　　　　　　D. 30 万级洁净区

8. 市售硬胶囊有八种规格，最小号是（　　　）。
   A. 5　　　　　　B. 4　　　　　　C. 3　　　　　　D. 2

9. 不符合硬胶囊剂质量要求的是（　　　）。
   A. 外观整洁　　　B. 变形　　　C. 无异味　　　D. 无破裂

10. 胶囊剂囊材的主要成分是（　　　）。
    A. 水　　　　　　B. 乙醇　　　　　　C. 甘油　　　　　　D. 明胶

11. 胶囊剂在贮藏时，其存放环境的温度不得高于（　　　）℃。
    A. 20　　　　B. 30　　　　C. 40　　　　D. 50

12. 宜制成胶囊剂的药物是（　　　）。
    A. 易溶性药物　　　B. 吸湿性药物　　　C. 风化性药物　　　D. 对光敏感的药物

13. 硬胶囊剂在包装前可用喷有液状石蜡的纱布包起滚搓，其目的是胶囊（　　　）。
    A. 含量符合要求　　　　　　　　　B. 药物与辅料混合均匀
    C. 提高药物的稳定性　　　　　　　D. 光亮

14. 以下可作为软胶囊内容物的是（　　　）。
    A. 药物的水溶液　　　　　　　　　B. 药物的油溶液
    C. 药物的水混悬液　　　　　　　　D. 药物的稀醇溶液

15. 胶囊填充岗位生产环境相对湿度要求为(　　　)。

    A. 20%～25%　　　B. 25%～35%　　　C. 30%～35%　　　D. 35%～45%

16. 胶囊剂中使用的填充剂有(　　　)。

    A. 硬脂酸　　　　　B. 滑石粉　　　　　C. 淀粉　　　　　　D. 以上均对

二、多项选择题

1. 软胶囊剂常用的制备方法有(　　　)。

    A. 滴制法　　　　　B. 熔融法　　　　C. 压制法　　　　D. 乳化法　　　E. 热塑法

2. 哪些性质的药物一般不宜制成胶囊剂?(　　　)

    A. 药物是水溶液　　　　　　　　　B. 药物油溶液

    C. 药物稀乙醇溶液　　　　　　　　D. 风化性药物

    E. 吸湿性很强的药物

3. 下列关于胶囊剂特点的叙述,正确的是(　　　)。

    A. 药物的水溶液与稀醇溶液不宜制成胶囊剂

    B. 易溶且刺激性较强的药物,可制成胶囊剂

    C. 有特殊气味的药物可制成胶囊剂掩盖其气味

    D. 易风化与潮解的药物不宜制成胶囊剂

    E. 吸湿性药物制成胶囊剂可防止遇湿潮解

4. 空胶囊的叙述正确的是(　　　)。

    A 空胶囊有8种规格,体积最大的是5号胶囊

    B. 空胶囊容积最小者为0.13 mL

    C. 空胶囊容积最大者为1.42 mL

    D. 制备空胶囊含水量应控制在12%～15%

    E. 应按药物剂量所占体积来选用最小的胶囊

5. 软胶囊填充物若为混悬液可以选用的混悬介质是(　　　)。

    A. 醛类物质　　　　B. 胺类物质　　　C. 植物油　　　D. 丙酮　　　E. 聚乙二醇

6. 关于胶囊剂崩解时限要求正确的是(　　　)。

    A. 硬胶囊应在30 min内崩解

    B. 硬胶囊应在60 min内崩解

    C. 软胶囊应在30 min内崩解

    D. 软胶囊应在60 min内崩解

    E. 肠溶胶囊在盐酸溶液中2 h不崩解,但允许有细小的裂缝出现

7. 易潮解的药物可使胶囊壳(　　　)。

    A. 变软　　　　B. 易破裂　　　C. 干燥变脆　　　D. 相互粘连　　E. 变色

8. 下列关于软胶囊剂的叙述,正确的是 (　　　)。

    A. 软胶囊又名"胶丸"　　　　　　B. 可以采用滴制法制备有缝胶囊

    C. 可以采用压制法制备得无缝胶囊　D. 囊材中增塑剂用量不可过高,否则囊壁过软

    E. 一般明胶、增塑剂、水的比例为(1.0∶0.4)～(0.6∶1.0)

9. 下列(　　　)不宜作为胶囊剂的填充物。

    A. 易溶于水的药物　　　　　　　　B. 药物的油溶液

C. 酊剂　　　　　　　　　　　　D. 有不良口感的药物

E. 易风化的药物

10. 制备硬胶囊壳需要加入(　　)附加剂。

A. 助悬剂　　　　B. 增塑剂　　　　C. 遮光剂　　　　D. 增稠剂　　　　E. 防腐剂

11. 胶囊剂操作环境中,理想的操作条件应包括(　　)。

A. 温度 20~30 ℃　　　　　　　　B. 温度 20 ℃ 以下

C. 温度 30~40 ℃　　　　　　　　D. 相对湿度 30%~45%

E. 相对湿度 40%~60%

三、简答题

1. 胶囊剂有何特点? 可分为哪几个种类?

2. 简述哪些药物不适宜制成胶囊剂。

3. 简述硬、软胶囊剂的制备工艺流程。

4. 硬胶囊填充机有哪几种类型?

5. 胶囊剂质量检查要点有哪些?

技能训练 9.1　硬胶囊剂的生产

【实训目的】

①掌握硬胶囊剂的制备过程及手工填充硬胶囊的方法。

②能进行硬胶囊剂的装量差异检查。

【实验原理】

胶囊剂是指药物或加有辅料充填于空心胶囊或密封于软质囊材中制成的固体制剂。主要供口服用,也可用于直肠、阴道等。空胶囊的主要材料为明胶,也可用甲基纤维素、海藻酸盐类、聚乙烯醇、变性明胶及其他高分子化合物,以改变胶囊的溶解性或达到肠溶的目的。根据胶囊剂的硬度与溶解和释放特性,胶囊剂可分为硬胶囊与软胶囊、肠溶胶囊和缓释胶囊。硬胶囊剂的一般制备工艺流程为:

(1)空胶囊与内容物准备

空胶囊分上下两节,分别称为囊帽与囊体。空胶囊根据有无颜色,分为无色透明、有色透明与不透明 3 种类型;根据锁扣类型,分为普通型与锁口型两类;根据大小,分为 000、00、0、1、2、3、4、5 号 8 种规格,其中 000 号最大,5 号最小。

内容物可根据药物性质和临床需要制备成不同形式的内容物,主要有粉末、颗粒和微丸 3 种形式。

(2)充填空胶囊

大量生产可用全自动胶囊充填机充填药物,填充好的药物使用胶囊抛光机清除吸附在胶囊外壁上的细粉,使胶囊光洁。

小量试制可用胶囊充填板或手工充填药物,充填好的胶囊用洁净的纱布包起,轻轻搓滚,使胶囊光亮。

（3）质量检查

充填的胶囊进行含量测定、崩解时限、装量差异、水分、微生物限度等项目的检查。胶囊剂的装量差异检查方法：取供试品 20 粒，分别精密称定质量后，倾出内容物，硬胶囊用小刷或其他适宜的用具拭净；再分别精密称定囊壳质量，求出每粒内容物的装量与平均装量。按规定，超出装量差异限度的不得多于 2 粒，并不得有 1 粒超出限度 1 倍。

胶囊剂装量差异限度见表 9.2。

（4）包装及贴标签

质量检查合格后，定量分装于适当的洁净容器中，加贴符合要求的标签。

【材料和仪器】

（1）材料

药物粉末、液状石蜡。

（2）仪器

空胶囊、白纸或玻璃板、天平、洁净的纱布、刀、指套、称量纸、药匙、废物缸、酒精棉球。

【实验内容】

1）硬胶囊填充

利用散剂实验中的痱子粉，选择适当规格的空胶囊，练习硬胶囊填充。

（1）手工操作法

①操作步骤：将药物粉末置于白纸或洁净的玻璃板上，用药匙铺平并压紧。厚度约为胶囊体高度的 1/4 或 1/3，手持胶囊体，口垂直向下插入药物粉末，使药粉压入胶囊内，同法操作数次，至胶囊被填满，使其达到规定的质量后，套上胶囊帽。

②注意事项：填充过程中所施压力应均匀，还应随时称重，以使每粒胶囊的装量准确。为使填充好的胶囊剂外形美观、光亮，可用喷有少许液状石蜡的洁净纱布轻轻滚搓，擦去胶囊剂外面黏附的药粉。

（2）板装法

操作步骤：将胶囊体插入胶囊板中，将药粉置于胶囊板上。轻轻敲动胶囊板，使药粉落入胶囊壳中，至全部胶囊壳中都装满药粉后，套上胶囊帽。

2）装量差异检查

①操作步骤：先将 20 粒胶囊分别精密称定质量。再将内容物完全倾出，再分别精密称定囊壳质量。求出每粒内容物的装量与平均装量。将每粒装量与平均装量进行比较，超出装量差异限度的不得多于 2 粒，并不得有 1 粒超出装量差异限度的 1 倍，则装量差异检查合格。

②注意事项：倾出内容物时必须倒干净，以减小误差。

【实训指导】

（1）预习要求

①掌握充填空胶囊的方法。

②填充硬胶囊应注意的问题。

③参考实验讲义，列出实验的步骤及注意事项。

（2）胶囊剂的制备通则

①将药物加适宜的辅料如稀释剂、助流剂、崩解剂等制成均匀的粉末、颗粒或小片，将粉

末、普通小丸、速释小丸、缓释小丸、控释小丸或肠溶小丸单独填充或混合后填充,必要时加入适量空白小丸作填充剂。

②小剂量药物,应先用适宜的稀释剂稀释,并混合均匀。

③胶囊剂应整洁、不得有黏结、变形、渗漏或囊壳破裂现象,并应无异臭。

④胶囊剂的溶出度、释放度、含量均匀度、微生物限度等应符合要求,必要时,内容物包衣的胶囊剂应检查残留溶剂。

⑤除另有规定外,胶囊剂应密封贮存,其存放环境温度不高于 30 ℃,湿度应适宜,防止受潮、发霉、变质。

⑥成品应进行质量检查,合格后选用洁净容器包装,并贴上标签。

【问题与讨论】

①胶囊剂的主要特点有哪些?

②填充硬胶囊剂时应注意有哪些问题?

③哪些药物不适于制成胶囊剂?

【实训评分表】

实训评分表见表9.4。

表9.4 实训评分表

测试项目	评分细则	分数	组评	他评	师评
实训准备	预习充分,材料准备充分	5			
手工填充胶囊	囊套分离、戴好指套后消毒玻璃板、刀、药匙	5			
	铺粉均匀、压紧一致、填粉规范	10			
	随时称重、擦亮上光	5			
板装法	囊套分离、戴好指套后消毒胶囊充填板、刀、药匙	5			
	填粉均匀、脱板顺利、擦亮上光	10			
	胶囊板使用正确	5			
装量差异检查	天平调零点、放称量纸(对折)	5			
	正确称取药物(胶囊)	5			
	内容物倾出完全	5			
	称取结束后天平恢复原状	5			
	计算正确	5			
	胶囊装量符合要求	10			
操作卫生	操作中桌面卫生	5			
实训态度	操作认真	5			
实训报告	内容完整真实、有实训体会	10			
总分		100			
实验得分					

项目 10 片剂生产

📖 **项目描述**

片剂是固体制剂的主要剂型,也是制药企业加工最多,实际生活中应用比较普遍的剂型,本项目主要介绍药厂片剂生产的工艺要求、生产流程、主要岗位的操作方法、关键设备的使用方法、产品质量检查的内容和检查方法,通过本项目的学习可满足药厂片剂的生产要求。

📖 **学习目标**

掌握片剂岗位群生产流程,岗位操作方法,压片机的使用方法。熟悉片剂质量检验的方法和标准。了解片剂的包装、贮存方法。能制备片剂,并能分析、解决压片过程中可能出现的问题;能正确操作压片机、包衣机、崩解仪等设备和仪器。

任务 10.1 认识片剂

10.1.1 片剂的概念及特点

片剂是指药物与适宜的辅料均匀混合,采用一定的制剂技术压制而成的圆片状或异形片状的固体制剂,常见的异型片有三角形、菱形和椭圆形。

片剂现已成为临床应用最广泛的剂型之一,可供内服和外用,并可通过特殊的制剂工艺制成缓释、控释等类型满足医疗的需要。

片剂是将药物颗粒(或粉末)加压而制得的一种密度较高、体积较小的固体制剂,便于机械化生产,产量高、成本低。其优点是质量稳定、分剂量准确、含量均匀;携带、使用方便;可适用于多种治疗用药的需要。片剂也有一定的缺点,如幼儿及昏迷病人不易吞服;贮存过程往往使片剂变硬,崩解时间延长;片剂制备要加入辅料并且经压缩成型,如辅料选用不当、压力不当或贮存不当,易出现溶出度和生物利用度相对较低等问题。

10.1.2　片剂的分类

片剂有多种分类方法,按制备、用法和作用的不同,主要分为下述 12 种。

(1)普通片

普通片指药物与辅料均匀混合经压制而成的片剂,又称压制片或素片。质量一般为 0.1 ~ 0.5 g。

(2)包衣片

包衣片是指在普通压制片外面包衣膜的片剂。按照包衣材料的不同,包衣片又可分为:

①薄膜衣:外包高分子薄膜衣材料的片剂,如银杏叶薄膜衣片。

②肠溶衣片:用肠溶性包衣材料进行包衣的片剂。为防止药物在胃内分解失效、对胃的刺激或控制药物在肠道内定位释放,可对片剂包肠溶衣,如阿司匹林肠溶衣片。

③糖衣片:指外包糖衣(主要包衣材料是蔗糖)的片剂,如强力 Vc 银翘片。

(3)口含片

口含片指含于口腔中,药物缓慢溶解产生持久局部作用的片剂。含片中的药物应是易溶性的,主要起局部消炎、杀菌、收敛、止痛或局部麻醉作用,如银黄含片。

(4)舌下片

舌下片指置于舌下能迅速溶化,药物经舌下黏膜吸收发挥全身作用的片剂。舌下片中的药物与辅料应是易溶性的,主要适用于急症的治疗,如硝酸甘油舌下片。

(5)口腔贴片

口腔贴片指粘贴于口腔,经黏膜吸收后起局部或全身作用的片剂。口腔贴片应进行溶出度或释放度检查,如甲硝唑口腔贴片。

(6)咀嚼片

咀嚼片指于口腔中咀嚼或吮服使片剂溶化后吞服,在胃肠道中发挥作用或经胃肠道吸收发挥全身作用的片剂,如 Vc 咀嚼片。

(7)泡腾片

泡腾片指含有碳酸氢钠和有机酸,遇水可产生气体而呈泡腾状的片剂。泡腾片中的药物应是易溶性的,加水产生气泡后应能溶解。有机酸一般用枸橼酸、酒石酸、富马酸等,如金银花泡腾片。

(8)分散片

分散片指在水中能迅速崩解并均匀分散的片剂。分散片可加水分散后口服,也可将分散片含于口中吮服或吞服,适用于难溶性药物。分散片应进行溶出度和分散均匀性检查,如罗红霉素分散片。

(9)多层片

多层片指由两层或多层组成的片剂。多层片各层含不同的药物,或各层的药物相同而辅料不同。这种片剂有利于避免配伍变化及制成长效制剂,如复方氨茶碱片。

(10)缓释片

缓释片指在水中或规定的释放介质中缓慢地非恒速释放药物的片剂。缓释片应符合缓释制剂的有关要求,并应进行释放度检查,如布洛芬缓释片。

(11)控释片

控释片指在水中或规定的释放介质中缓慢地恒速或接近恒速释放药物的片剂。控释片应符合控释制剂的有关要求,并应进行释放度检查,如硝苯地平控释片。

(12)其他用途的片剂

①可溶片:临用前能溶解于水的非包衣片或薄膜包衣片剂。可溶片应溶解于水中,溶液可呈轻微乳光。可供口服、外用、含漱等用,如复方硼砂漱口片。

②植入片:植入于人体内缓慢溶解的片剂,这种片剂只适用于剂量小并需要长期应用的药物,如长效避孕药。

③阴道片与阴道泡腾片:置于阴道内应用的片剂。阴道片和阴道泡腾片的形状应易置于阴道内,可借助器具将阴道片送入阴道。阴道片为普通片,在阴道内应易溶化、溶散或融化、崩解并释放药物,主要起局部消炎杀菌作用,也可给予性激素类药物,如甲硝唑泡腾片。

10.1.3　片剂的质量要求

各国药典对收载的片剂均有严格的质量规定。《中国药典》(2015版)附录"制剂通则"规定,为了保证和提高片剂的治疗效果,对片剂的一般的质量要求是:含量准确、质量差异小;有适宜的硬度,保证在贮藏、运输及携带中不破碎;崩解时限、溶出度或释放度符合要求;小剂量的药物或作用比较强烈的药物,含量均匀度应符合要求;外观光洁,色泽均匀;符合卫生学检查要求,在规定贮藏期内不变质等。

任务 10.2　片剂生产的辅料

一般情况下,片剂由两大类物质构成,一类是发挥治疗作用的物质,通常称为主药;另一类是没有生理活性,但能增加物料的流动性、可压性,使药物易于压片成型,并且质量优良的物质称为辅料,亦称赋形剂。

片剂的辅料一般包括填充剂、吸收剂、粘合剂、崩解剂及润滑剂等。辅料的选用直接影响片剂的制备和质量,应根据药物的性质、制备工艺、辅料的价格等因素综合考虑来确定。选择辅料的一般原则是:惰性(无活性、不影响药效、不干扰含量测定、无相互作用)物质、性能优良、价格低廉等。

 **知识链接**

片剂生产的三大要素

片剂是通过压片机冲模加压而制成的一种固体制剂,制备过程必须具备三大要素:

①物料的流动性:要求物料有一定的流动性,以保证药物定量地填充到模孔中去,以

减少片重差异并保证物料的均匀压缩。

②压缩成型性:应具有一定的粘合性便于压制成型,压缩后产生足够的内聚力而紧密聚结在一起,以防止裂片、松片等。同时具有一定的崩解性及硬度,使片剂在体内能顺利崩解释放药物发挥药效,又保证在贮存运输时的完整性。

③润滑性:下冲将片剂从模子中推出时阻力很大,容易造成黏冲或裂片等,加入润滑剂以减少片剂与模子壁间的摩擦力。具有一定的润滑性,使压制成的片剂外表光滑美观。

绝大多数的药物不能同时满足上述要求,为保证制剂生产的正常进行就需要用到辅料。

10.2.1 填充剂

填充剂是稀释剂和吸收剂的总称,其主要用途是增加片剂的质量和体积。

为了应用和生产方便,片剂的直径一般不小于 5 mm,片剂总重一般都大于 50 mg,所以当药物的剂量低于 50 mg 时,常需加入填充剂方能成型。当片剂的药物含有油性组分时,需加入吸收剂吸收油性物,使保持,"干燥"状态,以利于制成片剂。常用的填充剂有:

(1)淀粉

淀粉是较常用的片剂辅料。常用玉米淀粉,为白色细微粉末,性质非常稳定,与大多数药物不起作用,价格也比较便宜,吸湿性小、外观色泽好。淀粉的压缩成型性不好,常与可压性较好的糖粉、糊精混合使用。

(2)糖粉

结晶性蔗糖经低温干燥粉碎而成的白色粉末,粘合力强,可用来增加片剂的硬度,并使片剂的表面光滑美观;但吸湿性较强,长期贮存,会使片剂的硬度过大,崩解或溶出困难。除口含片或可溶性片剂外,一般不单独使用,常与糊精、淀粉配合使用。

(3)糊精

糊精是淀粉水解中间产物的总称,在冷水中溶解较慢,较易溶于热水,不溶于乙醇,可用作干燥粘合剂。用作稀释剂时,应注意其对片剂崩解的影响,用量应控制,当片剂需加入较多的稀释剂时,不宜单独使用糊精,而常用糊精、淀粉及蔗糖适宜比例的混合物,单独使用因具有较强的黏结性,使用不当会使片面出现麻点、水印或造成片剂崩解或溶出迟缓。

(4)乳糖

乳糖是由牛乳清种提取制得,为白色或类白色结晶性粉末。常用含有 1 分子水的结晶乳糖(即 α-含水乳糖),无吸湿性、可压性好、性质稳定,与大多数药物不起化学反应,压成的片剂光洁美观。由喷雾干燥法制得的乳糖为非结晶性乳糖,其流动性和可压性良好,可供粉末直接压片使用。

(5)微晶纤维素

微晶纤维素性质稳定,安全性好,在体内不吸收,有一定吸湿性,应贮于密闭容器中;压缩成型性很好,对药品有较大的容纳量,即可加入较大比例的药物而不致对其压缩成型性等产生不良影响;有较强的结合力,可作为粉末直接压片的干粘合剂使用兼有崩解作用。

（6）预胶化淀粉

预胶化淀粉是将淀粉部分或全部胶化的产物（全预胶化淀粉又称为 α-淀粉），为白色或类白色粉末,具有良好的流动性、压缩成型性,具有自身润滑性和崩解性,是性能优良的稀释剂,在生产中应用效果很好,可供粉末直接压片使用。

（7）甘露醇

甘露醇是白色粉末或可自由流动的细颗粒,无臭、具有甜味,在口中溶解时吸热,有凉爽感,一般用于制备咀嚼片和口腔用片剂,价格较贵,常与蔗糖配合使用。

（8）无机盐类

常用一些无机钙盐,如硫酸钙、磷酸氢钙及药用碳酸钙（由沉降法制得,又称为沉降碳酸钙）等。

①硫酸钙:常用二水化物或无水物,白色无味、无臭的细粉末,其性质稳定,稍有吸湿性,微溶于水,与多种药物均可配伍,但本品对维生素 D 的吸收有影响,与激素及四环素等药物有反应,不适于应用于上述药物的制剂;有较好的压缩成型性,制成的片剂外观光洁,硬度、崩解均好,对药物也无吸附作用。

②磷酸氢钙:白色无味、无臭的粉末或结晶状粉末,不溶于水。多用其二水化物,加热失水而成无水物;在相对湿度高时,有吸湿性。性质较稳定,可与很多药物配伍应用而不影响药物稳定性,但对四环素等的吸收有不良影响。

③沉降碳酸钙:白色、无臭的细粉末,自身稳定,有轻微的吸湿性,其压缩成型性很好,但本对酸性药物有配伍变化。

（9）油类吸收剂

常见的油类吸收剂有氧化镁、氢氧化铝、硫酸钙、磷酸氢钙等。

填充剂在使用过程中要注意吸湿性对制剂的影响,若填充剂使用量较大且容易吸湿,则既影响剂型的成型,又影响其分剂量,贮存期质量也难得到保证。在实际生产过程中,要根据制剂工艺的需要选择合适的填充剂。

10.2.2 润湿剂和粘合剂

润湿剂是本身无黏性,但可润湿片剂的原辅料并诱发其黏性,以利于其制成颗粒的液体。

1）常用的润湿剂

（1）纯化水

纯化水适用于对水稳定的物料,当原、辅料有一定黏性时,例如中药浸膏或已含具黏性物质的配方,加入水即可制成性能符合要求的颗粒。应用时由于物料往往对水的吸收较快,易发生湿润不均匀的现象,最好采用低浓度的淀粉浆或乙醇代替,以克服上述不足。

（2）乙醇

乙醇可用于遇水易分解的药物或遇水黏性太大的药物。当药物遇水能引起变质,或用水为润湿剂制成的软材太黏以致制粒困难,或制成的干颗粒太硬时,可选用适宜浓度的乙醇为润湿剂。醇的浓度要视原辅料的性质而定,一般为30% ~70%。

当原料本身无黏性或黏性不足时,需加入黏性物质以便于制粒,这些黏性物质称为粘合剂;粘合剂可以用其溶液,也可以用其细粉,即与片剂中药物及稀释剂等混匀,加入润湿剂诱发黏性。常用的润湿剂和粘合剂有以下若干种。

2)常用的粘合剂

(1)淀粉浆

淀粉浆是将淀粉混悬于冷水中,加热使糊化,或用少量冷水混悬后,再加沸水使糊化而制成。常用8% ~15%的浓度,并以10%淀粉浆最为常用;若物料可压性较差,可再适当提高淀粉浆的浓度到20%;也可根据需要适当降低淀粉浆的浓度,如氢氧化铝片即用5%淀粉浆作粘合剂。

淀粉浆具有良好的粘合作用,能均匀地润湿片剂的原料,不易出现局部过湿现象;在很多情况下制成的片剂的崩解性能好;本品对药物溶出的不良影响较少,但在一步制粒中应用较困难。

知识链接

淀粉浆的制备方法

淀粉浆的制法主要有煮浆和冲浆两种方法,都是利用了淀粉能够糊化的性质。糊化是指淀粉受热后形成均匀糊状物的现象。糊化后的淀粉黏度急剧增大,可作为片剂的粘合剂。玉米淀粉的糊化温度约70 ~75 ℃,制淀粉浆的温度及加热时间,对其黏度有影响。

①煮浆法:称取淀粉适量,向淀粉中徐徐加入全量冷水,搅匀后用蒸气加热并不断搅拌至糊状,放冷即得。这种淀粉浆中几乎所有淀粉粒都糊化,故黏性较强。

②冲浆法:称取淀粉适量,先用1 ~1.5 倍冷水调成薄糊状,再冲入全量沸水,随时搅拌至呈半透明糊状。这种淀粉浆有一部分淀粉末能充分糊化,因此黏性不如煮浆法制的浆强。

(2)纤维素衍生物

常用作粘合剂的纤维素衍生物的种类有:

①羧甲基纤维素钠(CMC-Na):无味、白色或类白色颗粒状粉末,不溶于乙醇、氯仿等有机溶酶;具有良好的水溶性,溶于水后形成透明的胶状溶液,常用于可压性较差的药物。常用浓度一般为1% ~2%,其黏性较强,应注意是否造成片剂硬度过大或崩解超限。

②羟丙基甲基纤维素(HPMC):无臭、无味、白色或乳白色纤维状或颗粒状粉末,溶于冷水成为黏性溶液,常用其2% ~5%的溶液作为粘合剂使用,压成的片的外观、硬度好,特别是药物的溶出度好。用量一般占配方量的1% ~4%;有时也可与淀粉浆合用。

③羟丙基纤维素(HPC):无臭、无味、白色或淡黄色粉末,易溶于冷水,加热至50 ℃发生胶化或溶胀现象;本品既可做湿法制粒的粘合剂,也可作为粉末直接压片的粘合剂。

④甲基纤维素（EC）：无臭、无味、白色至黄白色颗粒或粉末，溶于冷水中，几乎不溶于热水和乙醇，常用浓度为2%～10%。可用于水溶液及水不溶性物料的制粒，颗粒压缩成型性好，且不随时间变硬。

⑤乙基纤维素：无臭、无味、白色或淡褐色粉末，不溶于水，在乙醇等有机溶媒中的溶解度较大，常用浓度为2%～10%，并根据其浓度的不同产生不同强度的黏性，可用于对水敏感药物的粘合剂。乙基纤维素对片剂的崩解和药物的释放有阻滞作用，利用这一特性，可通过调解乙基纤维素或水溶性粘合剂的用量，改变药物的释放速度，用于缓、控释制剂的制备。

（3）聚维酮（PVP）

聚维酮为无臭、无味、白色粉末，根据分子量不同而分为若干种规格，既溶于水，又溶于乙醇，常用浓度为2%～20%，适用于对水敏感的药物或疏水性药物，既有利于润湿药物易于制粒，又因改善了药物的润湿性而有利于药物溶出，还可用作直接压片的干粘合剂。PVP 具有较强的吸湿性，制得的片剂随贮存时间的延长而变硬，是溶液片、泡腾片、咀嚼片等的优良粘合剂。

（4）聚乙二醇（PEG）

聚乙二醇的分子量不同有不同规格，常用规格为 PEG-4000、PEG-6000，白色或类白色蜡状粉末，聚乙二醇溶于水和乙醇，常用浓度为 10%～50%，制得的颗粒压缩成形性好，片剂不变硬，适用于水溶性或水不溶性物料制粒。

（5）其他粘合剂

常见的其他粘合剂有5%～20%明胶水溶液，50%～70%的蔗糖溶液，其黏性强，适于不易制粒的原料，但用量不当，易使制得的片剂崩解缓慢。

10.2.3　崩解剂

崩解剂是使片剂在胃肠液中迅速裂碎成细小颗粒的物质，除了缓（控）释片以及某些特殊用途的片剂以外，一般的片剂中都应加入崩解剂。由于崩解剂具有很强的吸水膨胀性，能够瓦解片剂的结合力，使片剂从一个整体的片状物裂碎成许多细小的颗粒，实现片剂的崩解，所以十分有利于片剂中主药的溶解和吸收。

知识链接

崩解剂的加入方法

崩解剂的加入方法是否恰当，将影响崩解和药物溶出的效果，应根据具体要求和要求分别对待。加入的方法有3种：

①内加法：崩解剂在制粒前加入，与粘合剂共存于颗粒内部，崩解较迟缓。但一经崩解，便成粉粒，有利于药物的溶出。

②外加法：崩解剂加到经整粒后的干颗粒中。该崩解剂存在于颗粒之间，因而水易于透过，崩解迅速，但颗粒内无崩解剂，不易崩解成粉粒，所以药物的溶出稍差。

③内外加法:将崩解剂分成两份,一份按内加法加入(50%~75%),一份按外加法加入(25%~50%),崩解剂总量一般为片重的5%~20%,其中内加的崩解剂可适当多些。

溶出度较好的是内加法,崩解快的是外加法,内外加法集中了前两种方法的优点,相同用量时,药物的溶出速率是内外加法>内加法>外加法,但崩解速率是外加法>内外加法>内加法。

1)崩解剂的种类

崩解剂按性质和结构可分为下述3类。

(1)淀粉及其衍生物

淀粉及其衍生物类崩解剂自身遇水具有较大的膨胀特性,常见有:

①干淀粉:最常用崩解剂的一种,含水量在8%以下,用量一般为配方总量的5%~20%,其崩解作用较好。本品用量不宜太多,因其压缩成型性不好;对不溶性药物或微溶性药物较适用,对易溶性药物的崩解作用较差。

②羧甲基淀粉钠(CMS-Na):白色至类白色的粉末,流动性良好,有良好的吸水性,吸水后可膨胀至原体积的300倍,具有良好的崩解性能;对改善片剂质量起到很好作用,既适用于不溶性药物,也适用于水溶性药物的片剂;具有较好的压缩成型性。

(2)纤维素衍生物

纤维素衍生物类崩解剂性吸水性强,易于膨胀。

①微晶纤维素:既可用作填充剂,当用量较多时,又有较好的崩解作用。

②低取代羟丙基纤维素(L-HPC):在水中不溶解,但可以溶胀,其吸水溶胀性较淀粉强,膨胀率为500%~700%,崩解后颗粒细小,一般用量在2%~5%。崩解性能良好,远优于淀粉。

③羧甲基纤维素钙:由羧甲基纤维素钠与碳酸钙反应而制成,为白色或类白色的粉末,不溶于水、易吸水,吸水后体积膨胀数倍,有良好的崩解作用。

④交联羧甲基纤维素钠(CCNa):虽为钠盐因为有交联键的存在,不溶于水,但可吸水并有较强的膨胀作用,其崩解作用优良。与CMC-Na合用,崩解效果更好,与干淀粉合用作用降低。

(3)其他

①交联聚维酮(PVP):白色易流动的粉末,有极强的吸湿性,在水中可以迅速溶胀,因不溶于水,故不会产生高黏度的凝胶层,其吸水度快,为性能优良的崩解剂,一般用量为片重的2%~4%,用作崩解剂时,崩解时间受压片力的影响较小。

②泡腾崩解剂:专用于泡腾片的特殊崩解剂,最常用的是由碳酸氢钠与枸橼酸组成的混合物。遇水时,上述两种物质连续不断地产生二氧化碳气体,使片剂在几分钟之内迅速崩解。含有这种崩解剂的片剂,应妥善包装,避免受潮造成崩解剂失效。

③表面活性剂:常用的有泊洛沙姆、蔗糖脂肪酸酯、十二烷基硫酸钠以及吐温80等,能增加疏水性药物的润湿性,使水分渗透到片芯的速度加快,加速片剂的崩解和溶出。但十二烷基

硫酸钠对黏膜有刺激作用;吐温80为液态,加入量应控制并应先用固粉末吸收或与湿润剂混溶后制粒。

知识链接

崩解剂的作用机制

崩解剂的主要作用是克服由粘合剂或由压制成片剂时形成的结合力,从而使片剂崩解。其主要作用机制是:

①膨胀作用:崩解剂多为高分子亲水物质,压制成片后,遇水易于被润湿并通过自身的膨胀使片剂崩解。这种膨胀作用还包括润湿热所致的片剂中残留空气的膨胀。

②产气作用:在片剂中加入泡腾崩解剂,遇水即产生气体,借助气体的膨胀使片剂崩解。泡腾崩解剂常用枸橼酸、酒石酸的混合物,加碳酸氢钠或碳酸钠组成的酸—碱系统。

③毛细管作用:一些崩解剂和填充剂,特别是直接压片的辅料,多为圆球形清水性聚集体,在加压下形成了无数孔隙和毛细管,具有强烈的吸水性,使水迅速进入片剂中,将整个片剂润湿而崩解。

10.2.4 润滑剂

在片剂的制备过程中,润滑剂是一个广义的概念,是助流剂、抗粘剂和润滑剂的总称,润滑剂的作用是能降低颗粒或片剂与冲模壁间摩擦力,改善片剂的外观,使片剂表面光亮、平整。因此,一种理想的润滑剂应该兼具上述助流、抗粘和润滑3种作用,一般将具有上述任何一种作用的辅料都统称为润滑剂。

1)润滑剂的分类

润滑剂按其作用的不同,可分为下述3类。

（1）助流剂

助流剂是指能降低粒子间的摩擦力而能改善粉末(颗粒)流动性的辅料;在片剂生产中一般均需在颗粒中加入适宜的助流剂以改善其流动性,保证片重差异合格。

（2）润滑剂(狭义)

润滑剂是降低药片与冲模孔壁之间摩擦力,改善力的传递与分布的物质,这是真正意义上的润滑剂。

（3）抗粘剂

抗粘剂是防止原辅料粘着于冲头表面的物质。其作用是防止压片物料粘于冲模表面,保证冲模表面光洁度。

知识链接

润滑剂的加入方法

润滑剂的加入方法有3种:①直接加到待压的干颗粒中,此法不能保证分散混合均匀。②用60目筛筛出颗粒中部分细粉,与润滑剂充分混匀后再加到干颗粒中。③将润滑剂溶于适宜的溶剂中或制成混悬液或乳浊液,喷入颗粒中混匀后将溶剂挥发,液体润滑剂常用此法。

2)润滑剂的种类

①硬脂酸镁:疏水性润滑剂,附着性好,但助流性较差,用量大时片剂不易崩解或裂片。应用广泛,常用量0.1%～1%。

②滑石粉:国内最常用的助流剂,其用量一般为0.1%～3%,最多不要超过5%。与多数药物不起作用,价廉、助流、抗黏作用好,但附着力差且比重大,易与颗粒分离,造成片重差异,常与硬脂酸镁合用。

③微粉硅胶:为优良的片剂助流剂,可用作粉末直接压片的助流剂,一般用量0.1%～0.3%。流动性和可压性好,亲水性强,对药物有吸附作用,特别适宜于油类和浸膏类药物作助流剂,但因其价格较贵,在国内的应用尚不够广泛。

④氢化植物油:是以喷雾干燥法制得的粉末,是润滑性能良好的润滑剂。应用时,将其溶于热轻质液体石蜡或己烷中,然后将此溶液喷于颗粒上,以利于均匀分布。凡不宜用碱性润滑剂的品种,都可用本品代替。

⑤聚乙二醇和月桂醇硫酸镁:二者皆为水溶性滑润剂的典型代表。前者主要使用PEG-4000和PEG-6000(皆可溶于水),制得的片剂崩解溶出不受影响且得到澄明的溶液;后者为目前正在开发的新型水溶性润滑剂。

知识链接

润滑剂和助流剂的配合作用

一般来说,润滑作用好的辅料助流作用差,例如硬脂酸镁;反之助流作用好的辅料润滑作用也差,例如滑石粉几乎不能降低推片力,所以压片时往往既需在颗粒中加入润间,又需加助流剂,国内经常将滑石粉与硬脂酸镁配合应用。

滑石粉及微粉硅胶对硬脂酸镁的润滑作用有干扰,使其润滑效果降低。压片时,有时发生黏冲现象,即药片原料黏附在冲面上。黏冲的原因很多,例如冲面不洁、颗粒太湿,原辅料的熔点低等。应针对黏冲的原因采取必要措施解决。上述润滑剂与助流剂都有防止黏冲的作用。

任务 10.3　片剂生产

10.3.1　片剂生产设施要求

片剂的制备包括直接压片法和制颗粒压片法,根据制颗粒方法不同,制颗粒压片法又可分为湿法制粒压片和干法制粒压片。其中应用最广泛的是湿法制粒压片。

片剂车间按生产工艺和产品质量要求可划分为:一般生产区、控制区和洁净区。

①一般生产区:指无洁净度要求的生产车间、辅助房间等。

②控制区:指对洁净度或菌落数有一定要求的生产车间及辅助房间。

③洁净区:指有较高洁净度或菌落数要求的生产车间。

生产的环境可划分为一般生产区和控制区;原料粉碎、过筛、配料、制粒、压片、中间站、包衣、分装等工序为"控制区",其他工序为"一般生产区"。

片剂生产的中间站、整粒、压片、包衣、分装等岗位应在一定的温、湿度下进行。一般应控制室内温度 18～28 ℃,相对湿度为 50%～65%。此外,整粒、压片、包衣等岗位与外室应保持相对负压,并应有局部排除粉尘装置。

10.3.2　片剂车间布置的要求

①车间"控制区"的内墙,平顶应平整光滑,无死角、无缝隙、无颗粒性物质脱落,无霉斑、易清洁,并有防尘、防蚊蝇、防虫鼠等措施;室内地面除平整外,还应有不小于 0.005 的坡度,地漏设在低位处,保持地面无积水。从称量到分装的整个过程均应在同一建筑室内进行,并且应按生产工序的顺序布置各作业室。各作业室应防止粉尘的相互污染,故各室应有间壁进行隔断。

②原料必须在单独的称量室内称量,称量室应是防尘的密封车间,便于清扫。

③混合操作应在单独的混合室内进行。混合室应是既能防止室外空气污染,又能防止本室对其他室污染的密封车间。

④压片室应单独设置,应能防止污染,还应便于清扫。

⑤小包装、分装室应与其他操作室明确隔离。为避免发生污染,分装机应用适当的罩子罩上。

⑥中盒和大包装的包装室应单独设置,并且应光线充足,便于清扫,为避免混料或混用标签,各包装线应进行分隔或设立区域。

⑦成品库内应具有符合规定的贮藏条件(如温度、湿度等)。库房应具有适当的面积,按批号分别堆置成品,并应防止混号及未经检验的产品或不合格品出库。

10.3.3　片剂生产

片剂是将药物与辅料混合后,填充于一定形状的模孔内,加压而制成片状。为了能顺利地压出合格的片剂,原料一般都需要经过预处理或加工,使其具有良好的流动性和可压性。有些结晶药物晶型适宜,流动性和可压性好,可直接压片,称为结晶压片。

片剂的制备方法有直接压片法和制颗粒压片法,根据制颗粒方法不同,又可分为湿法制粒压片和干法制粒压片。其中应用最广泛的是湿法制粒压片。

1)湿法压片

湿法制粒压片,适于受湿和受热不起变化的药物。

(1)原料的准备与处理

原、辅料质量要求,一切原、辅料在使用前必须经过鉴定、含量测定、干燥、粉碎、过筛处理,且须符合生产标准。原辅料粉末一般为80~100目的细粉,对毒剧药、贵重药及有色泽的原料要求的原料可用最细粉,以便于混合均匀。

(2)称量、混合

根据处方量分别称取原辅料。由于粉末的色泽、粗细和比重的不同,可先用较粗号的筛过筛1~2次,使之初步混合,再用较细的筛过筛使之充分混合。剧毒药或微量药物应取120~150目的细粉。也可先与部分辅料混合或溶于适宜溶媒中,用少量辅料吸收后,再以等量递增法进行混合。处方中的一些挥发性药物或挥发油应在颗粒干燥后加入以免受热损失。

(3)制粒

压片前一般应将原、辅料混合均匀并制成颗粒,既能保证片剂各组分混合均匀,又能保证片剂的质量差异符合要求。方法见项目8颗粒剂生产。

(4)湿颗粒干燥

湿颗粒制成后,应尽可能迅速干燥、放置过久湿粒易结块或成团。干燥温度一般以50~80 ℃为宜。烘盘底上铺一层纸或布,将湿粒铺于其上,颗粒铺的厚度以不超过2 cm为宜。干燥设备的类型较多,生产中常用的有烘箱、烘房及沸腾干燥床。

知识链接

湿粒的质量要求和检查方法

湿粒的粗细和松紧须视具体品种加以考虑。如磺胺嘧啶片片形大、颗粒粗大些;核黄素片片形小,颗粒应细小。吸水性强的药物和水杨酸钠,颗粒宜粗大而紧密。凡在干燥颗粒需加细粉压片的品种,其湿颗粒亦宜紧密,如复方阿司匹林片。凡用糖粉、糊精为辅料的产品其湿粒宜较松细。总之,要求湿颗粒置于手掌簸动应有沉重感,细粉少、湿粒大小整齐、色泽均匀、无长条者为宜。湿颗粒的检查目前尚无科学方法,亦多凭经验检查,通常在手掌簸动数次,观察颗粒是否有粉碎情况。

（5）整粒与总混

干颗粒在压片前须做如下处理：

①整粒：在干燥过程中，一部分湿颗粒彼此黏连结块，需过筛整粒，使成为适于压片用的均匀干颗粒。

②加挥发油及挥发性药物：在干颗粒中加挥发油时，如薄荷油、桂皮油等，应先将润滑剂与颗粒混匀，过筛。然后将挥发油加入筛出的部分细粒中，混匀，再将细分与全部干颗粒混匀。

③加入润滑剂与崩解剂：一般将润滑剂过细筛，在过筛整粒过程中加入。崩解剂先干燥过筛，然后徐徐加入干颗粒中，充分搅匀，移置容器内密闭，抽样检验合格后方可压片。

（6）压片

压片前需计算片重，计算方法主要有如下两种：

①第一种：测定主药含量以确定片剂的理论片重，按式（10.1）和式（10.2）计算：

$$每片颗粒重=\frac{每片主药含量（标示量）}{测得颗粒中主药的含量（\%）}×主药含量允许误差范围 \qquad (10.1)$$

$$片重=每片颗粒重+临压片前每片加入辅料量 \qquad (10.2)$$

该式用于投料时未考虑制粒过程中主药的损耗量。

②第二种：按颗粒质量计算片重，按式（10.3）计算：

$$片重=\frac{干颗粒重+压片前加的辅料量}{应压片数} \qquad (10.3)$$

照公式计算片重，投料时应考虑制粒过程中主药的损耗量。计算结果再按公式复核，如其含量在中限以内，不必调整片重，若含量高或低于中限时必须调整片重。

若片剂为复方制剂时，可按上式计算出每片各主药的质量合格范围，再在各主药合格范围选择共性合格范围，然后计算其平均值，得理论片重。

2）干法压片

干法压片有粉末直接压片、结晶药物直接压片和干法制粒压片3种。其优点是：生产工序少、设备简单，有利于自动化连续生产，尤其适合于对湿热敏感的药物制备片剂。

（1）粉末直接压片法

粉末直接压片法是将药物的粉末与适宜的辅料混合，不经过制粒而直接压片的方法。该法所用辅料必须具有良好的流动性和可压缩性。其工艺流程为：主药经粉碎、过筛、混合、压片。粉末直接压片时，一般需在压片机的加料斗中装上电磁振荡器，使药粉能定量地填入模孔。操作时通过刮粉器与模台紧密接合，增加预压过程，减慢车速，延长受压时间等措施来克服粉末压片的不足。

（2）结晶药物直接压片

具有适当流动性和可压性的结晶性药物如氯化钠、溴化钠、氯化钾等无机盐及维生素C等有机物质，呈正立方结晶等，其流动性较好并有较好的可压性，经过干燥并筛选加入适当的辅料，混合后即可直接压片。制备溶液片时，可用本法。

（3）干法制粒压片

将药物和辅料混匀后用适宜的设备压成大片，然后再破碎成大小适宜的颗粒，或直接将原料干挤压成颗粒，再加润滑剂等混匀后即可压片。常用的干法制粒机有滚压法、重压法。见项目 8 颗粒剂。

干颗粒的质量要求

干颗粒的质量与原辅料的性状、处方组成等有关。制得的干颗粒应符合以下几点要求方可压片。

①主药含量:在压片前应进行含量测定。测定方法可参照《中国药典》(2015 版),含量应符合要求。

②干颗粒含水量:干颗粒的含水量对片剂成型及质量有很大影响,颗粒中的水分应均匀。通常干颗粒中所含水分为 1% ~3%,过多过少均不利于压片。

③干颗粒的松紧度:干颗粒的松紧度与压片时片重差异和片剂外观有关系。一般以手用力一捻能碎成细分者为宜。

④干颗粒的细粉含量:细粉的比例及细粉含量限度药品性状、片形大小及机器的性能有关,一般含细粉量应该控制在 20% ~40% 为宜。

10.3.4 压片设备

片剂成形是多种因素作用的结果。将颗粒用压片机压缩成形而成片剂,压缩是片剂生产的重要过程。颗粒或原、辅料受压时的行为,与片剂的成形以及质量有密切关系,因此有必要对压缩过程进行研究,并对压片机有所了解。

压片机有单冲压片机和旋转式(多冲)压片机,压片的基本过程相同。

(1)单冲压片机

单冲压片机的主要结构:加料斗,上冲、下冲模圈,出片调节器、片重调节器等,如图 10.1 所示。

单冲压片机操作过程为:①上冲抬起来,饲粉器移动到模孔之上。

②上冲下降到适宜的深度(根据片重调节,使容纳的颗粒重恰等于片重),饲粉器在模上面摆动,颗粒填满模孔。

③饲粉器由模孔上移开,使模孔中的颗粒与模孔的上缘相平。

④上冲下降并将颗粒压缩成片,下冲不移动。

⑤上冲抬起,下冲随之抬起到与模孔上缘相平,将药片由模孔中推出。

⑥饲粉器在此移到模孔之上并将模孔中推出的片推出,同时进行第二次饲粉。

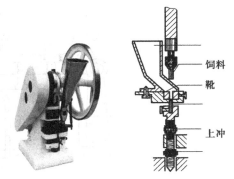

图 10.1 单冲压片机主要构造示意图

饲料靴

上冲

（2）旋转式压片机

旋转式压片机是目前生产中广泛使用的压片机。旋转式压片机的工作部分及压片流程，如图10.2所示。

①填充：当下冲转到饲粉器之下时，其位置最低，颗粒填入模孔中；当下冲行至片重调节器之上时略有上升，经刮粉器将多余的颗粒刮去；

②压片：当上冲和下冲行至上、下压轮之间时，两个冲之间的距离最近，将物料压成片；

③推片：上冲和下冲抬起，下冲抬到恰与模孔上缘相平，药片被刮粉器推开，如此反复进行。

旋转式压片机的饲粉方式合理，片重差异较小；由上、下相对加压，压力分布均匀；生产效率较高，是目前生产中广泛使用的压片机。

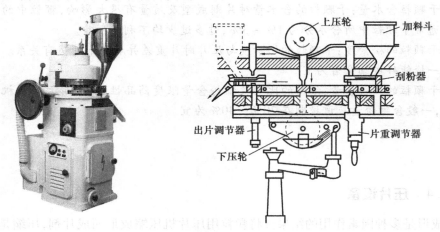

图10.2　旋转式压片机结构示意图

（3）二次（三次）压缩压片机

除上述一般的旋转单、双轨压片机外，为适应粉末直接压片的需要，把一次压缩压片机进行了改造，研制成二次、三次压缩的压片机以及把压缩轮安装成倾斜型的压片机。二次压缩压片机的结构，如图10.3所示。粉粒体经过预压轮或一次压缩轮适当的压力压缩后，移到二次压缩轮再进行压缩，由于经过二次压缩，整个受压时间延长，成形性增加。

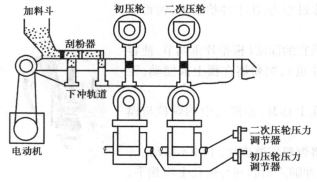

图10.3　二次压片机结构示意图

知识链接

压片机的冲和模

冲和模是压片机的重要部件,需用优质钢材制成,应耐磨而有较大的强度;冲与模孔径的差不大于0.06 mm,冲长差不大于0.1 mm。圆形冲头有不同的弧度,深弧度的一般用于包糖衣片的压制。此外,还有压制异形片的冲模。常用的冲头形状如图10.4所示。

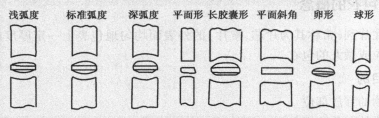

浅弧度　标准弧度　深弧度　平面形　长胶囊形　平面斜角　卵形　球形

图10.4　不同弧度的冲头与不同形状的片剂

压片过程中常出现的问题及解决方法

在生产中,压片过程中有时由于颗粒质量不合要求,如颗粒松紧、干湿不当,或因空气中湿度过高,或压片机不正常如冲头和模圈磨损等原因产生裂片、松片、黏冲、表面斑点等情况,如果不及时解决,最终片剂就不合格。

①裂片:片剂受到震动或经放置后,从腰间开裂或顶部脱落一层的现象。判断方法:取数片置小瓶中轻轻振摇或自1 m高处落于硬板地面,应不产生裂片;或取20~30片置于手掌中,两手相合,用力振摇数次,检查是否有裂片现象出现。

②松片:片剂的硬度不够,受震动后易松散成粉末的现象。检查方法:片剂压成后置中指与食指间,用拇指轻轻加压看其是否碎裂。

③黏冲:片剂的表面被冲头或冲模黏去一薄层或一小部分,导致片面不平整或有凹痕的现象。尤其刻有药名和横线的冲头更易发生黏冲。

④崩解迟缓:片剂崩解时限超过药典规定的要求,影响片剂溶出和吸收。

⑤片重差异超限:片剂质量超过药典规定的片重差异限度的允许范围。

⑥溶出度不合格:片剂在规定的时间内未能溶出规定量的功效成分。

⑦含量均匀度超限:片剂含量偏离标示量的程度超出规定要求的范围。

⑧变色或表面花斑:片剂表面的颜色变化或出现色泽不一的斑点,导致外观不符合要求。

⑨麻点:片剂表面产生许多小凹点。

⑩迭片:两个片剂迭压在一起的现象。

⑪卷边:冲头与模圈碰撞,使冲头卷边,造成片剂表面出现半圆形的刻痕。

任务 10.4   片剂包衣

10.4.1   包衣的概念

包衣是指在片剂(常称其为片芯、素片)的外表面均匀地包裹上一定厚度的衣膜的操作。有时也用于颗粒或微丸的包衣。

1)包衣的目的

①控制药物的释放部位。

②控制药物的释放速度。

③增强片芯中药物的稳定性。

④防止药物的配伍变化。

⑤掩盖片剂中药物的苦味和不良气味。

⑥改善片剂的外观。包衣层中可着色,最后抛光,可显著改善片剂的外观。

2)包衣的种类

根据包衣材料,片剂的包衣通常分为糖衣和薄膜衣两类。其中薄膜衣又可分为胃溶性、肠溶性及不溶性3类。为避免包衣过程中的破碎或缺损,包衣时都要求片芯有适当的硬度,并具有适宜的厚度与弧度,以免片剂互相粘连或衣层的边缘部断裂。

10.4.2   包衣材料及工艺

1)糖衣

糖衣是指以蔗糖为主要包衣材料的包衣。糖衣有一定防潮、隔绝空气的作用;可掩盖不良气味、改善外观、易于吞服。糖衣层可迅速溶解,对片剂崩解影响不大,是目前广泛应用的一种片剂包衣方法。包糖衣在相当程度上依赖操作者的经验和技艺。

包糖衣工艺过程:包隔离层→包粉衣层→包糖衣层→包有色糖衣层→打光。

①包隔离层:在片芯外包一层起隔离作用的衣层。目的是为了形成一层不透水的屏障,防止包衣液中水分透入片芯或酸性药物对糖衣层的影响。常用的隔离层材料有10% ~15%明胶浆或30% ~35%阿拉伯胶浆、15% ~20%虫胶乙醇液、10%玉米朊乙醇溶液、10%醋酸纤维素酞酸酯乙醇丙酮溶液等。

②包粉衣层:包完隔离层后再包粉衣层,对不需包隔离层的片剂可直接包粉衣层。包粉衣层的目的是为了迅速增加衣层的厚度以遮盖片剂原有的棱角,多采用交替加入糖浆和滑石粉的办法。操作时一般采用高浓度的糖浆(65% ~75% ,g/g)和过100目的滑石粉,洒一次浆、撒一次粉,然后热风干燥20 ~30 min(40 ~55 ℃),重复上述操作若干次,直到片剂棱角消失为止,一般需包15 ~18 层。

③包糖衣层:包糖衣层使片子表面光滑、平整、细腻坚实。具体操作与包粉衣层基本相同,包衣物料只用糖浆不用滑石粉,操作时加入稍稀的糖浆,逐次减少用量(润湿片面即可),在低温(40 ℃)下缓缓吹风干燥,一般要包 10 ~ 15 层。糖浆在片剂表面缓缓干燥,形成了细腻的蔗糖晶体衣层,增加了衣层的牢固性兼有矫味的作用。

④包有色糖衣层:包衣物料为有色糖浆,目的是使片衣有一定的颜色,增加美观,便于识别或起到遮光作用(在糖浆中加入食用色素和二氧化钛),一般在包最后数次糖衣时使用有色浆,色浆应由浅到深,并注意层层干燥,一般要包 8 ~ 15 层。

⑤打光:打光是包衣的最后工序,其目的是使糖衣片表面光亮美观,兼有防潮作用。操作时,将川蜡细粉加入包完色衣的片剂中,由于片剂间和片剂与锅壁间的摩擦作用,使糖衣表面产生光泽。注意事项:川蜡一般用四川产的米心蜡,用前需精制,即加热至80 ~ 100 ℃熔化后过 100 目筛,去除悬浮杂质,加入2%硅油(称保光剂)混匀,冷却后刨成80目的细粉,每万片用 3 ~ 5 kg。取出包衣片干燥24 h 后即可包装。

2)薄膜衣

(1)薄膜衣的特点

薄膜衣是指在片心之外包一层薄的高分子聚合物衣,形成薄膜,与包糖衣比较,具有操作简便,节约材料、劳力等,成本较低;片重仅增加2% ~ 4%,节约包装材料等;对崩解及药物溶出的不良影响较包糖衣小;压在片心上的标志,例如片剂名称、剂量等在包薄膜衣后仍清晰可见。生产工艺过程为:在包衣锅内装入适当形式形状的挡板,以利于片芯的转动与翻动;将筛除细粉的片芯放入锅内,喷入一定量的薄膜衣材料的溶液,使片芯表面均匀润湿;吹入缓和的热风,使溶剂蒸发,如此重复上述操作若干次,直至达到一定厚度为止。

操作过程中热风温度最好不要超过 40 ℃,以免干燥过快,出现"皱皮"或"起泡"现象;也不能干燥过慢,以免出现"粘连"或"剥落"现象;重复操作时薄膜衣材料的用量要逐次减少;薄膜衣多数需要一个固化期,时间的长短因材料、方法、厚度而异,一般经验是在室温或略高于室温的环境中,自然放置 6 ~ 8 h 使之固化完全;有机溶剂有残余的必须完全除尽,一般还要在 50 ℃下干燥12 ~ 24 h。

(2)薄膜衣的包衣材料

薄膜包衣需用形成薄膜的材料、增塑剂、溶剂及其他材料。成膜材料又分为胃溶性和肠溶性两类,成膜材料应有良好的成膜性,良好的机械强度,防潮性好而透气性差等特点。

①胃溶性成膜材料:在水或胃液中可以溶解的材料,主要用于改善吸潮和防止粉尘等薄膜衣材料。常用者有纤维素衍生物、聚维酮(PVP)、丙烯酸树脂类。

②肠溶性成膜材料:在胃中保持完整而在肠道溶解的包衣片剂。包肠溶衣的原因是由药物性质和使用目的所决定的。主要用于下述情况:

a. 遇胃液能起化学反应、变质失效的药物。

b. 对胃黏膜具有较强刺激性的药物。

c. 有些药物如驱虫药、肠道消毒药等希望在肠内起作用,在进入肠道前不被胃液破坏或稀释。

d. 有些药物需要在肠道保持较长的时间以延长其作用。

肠溶聚合物有耐酸性,常用的成膜材料有醋酸纤维素酞酸酯(CAP)、丙烯酸树脂、羟丙基甲基纤维素酞酸酯（HPMCP）、醋酸羟丙基甲基纤维素琥珀酸酯（HPMCAS）。

（3）增塑剂

增塑剂是指能增加包衣材料塑性的物料。加入增塑剂可提高薄膜衣在室温时的柔韧性，增加其抗撞击强度。增塑剂与薄膜衣材料应有相容性、不易挥发性并且不向片芯渗透。常用的水溶性增塑剂有丙二醇、甘油、PEG等；非水溶性有甘油三醋酸酯、蓖麻油、乙酸化甘油酸酯、邻苯二甲酸酯、硅油和司盘等。增塑剂的用量波动幅度很大，可根据实际需要掌握。

（4）溶剂

溶剂的作用是溶解成膜材料和增塑剂并将其均匀地分散到片剂的表面。常用的溶剂有乙醇、甲醇、异丙醇、丙酮、氯仿等。必要时可用混合溶剂，对有毒性的溶剂产品应作残留量检查。

（5）色料与蔽光剂

为了便于识别，改善产品外观，遮盖某些有色斑的片芯或不同批号片芯间色调的差异，包薄膜衣时，需加入着色料和遮光剂，目前常用色料有水溶性、水不溶性和色淀等三类。蔽光剂是为了提高片芯内药物对光的稳定性，一般选用散射率、折射率较大的无机染料，应用最多的是二氧化钛（钛白粉）。蔽光的效果与其粒径有关，粒径小于可见光波长者效果较好。包薄膜衣时，一般将蔽光剂混悬于包衣液中应用。

3）半薄膜衣

半薄膜衣是糖衣片与薄膜衣片两种工艺的结合，即先在片芯上包裹几层粉衣层和糖衣层（减少糖衣的层数），然后再包上 2～3 层薄膜衣层。这样既可克服薄膜衣片不易掩盖片芯原有颜色和不易包严片剂棱角的缺点，又不过多增大片剂的体积。其衣层牢固、保护性能好，又没有糖衣片易引湿发霉和包衣操作复杂等缺点，有利于降低成本，但仍不如糖衣片光亮美观。

10.4.3　包衣方法及设备

常用的包衣方法有滚转包衣法、流化床包衣法、埋管式包衣法及压制包衣法等。片剂包衣最常用的方法为滚转包衣法。

1）滚转包衣法

滚转包衣法是在包衣锅内完成的，也称锅包衣法。它是一种最经典又最常用的包衣方法。

普通包衣锅的结构如图 10.5 所示，其主要结构包括包衣锅、动力部分和加热鼓风及吸粉装置 3 大部分。包衣锅一般用不锈钢或紫铜衬锡等性质稳定的材料制成，锅体应有良好的导热性。

包糖衣时，将适量的片剂置锅内，包衣锅始终按适宜速度转动，按包糖衣的顺序依次加入隔离层溶液、粘合剂溶液及撒粉、蔗糖溶液等，每次加入溶液均应充分转动，必要时辅以搅拌，使均匀分散于全部片剂的表面，随后加温通风使其干燥；如需撒粉则于粘合剂已均匀分布后撒入，包衣锅转动（辅以搅拌）使均匀黏附于片面，然后通风干燥。

在包衣全过程中每次加入液体或撒粉均应使其分布均匀；每次加入液体在分布均匀后，应充分干燥后才能再一次加溶液，溶液黏度不宜太大，否则不易分布均匀等。生产中包粉衣层等经常采用混浆法，即将撒粉混悬于粘合剂溶液，加入转动的片剂中，此法可以减少粉尘和简化工序。

包薄膜衣时，应注意将成膜材料溶液很均匀地分布在全部片剂的表面，可适当调节包衣锅的转速或加挡板等，防止片剂在锅中滑动；包衣锅应有良好的排气设备，以利于有机溶剂排出

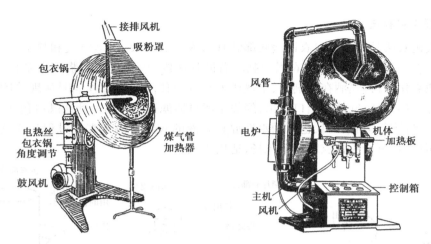

图 10.5 包衣机

或回收;包衣溶液用喷雾方法效果较好。包衣过程中应通入热风加快溶剂蒸发。当用水分散体包衣时,可用埋管包衣锅等;还有带夹层的包衣锅,内壁上有很多小孔,热空气经小孔进入包衣锅内。

干燥装置常用石灰干燥橱,或硅胶干燥器,如图 10.6 所示,使用时,先启动电动机使硅胶盘转动,将片置室内进行干燥,硅胶盘内硅胶吸湿后,随时由电热器烘干,湿气由排风机排出室外。调节控制阀,使热风在室内循环。

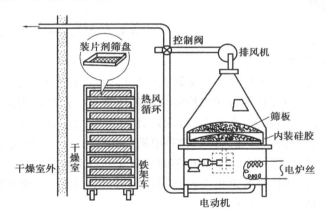

图 10.6 糖衣硅胶干燥示意图

包衣设备在使用前应进行清洁,并保持干燥,锅内不应有细粉或有色粘合剂等残留物,以免使片衣产生斑点,室内应注意温度和通风,操作时应作好安全工作及劳动保护。

2) 流化床包衣法

流化床包衣法与流化喷雾制粒相似,即将片芯置于流化床中,通入气流,借急速上升的空气流使片剂悬浮于包衣室的空间上下翻动处于流化(沸腾)状态时,另将包衣材料的溶液或混悬液输入流化床并雾化,使片芯的表面黏附一层包衣材料,继续通入热空气使其干燥,如法包若干层,至达到规定要求。

3) 埋管式包衣法

埋管式包衣法是在普通包衣锅锅底部装有通入包衣溶液、压缩空气和热空气的埋管如图10.7所示。包衣时,该管插入包衣锅中翻动着的片床内,包衣材料的浆液由泵打出经气流式喷头连续地雾化,直接喷洒在片剂上,干热压缩空气也伴随雾化过程同时从埋管吹出,穿透整个片床进行干燥,湿空气从排出口引出,经集尘滤过器滤过后排出。此法既可包薄膜衣也可包糖衣,可用有机溶剂溶解衣料,也可用水性混悬浆液的衣料。由于雾化过程是连续进行的,故包衣时间缩短,且可避免包衣时粉尘飞扬,适用于大生产。

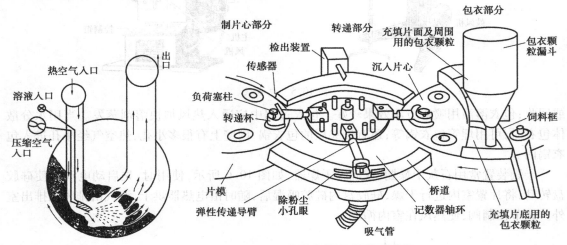

图 10.7   埋管式包衣锅结构图   图 10.8   压制包衣机的主要结构

4) 压制(干压)包衣法

压制包衣机如图10.8所示是将两台旋转式压片机用单传动轴配成一套。包衣时,先用压片机压成片芯后,由一专门设计的传递机构将片芯传递到另一台压片机的模孔中,在传递过程中需用吸气泵将片外的细粉除去,在片芯到达第二台压片机之前,模孔中已填入部分包衣物料作为底层,然后片心置于其上,再加入包衣物料填满模孔并第二次压制成包衣片。该设备还采用了一种自动控制装置,可以检查出不含片芯的空白片并自动将其抛出,如果片芯在传递过程中被黏住不能置于模孔中时,则装置也可将它抛出。另外,还附有一种分路装置,能将不符合要求的片子与大量合格的片子分开。

任务 10.5   片剂的质量检查

片剂质量检查有下述7个项目。

(1)外观性状

片剂外观应完整光洁,色泽均匀,无色斑,无异物,并在规定的有效期内保持不变。

(2)片重差异

应符合现行药典对片重差异限度的要求,见表10.1。

表 10.1 片剂质量差异限度

片剂的平均质量/g	质量差异限度/%
<0.30	±7.5
≥0.30	±5.0

片重差异过大,意味着每片中主药含量不一,对治疗可能产生不利影响。按《中国药典》(2015 版)二部附录规定进行检查,具体的检查方法如下:取 20 片,精密称定每片的片重并求得平均片重,然后以每片片重与平均片重比较,超出表 10.1 中差异限度的药片不得多于两片,并不得有 1 片超出限度 1 倍。糖衣片、薄膜衣片(包括肠衣片)应在包衣前检查片芯的质量差异,符合上表规定后方可包衣,包衣后不再检查片重差异。凡已规定检查含量均匀度的片剂,不必进行片重差异检查。

(3)硬度及脆碎度

片剂应有适宜的硬度和脆碎度,以免在包装、运输等过程中破碎或磨损。片剂的硬度对药物的溶出速度具有影响,在生产过程中常用的经验方法是:将片剂置中指和食指之间,以拇指轻压,根据片剂的抗压能力,判断它的硬度。

脆碎度在一定程度上也能反映片剂的硬度,用于检查非包衣片的脆碎情况。片重 0.65 g或以下者取若干片,使其总重约 6.50 g;片重大于 0.65 g 者取 10 片;按新药典规定进行检查,减失质量不得超过 1%,并不得检出断裂、龟裂及粉碎片。

(4)崩解时限

崩解是指片剂等固体制剂在规定时限内全部碎解或溶散,除不溶性包衣材料外,应全部通过筛网。《中国药典》(2015 版)规定见表 10.2。

表 10.2 片剂的崩解时限

片 剂	崩解时限/min
压制片	15
糖衣片	60
薄膜衣片	30
肠溶衣片	人工胃液中 2 h 不得有裂缝,崩解或软化等
	人工肠液中 1 h 全部溶散或崩解并通过筛网
泡腾片	5
浸膏片	60

除规定进行"溶出度"检查的片剂以及某些特殊的片剂(如口含片、咀嚼片等),一般的口服片剂均需做崩解时限检查。

(5)溶出度

溶出度是指在规定介质中药物从片剂等固体制剂中溶出的速度和程度。片剂中除规定有崩解时限外,对以下情况还要进行溶出度的测定以控制或评定其质量:

①含有在消化液中难溶的药物。

②与其他成分容易发生相互作用的药物。

③久储后变为难溶性物。

④剂量小、药效强、副作用大的药物片剂。

测定溶出度的方法有转篮法、桨法及小杯法等数种,具体方法按《中国药典》(2015 版)二部附录检查。

(6)含量均匀度

含量均匀度系指小剂量药物在每个片剂中的含量是否偏离标示量以及偏离的程度,必须由逐片检查的结果才能得出正确的结论。除另有规定外,每片(个)标示量小于 10 mg 或主药含量小于每片(个)质量的 5% 者,均应检查含量均匀度。具体方法按《中国药典》(2015 版)二部附录进行检查。凡检查含量均匀度的制剂,不再检查重(装)量差异。

(7)微生物方面的检查

按国家制订的药品卫生标准,片剂不得检出大肠杆菌及活螨,每克含细菌数不得超过 1 000 个,霉菌数不得超过 100 个。

实例解析 1　复方乙酰水杨酸片——含性质不稳定成分

【处方】乙酰水杨酸(阿司匹林)268 g　滑石粉 25 g（5%）　对乙酰氨基酚(扑热息痛)136 g　轻质液状石蜡 2.5 g　咖啡因 33.4 g　酒石酸 2.7 g　淀粉浆(5%～17%)85 g　淀粉266 g　共制成 1 000 片。

【分析】①乙酰水杨酸为化学不稳定的药物,生产车间中的湿度不宜过高,以免发生水解。②处方中的液状石蜡为滑石粉的 10%,可使滑石粉更易于粘附在颗粒的表面上,在压片震动时不易脱落。③淀粉的剩余部分作为崩解剂而加入,采用内外加法,以增强崩解效果,但要注意混合均匀。

在本品中加其他辅料的原因及制备时应注意的问题如下:乙酰水杨酸遇水易水解成水杨酸和醋酸,其中水杨酸对胃黏膜有较强的刺激性,长期应用会导致胃溃疡。因此,本品中加入乙酰水杨酸量 1% 的酒石酸,可在湿法制粒过程中有效地减少乙酰水杨酸水解。乙酰水杨酸的水解受金属离子的催化,因此必须采用尼龙筛网制粒,同时不得使用硬脂酸镁,因而采用5% 的滑石粉作为润滑剂。乙酰水杨酸具有一定的疏水性(接触角 θ=73°～75°),因此必要时可加入适宜的表面活性剂,如聚山梨酯-80 等,加快其崩解和溶出(一般加入 0.1% 即可有显著的改善)。乙酰水杨酸的可压性极差,因而采用了较高浓度的淀粉浆(15%～17%)作为粘合剂。为了防止乙酰水杨酸与咖啡因等的颗粒混合不均,可采用滚压法或重压法将乙酰水杨酸制成干颗粒,然后再与咖啡因等的颗粒混合。本品中 3 种主药混合制粒及干燥时易产生低共熔现象,所以采用分别制粒的方法,并且避免乙酰水杨酸与水直接接触,从而保证了制剂的稳定性。乙酰水杨酸遇水易水解,宜选用粒状细小结晶(即能通过 40～60 目筛),便于直接压片。

遇到乙酰水杨酸这样理化性质不稳定的药物时,要从多方面综合考虑其处方组成和制备方法,从而保证用药的安全性、稳定性和有效性。

【制法】①将咖啡因、对乙酰氨基酚混合后过 100 目尼龙筛,再与约 1/3 量的淀粉混匀,加淀粉浆(15%～17%)制软材。②过 14 目或 16 目尼龙筛制湿颗粒,于 70 ℃干燥,干颗粒过 12 目尼龙筛整粒。③将整粒好的颗粒与乙酰水杨酸的粒状结晶混合均匀。④加剩余的淀粉(预先在 100～105 ℃干燥)及吸附有液状石蜡的滑石粉(将轻质液体石蜡喷于滑石粉中),共同混匀后,再过 12 目尼龙筛。⑤颗粒经含量测定合格后,用 12 mm 冲压片,即得。

实例解析 2　复方磺胺甲基异恶唑片——含难溶性药物

【处方】磺胺甲基异恶唑(SMZ) 400 g　干淀粉 23 g(4%左右)　三甲氧苄氨嘧啶(TMP) 80 g　硬脂酸镁 3 g(0.5%左右)　淀粉 40 g　10% 淀粉浆 24 g　制成 1 000 片(每片含 SMZ0.4 g)。

【分析】①处方中 SMZ 为主药,TMP 为抗菌增效剂常与磺胺类药物联合应用从而使药物对革兰阴性杆菌(如痢疾杆菌、大肠杆菌等)有更强的抑菌作用。②淀粉主要作为内加崩解剂;干淀粉为外加崩解剂;淀粉浆为粘合剂;硬脂酸镁为润滑剂。③磺胺嘧啶的水溶性差,有一定疏水性,可取其细粉,用淀粉浆或含 HPMC 的淀粉浆为粘合剂制粒压片,用羧甲基淀粉钠为崩解剂,采用内-外加法;加入适宜的表面活性剂如泊洛沙姆;控制硬脂镁的用量在 0.1%～0.5%,制成的片剂溶出度好。④如使用 3% HPMC 为粘合剂,应提前配制,充分搅匀后使用,否则影响崩解。⑤SMZ、TMP 必须分别粉碎,否则易产生熔融。

【制法】①将 SMZ、TMP 分别粉碎过 80 目筛,与淀粉混匀。②加淀粉浆制成软材,以 14 目筛制粒后,置 70～80 ℃干燥。③干燥后于 12 目筛整粒,加入干淀粉及硬脂酸镁混匀后,压片,即得。

实例解析 3　硝酸甘油片——含有小剂量药物成分

【处方】硝酸甘油 0.6 g　硬脂酸镁 1.0 g　空白颗粒 120 g。空白颗粒处方:乳糖 88.8 g　糖粉 38.0 g　17% 淀粉浆适量　共制成 1 000 片(每片含硝酸甘油 0.5 mg)。

【分析】①硝酸甘油是通过舌下吸收治疗心绞痛的小剂量药物的片剂,不宜加入不溶性的辅料(除微量的硬脂酸镁作为润滑剂以外)。②为防止混合不均造成含量均匀度不合格,采用主药溶于乙醇再加入(也可采用喷入)空白颗粒中的方法。③硝酸甘油为无色透明的油状液体,易溶于乙醇等有机溶剂,生产时先将其溶于 90% 乙醇配制成 10% 的溶液,再喷入空白颗粒中。④在制备中应注意防止振动、受热和操作者吸入,以免造成爆炸以及操作者的剧烈头痛。也应避免接触皮肤,如有泄漏,应立即用稀氢氧化钠清洗,使硝酸甘油分解。⑤本品属于急救药,片剂不宜过硬,以免影响其舌下的速溶性。

【制法】①首先制备空白颗粒,然后将硝酸甘油制成 10% 的乙醇溶液(按 120% 投料)拌于空白颗粒的细粉中(30 目以下)。②过 10 目筛两次后,于 40 ℃以下干燥 50～60 min。③再与事先制成的空白颗粒及硬脂酸镁混匀,压片,即得。

实例解析 4　当归浸膏片——含中药浸膏的片剂

【处方】当归浸膏 262 g　硬脂酸镁 7 g　淀粉 40 g　滑石粉 80 g　轻质氧化镁 60 g　共制

成 1 000 片。

【分析】①当归浸膏中含有较多糖类物质,引湿性较大,加入适量滑石粉(60 g)可以克服操作上的困难。②当归浸膏中含有挥发油成分,加入轻质氧化镁吸收后有利于压片。③本制剂的物料易造成粘冲,可加入适量的滑石粉(20 g)改善,并控制生产环境在相对湿度70%以下压片。④本品常包成红色糖衣片。

【制法】①取浸膏,水浴加热(不用直火)至 60 ~ 70 ℃,搅拌使熔化。②将轻质氧化镁、滑石粉(60 g)及淀粉依次加入混匀,分铺于烘盘上,于 60 ℃以下干燥至含水量3%以下。③将烘干的片(块)状物粉碎成 14 目以下的颗粒,最后加入硬脂酸镁、滑石粉(20 g)混匀,过 12 目筛整粒。④压片、质检、包糖衣。

实例解析5　阿司匹林肠溶片——肠溶片剂

【处方】阿司匹林 300 g　淀粉 40 g　枸橼酸 15 g　干淀粉 70 g　淀粉浆(10%)适量　滑石粉 10 g　共制成 1 000 片(每片含主药 0.3 g)。

【分析】①阿司匹林为主药,淀粉为稀释剂兼有内加崩解剂的作用,淀粉浆为粘合剂,干淀粉为外加崩解剂,滑石粉为润滑剂。②枸橼酸能增加阿司匹林的溶解度。

【制法】①将阿司匹林及淀粉混合均匀,加入 10% 淀粉浆(含枸橼酸)制成软材。②用 14 目尼龙筛网制粒,60 ~ 70 ℃通风干燥。③干燥好的颗粒,12 目筛整粒,并加入干淀粉、滑石粉混匀。④压片,包肠溶衣,分装,即得。

实例解析6　维生素 C 泡腾片

【处方】维生素 C 100 g　酒石酸 450 g　碳酸氢钠 650 g　蔗糖粉 1 600 g　糖精钠 20 g　氯化钠适量　色素适量　香精适量　单糖浆适量　PEG-6000 适量　共制成 1 000 片。

【分析】①处方中维生素 C 为主药,碳酸氢钠和酒石酸为泡腾崩解剂,蔗糖粉为粘合剂,氯化钠、糖精钠、香精为矫味剂,PEG-6 000 为水溶性润滑剂。②泡腾片处方设计中也可以用碳酸氢钾、碳酸钙等代替碳酸氢钠,以适应某些不宜多食钠的患者。

【制法】①取维生素 C、酒石酸分别过 100 目筛,混匀。②以 95% 乙醇和适量色素溶液制成软材,过 14 目筛制湿粒,于 50 ~ 55 ℃干燥,备用。③另取碳酸氢钠、蔗糖粉、氯化钠、糖精钠和色糖浆适量制成软材,过 12 目筛,于 50 ~ 55 ℃干燥。④将上述干颗粒混合,16 目筛整粒,加适量香精的醇溶液,密闭片刻,加适量 PEG-6000 混匀,压片。

综合测试

一、单项选择题

1. 某片剂平均片重为 0.2 克,其质量差异限度为(　　　)。

    A. ±1%　　　　　B. ±2.5%　　　　　C. ±5%　　　　　D. ±7.5%

2. 《中国药典》(2015 版)规定普通片的崩解时限为(　　　)分钟。

A. 60　　　　　　B. 45　　　　　　C. 15　　　　　　D. 30

3. 已检查含量均匀度的片剂,不必再检查(　　)。

　　A. 硬度　　　　　　B. 溶解度　　　　　　C. 崩解度　　　　　　D. 片重差异限度

4. 片剂的泡腾崩解剂是(　　)。

　　A. 枸橼酸与碳酸钠　　　　　　　　　　B. 酒石酸与碳酸钠

　　C. 枸橼酸与碳酸氢钠　　　　　　　　　D. 预胶化淀粉

5. 为增加片剂的体积和质量,应加入的附加剂是(　　)。

　　A. 吸收剂　　　　　B. 崩解剂　　　　　C. 稀释剂　　　　　D. 润滑剂

二、多项选择题

1. 压片时出现松片现象,下列哪种做法是正确的? (　　)

　　A. 调慢压片车速　　　　　　　　　　B. 颗粒含水量控制适中

　　C. 减少压片机压力　　　　　　　　　D. 选黏性较强的粘合剂

2. 剂量很小,且对湿热很不稳定的药物可采取(　　)。

　　A. 挤压制粒压片　　　　　　　　　　B. 空白颗粒压片

　　C. 喷雾干燥制粒压片　　　　　　　　D. 粉末直接压片

3. 可以避免肝脏首过效应的片剂类型有(　　)。

　　A. 舌下片　　　　　B. 分散片　　　　　C. 咀嚼片　　　　　D. 植入片

4. 片剂的质量检查项目有(　　)。

　　A. 片重差异　　　　B. 脆碎度　　　　　C. 崩解度　　　　　D. 外观

5. 引起片重差异超限的原因有(　　)。

　　A. 颗粒的流动性不好　　　　　　　　B. 加料斗内物料的质量波动太太

　　C. 颗粒中细粉过多　　　　　　　　　D. 冲头与模孔吻合性不好

三、简答题

1. 压片前要进行压片机地组装,请简述组装顺序。

2. 简述糖衣片和薄膜衣片的包衣过程。

3. 压片机的预压装置有什么作用?

4. 压片过程中细粉过多,对片剂质量有什么影响?

5. 压片过程中出现粘冲应如何处理?

技能训练 10.1　空白片的制备及包衣

【实训目的】

①掌握制备片剂、包衣的方法及操作要点;能按操作规程正确使用单冲压片机、包衣机。

②熟悉片剂处方中各辅料的作用及质量要求;能对压片、包衣过程中出现的不合格片进行判断,并能分析原因,提出解决方法。

③能对普通片进行质量检查;能进行单冲压片机、高效包衣机的清洁与维护,能解决压片、

包衣过程中设备出现的一般故障。

④能按清场规程进行清场工作。

【实训内容】

1)处方

①制备空白片的处方：有色淀粉(代主药,常用蓝淀粉)10 g　糖粉33 g　淀粉50 g　糊精12.5 g　50%乙醇22 mL　硬脂酸镁1 g　共制成1 000片。

②配制胃溶型薄膜衣液的处方：HPMC 30 g　PEG-4000 10 g　柠檬黄1 g　纯化水加至1 000 mL。

2)仪器与设备

①片剂的制备：单冲压片机、粉碎机、槽式混合机、摇摆式制粒机、烘箱、不锈钢盆、托盘、药筛、快速水分测定仪、溶出度测定仪、崩解仪、脆碎度仪、天平等。

②片剂的包衣：高效智能包衣机、蠕动泵、硬度仪、崩解仪、天平、不锈钢盆等。

3)制法

(1)物料的前处理

原辅料按生产工艺的要求,粉碎、过筛至适宜的程度。

(2)制颗粒

①备料：按处方量称取物料,物料要求能通过80目筛。称量时,应注意核对品名、规格、数量,并做好记录。

②混合：将有色淀粉与糖粉、糊精与淀粉分别采用等量递加混匀,然后将两者混合均匀,最后过60目药筛2~3次。

③制软材：在迅速搅拌状态下喷入适量50%乙醇溶液制备软材,软材以"手握成团、轻压即散"为度。

④制湿颗粒：将制好的软材用14目筛手工挤压过筛制粒。

⑤干燥：将制好的湿颗粒放入烘箱内,采用60 ℃进行干燥,在干燥过程中每小时将上下托盘互换位置,将颗粒翻动1次,以保证均匀干燥,干燥约2 h后,取样用快速水分测定仪测定含水量,当颗粒含水量<3%便可结束干燥。

⑥整粒：干燥后的颗粒采用10目筛挤压整粒,整粒后加入硬脂酸镁进行搅拌总混。

⑦将以上制得颗粒称重,计算片重。

(3)压片

①单冲压片机的安装：依次安装下冲、中模和上冲;安装加料斗。

②转动手轮,观察设备运行情况,若无异常现象,进行下一步操作。

③空机运转,观察设备运行情况,如无异常现象,进行下一步操作。

④将颗粒加入加料斗进行试压片,试压时先将片重调节器调试至片重符合要求,再调节压力调节按钮至硬度符合要求。

⑤试压后,进行正式压片。

⑥压片期间作好各种数据的记录。

⑦压片结束,停机。

（4）质量检查

参照《中国药典》（2015 版）。

①外观检查：取样品 100 片平铺白底板上，置于 75 W 白炽灯的光源下 60 cm 处，在距离片剂 30 cm 处用肉眼观察 30 s 进行检查。根据实验结果，判断是否合格。

②片重差异检查：选外观合格的片剂 20 片，按《中国药典》（2015 版）附录方法进行检查。根据实验结果，判断是否合格。

③崩解时限检查：从上述片重差异检查合格的片剂中取出 6 片，按现行版《中国药典》（2015 版）附录方法进行检查。根据实验结果，判断是否合格。

④脆碎度检查：从上述片重差异检查合格的片剂中取样（若片重小于或等于 0.65 g 取若干片，使总重约为 6.5 g；若片重大于 0.65 g 取 10 片），按《中国药典》（2015 版）附录方法进行检查。根据实验结果，判断是否合格。

（5）包衣液的配制

取 HPMC、PEG-4000 置于容器内，加入适量纯化水，密闭浸泡过夜，包衣前加入柠檬黄搅拌均匀，加纯化水至 1 000 mL。

（6）包衣操作

见正文片剂制备中的包衣操作。

（7）质量检查

①外观检查：取样品 100 片平铺白底板上，置于 75 W 白炽灯的光源下 60 cm 处，在距离片剂 30 cm 处用肉眼观察 30 s 进行检查。根据实验结果，判断是否合格。

②增重：取 20 片薄膜衣药片，精密称定总重，求平均片重与片芯平均片重比较。根据实验结果，判断是否合格。

③被覆强度检查：将包衣片 50 片置 250 W 红外线灯下 15 cm 处，加热 4 h 进行检查。根据实验结果，判断是否合格。

④崩解度：见空白片剂质量检查。

（8）清场

生产结束后，按清场规程进行清场工作。

【操作注意事项】

①有色淀粉与辅料一定要混合均匀，以免片剂出现色斑、花斑等现象。

②乙醇的量使用应根据实际生产条件有所增减。

③压片过程应经常检查片剂质量、硬度等，发现异常应立即停机进行调整，以免影响到片剂的质量。

④包衣过程中随时注意设备运行情况，出现故障及时处理。

⑤包衣时，应选择适当的进风温度、出风温度、锅体转速、压缩空气的压力，以保证包衣片的质量。

⑥包衣过程中，随时取样进行质量检查，控制包衣片增重。

【实训报告】

见附录。

项目 11　丸剂生产

📖 **项目描述**

　　丸剂是我国传统固体剂型之一,是很多中药制剂的主要剂型,在治疗一些慢性疾病如风湿、中风后遗症、心脑血管疾病、失眠等具有不可替代的效果,尤其是在亚健康状况较为普遍的当代中国具有很重要的存在价值。本项目主要介绍了市面上常见的丸剂的种类,重点阐述了浓缩丸、微丸、滴丸的生产工艺,讲述了丸剂的包衣技术和质量检查方法,通过本项目的学习可以满足制药企业丸剂生产的要求。

📖 **学习目标**

　　了解市面上常见丸剂的种类,熟悉和掌握浓缩丸、微丸、滴丸的生产工艺要求,熟悉丸剂的包衣技术和质量检查方法。

任务 11.1　认识丸剂

11.1.1　丸剂的定义

　　丸剂(Pills)是指药材细粉或药材提取物加适宜的粘合剂或其他辅料制成的球形或类球形供内服的制剂。丸剂是一种传统剂型,目前仍然应用广泛,尤其是在国家进行医改以来,在基本药物目录中存在大量的丸剂品种,它对广大人民群众的健康起着重要的作用。

11.1.2　丸剂的由来及特点

　　丸剂是中药传统剂型之一,最早见于《五十二病方》。对丸剂的应用历代文献多有论述,宋代《太平惠民和剂局方》记载方剂 788 个,其中有丸剂 284 个,占了将近 36%。《伤寒杂病论》《金匮要略》中已经有用蜂蜜、糖、淀粉糊、动物药汁制作丸剂粘合剂的记载。金元时代丸剂包衣开始出现,明代则开始出现朱砂包衣,一直沿用至今,如梅花点舌丸、妇科通经丸、七珍丸等。从清代开始有川蜡包衣,开始了肠溶衣丸剂的探索。

其中对丸剂的药性进行记载的《神农本草经》卷一记有:"药性有宜丸者、宜散者……并随药性,不得违越。"《苏沈良方》妙云:"大毒者须用丸……"此外,尚有"丸者,缓也,不能速去病,舒缓而治之也","炼蜜丸者,取其迟化"等论述。这些论著中的话语点明了传统的丸剂具有如下特点:

①固体、半固体和液体药物适合做成丸剂,中药原粉尤其适合做成丸剂。

②药物做成丸剂能够显著降低其毒性、刺激性,减少不良反应。

③药物做成丸剂,尤其是做成蜜丸能够使得药物溶散、释放药物缓慢,特别适合治疗一些慢性疾病和病后调和气血。

近年来,随着制剂技术的进步和制药设备的更新,丸剂也迎来了发展的春天,由于丸剂制备简便,适用范围广,不但适于大生产,也可小量制备,在众多新剂型不断涌现发展的今天,它仍然是临床常用的药物剂型之一。这些新兴的丸剂主要有浓缩丸、微丸、滴丸等,它们具有一些传统丸剂所没有具备的特性,某些丸剂通过特殊的制剂手段,一改往日里释放药物速度缓慢的特性,可以用于急救,例如复方丹参滴丸、麝香保心丸、苏冰滴丸等。

11.1.3　丸剂的分类

丸剂根据赋形剂分类可分为水丸、蜜丸、水蜜丸、糊丸、蜡丸;根据制法分类可分为泛制丸、塑制丸、滴制丸。除此之外,《中国药典》(2015版)一部中还将浓缩丸和微丸收载其中。

1)按照赋形剂分类

(1)水丸

水丸是指将药物细粉以纯化水或按处方规定的黄酒、醋、药材煎液、糖浆等作粘合剂而制成的丸剂,一般以水用泛制法制备,故又称水泛丸。水丸在消化道中崩解较快,发挥疗效亦较迅速,适用于解表剂与消导剂。由于不同的水丸质量多不相同,故一般按质量服用。如用于止咳平喘的咳嗽痰喘丸、用于舒肝健胃的逍遥丸等。

(2)蜜丸

蜜丸是指将药物细粉以炼蜜为粘合剂而制成的丸剂,一般用塑制法制备。亦可将蜂蜜加水稀释,用泛制法制成小蜜丸(又称水蜜丸)。蜜丸在胃肠道中逐渐溶蚀,故作用持久,适用于治疗慢性疾病和用作滋补药剂。如用于补气益血的八珍丸、用于清热解毒的银翘解毒丸等。

(3)糊丸

糊丸是指将药物细粉用米粉或面粉糊为粘合剂制成的丸剂。糊丸在消化道中崩解迟缓,适用于作用强烈或有刺激性的药物,但溶散时限不易控制,现已较少应用。如较为著名的抗癌药物西黄丸糊丸和用于消肿止痛的小金丸糊丸。

(4)蜡丸

蜡丸是指将药物细粉与蜂蜡混合而制成的丸剂。蜡丸在消化道内难于溶蚀和溶散,故在过去多用于剧毒药物制丸,但现已很少应用,《中华人民共和国药典》1977年版起制剂通则中已不再收载。

(5)浓缩丸

浓缩丸是指将处方中的部分药物经提取浓缩成膏后再与其他药物或适宜的辅料制成的丸

剂,可用塑制法或泛制法制备。浓缩丸减小了体积,增强了疗效,服用、携带及贮存均较方便,符合中医用药特点。如现在常用的用于补肾健脾六味地黄丸等。

2)按照制备方法分类

(1)塑制丸

塑制丸是指将药物细粉与适宜的粘合剂混合制成软硬适宜的可塑性丸块,然后再分割而制成的丸剂,如蜜丸、糊丸、部分浓缩丸等。常用设备如传统的捏合机、丸条机、扎丸机,以及现在比较常用的多功能制丸机、全自动制丸机等。

(2)泛制丸

泛制丸是指将药物细粉用适宜的液体为粘合剂泛制而成的丸剂,如水丸、水蜜丸、部分浓缩丸、糊丸等。现在多采用莩茅式糖衣机来代替传统制药工具药匾来制备这种丸剂。

(3)滴制丸

滴制丸是指将主药溶解、混悬、乳化在一种熔点较低的脂肪性或水溶性基质中,滴入一种不相混溶的液体冷却剂中冷凝而制成的丸剂。滴丸生产线包括配料设备、滴丸机和离心机等。

这些不同类型丸剂的特点和制备方法见表11.1。

表11.1　不同丸剂比较表

种　类	含　　义	制　法	辅　料	特　点
水丸	水丸是指药材细粉以水(黄酒、醋稀药汁、糖水等)为粘合剂制成的丸剂	泛制法为主,个别用塑制法	水、黄酒、白酒、米醋蔗糖	药可以分层泛入;药丸较小,耗费工时较长
蜜丸	蜜丸是指药材细粉以蜂蜜为粘合剂制成的丸剂,其中每丸质量在0.5 g以上的称为大蜜丸,以下的称为小蜜丸	塑制法	蜂蜜	蜂蜜具有补中益气的功效;不适合与糖尿病病人;药丸较大不宜吞服
水蜜丸	水蜜丸是指药材细粉以蜂蜜和水为粘合剂制成的丸剂	泛制法和塑制法	水、蜂蜜	节省蜂蜜降低成本;丸粒较小宜吞服
浓缩丸	浓缩丸是部分药材或者药材提取浓缩后跟适宜的辅料或者其余药材粉末,以水、蜜或者水和蜂蜜为粘合剂制成的丸剂。根据所用的粘合剂不同分为浓缩水丸和浓缩蜜丸以及浓缩水蜜丸	泛制法、塑制法	水、蜂蜜	有效成分含量高;崩解时间长;丸粒小易于吞服
糊丸	糊丸是指药材细粉以米糊或者面糊为粘合剂制成的丸剂	塑制法、泛制法	米粉、面粉	释药缓慢、减少刺激;溶散时间较长
蜡丸	蜡丸是指药材细粉以蜂蜡为粘合剂制成的丸剂	塑制法	蜂蜡	释药缓慢、减少刺激

种 类	含 义	制 法	辅 料	特 点
微丸	微丸是指直径小于2.5 mm的各类丸剂	泛制法、塑制法	较多（省略）	释药稳定,可靠均匀;比表面积大,生物利用度高;根据需要释放药物（速效释放、缓慢释放、控制释放）
滴丸	滴丸是指药材经过适宜的方法提取、纯化、浓缩并与适宜的基质加热熔融混匀后,滴入不相容的冷凝剂中,收缩冷凝成丸状制剂	滴制法	较多（省略）	起效迅速,生物利用度高;生产效率高;用药部位多;载药量小

11.1.4 国内知名丸剂生产企业及其代表性丸剂产品

国内丸剂的生产企业中较突出的首列同仁堂,其代表性丸剂产品有安宫牛黄丸,具有清热解毒,镇惊开窍的功效,用于热病,邪入心包,高热惊厥,神昏谵语等疾病的治疗;大活络丸,具有祛风、舒筋、活络、除湿等功效,用于风寒湿痹引起的肢体疼痛,手足麻木,筋脉拘挛,中风瘫痪,口眼歪斜,半身不遂等症状的治疗;牛黄清心丸,具有益气养血,镇静安神,化痰熄风等功效,用于气血不足、痰热上扰引起的胸中郁热、惊悸虚烦、头目眩晕、中风不语等症状的治疗。

除此之外,太极集团的代表性丸剂是生力雄丸,具有补肾壮阳,益髓填精的功效,用于肾精亏损,性欲减退,阳痿早泄,夜尿频多,腰膝酸软,畏寒肢冷,白发脱发等症状的治疗;修正药业集团的代表性丸剂产品咳喘顺丸具有宣肺化痰,止咳平喘的功效,用于痰浊壅肺、肺气失宣所致的咳嗽、气喘、痰多、胸闷,慢性支气管炎等症状的治疗;舒筋活络丸,具有活血舒筋,祛风除湿的功效,用于风湿痹痛,手足麻木酸软等症状的治疗。

任务 11.2　浓缩丸生产技术

11.2.1　浓缩丸概述

1)浓缩丸的概念及特点

浓缩丸系指饮片或部分饮片提取浓缩后,与适宜的辅料或其余饮片细粉,以水、蜂蜜或蜂蜜和水为粘合剂制成的丸剂,又称为药膏丸、浸膏丸。浓缩丸根据所用粘合剂的不同,分浓缩水丸、浓缩蜜丸和浓缩水蜜丸。

浓缩丸是目前丸剂中较好的一种剂型,其特点是药物全部或部分经过提取浓缩,体积缩小,易于服用和吸收,发挥药效好;同时利于保存,不易霉变。新药典规定大、小蜜丸一次口服9 g,制成浓缩丸后仅服2.6 g,服用量为蜜丸的1/4。

2) 市面上常见的浓缩丸及其功效

（1）补中益气丸

补中益气丸具有补中益气的功效。常用于体倦乏力、内脏下垂等症状的治疗。

（2）十全大补丸

十全大补丸具有温补气血的功效。用于气血两虚,面色苍白,气短心悸,头晕自汗,体倦乏力,四肢不温,月经量多等症状的治疗。

（3）归脾丸

归脾丸具有益气健脾,养血安神的功效。用于心脾两虚,气短心悸,失眠多梦,头昏头晕,肢倦乏力,食欲不振等症状的治疗。

（4）杞菊地黄丸

杞菊地黄丸具有滋肾养肝的功效。用于肝肾阴亏,眩晕耳鸣,羞明畏光,迎风流泪,视物昏花等症状的治疗。

（5）五子衍宗丸

五子衍宗丸具有补肾益精的功效。用于肾虚精亏所致的阳痿不育,遗精早泄,腰痛,尿后余沥等症状的治疗。

（6）脑得生丸

脑得生丸具有活血化瘀,痛经活络的功效。用于瘀血阻络所致的眩晕、中风,肢体不用,语言不利及头晕目眩,脑动脉硬化,缺血性脑中风及脑出血后遗症等方面的治疗。

（7）香砂养胃丸

香砂养胃丸具有温中和胃的功效。用于不思饮食,胃脘满闷或泛吐酸水等症状的治疗。

（8）龙胆泻肝丸

龙胆泻肝丸具有清肝胆,利湿热的功效。用于肝胆湿热,头晕目赤,耳鸣耳聋,胁痛口苦,尿赤,湿热带下等症状的治疗。

（9）防风通圣丸

防风通圣丸具有解表通里,清热解毒的功效。用于外寒内热,表里俱实,恶寒壮热,头痛咽干,小便短赤,大便秘结,风疹湿疮等症状的治疗。

（10）小柴胡汤丸

小柴胡汤丸具有和解少阳,疏利肝胆,通达表里的功效。用于少阳病,往来寒热,胸胁胀满,默默不欲饮食,心烦喜呕,口苦咽干,头晕目眩;或腹中痛,或胁下痛,或渴,或咳,或利,或悸,或小便不利,或汗后余热不解及症发寒热,妇人伤寒热入血室等症状的治疗。

11.2.2　浓缩丸的制备

浓缩丸的制备方法主要有两种,即泛制法和塑制法。

1) 泛制法

水丸型浓缩丸采用泛制法制备。取处方中部分药材提取浓缩成膏做粘合剂,其余药材粉碎成细粉用于泛丸;或用稠膏与细粉混合成块状物,干燥后粉碎成细粉,再以水或不同浓度的乙醇为润湿剂泛制成丸。具体操作同水丸。

2）塑制法

蜜丸型浓缩丸采用塑制法制备。取处方中部分药材提取浓缩成膏做粘合剂,其余药材粉碎成细粉,再加入适量的炼蜜混合均匀,再制丸条,分粒,搓圆,即得。具体操作同蜜丸。

11.2.3　浓缩丸的生产要求

1）浓缩丸的生产工艺流程

在医药工业生产上,浓缩丸的制备一般采用塑制法来生产,具体工艺流程如图11.1所示。

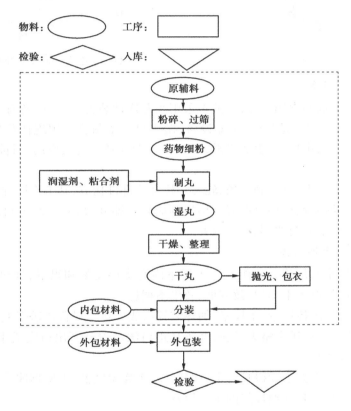

图11.1　浓缩丸生产工艺流程图

（注:虚线框内代表30万级或以上洁净生产区域）

2）常用的丸剂生产设备

丸剂的制备方法有泛制法和塑制法,泛制法如同"滚雪球",塑制法如同"搓汤丸"。蜜丸和蜡丸常用塑制法制造,水丸、水蜜丸、糊丸、浓缩丸可用泛制法或塑制法制造。

（1）泛制法制丸设备

泛制法常用糖衣锅制丸。泛丸设备主要由糖衣锅、电器控制系统、加热装置组成,糖衣锅泛丸是将药粉置于糖衣锅中,用喷雾器将润湿剂喷入糖衣锅内的药粉上,转动糖衣锅或人工搓揉使药粉均匀润湿,成为细小颗粒,继续转动成为丸模,再撒入药粉和润湿剂,滚动使丸模逐渐增大成为坚实致密、光滑圆整、大小适合的丸子,经过筛选,剔除过大或过小的丸子,最后一次加入极细粉盖面,润湿后滚动磨光、干燥、抛光筛分即得,具体如图11.2所示。

图11.2　糖衣锅外形图

图11.3　全自动制丸机外形图

（2）塑制法制丸设备

塑制法是制备丸剂的常用方法,目前多采用制丸连动装置,主要设备有全自动制丸机(图11.3),辅助设备有炼蜜锅、混合机、干燥设备、抛光机。塑制法利用现代化生产设备,自动化程度高,工艺简单,丸大小均匀、表面光滑,而且粉尘少,污染少,效率高,目前药厂多采用塑制法制备中药丸剂。

全自动制丸机主要由捏合、制丸条、轧丸和搓丸等部件构成,其工作原理是:将药粉置于混合机中,加入适量的润湿剂或粘合剂混合均匀制成软材即丸块,丸块通过制条机制成药条,药条通过顺条器进入有槽滚筒切割、搓圆成丸。

（3）常用的丸剂干燥设备

①烘箱:由干燥室和加热装置组成。干燥室内有多层支架和烘盘,加热装置可用电或蒸汽。烘箱的成本低,但烘干不均匀,效率低、效果不理想。

②红外烘干隧道:由传送带、干燥室、加热装置组成。将物料置传送带上,开动传送带并根据物料性质调整速度。传送带略为倾斜,丸子从进口滚动着移至出口完成干燥过程。隧道式烘箱烘干较均匀,效率高。

③微波烘干隧道:微波干燥机具有干燥时间短、干燥温度低、干燥物体受热均匀等优点,能满足水分和崩解的要求,是丸剂理想的干燥设备。

实例解析1　安神补心丸制备

【处方】丹参150 g　五味子(蒸)75 g　石菖蒲50 g　安神膏280 g。

【制法】①取合欢皮、菟丝子、墨旱莲各3份及女贞子(蒸)4份、首乌藤5份、地黄2份、珍珠母20份,混合,加水煎煮两次,第一次3 h,第二次1 h。②合并煎液,滤过,滤液浓缩至相对密度为1.21(80~85 ℃)。③将丹参、五味子、石菖蒲粉碎成细粉,按处方量与安神膏混合制丸,干燥,打光或包糖衣,即得。

【功能与主治】养心安神。用于治疗阴血不足引起的心悸失眠、头晕耳鸣。

【制备操作要点】①使用的安神膏浓缩程度要适宜,以保证与其他药粉混合后丸块黏度适中。②用塑制法制丸,该丸剂制备完成后需要及时干燥。

任务 11.3　微丸生产技术

11.3.1　微丸概述

1)微丸的概念及由来

微丸又称小丸(Pellet),是指直径约为 1 mm,一般不超过 2.5 mm 的小球状内服剂型,在制药工业中制备的小丸通常为 500 ~ 1 500 μm。小丸可装入胶囊、压成片剂或采用其他包装供临床使用。采用不同的处方及制备方法,可将药物制成速释、缓释或其他用途的微丸剂。

我国很早就有微丸制剂,如知名的"六神丸""保济丸""人丹"等都是微丸药物制剂的典型代表。1949 年 Smith Kline 和 French 等认识了微丸在缓控释制剂方面的潜力,将微丸装入胶囊制成适合临床的缓控释制剂,使得微丸制剂得到了较大发展,如国内知名的"康泰克""洛赛克"均是微丸制剂。

2)微丸剂的优点

微丸是一种多单元剂量分散型剂型,即一个剂量往往由多个分散的单元组成,通常一个剂量由几十至几百个小丸组成,与其他单剂量剂型相比,具有如下优点:

①微丸服用后可广泛分布在胃肠道内,由于剂量倾出分散化,药物在胃肠道表面分布面积增大,使药物生物利用度增大的同时对胃肠道的刺激性减少或消除。

②微丸在胃肠道内基本不受食物输送节律影响,直径小于 2 mm 的微丸,即使当幽门括约肌闭合时,仍能通过幽门,因此小丸在胃肠道的吸收一般不受胃排空影响,对于同样工艺质量的产品,增强了获得重现性较好的临床效果的可能性。

③微丸的释药行为是组成一个剂量的各个小丸释药行为的总和,个别小丸在制备上的失误或缺陷不至于对整体制剂的释药行为产生严重影响,因此在释药规律的重现性、一致性方面优于缓释片剂。

④几种不同释药速率的小丸可按需要制成胶囊,服后既可使血药浓度迅速达到治疗效果,又能维持较长作用时间,血药浓度平稳,有重现性,不良反应发生率低。

⑤由不同小丸组成的复方胶囊可增加药物稳定性,提高疗效,降低不良反应,而且生产时便于控制质量。

⑥外形美观,流动性好,粉尘少。

3)微丸的类型

按照微丸剂的处方组成、结构和释放药物的机制的不同,微丸可以分为下述两种类型。

(1)骨架微丸

骨架微丸是选用水不溶性辅料如乙基纤维素、微晶纤维素、单硬脂酸甘油、硬脂酸、硬脂醇、氢化蓖麻油、巴西棕榈蜡、乙酸丁酸纤维、聚乙烯-醋酸乙烯共聚物和聚甲基丙烯酸的衍生物、羟丙基甲基纤维素等与药物混合,再加入一些其他成型辅料如乳糖或者调节释药速率的辅料如 PEG 类、表面活性剂等,通过适当的方法制成。

（2）膜控微丸

膜控微丸是通过薄膜包衣来实现特定功能的给药系统,由丸芯与外包薄膜衣两部分组成,丸芯起载药作用,薄膜衣起控制药物释放的作用,包衣材料及包衣组成因不同的给药特点而异,由于膜控微丸是通过包衣膜来控制药物在体内外的释放速率,因此成膜材料的选择、包衣膜的处方组成在很大程度上决定了这种制剂的定位或控释作用的效果。

4）市面上常见的微丸及其功效

（1）奥美拉唑微丸

奥美拉唑微丸具有抗菌消炎的功效。主要用于十二指肠溃疡和胃溃疡、反流性食管炎等疾病的治疗。

（2）葛根芩连微丸

葛根芩连微丸具有解肌,清热,止泻止痢的功效。用于泄泻痢疾、身热烦渴、下痢臭秽、菌痢肠炎等症状的治疗。

（3）长春胺缓释微丸

长春胺缓释微丸具有促进神经系统修复的功效。本品用于治疗衰老期心理行为障碍（如警觉性和记忆力丧失、头晕、耳鸣、时间与空间定向为障碍、失眠）。也可用于急性脑血管病及脑外伤后综合征的治疗。

（4）盐酸尼卡地平缓释微丸

盐酸尼卡地平缓释微丸具有降低血压的功效。用于原发性高血压的治疗。

（5）清胃止痛微丸

清胃止痛微丸具有清胃泻火,柔肝止痛的功效。用于消化性溃疡、慢性浅表性胃炎火郁证,胃脘灼热疼痛,泛酸嘈杂,口苦纳差,心烦易怒等症状的治疗。

11.3.2　微丸的制备

微丸最早的制备方法是手工泛丸,但该操作不但烦琐,而且成品质量,如含量、崩解、微生物均不能有效控制。随着微丸在制剂中的优势得到认可,微丸在制剂中应用的加大,其制备技术也在迅速发展,各种制丸方法不断产生,生产工艺从最早的手工制作,发展到半机械化,日前已进入智能化、全自动化的制备阶段。

1）骨架微丸的制备

骨架微丸的基本处方除包含骨架材料外,其他组分类似于普通颗粒,有稀释剂、胶黏剂以及其他调节释药速率的辅料如聚乙二醇类、表面活性剂等。一般骨架微丸的特定功能主要通过骨架材料的性质来实现。骨架微丸可通过如下方法和设备来制备。

（1）包衣锅制备微丸

包衣锅制备微丸是比较传统的制备方法。又分为滚动泛丸法、湿颗粒滚动成丸法和空白丸芯滚丸法。

①滚动泛丸法：将药物和辅料混合粉末直接置包衣锅中，喷洒润湿剂或粘合剂，滚动成丸。如卡托普利控释微丸的制备就采用该方法。

②湿颗粒滚动成丸法：将药物与辅料粉末混合均匀，加入粘合剂制成软材，过筛制粒，于包衣锅或旋转式制粒机中滚制成小球，包衣后即得所需微丸。为了改善圆整度，还可在颗粒滚制成球的过程中喷入液体粘合剂或润湿剂，撒入药物或药物与辅料的混合粉末。如此反复操作，制成大小适宜、网整度较好的微丸。如肠溶红霉素微丸的制备可采用此法，具体方法是将红霉素与辅料充分混合，湿法制粒。于包衣锅中以一定转速滚制成丸，干燥后再包肠溶衣即得。

③空白丸芯滚丸法：采用球形空白丸芯为种子，置包衣锅中，喷入适宜粘合剂溶液，撒入药物粉末或药物与辅料的混合粉末，滚转成丸；也可将药物溶解或混悬于溶液中，喷包在丸芯上成丸，因载药量较少，一般约负载50%的药量，适于剂量较小的药物制丸。用包衣锅制微丸，影响微丸圆整度的因素很多，主要有药物粉末的性质；赋形剂及粘合剂的种类和用量；环境的温、湿度；物料一次投入量的多少；包衣锅的形状、转速、倾角；母核的形状等。传统的包衣锅泛丸存在对操作者的经验要求高、劳动强度大、干燥能力低的缺点，由于喷雾是间断的，生产效率极低、成品收率低、工艺重复性极差、粉尘污染大、通过验证困难。因此现在多采用高效无孔包衣机，它具有埋管式送风装置，干燥是以对流方式进行的，其特点是：

a. 干燥速度高，操作时间短。

b. 热风穿过物料层，热利用率高，能量损失小。

c. 密闭操作. 无粉尘飞扬，交叉污染小。

d. 连续喷雾，可采用程控操作。

e. 制得微丸圆整度高，脆碎度较挤压抛圆法高。

f. 对成丸辅料没有特殊要求，在一定程度上弥补了包衣锅制丸的不足。

（2）**离心造粒法制备微丸**

离心造粒法制备微丸是应用离心造粒机可在密闭的系统内完成混合、起母、放大、成丸、干燥和包衣全过程，造出圆而均匀的球粒。离心造粒的主机是一台同时具有流化作用的离心机，制丸时可将部分药物与辅料的混合细粉或母核直接投入离心机流化床内并鼓风，粉料在离心力及摩擦力的作用下，在定子和转子的曲面上形成涡旋运动的粒子流，使粒子得以翻滚和搅拌均匀，通过喷枪喷射入适量的雾化浆液，粉料凝聚成粒，获得球形母核，然后继续喷入雾化浆液并喷撒含药粉料，使母核增大成丸。微丸干燥后，喷入雾化的合适包衣液，使微丸表面包上一定厚度的衣料，即得膜控微丸。

本方法也可以采用空白丸芯投入离心机流化床内并鼓风，然后喷入雾化浆液并喷洒含药粉料，达到合适的厚度后，干燥，喷入雾化的合适包衣液进行包衣。该方法具有成丸速度快、丸粒圆整度高、药粉粘锅少、省时省力等优点。在生产实践上盐酸地尔硫卓控释微丸采用该方法制备。

（3）**沸腾床制粒包衣法制备微丸**

沸腾床制粒包衣法制备微丸也称为流化床制丸法，设备由空气压缩系统、动力加热系统、喷雾系统及控制系统组成。其方法是将物料置于流化室内，一定温度的空气由底部经筛网进入流化室，使药物、辅料在流化室内悬浮混合，然后喷入雾化粘合剂，粉末开始聚结成均一的球粒，当颗粒大小达到规定要求时停止喷雾，形成的颗粒直接在流化室内干燥。

微丸的包衣也在该流化床内进行,因微丸始终处于流化状态,可有效地防止粘连现象。该法的优点是在一个密闭系统内完成混合、制粒、干燥、包衣等工序,缩短操作时问;制得的微丸大小均匀,粒度分布较窄。外形圆整,无粘连;流化床没有粉末回收装置,原辅料不受损失,包衣液的有机溶剂也可回收,有利于操作环境的改善和生产成本的降低。

2)膜控微丸的制备

膜控微丸需先制备含药丸芯,通过外包薄膜衣来控制药物释放即得。丸芯的制备方法同骨架微丸的制备,薄膜包衣材料和包衣工艺如下所述。

(1)薄膜包衣材料

薄膜包衣材料通常由高分子材料、增塑剂、速度调节剂、增光剂、固体物料、色料和溶剂等组成。

①高分子包衣材料:按衣层的作用分为普通型、缓释型和肠溶型3大类。

a.普通型薄膜包衣材料:主要用于改善吸潮和防止粉尘污染等,如羟丙基甲基纤维素、甲基纤维素、羟乙基纤维素、羟丙基纤维素等。

b.缓释型包衣材料:常用中性的甲基丙烯酸酯共聚物和乙基纤维素,在整个生理 pH 值范围内不溶。甲基丙烯酸酯共聚物具有溶胀性,对水及水溶性物质有通透性,因此可作为调节释放速度的包衣材料。乙基纤维素通常与 HPMC 或 PEG 混合使用,产生致孔作用,使药物溶液容易扩散。

c.肠溶型包衣材料:肠溶聚合物有耐酸性,在肠液中溶解,常用的有醋酸纤维素酞酸酯(CAP),聚乙烯醇酞酸酯(PVAP),甲基丙烯酸共聚物,醋酸纤维素苯三酸酯(CAT),羟丙基纤维素酞酸酯(HPMCP),丙烯酸树脂 EuS100、EuL100 等。

②增塑剂:增塑剂改变高分子薄膜的物理机械性质,使其更具柔顺性。聚合物与增塑剂之间要具有化学相似性,例如甘油、丙二醇、聚乙二醇等带有羟基,可作某些纤维素衣材的增塑剂;精制椰子油、蓖麻油、玉米油、液状石蜡、甘油单醋酸酯、甘油三醋酸酯、二丁基癸二酸酯和邻苯二甲酸二丁酯(二乙酯)等可用作脂肪族非极性聚合物的增塑剂。

③释放速度调节剂:又称释放速度促进剂或致孔剂。在薄膜衣材料中加有蔗糖、氯化钠、表面活性剂、聚乙二醇等水溶性物质时,一旦遇到水,水溶性材料迅速溶解,留下一个多孔膜作为扩散屏障。薄膜的材料不同,调节剂的选择也不同,如吐温、司盘、HPMC 作为乙基纤维素薄膜衣的致孔剂;黄原胶作为甲基丙烯酸酯薄膜衣的致孔剂。

④固体物料及色料:包衣过程中有些聚合物的黏性过大时,应适当加入固体粉末以防止颗粒或片剂的粘连。如聚丙烯酸酯中加入滑石粉、硬脂酸镁;乙基纤维素中加入胶态二氧化硅等。

色料的应用主要是为了便于鉴别、防止假冒,并且满足产品美观的要求,也有遮光作用,但色料的加入有时存在降低薄膜的拉伸强度、增加弹性模量和减弱薄膜柔性的作用。

(2)包衣的方法与设备

①包衣方法:有滚转包衣法、流化包衣法、压制包衣法。丸剂包衣最常用的方法为滚转包衣法。

②包衣设备有:

a.倾斜包衣锅和埋管包衣锅:倾斜包衣锅为传统的包衣机,包衣锅的轴与水平面的夹角为

30°~50°,在适宜的转速下,使物料既能随锅的转动方向滚动,又能沿轴的方向运动,作均匀而有效的翻转,使混合作用更好。但锅内空气交换效率低,干燥慢;气路不能密闭,有机溶剂污染环境等不利因素影响其广泛应用。其改良方式为在物料层内插进喷头和空气入口,称埋管包衣锅。这种包衣方法使包衣液的喷雾在物料层内进行,热气通过物料层,不仅能防止喷液飞扬,而且加快物料的运动速度和干燥速度。

b. 高效水平包衣锅:为改善传统的倾斜型包衣锅的干燥能力差的缺点而开发的新型包衣锅。其干燥速度快,包衣效果好,已成为包衣装置的主流。

加入锅内的丸剂随转筒运动被带动上升到一定高度后由于重力作用在物料层斜面上边旋转边滑下。在转动锅壁上装有带动颗粒向上运动的挡板,喷雾器安装于颗粒层斜面上部,向物料层表面喷洒包衣溶液,干燥空气从转锅前面的空气入口进入,穿过颗粒层从锅的夹层排出。这种装置适合于薄膜包衣和糖包衣。

高效水平包衣锅的特点是粒子运动不依赖空气流的运动,因此适合于丸剂和较大颗粒的包衣;在运行过程中可随意停止送入空气;粒子的运动比较稳定,适合易磨损的脆弱粒子的包衣;装置可密闭、卫生、安全、可靠。缺点是干燥能力相对较低,小粒子的包衣易粘连。

c. 转动包衣装置:是在转动造粒机的基础上发展起来的包衣装置,将物料加于旋转的圆盘上,圆盘旋转时物料受离心力与旋转力的作用而在圆盘上作圆周旋转运动,同时受圆盘外缘缝隙中上升气流的作用沿壁面垂直上升,颗粒层上部粒子靠重力作用往下滑动落入圆盘中心,落下的颗粒在圆盘中重新受到离心力和旋转力的作用而向外侧转动。这样粒子层在旋转过程中形成麻绳样旋涡状环流。喷雾装置安装于颗粒层斜面上部,将包衣液或粘合剂向粒子层表面定量喷雾,并由自动粉末撒布器撒布主药粉末或辅料粉末,由于颗粒群的激烈运动实现液体的表面均匀润湿和粉末的表面均匀粘附,从而防止颗粒间的粘连,保证多层包衣。需要干燥时从圆盘外周缝隙送入热空气。

转动包衣装置的特点:粒子的运动主要靠圆盘的机械运动,不需用强气流,防止粉尘飞扬;由于粒子的运动激烈,小粒子包衣时可减少颗粒间粘连;在操作过程中可开启装置的上盖,因此可以直接观察颗粒的运动与包衣情况。缺点是由于粒子运动激烈,易磨损颗粒,不适合脆弱粒子的包衣;干燥能力相对较低,包衣时间较长。

d. 流化包衣装置:分为流化型、喷流型、流化转动型,其中流化型为基本型,构造以及操作与流化制粒设备基本相同。

● 流化包衣装置的特点:粒子的运动主要依靠气流运动,因此干燥能力强,包衣时间短;装置为密闭容器,卫生安全可靠。缺点是依靠气流的粒子运动较缓慢,因此大颗粒运动较难,小颗粒包衣易产生粘连。

● 喷流型包衣装置的特点:喷雾区域粒子浓度低,速度大,不易粘连,适合小粒子的包衣;可制成均匀、圆滑的包衣膜。缺点是容积效率低,大型机的放大有困难。

● 流化转动型包衣装置的特点:粒子运动激烈,不易粘连;干燥能力强,包衣时间短,适合比表面积大的小颗粒的包衣。缺点是设备构造较复杂,价格高;粒子运动过于激烈易磨损脆弱粒子。

微丸通常不单独作为一个药物的给药剂型,通常灌装胶囊或压片后给药,因此其质量要求等同于胶囊或片剂质量要求。

任务 11.4　滴丸生产技术

11.4.1　滴丸概述

1) 滴丸的概念与特点

滴丸剂(Pills)是指固体或液体药物与适宜的基质加热熔融后溶解、乳化或混悬于基质中,再滴入不相混溶、互不作用的冷凝液中,由于表面张力的作用使液滴收缩成球状而制成的制剂。这种滴法制丸的过程,实际上是将固体分散体制成滴丸的形式。目前滴制法不仅能制成球形丸剂,也可以制成椭圆形、橄榄形或圆片形等异形丸剂。1933 年丹麦药厂率先使用滴制法制备了维生素 A、D 丸,国内则始于 1958 年并在 1977 版《中国药典》收载了滴丸剂剂型,到《中国药典》(2015 版)收载的滴丸剂已达 316 种,其中复方丹参滴丸剂走向了国际化道路。滴丸剂是一个发展较快的剂型,它主要具有如下 4 个方面的特点:

①设备简单、操作简便、生产工序少、自动化程度高。

②可增加药物稳定性。由于基质的使用,使易水解、易氧化分解的药物和易挥发药物包埋后,稳定性增强。

③可发挥速效或缓释作用。用固体分散技术制备的滴丸由于药物呈高度分散状态,可起到速效作用;而选择脂溶性好的基质制备滴丸由于药物在体内缓慢释放,则可起到缓释作用。

④滴丸可用于局部用药。滴丸剂型可克服西药滴剂的易流失、易被稀释,以及中药散剂的妨碍引流、不易清洗、易被脓液冲出等缺点,从而可广泛用于耳、鼻、眼、牙科的局部用药。

2) 滴丸剂的优点

跟传统剂型软膏剂、颗粒剂、散剂、片剂等相比,滴丸剂具有很多优点。

(1)提高药物溶出性能

滴丸剂制备基于固体分散体原理。将药物高度分散于水溶性基质中,药物以分子状态、胶态微晶、亚稳态微粒等高能态形式存在,易于溶出,故滴丸能够提高药物溶出速率。如非甾体消炎解热镇痛药布洛芬片常因药物溶出慢而起效延缓,为增加溶出速度,栾立标等将布洛芬制成滴丸,并考察其体外溶出度。研究结果表明:布洛芬滴丸 10 min 溶出率达 99.4%,高于市售布洛芬片的 38.9%。又如将雷公藤制成滴丸,其有效成分雷公藤内酯醇的溶出率 10 min 达 45%,远远高于雷公藤片 5% 的溶出率。可见滴丸剂确实解决了雷公藤中有效成分溶出问题。齐墩果酸难溶于水,胃吸收不好,孙淑英等将其制成滴丸,从而显著提高了药物的溶解度。

(2)增加药物稳定性

一些易水解、易氧化分解和易挥发的药物因在滴丸中被包埋而增加其稳定性。如丁香油为易挥发药物,制成复方麝香草脑滴丸后丁香油很好地包埋于高分子固体载体中,增强了药物的稳定性。又如舒心滴丸中的有效成分为易氧化挥发的药物,制成滴丸剂增加了有效成分的稳定性,减少了刺激性,掩盖了不良气味。

（3）降低药物不良性状

有些药物有不良的气味或者苦涩味，特别是中药或者植物药，制成滴丸可以改善这些不良性状。如用于治疗血瘀和止痛的名方失笑散，由于气味不良及服用不便使患者难以接受。伍小燕等将其改制成滴丸后无不良气味，味微苦、微咸、易于服用，而其药理作用与原剂型一致，故可用失笑滴丸代替失笑散。

因此，由于滴丸剂具有其他剂型不具备的突出特色。符合目前人们对现代药物制剂的"三小"（用量小、毒性小、副作用小）、"三效"（高效、长效、速效）和方便用药、方便携带、方便贮存等的要求，从而更加符合日益发展的临床需要，得以广泛应用于临床治疗。

3）滴丸剂的缺点

每种剂型都有各自的优缺点，滴丸剂同样如此，其不足具体表现在以下方面：

（1）载药量局限

目前，以滴制法制出的中药滴丸含药量较低，多数在70 mg以下，服用粒数多，除了受滴丸设备和方法的影响外，传统中药大多是复方制剂，要保持原有的疗效和特色。必须尽可能保存原药成分，因此造成服用粒数较多。如藿香正气滴丸每次服2.6 g（约100粒），这在一定程度上影响了滴丸剂型服用的方便性。

（2）适用范围小

在化学药中，由于载药量和制备方法的限制，可供选择的基质少，相对应用较少，难以扩大滴制的范围。对于中药或植物药处方，通常适用于组成少于6味的药品，如果药味过多，就会出现服用粒数过多的问题。

（3）影响成型因素较多

影响滴丸成型的因素较多，一方面来自于滴丸工艺，如滴头口径过大时，药液难以充满管口，造成丸重差异过大，收率偏低；温度过低时会导致药液于管口处凝固或发生滴丸表面不规则等现象。另一方面来自于设备的影响，目前国内生产滴丸机的企业约10家，70 mg以下规格产品的滴丸机已形成产业化和规模化，国内大滴丸机生产企业有4家，大多处于实验水平。烟台某公司的DWJ—2000D.D产业化大型自动化大滴丸机已达到了大规模生产的要求，但我国滴丸生产的整体设备水平有待提高，这些因素也影响了滴丸的广泛应用。

4）滴丸剂质量要求

根据《中国药典》（2015版）的有关规定，滴丸剂的质量应符合以下规定：
①滴丸应大小均匀，色泽一致，表面的冷凝液应除去。
②丸重差异小，丸重差异检查应符合规定。
③溶散时限、微生物限度检查应该符合规定。

11.4.2　滴丸剂的分类

滴丸剂根据不同的方式可以进行不同的分类。根据外观形式可分为常规滴丸、包衣滴丸、硬胶囊滴丸和脂质体滴丸；根据释放特性可分为速效滴丸、常规滴丸、缓控释滴丸、肠溶延时滴丸等；根据基质类型分为水溶性滴丸和脂溶性滴丸；根据药典上的注册分类可分为化学药滴丸和中药滴丸。上述分类方式之间存在一定程度的交叉，以下简单介绍这些分类中具有代表性的滴丸。

1) 以外观形式分类

目前市场上的滴丸主要是常规滴丸,包衣滴丸、硬质胶囊滴丸和脂质体滴丸在国内市场上上市的很少,大多处于研究开发阶段。

(1) 常规滴丸

常规滴丸制备的基本原理是将固体或者液体药物溶解、乳化或者混悬在适宜的熔融基质中,然后用适当规格的滴管滴入不相混溶的冷却液中,在表面张力的作用下滴液收缩成球状,迅速冷却凝固成丸状制剂。常规滴丸的制备方法主要适合于难溶性药物、植物药挥发油、液体药物或者有刺激性的药物。将其制备成丸剂可以增加药物的溶解度,减少刺激性和掩盖不良气味儿。

常规滴丸的典型品种包括化学药和中药。化学药中的典型品种有咳必清滴丸、枸橼酸喷托维林滴丸、度米芬滴丸、联苯双酯滴丸、马来酸氯苯那敏滴丸、炔诺酮滴丸、氯霉素滴丸等。中药滴丸主要有复方丹参滴丸、满山红油滴丸、速效救心滴丸、咽立爽口含滴丸、脑血康滴丸、牙疼宁滴丸、心疼宁滴丸等。

(2) 硬胶囊滴丸

硬胶囊滴丸的制备原理同常规滴丸,方法是将滴制的小丸装入硬质胶囊中,可以掩盖药物的不良臭味或者减少药物的刺激性。硬胶囊内可以装入不同释药速度的滴丸,以组成所需释药速度的缓释胶囊。同时由于硬胶囊的载药量大,适用于较大剂量药物的应用。硬质胶囊滴丸大多处于实验研究阶段,鲜有上市的报道。

市场上出现了硬脂胶囊半固体制剂,其基本制备原理与常规滴丸类似,将难溶于水的药物与水溶性基质聚乙二醇混合,再加入表面活性剂制成固体分散剂,在熔融状态下直接灌注进入硬质胶囊中,冷却后直接成型,省去了冷凝剂后处理的步骤。国内市场上出现的米福胶囊即为该种类型的胶囊。

(3) 包衣滴丸

包衣滴丸的制备原理几乎跟常规滴丸一样,即首先按照常规滴丸的制备方法制备常规滴丸,而后根据需要像片剂一样包糖衣或者薄膜衣。

这一类型的滴丸适合于那些引湿性强的基质如聚氧乙烯单硬脂酸甘油酯等和挥发性、引湿性强的药物,通过制备成包衣滴丸能够更好地维持药物的稳定性,减轻对胃黏膜的刺激以及改善药物外观和增加病人服用的舒适性等。包衣滴丸的代表性品种有乙酸龙脑酯滴丸和联苯双酯糖衣滴丸,前者通过包衣可以很好地减少药物异味,同时避免了挥发成分的逸出;后者显著降低了药物对胃肠道的刺激性。

(4) 脂质体滴丸

脂质体滴丸的制备方法是将10%左右的脂质体在不断搅拌下,加入熔融的PEG4000中形成混悬液,采用滴丸的制备方法支撑脂质体滴丸。经电子显微镜检查,脂质体仍旧以完整的形态存在于固体中,也可以在水中释放。

2) 以释药特性分类

释药特性是制剂的根本指标。以释放特性分类对于描述制剂的性质具有重要意义。常规滴丸在前面已有介绍,其释放速度略快于普通片剂或胶囊。

（1）速效滴丸

速效滴丸的制备原理同常规滴丸。对于难溶性的药物需加入崩解剂或增溶剂等添加剂。达到快速释放的目的。主要用于心血管系统疾病的急救药物,它们要求释放迅速,及时到达病患部位,达到治疗效果。如速效救心丸、复方丹参滴丸等。在治疗中舌下含服,经舌黏膜吸收,直接进入血液循环,3 min 起效,是缓解心绞痛的急救药。

（2）缓控释滴丸

缓控释滴丸制备原理同常规滴丸,如基质材料选用硬脂酸、单硬脂酸甘油与水溶性基质聚乙二醇类,按不同的比例配比即可达到所需的释放时间。

（3）肠溶滴丸

肠溶滴丸是采用在胃液中不溶而在肠液中溶解或渗透的材料作基质制成的肠溶性剂型,或是包肠溶材料(如丙烯酸树脂类)制成的滴丸。常用的肠溶性载体有羟丙基甲基纤维素邻苯二甲酸酯(HPMCP)、聚丙烯酸树脂类(Eudragit)等。如妇康宁滴丸。

3）以给药途径分类

制备方法与上述没有区别。主要是给药途径有差异,常见类型如下。

（1）口服滴丸

口服滴丸是最常见的滴丸。用药方便,适用范围广,包括抗炎类、抗病毒类、口服避孕药、祛痰镇咳类、感冒类、痛经类等。如联苯双酯滴丸、马来酸氯苯那敏滴丸、炔诺酮滴丸、度米芬滴丸等。为化学药类滴丸。冠心苏合滴丸、心痛宁滴丸、满山红油滴丸、清开灵滴丸、元胡止痛滴丸等中成药为滴丸。

（2）舌下含服滴丸

舌下含服滴丸特别适合于脂溶性的药物或有效成分。含服后易于进入血液循环,不经肝脏循环直接进入血液循环,可以避免肝脏首过效应,起效迅速,生物利用度高。代表性的滴丸有速效救心滴丸和咽立爽滴丸。

（3）外用滴丸

滴丸可以根据需要制成各种外用滴丸。在眼、耳、鼻、直肠、阴道等局部起作用。现在已经有一些药物被开发成耳用滴丸、牙用滴丸和眼用滴丸等多种形式的滴丸剂。临用前加水溶解成一定浓度后应用。

4）市面上常见的滴丸及功效

①满山红油滴丸:满山红油滴丸具有止咳、祛痰的功效。用于急、慢性支气管炎等疾病的治疗。

②银杏叶滴丸:银杏叶滴丸具有活血化瘀通络的功效。用于瘀血阻络引起的胸痹、心痛、中风、半身不遂、舌强语塞;冠心病稳定型心绞痛、脑梗塞等疾病的治疗。

③复方丹参滴丸:复方丹参滴丸具有活血化瘀,理气止痛的功效。用于气滞血瘀所致的胸痹,症见胸闷、心前区刺痛;冠心病心绞痛等症状的治疗。

④联苯双酯滴丸:联苯双酯滴丸具有降低转氨酶的功效。用于慢性肝炎的治疗。

⑤马来酸氯苯那敏滴丸:马来酸氯苯那敏滴丸具有抗过敏的功效。用于皮肤过敏症:荨麻疹、湿疹、皮炎、药疹、皮肤瘙痒症、神经性皮炎、虫咬症、日光性皮炎。也可用于过敏性鼻炎、血

管舒缩性鼻炎、药物及食物过敏等症状的治疗。

⑥速效心痛滴丸:速效心痛滴丸具有清热凉血、活血止痛的功效。用于偏热型轻、中度胸痹心痛,痛兼烦热,舌苔色黄等症状的治疗等。

11.4.3 滴丸的基质

滴丸剂中除主药和附加剂以外的辅料称为基质。其与滴丸的形成、溶散时限、溶出度、稳定性、药物含量等有密切关系。

1)基质的选择原则

滴丸剂基质是滴丸剂处方的重要组成部分,不但具有载药赋形作用,还可以通过自身性质,影响制剂的释放特性。基质对制剂是否成型、成型后的质量起着决定性的作用,选择基质时应该遵循如下原则:

(1)滴丸基质的熔点

滴丸基质的熔点不能够太高,因滴丸制备时需要加热使得基质融化,这个过程称为溶胶,利用其流动性制备成滴丸。整个过程均需要加热,因此选用基质时必须考虑其熔点。一般来说,基质在室温为固体状态,60～100 ℃条件下能熔化成液体,遇冷能立即凝成固体。应尽可能选择与主药性质相似的物质作基质,但要求不与主药发生化学反应,不影响主药的疗效和检测,对人体无害。

(2)滴丸基质的性质

滴丸基质必须具备良好的化学惰性,与主药不发生化学反应,也不能够影响主药的药效和质量测定,对人体应该安全无害。

2)滴丸剂基质的种类

滴丸剂的基质主要分为水溶性基质和非水溶性基质,个别丸剂选用混合基质,即由水溶性和水不溶性基质混合而成的基质。

(1)水溶性基质

滴丸剂制备中常用聚乙二醇类(PEG-6000,PEG-4000)、聚氧乙烯单硬脂酸酯(S40)、硬脂酸钠、甘油明胶、尿素、泊洛沙姆等。

水溶性基质中 PEG-4000 和 PEG-6000 最为常用。它是一种白色蜡状固体薄片或者颗粒状粉末,加热到 60～100 ℃时融化,遇冷凝固迅速,不与主药发生作用,对人体无害,无紫外线吸收,不影响药物测定等优点,应用范围极为广泛。其熔点适中,极易与药物熔融形成固体分散体,故适于药物的溶解、熔融、滴制和成型。通过调节两者的使用比例,使滴制的滴丸硬度高、流动性好并有较强的耐热性,便于贮藏和运输。如对于含大量挥发油的中药提取物,用 PEG-4000 作基质时,若滴丸硬度不够、流动性差、耐热性差时,可用 PEG-6000 来替换部分 PEG-4000。又如当单独使用 PEG-6000 作基质时,若料液的黏度高、滴制温度高、滴丸的光泽度差、易拖针状尾,可用 PEG-4000 来替换部分 PEG-6000,以降低其料液黏度,提高其流动性。

但是这类基质不是万能的,由于聚乙二醇类化学活性主要在于两端的羟基。既能酯化又能醚化,所以不能与氧化剂、酸类、茶碱衍生物等配伍。聚乙二醇可以降低某些抗生素的抗菌活性和一些防腐剂的防腐效果,可使磺胺类、蒽醌变色,使某些塑料、树脂软化或溶解。因此,在应用上要注意这些配伍变化。

（2）非水溶性基质

常用硬脂酸、单硬脂酸甘油酯、氢化植物油、虫蜡、十六醇（鲸蜡醇）、十八醇（硬脂醇）等。

在非水溶性基质中最常用的是硬脂酸，本品为硬质、白色或微黄色、有光泽的结晶固体，或白色、黄白色粉末，无毒、无刺激性，稍有动物的脂肪味。本品易溶于苯、四氯化碳、氯仿和乙醚；溶于乙醇、正己烷和丙二醇；不溶于水。本品为天然脂肪，无毒、安全；其可与多价金属碱反应生成不溶性盐类，使用时应注意，其主要用作滴丸剂、乳膏剂和栓剂基质，增溶剂和消泡剂等。

使用硬脂酸作为基质时应该注意，其能与碱性金属的氢氧化物反应生成不溶性的硬脂酸盐，使所制制剂变硬而不易分散溶解，与氧化剂一同使用会使其变质。

（3）混合基质

在生产实践中可将水溶性基质与非水溶性基质混合使用，起到调节滴丸的溶散时限、溶出速度或者容纳更多药物的作用。如国内常用 PEG-6000 与适量硬脂酸配合调整熔点，可制得较好的滴丸。

11.4.4 滴丸的冷凝剂

在滴丸的制备过程中，冷凝剂决定着滴丸是否能够形成理想的制剂。

1）冷凝剂的选择原则

滴丸的冷凝剂主要用于冷却滴出的液滴，使之凝成固体丸剂的液体称为冷凝液。冷凝液与滴丸剂的形成有很大的关系，应根据主药和基质的性质选用冷凝液。冷凝液的选择有以下4点要求：

①安全无害。

②与主药和基质不相混溶，不起化学反应。

③有适宜的相对密度和黏度（略高或略低于滴丸的相对密度），以使滴丸（液滴）能在冷凝液中缓缓上浮或下沉，有足够时间进行冷凝、收缩，从而保证成形完好。

④有适宜的表面张力可形成滴丸。

冷凝液分为水溶性和非水溶性两大类。常用的水溶性冷凝液有：水、不同浓度的乙醇等，适用于非水溶性基质的滴丸；非水溶性冷凝液有：液状石蜡、植物油、二甲硅油、它们的混合物等，适用于水溶性基质的滴丸。

水溶性基质最为常用的冷凝剂是液体石蜡。但由于液体石蜡的表面张力较大，黏度较小，以聚氧乙烯单硬脂酸甘油酯及泊洛沙姆作为基质的滴丸在液体石蜡中成型不好。二甲基硅油表面张力小于液体石蜡。相对密度为 0.970～0.980，与药液的相对密度差小，可减少黏滞力。有利于滴丸的成型，亦可显著改善滴丸的圆整度。另一种冷凝剂是玉米油。它的表面张力近似于二甲硅油，但其黏度较小，故作为冷凝剂时常与二甲基硅油合用，两者可以混溶，其特点是表面张力变化不大，可以适度地减小冷凝液的黏度，在不影响滴丸外观的前提下，加快滴制速度，减少药液残留。

还有将液体石蜡（在上层）和二甲基硅油（在下层）混合使用的，可以克服在液体石蜡中滴丸成型较差,在二甲基硅油中液滴在其表面与上层降落过缓,致使不能收缩圆整的缺点;而且液体石蜡和二甲基硅油相对密度和黏度的差异较大,经多次同时使用后仅接触面略有混合,可以重复使用。水不溶性基质制备的缓控释、肠溶、胃溶或者含水溶物较少的滴丸,用水溶液、不同浓度的醇溶液或者稀酸溶液作为冷凝剂。

2)冷凝剂的分类

冷凝剂一般分水性冷凝剂和油性冷凝剂。水性冷凝剂有水、不同浓度的醇和稀酸等。油性冷凝剂有液体石蜡、二甲基硅油、植物油等。

(1)水性冷凝剂

滴丸剂制备中最常用的水性冷凝剂是水和乙醇。水是滴丸剂制备中最常用的水性冷凝剂,其与大多数药物没有相互作用。只有少数与易水解的药物和其他辅料在室温和高温下进行反应。水在所有物理状态(固体、液体和气体)下均保持化学稳定。乙醇是滴丸剂制备中另外一种较为常用的冷凝剂。乙醇和乙醇水溶液广泛应用于各种药物处方和化妆品。其化学性质较为稳定,仅能与少数药物有相互作用。能与水、甘油、丙酮、氯仿和乙醚完全混溶。但是在酸性条件下,乙醇溶液可以同氧化性物质剧烈反应;与碱混合时,与残存的醛反应。颜色可能变深;可使有机盐或阿拉伯胶从水溶液或分散系统中沉淀出来;乙醇溶液也与铝容器有禁忌。除此之外乙醇还具有一定的药理作用,是中枢神经系统的抑制剂。摄入少量到中等量的乙醇能够导致醉酒症状。包括肌肉不协调、视力损害、吐字不清等。摄入高浓度的乙醇可以导致脊髓反应降低、嗜睡、健忘、低血糖、昏迷、麻木、呼吸抑制、心血管衰竭。选用它作为冷凝剂时应考虑上述作用。

(2)油性冷凝剂

滴丸剂制备中最常用的油性冷凝剂是液体石蜡、二甲硅油和各种植物油。液体石蜡为透明、无色、黏性油状液体。日光下不显荧光;冷却时几乎无味、无臭、加热时微有石油臭。沸点在300 ℃以上。其化学性质相对稳定,不溶于水和乙醇;溶于丙酮、苯、氯仿、二氯化碳、乙醚和石油醚;除蓖麻油外,能够跟挥发油和脂肪油互溶。但是液体石蜡能与强氧化剂发生反应,长期口服液体石蜡可能会降低食欲,并影响对脂溶性维生素的吸收。因此,选用其作为冷凝剂时应该控制丸剂上石蜡的残留量。

二甲硅油为无色透明的油状液体,无臭或几乎无臭;在三氯甲烷、乙醚、苯、甲苯或二甲苯中能任意混合;在水或乙醇中不溶;有多种不同的黏度。从极易流动的液体到稠厚的半固体,它具有优异的耐高低温性、闪点高、凝固点低,可在50～200 ℃下长期反复使用。它是一种相对无毒、无刺激性的油性冷凝剂。

常用于滴丸剂冷凝液的品种还有芝麻油、玉米油、花生油、菜籽油、棉籽油和豆油等。植物油是由脂肪酸和甘油化合而成的天然高分子化合物。广泛分布于自然界中,凡是从植物种子、果肉及其他部分提取所得的脂肪统称植物油。

11.4.5　滴丸的添加剂

滴丸剂的处方中,根据不同目的和要求需加入一些添加剂,加入添加剂可辅助控制滴丸剂质量;可以加快崩解;提高溶解速度;还可以进行包衣,使滴丸具有防潮、避光作用或起到美观大方的效果等。常用的添加剂主要有崩解剂、吸收促进剂、抗氧剂、防腐剂和色素等。

1）崩解剂

在滴丸制备中,最常用的崩解剂是羧甲基纤维素钠、交联聚维酮以及交联羧甲基纤维素钠,以下简单介绍羧甲基纤维素钠和交联聚维酮。

羧甲基纤维素钠是淀粉在碱性条件下与氯乙酸作用生成的淀粉羧甲基醚的钠盐,其为白色或类白色粉末,无臭;在空气中有引湿性;在水中分散为黏稠状胶体溶液,在乙醇和乙醚中不溶;吸水膨胀性好,可膨胀为本身体积的200～300倍。其用量2%～8%;也用作粘合剂、填充剂、助悬剂。由于羧甲基纤维素钠遇酸析出沉淀,遇多价金属产生不溶于水的金属盐沉淀,添加时应该注意。交联聚维酮是由 N-乙烯基-2-吡咯烷酮在催化条件下交联聚合而成。其为白色或类白色粉末;无臭、无毒;在空气中有引湿性;流动性较好;不溶于水、乙醇和乙醚等常用溶剂;吸水膨胀性好。既可用于滴丸作崩解剂,也可用于片剂、颗粒剂、胶囊剂等的崩解剂,用量为2%～5%。它跟所加甲基纤维素钠具有类似的性质,遇酸析出沉淀。遇多价金属产生不溶于水的金属盐沉淀,使用时应该注意。

2）吸收促进剂

为了保证滴丸剂的释放和吸收,提高人体生物利用度,处方中可加入吸收促进剂以增加药物的吸收。常用的吸收促进剂包括表面活性剂和透皮促进剂。表面活性剂包括聚山梨酯(Tween)、山梨坦酯(Span)和十二烷基硫酸钠(SDS)。在基质中加入适量的表面活性剂,能增加药物的亲水性,对直肠壁黏膜有胶溶、洗涤作用,并产生孔隙,从而增加药物的穿透性,提高生物利用度。透皮促进剂包括非极性透皮促进剂月桂氮卓酮(Azone)等,此类物质可以软化角质,凝固组织蛋白,增加皮肤的通透性,提高药物的吸收。不同量的透皮促进剂和基质混合,含透皮促进剂的滴丸均有促进吸收的作用,说明透皮促进剂可以改变生物膜的通透性,有助于药物的释放和吸收。由于吸收促进剂大多是表面活性剂,因此在这里就不展开来讲。

3）抗氧剂

大气中的氧是引起药物制剂氧化的主要因素,各种药物制剂几乎都有与氧接触的机会,因此对于易氧化的滴丸,"去除"氧气是防止氧化的根本措施。为了防止易氧化药物或制剂的氧化,必须加入抗氧剂。抗氧剂可分为水溶性抗氧剂与油溶性抗氧剂两大类,常用水溶性抗氧剂有亚硫酸钠、焦亚硫酸钠、亚硫酸氢钠、硫代硫酸钠、硫脲、维生素 C、半胱氨酸、蛋氨酸、硫代乙酸、硫代甘油等;常用的油溶性抗氧剂主要包括叔丁基对羟基茴香醚、二丁甲苯酚、没食子酸、生育酚等。近年来,氨基酸抗氧剂被很多药剂研究人员重视,此类抗氧剂的特点是毒性小而且本身不易变色,但是其价格相对来说较为昂贵,这在一定程度上限制了应用范围。

4）防腐剂

在滴丸的制备中,油溶性防腐剂主要有4大类:

①酸、碱及其盐类:如苯酚、甲酚、羟基烷基酯类、苯甲酸及其盐类、山梨酸及其盐类、甲醛、戊二醛等。

②中性化合物:如三氯叔丁醇、苯甲醇、苯乙醇、聚维酮碘等。

③汞化合物:如硫柳汞、乙酸苯汞、硝酸苯汞、硝甲酚汞等。

④季铵化合物:如氯化苯甲烃铵、氯化十六烷基吡啶、溴化十六烷铵、度米芬等。

5）着色剂

在滴丸剂制备中,为了治疗上的需要或美观及其他一些目的,有时需向制剂中加入一些物质进行调色,这些物质统称为着色剂。着色剂能改善滴丸剂的外观颜色,着色剂与矫味剂能够配合协调,更易为病人所接受。目前,滴丸剂制备中常用的色素主要有两类。

(1)天然色素

天然色素中常用的有植物性色素和矿物性色素。红色的有苏木、甜菜红、胭脂虫红等;黄色的有姜黄、胡萝卜素等;蓝色的有松叶蓝、乌饭树叶;绿色的有叶绿酸铜钠盐;棕色的有焦糖等。矿物性色素如氧化铁(棕红色)等。

(2)合成色素

人工合成色素的特点是色泽鲜艳、价格低廉。但多数有一定毒性,用量不宜过多。我国已批准的内服合成色素有苋菜红、柠檬黄、胭脂红、胭脂蓝和日落黄。通常配成1%贮备液使用,用量不得超过万分之一。外用色素有伊红、品红、美蓝、苏丹黄等。

11.4.6　滴丸制备

1)滴丸制备的生产工艺及生产设备

滴丸剂主要采取滴制法进行制备,其生产工艺流程如下:

药物+基质→混悬或熔融→滴制→冷却→洗丸→干燥→选丸→质检→分装。

滴丸剂采用滴丸机制备,目前国内滴丸机按其滴出方式不同,可分为单品种滴丸机、多品种滴丸机、定量泵滴丸机及向上滴的滴丸机等。型号规格多样,有单滴头、双滴头和多至35个滴头者。冷凝方式有静态冷凝与流动冷凝两种。熔化可在滴丸机或熔料锅中进行。这些都可根据生产的实际情况选用。由下向上滴制的方法只适用于药液密度小于冷凝液的品种,如芳香油滴丸。由于该油的相对密度小,含量又高,致使液滴的相对密度小于冷凝液而不下沉,需将滴出口浸入冷凝柱底部向上滴出,此类滴丸的丸重可以比一般滴丸大。滴丸机的主要部件有:滴管系统(滴头和定量控制器)、保温设备(带加热恒温装置的贮液槽)、控制冷凝液温度的设备(冷凝柱)及滴丸收集器等,如图11.4所示。

2)滴丸的制备方法

以由下向上滴制设备为例,其滴制方法为:

①采用适当方法将主药溶解、混悬或乳化在适宜的基质内制成药液。

②将药液移入加料漏斗,保温(80~90 ℃)。

③选择合适的冷凝液,加入滴丸机的冷凝柱中。

④将保温箱调至适宜温度(80~90 ℃),依据药液性状和丸重大小而定;开启吹气管(玻璃旋塞2)及吸气管(玻璃旋塞1);关闭出口(玻璃旋塞3),药液滤入贮液瓶内;待药液滤完后,关闭吸气管,由吹气管吹气,使药液虹吸进入滴瓶中,至液面淹没到虹吸管的出口时即停止吹气,关闭吹气管,由吸气管吸气以提高虹吸管内药液的高度。当滴瓶内液面升至一定高度时,调节滴出口的玻璃旋塞4和7,使滴出速度为92~95 d/min,滴入已预先冷却的冷凝液中冷凝,收集,即得滴丸。

⑤取出丸粒,清除附着的冷凝液,剔除废次品。

⑥干燥、包装即得。根据药物的性质与使用、贮藏的要求,在滴制成丸后亦可包糖衣或者薄膜衣。

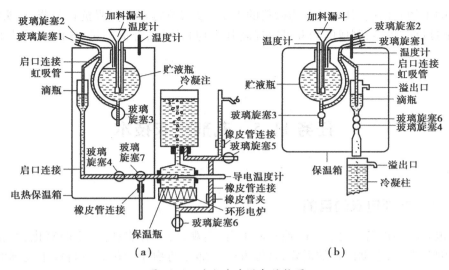

图 11.4 滴丸生产设备结构图
（a）由下向上滴 （b）由上向下滴

3）制备滴丸的注意事项

（1）液滴在冷凝液中的移动速度

液滴与冷凝液的相对密度相差大，或冷凝液的黏度小，都能增加液滴在冷凝液中的移动速度，移动速度过快可导致滴丸从球形变成扁平的形状。

（2）冷凝液的温度

液滴冷凝快的品种在未完全收缩成丸前就凝固，会导致丸粒不圆整；或者由于气泡尚未退出而产生空洞；或者在逸出气泡时带出少量液体尚未缩回，出现"尾巴"现象。

（3）液滴的大小与圆整度的关系

在通常情况下，小丸的圆整度要比大丸好。因此，在主药含量不变的情况下，尽量少用辅料，使得丸形小，圆整度好。

（4）滴出口与冷凝液面的距离

一般这个距离以 4.6 cm 为宜，距离过大，药液液滴容易被跌散产生细粒；太近，又会导致液滴在冷凝液中冷缩不足，圆整度欠佳。

实例解析 2 灰黄霉素滴丸的制备

【处方】灰黄霉素 1 份 PEG-6000 9 份。

【制法】①取 PEG-6000 在油浴上加热至约 135 ℃，加入灰黄霉素细粉，不断搅拌使全部熔融。②趁热过滤，置贮液瓶中，135 ℃下保温。③用管口内、外径分别为 9.0 mm、9.8 mm 的滴管滴制，滴速 80 滴/min，滴入含 43% 煤油的液体石蜡（外层为冰水浴）冷却液中冷凝成丸，以液体石蜡洗丸，至无煤油味，用毛边纸吸去粘附的液体石蜡，即得。

【分析】①灰黄霉素极微溶于水，对热稳定；熔点为 218～224 ℃；PEG-6000 的熔点为 60 ℃左右，以 1∶9 比例混合，在 135 ℃时可以成为两者的固态溶液。因此，在 135 ℃下保温、滴制、骤冷，可形成简单的低共熔混合物，使 95% 灰黄霉素均为粒径 2 微米以下的微晶分散，因而有较高的生物利用度,其剂量仅为微粉的1/2。②灰黄霉素系口服抗真菌药,对头癣等疗效明显,但不良反应较多,制成的滴丸可以提高其生物利用度,降低剂量,从而减弱其不良反应、提高疗效。

任务 11.5 丸剂包衣技术

11.5.1 丸剂包衣的目的

丸剂包衣能够掩盖恶臭、异味,使丸面平滑、美观,便于吞服;防止主药氧化、变质或挥发;能防止吸潮及虫蛀;根据医疗的需要,将处方中一部分药物作为包衣材料包于丸剂的表面,在服用后首先发挥药效;包肠溶衣后,可使丸剂安全通过胃,转运至肠内再溶散。

11.5.2 丸剂包衣种类

根据丸剂的特点和治疗目的,丸剂的包衣主要有药物衣、保护衣和肠溶衣。

1)药物衣

药物衣的丸剂主要的包衣材料是丸剂处方的组成部分,具有明显的药理作用,用于包衣既可以首先发挥药效,又可以保护丸剂、增加丸剂的视觉效果。常用的包衣有朱砂、黄柏、雄黄、青黛、红曲、曲衣、赭石衣、礞石衣等,可依处方选用。

2)保护衣

选取处方以外,不具明显药理作用,且性质稳定的物质作为包衣材料,使主药与外界隔绝起保护作用。包衣物料主要有:糖衣,如安神补心丸等;薄膜衣,应用无毒的药用高分子材料包衣,如香附丸、补肾固齿丸等。

3)肠溶衣

肠溶衣选用适宜的材料将丸剂包衣后使之在胃液中不溶散而在肠液中溶散,丸剂肠溶衣主要材料有邻苯二甲酸醋酸纤维素(CAP)、丙烯酸树脂等。

11.5.3 丸剂包衣材料的处理及包衣方法

1)丸剂包衣材料的处理

(1)丸剂本身的处理

因为丸粒在包衣过程中,需长时间撞动摩擦,故除蜜丸外,将用于包衣的丸粒充分干燥,使之有一定的硬度,以免包衣时碎裂变形,或在包衣干燥时,衣层发生皱缩或脱壳。蜜丸包衣前无需干燥,是因为其表面呈润湿状态时具有一定的黏性,撒布包衣药粉经撞动滚转即能粘着于丸粒表面。其他丸粒包衣时尚需用适宜的粘合剂,常用的粘合剂有10% ~20%的阿拉伯胶浆或桃胶浆、10% ~20% 的糯米粉糊、单糖浆及胶糖混合浆等。

（2）包衣材料的处理

用于丸剂包衣的材料必须粉碎成极细粉，这样，在包衣过程中才能保证丸面光滑平整。

2）丸剂的包衣方法

（1）药物衣

以朱砂粉末包衣为例，手工法制备时，将丸粒置于适宜的容器中，使容器往复摇动，逐步加入朱砂极细粉，使均匀撒布于丸剂表面，利用蜜丸表面的滋润性，将朱砂极细粉粘着而成衣。朱砂的用量一般为干丸质量的 5% ~17%，若朱砂在处方中的含量超过包衣用量时，应将多余部分与其他组分掺和在丸块中。

机械法制备时，将干燥的丸置包衣锅中，加适量粘合剂进行转动、摇摆、撞击等操作，当丸粒表面均匀润湿后，缓缓撒入朱砂极细粉。如此反复操作 5 ~6 次，将规定量的朱砂全部包严丸粒为止。取出药丸低温干燥（一般风干即可），再放入包衣锅内，并加入适量的虫蜡粉，让丸粒互相撞击摩擦，使丸粒表面光亮，即可取出，分装。水蜜丸、浓缩丸及糊丸的药物衣可参照上法包衣。

（2）糖衣、薄膜衣、肠溶衣

糖衣、薄膜衣、肠溶衣的包衣方法与片剂相同，这里不一一赘述。

任务 11.6　丸剂的质量检查方法

11.6.1　丸剂的质量要求

1）普通丸剂（蜜丸、水丸、水蜜丸、糊丸、浓缩丸和微丸）的质量要求

根据 2015 版《中国药典》的规定，普通丸剂应该按照如下的要求进行生产和贮存。

①供制备丸剂用的药粉除了另有规定外，应用细粉或者极细粉。

②蜜丸所用的蜂蜜必须经过炼制后使用。按照炼蜜程度分为嫩蜜、中蜜和老蜜，制备蜜丸时可根据品种、气候等具体情况进行选择。除另有规定外，用塑制法制备蜜丸时，炼蜜应该趁热加入药粉中混合均匀；处方中有树脂类、胶类及含有挥发性成分的药物时，炼蜜应该在 60 ℃左右加入；用泛制法制备水蜜丸时，炼蜜应该用沸水稀释后使用。

③浓缩丸所用提取物应该按照制备方法规定，采用一定的方法提取浓缩而成。比如采用煎煮、渗漉等方法提取，取煎液和渗漉液进行浓缩制成。

④除另有规定外，水蜜丸、水丸、浓缩水蜜丸和浓缩水丸均应该在 80 ℃以下干燥，不宜加热干燥的应该采用其他适宜的方法干燥。如含有挥发油成分或者多量淀粉成分的丸剂应该在 60 ℃以下进行干燥，含有生物制品成分的药物应真空冷冻干燥。

⑤制备蜡丸所用的蜂蜡应该符合 2015 版药典该饮片项下的规定，即要求所使用的蜂蜡必须为蜜蜂科昆虫中华蜜蜂或者意大利蜂分泌的蜡。将蜂巢置水中加热，滤过，冷凝取蜡或再精

制而成。要求蜂蜡的性状为不规则团块,大小不一;呈黄色、淡黄棕色或黄白色,不透明或微透明,表面光滑。体较轻,蜡质,断面沙粒状,用手搓捏能够软化。有蜂蜜样香味,味道味甘。制备时将蜂蜡加热熔化,待冷却到60 ℃左右,按照比例加入药粉混合均匀,趁热按照塑制法制备丸剂,并注意保温。

⑥凡需要包衣和打光的丸剂,应该使用各个品种制法项下规定的包衣材料进行包衣和打光。

⑦丸剂外观应该圆整均匀,色泽一致。蜜丸应该细腻滋润,软硬度适中。蜡丸表面应光滑无裂纹,丸内不可有蜡点和颗粒。

⑧除另有规定外,丸剂应该密封贮存。蜡丸应密封并置于阴凉干燥处。

2)滴丸剂的质量要求

滴丸剂的质量要求有:

①使用的水溶性基质和非水溶性基质必须符合药典规定。

②成丸时所用的冷凝液必须安全无害。

③滴丸应该大小均匀,色泽一致。

④根据药物的性质、使用和贮藏要求,在滴成丸后可以包糖衣和薄膜衣。

⑤除另有规定外,滴丸剂宜密封保存,防止受潮、发霉和变质。

11.6.2　丸剂的质量检查项目和方法

1)外观

(1)蜜丸

蜜丸要求外观圆整、光滑、表面即横纹面致密而滋润,无可见纤维和异色点,无结块等。同时要求具有浓厚的处方药味。例如牛黄解毒丸为棕色大蜜丸,有冰片香味儿。大蜜丸应该具有适宜的软硬度,手捏捏不碎,放置盘中不变形,绝对不可有发霉和变质现象出现。

(2)水丸、糊丸、浓缩丸

水丸、糊丸、浓缩丸要求外观色泽一致,丸粒坚硬,大小均匀而圆整,表面光滑,无裂缝。浓缩丸还要求表面无色斑。

(3)包衣丸剂

包衣丸剂要求包衣材料必须包裹全丸,外形色泽一致,无花斑,表面光洁。

(4)滴丸

滴丸要求为固体状态,无塑性,外表色泽均匀一致。内部含量均匀。

2)水分含量

丸剂多为湿润型固体,都含有一定量的水分。但是含水量必须在所要求的限度范围内,含水量过大会导致贮藏过程中霉变。可见含水量是影响丸剂质量的一个重要因素,它是丸剂质量控制的关键指标之一。

取供试样品2 ~ 5 g,破碎成直径不超过3 mm的颗粒或者碎片,平铺于干燥至恒重的扁形称量瓶中,厚度不超过5 mm,疏松供试样品不超过10 mm,精密称量质量,打开瓶盖在100 ~

105 ℃干燥5 h,将瓶盖盖好,移置干燥器中,冷却30 min,精密称量,再在上述温度干燥1 h,冷却后精密称量,至连续两次称重的差异不超过5 mg 为止。根据减少的质量,计算出供试样品中的含水量(%)。该方法是丸剂制备中最简单快捷的方法,其他的测定方法如甲苯法、减压干燥法、气相色谱法见2015 版中国药典附录。

除另有规定外,大蜜丸、小蜜丸、浓缩蜜丸中所含的水分不得超过15.0%,水蜜丸、浓缩水蜜丸不得超过12%,水丸、糊丸或者浓缩水丸的含水量不得超过9.0%,蜡丸不检查水分。

3)质量差异检查

丸剂丸重的差异直接影响到剂量的准确,它既有外在质量上的影响也涉及内在质量的不同。所以丸剂质量差异也是丸剂质量检查的一个关键指标之一。

以10 丸为1 份(丸重1.5 g 或者1.5 g 以上的以1 丸为1 份),取供试样品10 份,分别称取质量,再与每份标示量(每丸标示量×称取丸数)相比较(无标示质量的丸剂与平均质量比较),按照表11.2 中的规定,超出质量差异限度的不得多于两份,并不得有1 份超出限度1 倍。

对于单剂量包装的丸剂要进行装量差异限度检查,具体的方法是:取供试样品10 袋(瓶),分别称定每袋(瓶)内容物的质量,每袋(瓶)装量与标示装量相比较,按照表11.3 中的规定,超出装量差异限度的不得超过2 袋(瓶),并不得有一袋超过限度的1 倍。

表11.2　丸剂的质量差异限度标准

标示质量(平均质量)	质量差异限度
0.05 g 及0.05 g 以下	±12%
0.05 g 以上至0.1 g	±11%
0.1 g 以上至0.3 g	±10%
0.3 g 以上至1.5 g	±9%
1.5 g 以上至3.0 g	±8%
3.0 g 以上至6.0 g	±7%
6.0 g 以上至9.0 g	±6%
9.0 g 以上	±5%

表11.3　丸剂的装量限度差异标准

标示质量	装量差异限度
0.5 g 及0.5 g 以下	±12%
0.5 g 以上至1.0 g	±11%
1.0 g 以上至2.0 g	±10%
2.0 g 以上至3.0 g	±8%
3.0 g 以上至6.0 g	±6%
6.0 g 以上至9.0 g	±5%
9.0 g 以上	±4%

如果是包衣丸剂,应该对丸芯,即包衣前的裸露丸作质量差异限度检查,符合规定后方可

包衣。包糖衣后的丸剂不再检查质量差异，其他包衣丸剂应该在包衣后检查质量差异并符合规定；凡进行装量差异限度检查的单剂量包装丸剂，不进行质量差异限度检查。

4) 溶散时限检查

丸剂属于固体剂型，因而服用后在体内必须先崩解而后药物才能溶出和被人体吸收。丸剂的崩解是限制丸剂中药物溶出的第一步。崩解缓慢或者不崩解会直接影响吸收和间接影响疗效，因此对丸剂的溶散时限必须加以控制和检查。

除另有规定外，取供试样品6丸，选择适当孔径筛网的吊篮（丸剂直径2.5 mm以下的用孔径0.42 mm的筛网；为2.5～3.5 mm的用1.0 mm的筛网；在3.5 mm以上的用2.0 mm的筛网），照崩解时限检查法（2015版中国药典附录Ⅻ A）片剂项下的方法加挡板进行检查。除另有规定外，小蜜丸、水蜜丸和水丸应该在1 h内全部溶散；浓缩丸和糊丸应该在2 h内全部溶散。操作过程中如供试样品粘附挡板妨碍检查时，应另取供试样品6丸，以不加挡板进行检查。上述检查，应该在规定时间内全部通过筛网。如果有细小颗粒状物未通过筛网，但已经软化且无硬芯者可按符合规定处理。

蜡丸的崩解时限检查法（2015版中国药典附录Ⅻ A）片剂项下的肠溶衣片检查法进行检查，应符合规定。除另有规定外，大蜜丸即研碎、咀嚼等或用开水、黄酒等分散后服用的丸剂不检查溶散时限。

5) 其他方面的检查

丸剂除了进行上述常规质量指标的检测外，还要进行其他的一些方面的检测，具体如下。

（1）微生物限度检查

丸剂的微生物限度检查法（2015版中国药典附录Ⅻ C）检查，应该符合规定。

（2）体外释放度测定

丸剂的崩解虽然是限制溶出的第一步，但是崩解并不能代表是否能很好吸收。因此，为提高丸剂内在的质量，应测定其释放度，以便衡量或者估算丸剂在体内的吸收速度，丸剂释放度的测定方法可参考片剂释放度的测定方法。

（3）主要成分定量分析

丸剂的质量好坏与其主要成分含量息息相关，因此需要对其主要成分含量进行定量分析，具体方法根据丸剂成分的不同而不同。

综合测试

一、单项选择题

1. 以水溶性强的基质制备滴丸时应选用的冷凝液是（　　　　）。

    A. 水与乙醇的混合物　　　　　　　　B. 乙醇与甘油的混合物

    C. 液体石蜡与乙醇的混合物　　　　　　D. 液状石蜡

2. 滴丸与胶丸的共同点是（　　　　）。

    A. 均为药丸　　　　　　　　　　　　B. 均为滴制法制备

    C. 均采用明胶膜材料　　　　　　　　D. 均采用聚乙二醇类基质

3. 下列关于滴制法制备丸剂特点的叙述,(　　)是错的。
    A. 工艺周期短,生产率高
    B. 受热时间短,易氧化及具挥发性的药物溶于基质后,可增加其稳定性
    C. 可使液态药物固态化
    D. 用固体分散技术制备的滴丸减低药物的生物利用度
4. 下列哪一项不是滴丸的优点?(　　)
    A. 为高效、速效剂型
    B. 可增加药物稳定性
    C. 每丸的含药量较大
    D. 可掩盖药物的不良气味
5. 关于滴丸在生产上优点的叙述中正确的是(　　)。
    A. 设备简单,操作简便
    B. 生产过程中有粉尘飞扬
    C. 生产工序多,生产周期长
    D. 自动化程度高,劳动强度低
6. 滴丸常用的水溶性基质有(　　)。
    A. 硬脂酸钠　　　　B. 硬脂酸　　　　C. 单硬脂酸甘油酯　　　　D. 虫蜡

二、多项选择题

1. 滴丸基质应具备的条件是(　　)。
    A. 不与主药发生作用,不影响主药的疗效
    B. 对人体无害
    C. 要有适当的比重
    D. 熔点较低,在一定的温度(60~100 ℃)下能熔化成液体,而遇骤冷又能凝固成固体
2. 微丸剂的制备方法可用(　　)。
    A. 沸腾制粒法
    B. 喷雾制粒法
    C. 高速搅拌制粒法
    D. 挤出滚圆法、锅包衣法
3. 中药丸剂的制备方法可有(　　)。
    A. 塑制法　　　　B. 泛制法　　　　C. 滴制法　　　　D. 压制法
4. 丸剂的质量检查项目可有(　　)。
    A. 质量差异　　　　B. 溶散时限　　　　C. 外观　　　　D. 硬度
5. 下列叙述正确的是(　　)。
    A. 嫩蜜适用于黏度大的胶性或树脂类药物制丸
    B. 嫩蜜适用于粉性或含有部分糖黏性的药物制丸
    C. 中蜜适用于粉性或含有部分糖黏性的药物制丸
    D. 老蜜适用于燥性及纤维性强的药物制丸

三、简答题

1. 简述丸剂的主要种类。
2. 简述浓缩丸的主要生产工艺流程。
3. 简述丸剂的质量检查方法。

技能训练 11.1 微丸的制备及质量检查

【实训目的】

掌握微丸制备的几种常用方法、操作要点、设备调试及保养。

【实训内容】

(1)挤出法制备黄连素微丸

处方:黄连素 3.0 g 微晶纤维素 15 g 乳糖 12 g 乙醇(25%)适量。

(2)包衣锅法制备微丸

处方:淀粉 300 g 滑石粉 30 g 聚乙烯吡咯烷酮 5% 无水乙醇 100 mL。

【仪器与设备】

挤出滚圆机、包衣锅。

【制法】

①按处方量称取黄连素 3.0 g、微晶纤维素 15 g 和乳糖 13 g 混合均匀后,加入 5% 乙醇适量,混匀。

②仪器调节:从控制面板上设置挤出速度和滚圆速度。

③将混合物料投入加样漏斗,启动挤出机制成圆柱形物料。

④将所制得的圆柱形物料加入滚筒中,启动滚圆机,制得球形微丸,放料。

⑤关闭机器。

【注意事项】

①5% 乙醇为粘合剂,用量多少直接关系微丸质量的好坏,若加入太多,滚圆时易粘连成大球,影响粒径均一度,若加入太少,会产生较多细粉。

②每次实验操作完毕之后记住要清理好仪器。

【质量检查】

由于《中国药典》(2015 版)没有对微丸的质量作明确的描述,这里就挑选两个常规丸剂的质量检查项目对微丸进行质量检查。

(1)性状检查

取制备好的两种微丸,放于白纸上观察其颗粒大小是否均匀,丸面是否光滑平整,色泽是否一致。

(2)质量差异检查

取制备好的微丸 100 粒,随机分成 10 份,分别称定质量,再与每份标示量(每丸标示量×称取丸数)相比较(无标示质量的丸剂与平均质量比较),参照表 11.2 中的规定,超出质量差异限度的不得多于 2 份,并不得有一份超出限度 1 倍。

项目 12　软膏剂和乳膏剂生产

📖 **项目描述**

　　软膏剂和乳膏剂是以局部治疗为主的剂型,也能透皮吸收产生全身治疗作用。本项目主要介绍软膏剂和乳膏剂概念,常用基质的种类及适用范围,生产的工艺要求、生产流程和质量检查的内容和检查方法,通过本项目的学习可满足药厂软膏剂和乳膏剂的生产要求。

📖 **学习目标**

　　掌握软膏剂和乳膏剂概念、分类及质量要求。认识软膏基质的作用、类型,根据不同工艺要求选用不同基质。熟悉软膏剂生产流程、操作方法及制备工艺。熟悉软膏剂质量检验的方法和标准。

任务 12.1　认识软膏剂和乳膏剂

12.1.1　软膏剂的概念及特点

　　软膏剂(Ointments)是指药物与油脂性或水溶性基质混合制成的均匀的半固体外用制剂。按照药物在基质中的分散状态不同,软膏剂有溶液型和混悬型之分。溶液型软膏剂为药物溶解(或共熔)于基质或基质组分之中制成的软膏剂;混悬型软膏剂为药物细粉均匀分散于基质中制成的软膏剂。

　　乳膏剂(Creams)是指药物溶解或分散于乳状液型基质中形成的均匀的半固体外用制剂。乳膏剂根据基质不同,可分为 O/W 和 W/O 两类。

　　软膏剂与乳膏剂具有热敏性和触变性,使得软膏与乳膏可以在长时间内紧贴、粘附或铺展在用药部位,既可以保护、润滑皮肤、发挥局部治疗作用,也可以发挥全身治疗作用。保护、润滑皮肤的软膏及乳膏中的药物一般仅滞留在皮肤表面,如防裂软膏、尿素 VE 乳膏;发挥局部治疗作用的软膏剂及乳膏剂中的药物可透过皮肤表面进入皮肤深部,如激素软膏、咪康唑氯倍他索乳膏等;发挥全身治疗作用的软膏剂及乳膏剂中的药物可透皮吸收,如治疗心绞痛的硝酸甘油软膏等。

开发软膏剂必须进行处方前的研究工作,要对药物、剂型的物理化学性质进行研究,其中包括:

①活性成分的稳定性。

②附加剂的稳定性。

③流变性、稠度、黏性和挤出性能。

④水分及其他挥发性成分的损失。

⑤物理外观变化、均匀性及分散相的颗粒大小及粒度分布,还有涂展性、油腻性、成膜性、气味及残留物清除的难易等。

⑥pH 值。

⑦微生物等。

近年来以脂质体和传递体(Transfersomes)为载体的局部外用制剂的研制也得到了广泛的关注,它具有加强药物进入角质层和增加药物在皮肤局部累积的作用,还可形成持续释放。新基质的不断出现、药物透皮吸收途径与机理的研究、生产工艺的革新、生产与包装自动化程度的不断提高,使软膏剂在医疗保健及劳动防护等方面发挥了更大的作用,促进了软膏剂的发展,提高了软膏剂的疗效,并把半固体制剂的研究、应用和生产推向了一个更高的水平。

12.1.2 质量要求

软膏剂与乳膏剂应符合的质量要求有:

①均匀、细腻,涂于皮肤或黏膜上应无粗糙感、无刺激性;混悬型软膏剂中不溶性固体药物及糊剂的固体成分,均应预先用适宜的方法磨成细粉,确保粒度符合规定。

②无过敏性及其他不良反应。

③应具有适当的黏稠度,易涂布于皮肤或黏膜上,不融化。

④根据需要可加入保湿剂、防腐剂、增稠剂、抗氧剂及透皮促进剂。

⑤应用于溃疡面、烧伤或严重创伤的软膏剂应无菌。

⑥性质稳定,应无酸败、异臭、变色、变硬,乳膏剂不得有油水分离及胀气现象。除另有规定外,软膏剂应遮光密闭贮存;乳膏剂应遮光密封,置 25 ℃以下贮存,不得冷冻。

12.1.3 软膏剂的附加剂

在药剂及化妆品局部外用制剂中常用的附加剂主要有抗氧剂、防腐剂等。

1) 抗氧剂

在软膏剂的贮藏过程中,微量的氧就会使某些活性成分氧化而变质。因此,常加入一些抗氧剂来保护软膏剂的化学稳定性。常用的抗氧剂分为下述 3 种。

①第一种是抗氧剂,它能与自由基反应,抑制氧化反应,如维生素 E、没食子酸烷酯、丁羟基茴香醚(BHA)和丁羟基甲苯(BHT)等。

②第二种是由还原剂组成,其还原势能小于活性成分,更易被氧化从而能保护该物质。它们通常和自由基反应,如抗坏血酸、异抗坏血酸和亚硫酸盐等。

③第三种是抗氧剂的辅助剂,它们通常是螯合剂,本身抗氧效果较小,但可通过优先与金属离子反应(因重金属在氧化中起催化作用),从而加强抗氧剂的作用。这类辅助抗氧剂有枸橼酸、酒石酸、EDTA和巯基二丙酸等。

2)防腐剂

软膏剂中的基质中通常有水性、油性物质,甚至蛋白质,这些基质易受细菌和真菌的侵袭,微生物的滋生不仅可以污染制剂,而且有潜在毒性。所以应保证在制剂及应用器械中不含有致病菌,例如假单孢菌、沙门氏菌、大肠杆菌、金黄色葡萄球菌。对于破损及炎症皮肤,局部外用制剂不含微生物尤为重要。加入的杀菌剂的浓度一定要使微生物致死而不是简单地起抑制作用。对抑菌剂的要求是:

①和处方中组成物没有配伍禁忌。

②抑菌剂要有热稳定性。

③在较长的贮藏时间及使用环境中稳定。

④对皮肤组织无刺激性、无毒性、无过敏性。

常用的抑菌剂见表12.1。

表12.1 软膏剂中常用的抑菌剂

种 类	举 例	使用浓度/%
醇	乙醇,异丙醇,氯丁醇,三氯甲基叔丁醇,苯基,对氯苯丙二醇,苯氧乙醇,溴硝基丙二醇(Bronopol)	7
酸	苯甲酸,脱氢乙酸,丙酸,山梨酸,肉桂酸	0.1~0.2
芳香酸	茴香醚,香茅醛,丁子香粉,香兰酸酯,汞化物,醋酸苯汞,硼酸盐,硝酸盐,汞撒利	0.001~0.002
酚	苯酚,苯甲酚,麝香草酚,卤化衍生物(如对氯邻甲苯酚,对氯间二甲苯酚),煤酚,氯代百里酚,水杨酸	0.1~0.2
酯	对羟基苯甲酸(乙酸,丙酸,丁酸)酯	0.01~0.5
季铵盐	苯扎氯铵,溴化烷基三甲基铵	0.002~0.01
其他	葡萄糖酸洗必泰	0.002~0.01

任务 12.2 软膏剂生产

12.2.1 软膏剂的生产工艺流程

软膏剂的生产工艺包括基质制备、主药制备、混合制备、灌装、装盒、贴签、装箱、成品检验等,根据基质不同,工艺略有差别,具体工艺流程如图12.1所示。

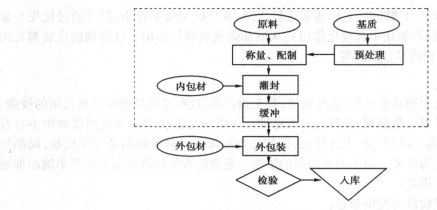

图 12.1 软膏剂制备工艺流程

（注：虚线框内生产车间洁净度应达到大于 C 级洁净程度要求）

12.2.2 基质的处理和基质中药物的加入方法

1）基质的处理

质量符合要求的基质可以直接使用，若混有异物或在进行大量生产前，需加热熔融后通过多层细布或 120 目筛过滤以除去杂质，然后加热至 150 ℃灭菌 1 h，同时可以除去基质中的水分。

2）药物加入的一般方法

药物加入的方法一般有：

①药物可溶于基质时，油溶性药物溶于液体油脂性基质中，再与余下的油脂性基质混匀；水溶性药物先用少量水溶解，然后与水溶性基质混匀；水溶性药物也可以溶解于少量水后，用吸水性较强的油脂性基质羊毛脂吸收，再加入油脂性基质混匀。

②药物不溶于基质或基质的任何组分中时，必须将药物粉碎至细粉（眼膏中药粉细度为 75 μm 以下）。若用研磨法，配制时取药粉先与适量液体组分，如液状石蜡、植物油、甘油等研匀成糊状，再与其余基质混匀。

③处方中含有薄荷脑、樟脑、冰片等挥发性共熔成分时，可先将其共熔后再与冷却至 45 ℃以下的基质混匀；单独使用时，可用少量溶剂溶解后加入基质中混匀。

④处方中含量少的药物，应避免药物损失，与少量基质混匀后采取等量递加法与余下基质混合均匀。

⑤对热敏感、挥发性药物和容易氧化、水解的药物加入时，基质的温度不宜过高，以减少对药物的破坏和损失。

⑥中药浸出物为液体（如煎剂、流浸膏）时，可先浓缩至稠膏状再加入基质中，固体浸膏可加少量水或稀醇等研成糊状，再与基质混合。

3）软膏剂生产工艺管理

软膏剂的生产工艺要求为：

①一般软膏剂的配制操作室洁净度要求不低于 C 级，用于深部组织创伤的软膏剂制备的

暴露工序操作室洁净度要求不低于 B 级;室内相对室外呈正压,温度 18 ~ 26 ℃、相对湿度 45% ~ 65%。

②与药品直接接触的设备表面光滑、平整、易清洗、耐腐蚀,不与所加工的药品发生化学反应或吸附所加工的药品。

③使用前检查各管路、连接是否无泄漏,确定夹套内有足够量水时才能开启加热。

④油相熔化后才能开启搅拌,搅拌完成后要真空保温贮存。

⑤一般情况下油相、水相应用 100 目筛过滤后混合。

⑥生产过程中所有物料均应有明显的标示,防止发生混药、混批。

12.2.3　软膏剂制备方法

1)研和法

研和法是将药物细粉用少量基质研匀或用适宜液体研磨成细糊状,再递加其余基质研匀的制备方法。凡由半固体和液体组分组成的基质,在常温下通过研磨即能与药物混合均匀者可用此法。

操作时,一般先取药物与部分基质或适宜液体研磨成细腻糊状,再递加其余基质研匀,直至取少许涂布于手臂上无颗粒感为止。此法适用于少量制备,且药物为不溶于基质者,此外由于制备过程中不加热,故也适合于不耐热的药物。如 100 g 以内的软膏,常在软膏板上用软膏刀进行配制,也可在乳钵中研制,少量制备时常用软膏刀在陶瓷或玻璃的软膏板上调制。大量生产时用机械研合法,如电动研钵、三滚筒软膏研磨机等,但生产效率低。

2)熔和法

熔和法是将软膏中的部分或所有组分熔化混合,在不断搅拌下冷却直至凝结。不能熔化的组分在熔化液搅拌冷却的过程中加入。当然,对热不稳定和易挥发的组分要在温度低于其分解或挥发温度后加入,组分可以溶液形式或将不溶性粉末与部分基质研磨后加入正在冷却的混合物中。

操作时,先将熔点高的基质蜂蜡、石蜡等加热融化,再按照熔点高低顺序逐渐加入其他基质(加热温度适当降低),熔点低的凡士林、羊毛脂等应后加入溶化,必要时可以趁热用纱布滤过,当基质全部溶化混均匀后,加入药物使其溶解或混悬于基质中,并不断搅拌直至冷凝(以免不溶性药粉下沉使其分散不均匀),使成品均匀光滑。

应注意:冷却速度不可过快,以防止高熔点组分成块析出,冷凝为膏状后应停止搅拌,以免带入过多气泡,挥发性成分冷至近室温时加入,大量生产含不溶性药物粉末的软膏时,经一般搅拌、混合后若不够均匀细腻,需要通过研磨机进一步研磨,使其无颗粒感,可通过三滚筒软膏研磨机,使软膏受到滚碾,研磨后细腻均匀。

12.2.4　灌封

小量生产的软膏可用手工灌装,而大量生产则采用机器灌装,现常用的软膏灌封设备为自动软膏灌封机(图 12.2),灌封时,一般软膏的灌封操作室洁净度要求为不低于 C 级,不能在最后容器中灭菌的软膏灌封操作室洁净度不低于 B 级。室内相对室外呈正压,温度为 18

~26 ℃、相对湿度45% ~65%。与药品直接接触的
设备表面光滑、平整、易清洗、耐腐蚀,不与所加工的
药品发生化学反应或吸附所加工的药品。在进行开
动灌封机前应手动试机,确保运转无误再开机。每
隔一定时间应检测装量、外观及密封性,生产过程中
所有物料均应有明显的标示,防止发生混药、混批。

图 12.2　软膏自动灌装封尾机

12.2.5　软膏剂的包装与贮存

软膏剂多采用锡管、铝管、塑料管等多种材料的
软膏管作为内包装,也可包装于塑料盒、金属盒或广口玻璃瓶中,一般软膏剂应遮光密闭贮存。

12.2.6　软膏剂生产设备

软膏剂的配膏设备及配膏工序是软膏剂制备的关键操作,对软膏剂成品的质量有很大的
影响。简单的制膏设备采用装置有锚式或框式搅拌器的不锈钢罐,并采用可移动的不锈钢盖
以便于清洁,但制备的软膏不够细腻,现常采用的软膏剂配制设备有胶体磨、三滚筒软膏机等。

1)胶体磨

常用胶体磨有立式和卧式两种。前者膏体从料斗进入胶体磨,研磨后的膏体在离心盘作
用下自出口排出。后者膏体自水平的轴向进入,在叶轮作用下自侧向出口排出。胶体磨由转
子与定子两部分构成(图 12.3 和图 12.4)。虽然两者定、转子结构不同,但基本原理都是膏体
从转子与定子间的空隙流过,依赖于两个锥面以 3 000 r/min 的高速相对转动,使得膏体在很
大的摩擦力、剪切力、离心力作用下产生涡旋和高频振动,从而将膏体粉碎,起到较好的混合、
均质和乳化作用。

胶体磨与膏体接触部分由不锈钢材料制成,耐腐蚀,采用调节圈调节定子和转子间的空隙
控制流量和细度。研磨高黏度物料时产生大量的热,可在外夹套通冷却水降温。胶体磨的轴
封常用聚四氟乙烯、硬质合金或陶瓷环制成,可以避免在工作时被磨损。料液在进入胶体磨前
需先用 18 目滤网过滤,以防金属等杂物进入,起到保护胶体磨的作用。胶体磨转子和定子的
表面接触面积大于 50% ,同心度偏差不超过 0.05 mm。如果磨损严重,应及时更换,同时调节
圈上零刻度线的位置应予以修正。机器运行中尽量避免停车,操作完毕应立即清洗,不可留有
余料。平常要定期向润滑系统加润滑油,以延长机器使用寿命。

2)三滚筒软膏研磨机

三滚筒软膏研磨机主要由 3 个水平方向而且平行设置的滚筒和传动装置、加料斗、电动装
置等组成,滚筒间距离可调,操作时将软膏置于料斗中,启动滚筒如图 12.5 所示转动,软膏在
滚筒的间隙中受到滚碾和研磨,研磨后细腻均匀。

图 12.3　JMS.240
大型胶体磨

图 12.4　JMS.130
胶体磨

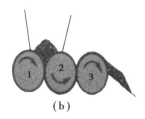
(a)　　　　　(b)
图 12.5　三滚筒软膏研磨机和滚筒旋转方向示意
(a)三滚筒软膏研磨机;(b)滚筒旋转方向

12.2.7　常见问题及处理方法

软膏剂生产中常见的问题和处理方法如下:

①主药含量低:某些药物在高温下会分解,软膏剂配制时需要根据主药理化性质控制油、水相加热温度,以防止由于温度过高引起药物分解。

②主药含量均匀度不好:在投料时需要考虑主药性质,根据主药在基质中的溶解性能将主药与油相或水相混合,或先将主药溶于少量基质混匀,再加至大量的基质中。

③粒度过大:不溶性的固体物料,应先磨成细粉,过 100 ~ 120 目筛,再与基质混合,以避免成品中药物粒度过大。

任务 12.3　乳膏剂生产

12.3.1　乳膏剂的生产工艺流程

乳膏剂常用的制备方法为乳化法,包括熔化和乳化两个过程。乳膏剂的生产工艺包括乳化剂选择、基质准备、主药制备、乳化混合、灌装、装盒、贴签、装箱、成品检验等,根据基质不同,工艺略有差别,具体工艺流程如图 12.6 所示。

12.3.2　乳膏剂基质选择

乳膏剂基质与乳剂相似,由油相、水相及乳化剂三种组分组成,也可分为 W/O 和 O/W 型两类,USP 将 W/O 型称为吸收性基质,而 O/W 型称为可水洗性基质。这些基质没有油脂性基质的密封作用,通常作为润肤剂。O/W 型空白乳膏俗称"雪花膏",W/O 型空白乳膏俗称"冷霜"。

乳剂型基质由于乳化剂的表面活性作用而可促进药物与表皮的接触。一般 O/W 型乳膏基质中药物的释放和穿透皮肤较其他基质为快;但当 O/W 型乳膏基质用于分泌物较多的皮肤病(如湿润性湿疹)时,其所吸收的分泌物可重新进入皮肤而使炎症恶化,故须注意适应证的选择。通常,乳剂型基质适用于亚急性、慢性、无渗出液的皮损和皮肤瘙痒症,忌用于糜烂、溃

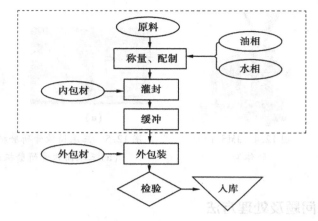

图 12.6　乳膏剂的生产工艺流程
（注：虚线框内生产车间洁净度应达到大于 C 级洁净程度要求）

疡、水疱及脓疱症。

乳膏基质在贮存过程中容易霉变，故需加入适量的防腐剂，如尼泊金类、三氯叔丁醇等。在应用防腐剂时除应注意防腐剂与药物的配伍禁忌（如尼泊金与吐温、司盘类）外，还应注意防腐剂在油、水两相中的分配值。如尼泊金类往往分配入油相中而使水相中浓度不足，故需增加其用量。乳膏剂因水分易蒸发失散而使乳膏变硬，故需加入适宜的保湿剂。常用的保湿剂有甘油、丙二醇、山梨醇等，用量一般为 5% ~ 20%，它们能减少乳膏水分的蒸发而防止皮肤上的油膜发硬和乳膏的转化。遇水不稳定的药物（如金霉素、四环素等）不宜用乳剂型基质制备乳膏剂。

1）乳剂型基质常用的乳化剂

（1）皂类

皂类主要指一价皂、二价皂、三价皂等。其中一价皂常为一价金属离子钠、钾、铵的氢氧化物、硼酸盐或三乙醇胺、三异丙胺等的有机碱与脂肪酸（如硬脂酸或油酸）作用生成的新生皂，HLB 值一般为 15 ~ 18，降低水相表面张力强于降低油相的表面张力，则易成 O/W 型的乳剂型基质，但若处方中含过多的油相时能转相为 W/O 型的乳剂型基质。一价皂的乳化能力随脂肪酸中碳原子数 12 到 18 而递增，但在 18 以上，这种性能又降低。故碳原子数为 18 的硬脂酸为最常用的脂肪酸，其用量常为基质总量的 10% ~ 25%，主要作为油相成分，并与碱反应形成新生皂。未皂化的部分存在于油相中，被乳化而分散成乳粒，由于其凝固作用而增加基质的稠度。

新生皂反应的碱性物质的选择，对乳剂型基质的影响较大。新生钠皂为乳化剂制成的乳剂型基质较硬。钾皂有软肥皂之称，以钾皂为乳化剂制成的成品也较软。新生有机铵皂为乳剂型基质较为细腻、光亮美观，因此后者常与前二者合用或单用作乳化剂。新生皂作乳化剂形成的基质应避免用于酸、碱类药物制备软膏，特别是忌与含钙、镁离子类药物配方。

（2）多价皂

多价皂是由二、三价的金属（钙、镁、锌、铝）氧化物与脂肪酸作用形成的多价皂。由于此类多价皂在水中解离度小，亲水基的亲水性小于一价皂，而亲油基为双链或三链碳氢化物，亲油性强于亲水端，其 HLB 值<6 形成 W/O 型乳剂型基质。新生多价皂较易形成，且油相的比

例大,黏滞度较水相高,因此,形成的乳剂型基质(W/O 型)较一价皂为乳化剂形成的 O/W 型乳剂型基质稳定。

（3）脂肪醇硫酸（酯）钠类

常用的有十二烷基硫酸（酯）钠(Sodium lauryl sulfate)是阴离子型表面活性剂,常与其他 W/O 型乳化剂合用调整适当 HLB 值,以达到油相所需范围,常用的辅助 W/O 型乳化剂有十六醇或十八醇、硬脂酸甘油酯、脂肪酸山梨坦类等。本品的常用量为 0.5% ~2% ,本品与阳离子型表面活性剂作用形成沉淀并失效,加入 1.5% ~2% 氯化钠可使之丧失乳化作用,其乳化作用的适宜 pH 应为 6~7,不应小于 4 或大于 8。

（4）脂肪酸山梨坦与聚山梨酯类

脂肪酸山梨坦与聚山梨酯类均为非离子型表面活性剂,脂肪酸山梨坦,即司盘类 HLB 值在 4.3~8.6,为 W/O 型乳化剂。聚山梨酯,即吐温类 HLB 值为 10.5~16.7,为 O/W 型乳化剂。各种非离子型乳化剂均可单独制成乳剂型基质,但为调节 HLB 值而常与其他乳化剂合用,非离子型表面活性剂无毒性,中性,对热稳定,对黏膜与皮肤比离子型乳化剂刺激性小,并能与酸性盐、电解质配伍,但与碱类、重金属盐、酚类及鞣质均有配伍变化。聚山梨酯类能严重抑制一些消毒剂、防腐剂的效能,如与羟苯酯类、季铵盐类、苯甲酸等络合而使之部分失活,但可适当增加防腐剂用量予以克服。非离子型表面活性剂为乳化剂的基质中,可用的防腐剂有山梨酸、洗必泰碘、氯甲酚等,用量约 0.2% 。

（5）聚氧乙烯醚的衍生物类

①平平加 O(Peregol O):即以十八（烯）醇聚乙二醇-800 醚为主要成分的混合物,为非离子型表面活性剂,其 HLB 值为 15.9,属 O/W 型乳化剂,但单用本品不能制成乳剂型基质,为提高其乳化效率,增加基质稳定性,可用不同辅助乳化剂,按不同配比制成乳剂型基质。

②乳化剂 OP:即以聚氧乙烯（20）月桂醚为主的烷基聚氧乙烯醚的混合物。也为非离子 O/W 型乳化剂,HLB 值为 14.5,可溶于水,1%水溶液的 pH 值为 5.7,对皮肤无刺激性。本品耐酸、碱、还原剂及氧化剂,性质稳定,用量一般为油相质量的 5% ~10% ,常与其他乳化剂合用。本品不宜与酚羟基类化合物,如苯酚、间苯二酚、麝香草酚、水杨酸等配伍,以免形成络合物,破坏乳剂型基质。

实例解析 1   含有机铵皂的乳剂型基质的制备

【处方】硬脂酸 100 g   蓖麻油 100 g   液体石蜡 100 g   三乙醇胺 8 g   甘油 40 g   蒸馏水 452 g。

【制法】①将硬脂酸、蓖麻油、液体石蜡置蒸发皿中,水浴加热(75~80 ℃)使熔化。②另取三乙醇胺、甘油与水混匀,加热至同温度,缓缓加入油相中,边加边搅直至乳化完全,放冷即得。

【注解】①三乙醇胺与部分硬脂酸形成有机铵皂起乳化作用,其 pH 为 8,HLB 值为 12。②可在乳剂型基质中加入 0.1% 羟苯乙酯作防腐剂,必要时加入适量单硬脂酸甘油酯,以增加油相的吸水能力,达到稳定 O/W 型乳剂型基质的目的。

实例解析 2　含多价钙皂的乳剂型基质

【处方】硬脂酸 12.5 g　单硬脂酸甘油酯 17.0 g　蜂蜡 5.0 g　地蜡 75.0 g　液状石蜡 410.0 mL　白凡士林 67.0 g　双硬脂酸铝 10.0 g　氢氧化钙 1.0 g　羟苯乙酯 1.0 g　蒸馏水 401.5 mL。

【制法】①取硬脂酸、单硬脂酸甘油酯、蜂蜡、地蜡在水浴上加热熔化。②再加入液状石蜡、白凡士林、双硬脂酸铝,加热至 85 ℃。③另将氢氧化钙、羟苯乙酯溶于蒸馏水中,加热至 85 ℃,逐渐加入油相中,边加边搅,直至冷凝。

【注解】处方中氢氧化钙与部分硬脂酸作用形成的钙皂及双硬脂酸铝(铝皂)均为 W/O 型乳化剂,水相中氢氧化钙为过饱和态,应取上清液加至油相中。

实例解析 3　含硬脂酸甘油酯的乳剂型基质的制备

【处方】硬脂酸甘油酯 35 g　硬脂酸 120 g　液状石蜡 60 g　白凡士林 10 g　羊毛脂 50 g　三乙醇胺 4 mL　羟苯乙酯 1 g　蒸馏水加至 1 000 g。

【制法】①将油相成分(即硬脂酸甘油酯、硬脂酸、液状石蜡、凡士林、羊毛脂)与水相成分(三乙醇胺、羟苯乙酯溶于蒸馏水中)分别加热至 80 ℃。②将熔融的油相加入水相中,搅拌,制成 O/W 型乳剂基质。

实例解析 4　含油酸山梨坦为主要乳化剂的乳剂型基质的制备

【处方】单硬脂酸甘油酯 120 g　蜂蜡 50 g　石蜡 50 g　白凡士林 50 g　液状石蜡 250 g　油酸山梨坦 20 g　聚山梨酯 80 为 10 g　羟苯乙酯 1 g　蒸馏水加至 1 000 g。

【制法】①将油相成分(单硬脂酸甘油酯、蜂蜡、石蜡、白凡士林、液状石蜡、油酸山梨坦)与水相成分(聚山梨酯 80、羟苯乙酯、蒸馏水)分别加热至 80 ℃。②将水相加入油相中,边加边搅拌至冷凝即得。

【注解】①处方中油酸山梨坦与硬脂酸甘油酯同为主要乳化剂,形成 W/O 型乳剂型基质,聚山梨酯 80 用以调节适宜的 HLB 值,起稳定作用。②单硬脂酸甘油酯、蜂蜡、石蜡均为固体,有增稠作用,单硬脂酸甘油酯用量大,制得的乳膏光亮细腻且本身为 W/O 型乳化剂,蜂蜡中含有蜂蜡醇也能起较弱的乳化作用。

12.3.3　乳膏剂制备

1) 乳化

将处方中的油脂性和油溶性组分一起加热至 80 ℃左右成油溶液(油相),另将水溶性组分溶于水后一起加热至 80 ℃左右成水溶液(水相),使温度略高于油相温度,然后将外相(连续相)逐渐加入内相(分散相)中,边加边搅至冷凝。大量生产时若基质不够细腻,可在温度降至 30 ℃时再通过胶体磨或软膏研磨机使其更细腻、均匀,还可使用旋转型热交换器的连续式乳膏机。

大量生产时,取油、脂、蜡、乳化剂和其他油溶性成分加入夹层溶解锅内,开启蒸气加热,在不断搅拌下加热至70~80℃,使其充分熔化或溶解,混合均匀,即为油相,待用。有时需加热至150~160℃灭菌1 h后过滤,冷至70~80℃,待用。另取纯化水加入另一夹层溶解锅中,将水溶性成分如甘油、丙二醇、山梨醇等保湿剂、防腐剂、水溶性乳化剂等加入其中,搅拌下加热至90~100℃,维持20 min灭菌,然后冷却至70~80℃,即为水相,待用。上述油相和水相原料通过过滤器按照一定的顺序加入乳化锅内,在70~80℃的温度下,搅拌一定的时间使乳化完全,乳化后冷却,即得,必要时需通过胶体磨或均质机使膏体细腻均匀。

制备时油相和水相的添加方式、添加速度、搅拌条件、乳化温度与时间、乳化锅的结构等都可能影响乳膏剂的质量。乳化时可将内相加入外相,即制备油/水型乳膏时,将油相加入水相中。实际生产时,多将水相加入油相中,开始混合时水相的量小于油相,先形成札油型乳状液,随着水相的增多,乳状液黏度继续增加,当水相的量达到极限时,发生相转变,乳状液黏度降低,逐渐变成油/水型乳状液,转相法可使制得的乳膏细腻、均匀、稳定。

油、水两相混合方式:

①分散相加到连续相中,适用于分散相体积较小的乳剂系统。

②连续相加到分散相中,适用于大多数乳剂系统。该方式在混合过程中可导致乳剂转型,即在混合初期,分散相的体积大于连续相的体积,搅拌形成的是分散相包有连续相的乳剂,随着连续相的不断加入,乳剂黏度继续增加,当连续相的体积增加到最大限度,乳剂黏度开始降低,发生乳剂转型而成预期的连续相包有分散相的乳剂。此法制得的乳剂,其分散相更加细小、均匀。

③两相同时加入,不分先后,适用于机械化大批量生产。

2)加入药物

根据药物的性质。选择与基质混合的方法:

①不溶于基质或基质中任何组分的药物。将药物用适宜的方法粉碎成细粉,并通过六号筛(细度为150 μm以下),眼膏中药物通过九号筛(细度为75 μm以下),然后配研加入已制备好的基质中。

②可溶性药物,应先用适宜的溶剂溶解,然后再与相应的基质混匀。若药物能溶于基质者,可用熔化的基质将药物溶解。

③半固体黏稠性药物,如鱼石脂或煤焦油等药物,可直接用研合法制备软膏。将药物与基质混合,必要时先与少量羊毛脂或聚山梨酯类混合再与凡士林等油性基质混合。

④含共熔成分,药物含樟脑、薄荷脑、麝香草酚等挥发性共熔成分时,可先研磨至共熔后再与基质混匀。

⑤中药,应先制备浸出物,浸出物为液体(煎剂或流浸)可先浓缩成稠膏状再加入基质中,如为固体浸膏可用少量水或稀醇研成糊状后再与基质混合。

3)注意事项

乳膏剂制备时应注意:

①强酸、强碱、电解质、两相共溶的溶剂(如丙酮、乙醇等)、吸收性药物(无水钾明矾等)影响乳膏剂的稳定,故不宜加入。

②温度不宜过高或过低,以免影响乳膏剂的成型。温度过高可使蛋白质类乳化剂变性,并

可使分散的小滴因分子运动而聚合,温度过低(如冷冻时)能将水合膜破坏。

③乳化剂易被细菌分解及油质发生酸败,故乳膏剂中均应加入防腐剂,常用的为羟苯酯类。

④乳膏剂中不宜加入过量的不同连续相的液体(如水包油型乳膏剂中不宜加过量的水溶液),即使相同相的液体也不宜太多,否则易致乳化态破坏。

⑤乳膏剂中加入药物的方法,与软膏剂基本相同。添加粉状药物时,应将药物加少许甘油或液体石蜡研细,再行加入。

⑥配制乳膏剂时应避免剧烈搅拌及水浴冷却,以免影响质量。

12.3.4　质量要求

乳膏剂的质量要求有:

①乳膏剂基质应均匀、细腻,涂于皮肤或黏膜上应无刺激性。

②乳膏剂根据需要可加入保湿剂、防腐剂、增稠剂、抗氧剂及透皮促进剂。

③乳膏剂应具有适当的黏稠度,但应易涂布于皮肤或黏膜上,不融化,黏稠度随季节变化应很小。

④乳膏剂应无酸败、异臭、变色、变硬,乳膏剂不得有油水分离及胀气现象。

⑤乳膏剂应密封,置25 ℃以下贮存,不得冷冻。

12.3.5　乳膏剂的应用

1)乳膏剂的作用

乳膏剂涂于皮肤上对局部有散热、清凉、消炎及止痒的作用,且能吸收皮肤病损面上的一定量渗出液;乳膏剂中的油质对皮肤有润泽作用;乳膏剂对油及水均有亲和性,油溶性和水溶性药物均能容纳,有助于药物的扩散和透皮吸收,可提高疗效;洁白细腻,用时舒适,易于除去,不污染衣服。

2)乳膏剂应用

乳膏剂适用于各种急、慢性炎症性皮肤病,如湿疹、皮炎、皮肤瘙痒症等,但对慢性肥厚性皮肤病的效果不如急性皮肤病好;亦可用作润肤及化妆品,油/水型乳膏剂较适用于炎热天气或油性皮肤使用,柏油型乳膏剂较适用于寒冷季节或干性皮肤使用。它的禁忌是糜烂及有较多渗出液的皮损忌用。

12.3.6　乳膏剂生产设备

1)真空均质乳化设备

真空乳化搅拌机由预处理锅、主锅、真空泵、液压、电器控制系统等组成,可完成软膏剂基质的加热、熔化和均质乳化等操作,整个工序处在超低真空环境。常用的设备有 TZGZ 系列真空乳化搅拌机和 ZJR 系列真空均值乳化剂,如图 12.7 和图 12.8 所示。

2)旋转型热交换器的连续式乳膏制造装置

大量生产乳膏时,大量油脂熔融物的均匀冷却较为困难,这种冷却操作决定软膏质量的好坏,如图12.8是一种利用旋转型热交换器的连续式乳膏制造装置的工作原理。操作时,在原料桶4中,一个装入油脂性原料,一个装入水溶性原料,用蒸汽加热到约80 ℃,先将油脂性原料移入真空减压的乳化槽3中,边搅拌边加入水溶液进行减压乳化,乳化后的物料经定量泵5送入旋转型热交换器1中,与套管中的水进行热交换,此外通过刮叶使冷却固化物进行混合、分散,并挤压出均匀的制品。

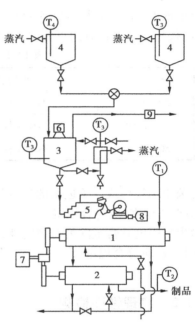

图12.7　TZGZ系列真空乳化搅拌机

图12.8　旋转型热交换器的连续式乳膏制造装置
1,2—旋转式热交换机;3—乳化槽;4—原料槽;
5—定量泵;6—搅拌机用电动机;7—旋转热交换器用电机;
8—泵用电动机;9—真空泵

任务 12.4　软膏剂质量检查

根据《中国药典》(2015版),软膏剂的质量检查主要包括药物的含量,软膏剂的性状、刺激性、稳定性等的检测以及软膏中药物释放、吸收的评定。根据需要及制剂的具体情况,皮肤局部用制剂的质量检查,除了采用药典规定检验项目外,还可采用一些其他方法。

12.4.1　主药含量测定

主药含量的测定有:

①一般软膏剂应按照药典要求测定主药含量,应符合规定。测定方法为软膏剂采用适宜的溶剂将药物溶解提取,再进行含量测定,测定方法必须考虑和排除基质对提取物含量测定的干扰和影响,测定方法的回收率要符合要求。

②性状按照各药物软膏剂性状项下的规定,应符合要求。

③粒度除另有规定外,混悬型软膏剂取适量的供试品,涂成薄膜,薄层面积相当于盖玻片面积,共涂 3 片,照粒度和粒度分布测定法(二部附录Ⅸ E 第一法)检查,均不得检出大于 180 μm 的粒子。

④装量依据《中国药典》(2015 版)二部(附录 X F)最低装量检查法,检查平均装量与每个容器装量(按标示装量计算的百分率),结果取三位有效数字进行结果分析,具体见表 12.2。

表 12.2　软膏剂质量检查标准

标示装量	平均装量	每个容器装量
20 g 以下	不少于标示装量	不少于标示装量的 93%
20 g 至 50 g	不少于标示装量	不少于标示装量的 95%
50 g 以上	不少于标示装量	不少于标示装量的 97%

⑤无菌用于烧伤或严重创伤的软膏剂和乳膏剂,依据《中国药典》(2015 版)二部(附录 XI H)无菌检查法检查,应符合规定。

⑥微生物限度软膏剂除另有规定外,依据《中国药典》(2015 版)二部(附录 XI J)微生物限度检查法检查,应符合规定。

12.4.2　物理性质检测

软膏剂的物理性质检测项目有:

(1)熔程

一般软膏以接近凡士林的熔程为宜。按照药典方法测定或用显微熔点仪测定,由于熔点的测定不易观察清楚,需取数次平均值来评定。

(2)黏度和流变性测定

用于软膏剂黏度和流变性的测定仪器有流变仪和黏度计。目前常用的有旋转黏度计(适用黏度范围 $10^2 \sim 10^{14}$ mPa·s),落球黏度计(适用范围 $10^{-2} \sim 10^6$ mPa·s),穿入计等。流变性是软膏基质的最基本的物理性质,测定流变性主要是考察半固体制剂的物理性质:

①可进行质量检控,包括处方设计和制备过程(如混合、研磨、泵料、搅拌、挤压成形、灌注、灭菌等)对质量的影响。

②了解影响制剂质量的因素,如温度、贮藏时间等对产品结构及稳定性的影响。

③包装容器中取用方便而不溢出,制剂在皮肤上的涂展性、附着性等。

④测定基质的稠度与药物从制剂中的释放速度的关系等。

(3)酸碱度测定

部分软膏剂药典规定应检查其酸碱度以避免产生刺激。取适量样品加入一定溶剂,依据《中国药典》(2015 版)二部(附录 Ⅶ H)pH 值测定法测定,应符合要求。

（4）物理外观检查

软膏剂物理外观一般要求色泽均匀一致,质地细腻。

12.4.3　刺激性

软膏剂涂于皮肤或黏膜时,不得引起疼痛、红肿或产生斑疹等不良反应,药物和基质引起过敏反应者不宜采用。若软膏的酸碱度不适而引起刺激时,应在基质的精制过程中进行酸碱度处理,使软膏的酸碱度近似中性,中国药典规定应检查酸碱度,参见药典规定的测定方法。

12.4.4　稳定性

根据《中国药典》(2015 版)有关稳定性的规定,软膏剂应进行性状(酸败、异臭、变色、分层、涂展性)、鉴别、含量测定、卫生学检查、皮肤刺激性试验等方面的检查,在一定的贮存期内应符合规定要求。

12.4.5　药物释放度及吸收的测定方法

1）释放度检查法

释放度检查方法很多,这里介绍的是表玻片法(Watch glass method)。在表玻片(直径 50 mm)与不锈钢网(18 目)之间装有一个铝塑质的软膏池,半固体的制剂装入其中,这 3 层可用 3 个夹子固定在一起。有效释药面积为 46 cm^2,采用药典中的浆法测定。国外文献介绍的释放度测定方法有渗析池法、圆盘法等。虽然这些方法不能完全反映制剂中药物吸收的情况,但作为药厂控制内部质量标准有一定的实用意义。

2）体外试验法

体外试验法有离体皮肤法、凝胶扩散法、半透膜扩散法和微生物法等,其中以离体皮肤法较接近应用的实际情况。

离体皮肤法是在扩散池(常用 Franz 扩散池)中将人或动物皮肤固定,测定在不同时间由供给池穿透皮肤到接受池溶液中的药物量,计算药物对皮肤的渗透率。

3）体内试验法

将软膏涂于人体或动物的皮肤上,经一定时间后进行测定,测定方法与指标有:体液与组织器官中药物含量的分析法、生理反应法、放射性示踪原子法等。

实例解析 5　水杨酸乳膏的制备

【处方】水杨酸 50 g　硬脂酸甘油酯 70 g　硬脂酸 100 g　白凡士林 120 g　液状石蜡 100 g　甘油 120 g　十二烷基硫酸钠 10 g　羟苯乙酯 1 g　蒸馏水 480 mL。

【分析】①本品为 O/W 型乳膏,采用十二烷基硫酸钠及单硬脂酸甘油酯(1∶7)为混合乳化剂,其 HLB 值为 11,接近本处方中油相所需的 HLB 值 12.7。制得的乳膏剂稳定性较好。②在 O/W 型乳膏剂中加入凡士林可以克服应用上述基质时有干燥的缺点,有利于角质层的润滑作用。③加入水杨酸时,基质温度宜低,以免水杨酸挥发损失,而且温度过高,当本品冷凝后常会析出粗大药物结晶。还应避免与铁或其他重金属器具接触,以防水杨酸变色。

【制法】①将水杨酸研细后通过 60 目筛,备用。取硬脂酸甘油酯、硬脂酸、白凡士林及液状石蜡加热熔化为油相。②另将甘油及蒸馏水加热至 90 ℃,再加入十二烷基硫酸钠及羟苯乙酯溶解为水相。③然后将水相缓缓倒入油相中,边加边搅,直至冷凝,即得乳剂型基质;将过筛的水杨酸加入上述基质中,搅拌均匀即得。

实例解析6　硼酸软膏的制备

【处方】硼酸 50 g　樟脑 30 g　甘油 50 g　凡士林加至 1 000 g。

【分析】①硼酸软膏用热熔法制备,但樟脑应在冷却后加入,以免挥发损失。②制备好样品为淡黄色或黄色软膏,应密闭保存。

【制法】取硼酸、甘油、凡士林加温搅匀,冷至 40 ℃ 以下后加入樟脑搅匀,即得。

实例解析7　清凉油的制备

【处方】樟脑 160 g　薄荷脑 160 g　薄荷油 100 g　桉叶油 100 g　石蜡 210 g　蜂蜡 90 g　氨溶液(10%)6.0 mL　凡士林 200 g。

【分析】①本品较一般油性软膏稠度大些,近于固态,熔程为 46～49 ℃。②处方中石蜡、蜂蜡、凡士林三者用量配比应随原料的熔点不同加以调整。

【制法】①先将樟脑、薄荷脑混合研磨使其共熔,然后与薄荷油、桉叶油混合均匀。②另将石蜡、蜂蜡和凡士林加热至 110 ℃(除去水分),必要时滤过,放冷至 70 ℃,加入芳香油等,搅拌。③最后加入氨溶液,混匀即得。

综合测试

一、单项选择题

1. 软膏剂稳定性考察时,其性状考核项目中不包括(　　)。
　　A. 酸败　　　　　　　　　　　　　B. 异臭
　　C. 变色　　　　　　　　　　　　　D. 涂展性与分层
　　E. 沉降体积比

2. 软膏剂可用于下列情况,除了(　　)。
　　A. 慢性皮肤病　　　　　　　　　　B. 对皮肤起保护作用
　　C. 对皮肤起润滑作用　　　　　　　D. 对皮肤起局部治疗作用
　　E. 急性损伤皮肤

3. 羊毛脂作软膏基质有许多特点,除了(　　)。
　　A. 熔点适宜　　　　　　　　　　　B. 吸水性好
　　C. 穿透性好　　　　　　　　　　　D. 涂展性好

E. 稳定性好

4. 用聚乙二醇作软膏基质时常采用不同分子量的聚乙二醇混合,其目的是( )。

A. 增加药物在基质中的溶解度　　　　　　B. 增加药物穿透性

C. 调节吸水性　　　　　　　　　　　　　D. 调节稠度

E. 减少吸湿性

5. 有一种水溶性软膏剂基质的处方是由 400 g PEG-4000 和 600 g PEG-400 组成,现因天气变化,需要增加稠度,可以采取的方法是( )。

A. 增加 PEG-400 的用量　　　　　　　　B. 增加 PEG-4000 的用量

C. 加入适量凡士林　　　　　　　　　　　D. 加入少量的硬脂醇

6. 凡士林作为软膏基质,常加入( )改善其吸水性。

A. 液体石蜡　　　　B. 花生油　　　　C. 羊毛脂　　　　D. 硅酮　　　　E. 蜂蜡

7. 关于凡士林的特点叙述中,错误的是( )。

A. 有适宜的黏性和涂展性　　　　　　　　B. 稳定性好、无刺激性,呈中性

C. 吸水性差,仅能吸收约6%的水　　　　D. 释放药物的能力比较好

E. 可以单独充当软膏基质

8. 下述软膏基质的特点中,错误的是( )。

A. 油脂性基质润滑性好　　　　　　　　　B. 油脂性基质释药性好

C. 乳剂型基质穿透性好　　　　　　　　　D. 水溶性基质吸水性好

9. 熔融法制备软膏剂的注意事项中,错误的是( )。

A. 熔融时熔点高的先加,熔点低的后加

B. 药物加入基质搅拌均匀后要迅速冷凝

C. 夏季可适量增加基质中石蜡的用量

D. 冬季可适量增加基质中液状石蜡用量

10. 最适用于大量渗出性的伤患处的基质是( )。

A. 凡士林　　　　B. 羊毛脂　　　　C. 乳剂型基质　　　　D. 水溶性基质

11. 油脂性的基质的灭菌方法可选用( )。

A. 热压灭菌　　　　　　　　　　　　　　B. 干热灭菌

C. 气体灭菌　　　　　　　　　　　　　　D. 紫外线灭菌

E. 流通蒸汽灭菌

二、多项选择题

1. 软膏基质分为( )。

A. 油脂性基质　　　　　　　　　　　　　B. 水溶性基质

C. 乳剂基质　　　　　　　　　　　　　　D. 亲水胶体

E. 疏水胶体

2. 凡士林与羊毛脂合用的目的是( )。

A. 改善凡士林的吸水性　　　　　　　　　B. 改善羊毛脂的吸水性

C. 改善凡士林的黏稠性　　　　　　　　　D. 改善羊毛脂的黏稠性

3. 软膏剂的全身吸收包括( )等过程。

A. 溶解　　　　B. 扩散　　　　C. 释放　　　　D. 穿透　　　　E. 吸收

4.（　　）等软膏基质宜加入保湿剂和防腐剂。

    A.油脂性基质　　　　B.亲水性基质　　　　C.W/O 型乳膏　　　D.O/W 型乳膏

5.乳膏基质的三个基本组成是(　　)组成。

    A.水相　　　　　　　B.油相　　　　　　　C.乳化剂　　　　　D.防腐剂

6.决定乳膏类型的主要因素是(　　)。

    A.相体积　　　　　　B.相面积　　　　　　C.乳化剂类型　　　D.乳化剂用量

7.下列属油脂性基质的是(　　)。

    A.羊毛脂　　　　　　B.凡士林　　　　　　C.石蜡　　　　　D.皂土　　　　　E.硅油

8.软膏剂的类脂类基质有(　　)。

    A.凡士林　　　　　　B.羊毛脂　　　　　　C.石蜡　　　　　D.蜂蜡　　　　　E.硅酮

9.下列软膏剂基质中属于油脂性基质的是(　　)。

    A.凡士林　　　　　　B.羊毛脂　　　　　　C.石蜡　　　　　D.植物油　　　　E.硬脂醇

三、问答题

1.什么是软膏剂、作用特点、处方组成？

2.软膏基质可分为哪几类？各有何应用特点？举例说明。

3.简述软膏常用制备方法、适用性？

4.软膏应进行哪些质量检测？

5.软膏基质通常分为哪几类？简述常用基质成分的性质及用途。

6.制备乳状膏基质时应注意什么问题？为什么要将两相均加温至 70~80 ℃？

7.用于治疗大面积烧伤的软膏剂在制备时应注意什么？

四、处方分析

(1) 生橡胶　16 kg　　　　　　松香　16 kg

    羊毛脂　4 kg　　　　　　　凡士林　1.5 kg

    液状石蜡　1 kg　　　　　　氧化锌　20 kg

    汽油　45 kg

    分析处方中各成分的作用。

(2) 醋酸氟轻松　0.25 g　　　　二甲基亚砜　15 g

    十八醇　90 g　　　　　　　白凡士林　100 g

    液状石蜡　60 g　　　　　　月桂醇硫酸钠　10 g

    甘油　50 g　　　　　　　　对羟基苯甲酸乙酯　1 g

    蒸馏水加至　1 000 g

    分析处方中各组成分的作用,判别本软膏基质属于何种类型？写出制备方法。

技能训练 12.1　软膏剂的制备及质量检查

【实训目的】

①掌握不同类型、不同基质软膏剂的制备方法及其操作要点。

②掌握软膏剂中药物的加入方法。

③了解软膏剂的质量评定方法。

【实训原理】

①软膏剂是由药物与基质组成,基质为软膏剂的赋形剂,占软膏组成的大部分,所基质对软膏剂的质量、理化特性及药物疗效的发挥均有极其重要的影响,基质本身具有保护和润滑皮肤的作用。常用的基质有3类:油脂性基质、乳剂基质和水溶性基质。不同类型的软膏基质对药物释放、吸收的影响不同,其中以乳剂基质释药为最快。不同类型软膏的制备可根据药物和基质的性质、制备量及设备条件不同而分别采用研合法、熔融法和乳化法制备。若软膏基质比较软,在常温下通过研磨即能与药物均匀混合,可用研磨法。若软膏基质熔点不同,在常温下不能与药物均匀混合,或药物能在基质中溶解,或药材须用基质加热浸取其有效成分,多采用熔融法。乳化法是制备乳膏剂的专用方法。

②制备软膏的操作注意事项

a.选用油脂性基质时,应纯净,否则应加热熔化后滤过,除去杂质,或加热灭菌后备用。

b.混合基质的熔点不同时,熔融时应将熔点高的先熔化,然后加入熔点低的熔化。

c.基质可根据含药量的多少及季节的不同,适量增减蜂蜡、石蜡、液状石蜡或植物油等用量,以调节软膏稠度。

d.水相与油相两者混合的温度一般应控制在80 ℃以下,且两相温度应基本相同,以免影响乳膏的细腻性。

e.乳化法中两相混合时的搅拌速率不宜过慢或过快,以免乳化不完全或因混入大量空气使成品失去细腻和光泽并易变质。

f.不溶性药物应先研细过筛,再按等量递增法与基质混合。药物加入熔化基质后,应搅拌至冷凝,以防药粉下沉,造成药物分散不匀。

g.挥发性或易升华的药物和遇热易破坏的药物,应将基质温度降低至30 ℃左右加入。

h.处方中有共熔组分如樟脑、冰片等共存时,应先将其共熔后,再与冷至40 ℃以下的基质混匀。

i.中药煎剂、流浸膏等可先浓缩成稠膏,再与基质混合。稠膏应先加少量溶媒(稀乙醇)使之软化或研成糊状后,再加入基质中混匀。

【实训材料】

(1)设备器皿

乳钵、水浴、软膏板、软膏刀、蒸发皿、烧杯、电炉、温度计、药筛、乳匀机等。

(2)药品与材料

硬脂酸、单硬脂酸甘油酯、凡士林、甘油、羊毛脂、液体石蜡、三乙醇胺、包装材料等。

【实训内容】

(1)油脂性基质的水杨酸软膏的制备

①处方:水杨酸0.5　液状石蜡2.5 g　凡士林10 g。

②制法:取水杨酸置于研钵中研细,称取0.5 g备用。另取凡士林与液状石蜡于软膏板上混合均匀即得油脂性基质,再将研细的水杨酸粉末与上述基质混合均匀即得。

③操作注意事项:处方中的凡士林基质可根据气温以液状石蜡或石蜡调节稠度。水杨酸

需先粉碎成细粉(按药典标准),配制过程中避免接触金属器皿。

（2）水杨酸软 O/W 乳膏的制备

①处方:水杨酸 0.5 g　白凡士林 1.2 g　十八醇 0.8 g　单硬脂酸甘油酯 0.2 g　十二烷基硫酸钠 0.1 g　甘油 0.7 g　羟苯乙酯 0.02 g　纯化水 10 mL。

②制法:取白凡士林、十八醇和单硬脂酸甘油酯置于蒸发皿中,水浴加热至 70~80 ℃使其熔化。将十二烷基硫酸钠、甘油、羟苯乙酯和计算量的纯化水置另一蒸发皿中加热至 70~80 ℃使其溶解,在同温下将水液以细流加到油液中,边加边搅拌至冷凝,即得 O/W 乳状基质。取研细的水杨酸置于软膏板上或研钵中,分次加入制得的 O/W 乳状基质混匀(研匀),即得水杨酸软膏。

（3）水杨酸 W/O 型乳膏的制备

①处方:水杨酸 0.5 g　单硬脂酸甘油酯 1.0 g　石蜡 1.0 g　白凡士林 0.5 g　液状石蜡 5.0 g　脂肪酸山梨坦 0.05 g　乳化剂 OP 0.05 g　羟苯乙酯 0.01 g　纯化水 2.5 mL。

②制法:取石蜡、单硬脂酸甘油酯、白凡士林、液状石蜡、司盘 40、乳化剂 OP 和羟苯乙酯于蒸发皿中,水浴上加热熔化并保持 80 ℃。细流加入同温的水,边加边搅拌至冷凝,即得 W/O 乳剂型基质。用此基质同上制备水杨酸 W/O 型乳膏。

（4）水溶性基质的水杨酸软膏制备

①处方:水杨酸 0.5 g　羧甲纤维素钠 0.6 g　甘油 1.0 g　苯甲酸钠 0.05 g　纯化水 8.4 mL。

②制法:取羧甲基纤维素钠置研钵中,加入甘油研匀。边研边加入溶有苯甲酸钠的水溶液,待溶胀 15 分钟后研匀,即得水溶性基质,用此基质同上制备水杨酸软膏。

【软膏剂质量检查】

①刺激性检查:采用皮肤测定法,即剃去家兔背上的毛约 2.5 cm²,休息 24 h,待剃毛所产生的刺激痊愈后,取软膏 0.5 g 均匀地涂在剃毛部位使形成薄层,24 h 后观察,应无水疱、发疹、发红等现象。每次试验应在 3 个不同部位同时进行,并用空白基质作对照来判定。

②pH 值测定:取软膏适量,加水振摇,分取水溶液加酚酞或甲基红指示液均不得变色。

③无菌检查:依法检查。无菌检查法,主要检查金黄色葡萄球菌及绿脓杆菌。

④稳定性试验:将软膏装入密闭容器中添满,编号后分别置保温箱[(39±1)℃]、室温[(25±1)℃]及冰箱[(0±1)℃]中 1 个月,检查其含量、稠度、失水、酸碱度、色泽、均匀性、酸败等现象。在贮存期内应符合有关规定。

【思考题】

①软膏剂的制法有哪些? 如何选用?

②分析乳剂基质处方,写出制备工艺流程及应注意哪些问题? 油、水两相的混合方法有几种? 操作关键是什么?

③制备软膏剂时处方中的药物应如何加入?

项目 13　栓剂生产

📖 **项目描述**

栓剂是一种较为古老的剂型,因其独特的给药途径和药物吸收途径,在医药科技迅猛发展的今天,栓剂依然在日常生活中得以广泛的应用。本项目主要介绍了栓剂的概念、分类、释药特点、吸收途径及相关影响因素,简要列举了市面上常见的栓剂及其功效,重点讲述了栓剂的生产工艺流程和质量检查方法。

📖 **学习目标**

掌握栓剂的概念、种类及生产工艺流程,熟悉栓剂的作用特点、质量检查方法,了解栓剂的基质及附加剂、置换价概念与计算质量评价以及影响栓剂的吸收分布的相关因素。

任务 13.1　认识栓剂

13.1.1　栓剂定义

栓剂是指将药物和适宜的基质制成的具有一定形状供腔道给药的固体状外用制剂。栓剂在常温下为固体,塞入人体腔道后,在体温下迅速软化,熔融或溶解于分泌液,逐渐释放药物而产生局部或全身作用。

13.1.2　栓剂的由来

栓剂为古老剂型之一,在公元前1550年的埃及《伊伯氏草本》中就有记载。我国使用栓剂也有悠久的历史《史记·仓公列传》有类似栓剂的早期记载。后汉张仲景的《伤寒论》中载有蜜煎导方就是用于通便的肛门栓。晋葛洪的《肘后备急方》中有用半夏和水为丸纳入鼻中的鼻用栓剂和用巴豆鹅脂制成的耳用栓剂等。还有如《千金方》《证治准绳》亦载有类似栓剂的制备与应用。栓剂最初的应用,作为肛门、阴道等部位的用药主要以局部作用为目的。如润滑、收敛、抗菌、杀虫、局麻等作用。后来发现通过直肠给药可以避免肝首过作用和不受胃肠道的影响,而且适合于对于口服片剂、胶囊、散剂有困难的患者用药,栓剂的全身治疗作用越来越受到重视。由于新基质的不断出现和工业化生产的可行性,国外生产栓剂的品种和数量明显增加。目前,作为局部作用为目的栓剂有消炎药、局部麻醉药、杀菌剂等,以全身作用为目的的制剂有解热镇痛药、抗生素类药、副肾上腺皮质激素类药、抗恶性肿瘤治疗剂等。

13.1.3　栓剂的分类

1)按照给药途径分类

栓剂按照给药途径可分为肛门栓、阴道栓、尿道栓、喉道栓、耳用栓和鼻用栓、牙用栓等,其中最常用的是肛门栓和阴道栓。为适应机体的应用部位,栓剂的形状各不相同。肛门栓有圆锥形、圆柱形、鱼雷形等形状,其中以鱼雷形较好,塞入肛门后,因括约肌收缩容易压入直肠内;阴道栓有球形、卵形、鸭嘴形等形状,其中以鸭嘴形的表面积最大,也最为常用。尿道栓一般为棒状,一端稍尖,具体形状如图13.1所示。

(1)肛门栓

肛门栓是专供直肠内用药的栓剂,形状有圆锥形、鱼雷形、圆柱形等,每个质量约2 g,长3~4 cm,其中以鱼雷形较好,塞入肛门后,由于括约肌的收缩易于压入直肠内。

(2)阴道栓

阴道栓的形状有球形、卵形、鸭嘴形等,如图13.2所示。其中以鸭嘴形较好,因相同质量的栓剂,鸭嘴形的表面积较大。阴道栓每个质量约5 g,直径为1.5~2.5 cm。近年来阴道片广泛代替阴道栓应用于临床,通常含乳糖作填充剂,淀粉为崩解剂,聚乙烯吡咯烷酮为分散剂,硬脂酸镁为润滑剂。另外是用胶囊剂阴道或直肠给药,塞入前先用水湿润,但不能很快溶解以及有刺激性的药物不宜用胶囊剂给药。

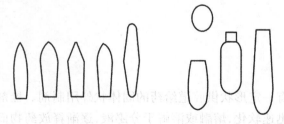

图13.1　栓剂的形状图

图13.2　阴道栓的外形图

(3)尿道栓

尿道栓一般呈笔形,现在临床上很少应用。目前市面上应用较多的尿道栓是前列地尔尿道栓。

2)按照制备工艺分类和释药特点分类

(1)双层栓

双层栓由两层组成,可分为上下双层栓剂和内外双层栓剂。前者由上下两层构成,又可分为3种形式。

①将两种或两种以上理化性质不同的药物分别分散于脂溶性基质或水溶性基质中,制成含有上下两层的栓剂,以便于药物的吸收或避免药物发生配伍禁忌。

②用空白基质和含药基质制成上下两层,利用上层空白基质阻止药物的向上扩散,以减少药物自直肠上静脉吸收,此法不但可以提高栓剂的生物利用度,还可以减少药物的副作用。

③将一种药物分别分散于脂溶性基质和水溶性基质中,制备成上下两层,使栓剂在使用时同时具有速释和缓释的作用。后者是由内外两层组成,其中含有不同的药物。因外层首先熔融,释放出药物,然后再到内层熔融,故此栓剂给药后,可以先后发挥两种药物的作用。此类栓剂的制备需要特殊的双层栓模。

（2）微囊栓

微囊栓是将药物预先制备成微囊,然后再将其与基质混合而制成的栓剂。其优点来自于微囊和栓剂两方面,能够延缓药物吸收,延长作用时间,减少用药次数,提高药物稳定性等。但其制备工艺较普通栓剂复杂。其对药物的控释效果取决于微囊所用的囊材和制备方法。微囊栓剂一般包括单微囊栓和复合微囊栓。单微囊栓即栓剂中的主药全部经过微囊化处理,而复合微囊栓则是栓剂中的主药以药粉和药物微囊两种形式共存。此外,微囊栓的制备方法与普通栓剂差别不大,只是微囊栓中主药投药量,需根据微囊含药量来折算。同时,若采取热融法制备,则在制备中应严格控制温度,防止温度过高微囊破裂,影响栓剂的释放。

（3）中空栓

中空栓为中空栓剂,它可以达到快速释药的目的。其外层为基质制成的壳,中间空心部分可填充各种不同类型的固体或液体药物,与普通栓剂比较,具有释药速度快,生物利用度高等特点。刘晓华等以"柴葛解肌汤"中柴胡、葛根和黄芩配伍研制成中药中空液体栓剂,并与普通栓剂、口服片剂和肌内注射作对照。体外溶出试验表明中空液体栓剂具有明显的速释效果,兔体内生物利用度参数证明中空栓的很多项药物指数均优于普通栓剂、肌内注射和口服给药。

（4）渗透泵栓剂

渗透泵栓剂是美国采用渗透泵原理制成的,这是一种较好的控释型长效栓剂,其最外层为一层不溶性微孔膜,药物从微孔中慢慢渗出,可以较长时间维持疗效,达到控释的目的。Leede等研制茶碱渗透泵栓剂,采用直径13 mm,长度43 mm的微型渗透泵,填充茶碱,为提高渗透泵压精度,在微型渗透泵中插入外径1.2 mm,内径0.8 mm,长度为35 mm的聚乙烯管,给药前8 h将给药系统放入37 ℃蒸馏水中,给药后药物可以按零级数率释放,6名健康受试者体内药物动力学研究表明,茶碱渗透泵栓剂在72 h内药物浓度较为平稳。

（5）缓释栓剂

缓释栓剂的研究主要包括栓剂基质的改进,附加剂的选择和采用药物的聚合物包衣等方法。英国所研制的一种不溶性栓剂,以凝胶为载体,药物释放规律可重复且能预测,该栓剂在直肠内不溶解,也不崩解,它通过吸收水分而逐渐膨胀,缓缓释药而发挥其疗效。

（6）泡腾栓剂

泡腾栓剂是在栓剂中加入发泡剂,使用时产生泡腾作用,加速药物的释放,并有利于药物分布和渗入黏膜皱襞,尤其适于制备阴道栓。如阴道泡腾栓是利用乙二酸与碳酸氢钠做发泡剂。以聚氧乙烯单硬脂酸酯以及PEG-4000为基质制成的泡腾栓剂。

（7）海绵栓剂

海绵栓剂为海绵状栓剂,有用聚醚型聚氨酯泡沫塑料为基质制成阴道海绵栓,但因该基质为非生物降解材料,在使用上有一定的局限性。也有用明胶为基质,经溶解、发泡、冷冻、干燥、成型等工艺制成阴道海绵栓,由于明胶海绵在体内可被酶解吸收,使用方便。经体内外释药试验证明,明胶海绵栓还具有缓释作用海绵栓剂可避免一般栓剂因基质熔化而流失的缺点。

（8）凝胶栓剂

亲水凝胶栓剂是利用具有亲水性生物黏附性和生物学惰性乙烯氧化物为药物载体制成的栓剂。遇水后吸收水分,体积膨胀,柔软而富弹性。因此避免了异物感,更因凝胶对生物黏膜具有特殊粘合力能延长药物的停留和释放时间,促进药物的吸收,提高药物的生物利用度,目前该类栓剂大多处于研究阶段,上市的较为鲜见。

3）按照栓剂的疗效分类

按照栓剂的疗效可分为全身作用的栓剂和局部作用的栓剂。

（1）全身作用的栓剂

全身作用的栓剂一般要求迅速释放药物,特别是解热镇痛类药物宜迅速释放、吸收。一般应根据药物性质选择与药物溶解性相反的基质,有利于药物释放,增加吸收。如药物是脂溶性的则应选择水溶性基质;如药物是水溶性的则选择脂溶性基质,这样溶出速度快,体内峰值高,达峰时间短。为了提高药物在基质中的均匀性,可用适当的溶剂将药物溶解或者将药物粉碎成细粉后再与基质混合。

根据栓剂直肠吸收的特点,如何避免或减少肝的首过效应,在栓剂的处方和结构设计以及在栓剂的应用方法上要加以考虑。栓剂给药后的吸收途径有两条:

①通过直肠上静脉进入肝,进行代谢后再由肝进入大循环。

②通过直肠下静脉和肛门静脉,经髂内静脉绕过肝进入下腔大静脉,再进入大循环。为此栓剂在应用时塞入距肛门口约 2 cm 处为宜。这样可有给药总量的 50% ~75% 的药物不经过肝。同时为避免塞入的栓剂逐渐自动进入深部,可以设计延长在直肠下部停留时间的双层栓剂。双层栓的前端由溶解性高、在后端能迅速吸收水分膨润形成凝胶塞而抑制栓剂向上移动的基质组成。这样可达到避免肝首过效应的目的。

在设计全身作用的栓剂处方时还应考虑到具体药物的性质对其释放、吸收的影响。这主要与药物本身的解离度有关。非解离型药物易透过直肠黏膜吸收入血液,而完全解离的药物则吸收较差。酸性药物 pKa 值在 4 以上、碱性药物 pKa 值低于 8.5 者可被直肠黏膜迅速吸收。故认为用缓冲剂以改变直肠部位的 pH 值,由此增加非解离药物的浓度借以提高其生物利用度。在家兔直肠实验中,给不同 pH 值的胰岛素栓剂,给药量为 100 $\mu g/kg$,结果血药浓度顺序为 pH 3>pH 5>pH 7>pH 8。pH 3、pH 5 两种栓剂是在 0.1 mol/L 磷酸缓冲液中调制而成。结果证明,配制栓剂的 pH 值,以及直肠环境 pH 值对药物的解离度和药物吸收有明显影响。另外药物的溶解度、粒度等性质对栓剂的释药、吸收也有影响。

（2）局部作用的栓剂

局部作用的栓剂只在腔道局部起作用,应尽量减少吸收,故应选择融化或溶解、释药速度慢的栓剂基质。水溶性基质制成的栓剂因腔道中的液体量有限,使其溶解速度受限,释放药物缓慢,较脂肪性基质更有利于发挥局部药效。如甘油明胶基质常用于起局部杀虫、抗菌的阴道栓基质。局部作用通常在 0.5 h 内开始,要持续约 4 h。但液化时间不宜过长,否则使病人感到不适,而且可能不会将药物全部释出,甚至大部分排出体外。

13.1.4　栓剂的特点

栓剂的应用虽然没有注射剂、片剂那样广泛,但在医疗上却占有一定的重要性。因为栓剂可用于软膏剂所不易施予的腔道中,使药物分布于黏膜表面而发生治疗作用。不仅可在腔道起润滑、抗菌、杀虫、收敛、止痛、止痒等局部作用,而且可经腔道吸收产生全身作用;药物不受胃肠道 pH 或酶的破坏,避免药物对胃肠道的刺激性;药物直肠吸收,大部分不受肝脏首过作用的破坏;适用于不能或者不愿口服给药的患者。

栓剂主要用于局部治疗,其所含药物能通过黏膜表面吸收进入血液,而产生全身治疗作用。

13.1.5　影响栓剂吸收的因素

药物在直肠中的吸收过程极为错综复杂,其机理尚未完全阐明,今后需进一步研究。影响栓剂中药物直肠吸收的主要因素有以下 5 个方面:

(1)生理因素

粪便充满直肠时对栓剂中药物吸收量要比无粪便时少,在无粪便存在的情况下,药物有较大的机会接触直肠和结肠的吸收表面,所以如期望得到理想的效果,可在应用栓剂以前先灌肠排便。其他情况如腹泻、结肠梗阻以及组织脱水等均能影响药物从直肠部位吸收的速率和程度。

(2)pH 值及直肠液缓冲能力

直肠液基本上呈中性而无缓冲能力,给药的形式一般不受直肠环境的影响,而溶解的药物却能决定直肠的 pH 值。弱酸、弱碱比强酸、强碱、强电离药物更易吸收,分子型药物易透过肠黏膜,而离子型药物则不易透过。

(3)药物的理化性质因素

①溶解度:据报道在直肠内脂溶性药物容易吸收,而水溶性药物同样能通过微孔途径而吸收。

②粒度:以未溶解状态存于栓剂中的药物,其粒度大小能影响释放、溶解及吸收。粒径愈小,愈易溶解,吸收亦愈快。

③解离度药物的吸收与其解离常数有关:未解离的分子越多,吸收越快。酸性药物中 pKa 在 4 以上的弱酸性药物能迅速地吸收,pKa 在 3 以下的吸收速度则较慢。碱性药物中 pKa 低于 8.5 的弱碱性药物吸收速度较快,pKa 在 9～12 的吸收速度很慢。这说明未解离药物易透过肠黏膜,而离子型药物则不易透过。如水杨酸的吸收率随 pH 上升而下降,像季铵盐等完全电离的药物亦不吸收。药物从直肠的吸收符合一级速度过程,且属被动扩散转运机制。

(4)基质对药物作用的影响

栓剂纳入腔道后,首先必须使药物从基质释放出来,然后分散或溶解于分泌液中才能在使用部位产生吸收或疗效,药物从基质释放得快,局部浓度大,作用强;反之则作用持久而缓慢。但由于基质性质的不同,释放药物的速度也不同。

在油脂性基质的栓剂中所含的药物如系水溶性并分散在基质中时,则药物能很快释放于分泌液中,出现的局部作用或吸收作用也较快。若油脂性基质所含的药物系脂溶性的,则药物须先从油相转入本性分泌液中方能起作用,这种转相与药物在油和水两相中的分配系数有关。如药物的浓度低而且在油脂中的溶解度较大时则难以进入分泌液中,药物的释放受到一定的阻碍,作用亦比较迟缓。因此宜采用油/水分配系数适当小的药物,既易转移入分泌液中又易透过脂性膜。

水溶性基质中的药物,主要借其亲水性易溶解在分泌液中来释放药物。其药物溶于水溶性基质中,因油/水分配系数小,故不易透过脂性膜,小分子药物可透过膜上微孔。

(5)表面活性剂的作用

实验证明表面活性剂能增加药物的亲水性,能加速药物向分泌液中的转入,因而有助于药物的释放。但表面活性剂的浓度不宜过高,否则能在分泌液中形成胶团等因素而使其吸收率下降;所以表面活性剂的用量必须适当,以免得到相反的效果。

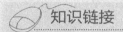 知识链接

市面上常见的栓剂及其功效

(1)清热解毒类栓剂

①银翘双解栓:疏解风热,清肺泻火。用于外感风热,肺热内盛所致的发热、微恶风寒、咽喉肿痛、咳嗽、痰白或黄、口干微渴、舌红苔白或黄、脉浮数或滑数;上呼吸道感染、扁桃体炎、急性支气管炎见上述证候者。

②双黄连栓:疏风解表,清热解毒。用于外感风热所致的感冒,症见发热、咳嗽、咽痛;上呼吸道感染见上述证候者。

③小儿布洛芬栓:用于儿童普通感冒或流行性感冒引起的发热。也用于缓解儿童轻至中度疼痛,如头痛、关节痛、偏头痛、牙痛、肌肉痛、神经痛。

④对乙酰氨基酚栓:用于儿童普通感冒或流行性感冒引起的发热,也用于缓解轻至中度疼痛如头痛、关节痛、偏头痛、牙痛、肌肉痛、神经痛。

⑤阿司匹林栓:用于普通感冒或流行性感冒引起的发热,也用于缓解轻至中度疼痛如头痛、关节痛、偏头痛、牙痛、肌肉痛、神经痛、痛经。

(2)抗菌消炎类栓剂

①保妇康栓:行气破瘀,生肌止痛。用于湿热瘀滞所致的带下病,症见带下量多、色黄、时有阴部瘙痒;霉菌性阴道炎见上述证候者。

②蛇黄栓:清热,燥湿,止痒。适用于妇女阴道炎引起的分泌物增多、有异味及外阴瘙痒。

③替硝唑栓:杀菌,止痒功效。用于滴虫性阴道炎及细菌性阴道病。

④聚维酮碘栓:杀菌、收敛作用。用于念珠菌性外阴阴道病、细菌性阴道病及混合感染性阴道炎。也可用于痔疮。

（3）杀虫类栓剂

①双羟萘酸噻嘧啶栓：杀虫作用。用于儿童蛲虫病。

②盐酸左旋咪唑栓：驱虫作用。用于儿童蛔虫病、蛲虫病。

（4）润肠通便类栓剂

①甘油栓：润肠、通便功效。用于年老体弱者便秘的治疗。

②酚酞栓：润肠、通便。适用于各种原因引起的便秘。

（5）收敛止血类栓剂

①复方角菜酸酯栓：收敛，止血。用于痔疮及其他肛门疾患引起的疼痛、瘙痒、肿胀和出血的对症治疗；亦可用于缓解肛门局部手术后的不适。

②肛泰栓：凉血止血，清热解毒，燥湿敛疮，消肿止痛。适用于内痔疮、外痔疮和混合痔疮等出现的便血、肿胀、疼痛。

（6）其他类栓剂

①氨茶碱栓：松弛呼吸道平滑肌的功效。适用于支气管哮喘、喘息型支气管炎、阻塞性肺气肿等喘息症状的缓解，也可用于心源性肺水肿而致的喘息。

②氟尿嘧啶栓：抗癌功效。用于直肠癌的治疗。

任务 13.2　栓剂的生产

13.2.1　栓剂的制法

栓剂的制法有三种，即热熔法、冷压法和搓捏法，可按基质的不同而选择。脂肪性基质可采用三种方法中的任何一种，而水溶性基质多采用热熔法。

1）冷压法

冷压法主要用于脂肪性基质制备栓剂。其方法是将药物与基质磨碎或锉末，置于冷却的容器内混合均匀，然后手工搓捏成型或装入制栓模型机内挤压成一定形状的栓剂。常用的设备有卧式制栓机（图 13.3 和图 13.4）。冷压法避免了加热对主药或基质稳定性的影响，不溶性药物也不会在基质中沉降，但生产效率不高，成品往往夹带空气对基质或主药起氧化作用。

2）热熔法

热熔法是将计算量的基质经水浴或蒸汽浴加热熔化，温度不能过高，然后按药物性质以不同方法加入，混合均匀，倾入涂有润滑剂的栓模中至稍有溢出模口为度，冷却，待完全凝固后，削去溢出部分，开启模具，将栓剂推出，包装即得热熔法工艺流程如图 13.5 所示。热熔法在生产上常用的设备是自动旋转式制栓机，其主要结构图如图 13.6 所示。

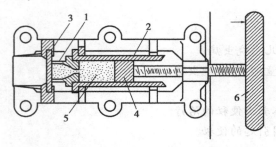
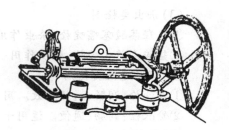

图 13.3 卧式制栓机构造图

1—模型;2—圆筒;3—平板;

4—旋塞;5—药物与基质混合物;6—旋轮

图 13.4 卧式制栓机外形图

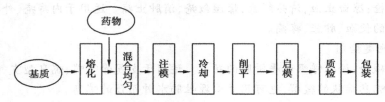

图 13.5 热熔法制备栓剂工艺流程图

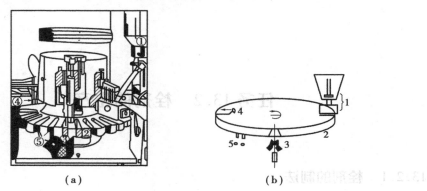

(a)　　　　　　　　　(b)

图 13.6 自动旋转式制栓机主要结构图

(a)外形示意图;(b)操作主要部分示意图

1—加料斗;2—旋转式冷却台;3—栓剂抛出台;4—刮削设备;5—冷冻剂入口及出口

3)栓剂制备中需要注意的问题

栓剂制备中常常需要注意的问题有:

(1)栓剂的药物

栓剂中药物加入后可溶于基质中,也可混悬于基质中。供制栓剂用的固体药物,除另有规定外,应预先用适宜方法制成细粉,并全部通过六号筛。根据施用腔道和使用目的的不同,制成各种适宜的形状。

(2)栓剂中药物和基质的混合方法

栓剂中药物和基质的混合方法有:油溶性药物可直接混入基质使之溶解;水溶性药物可加入少量的水制成浓溶液,用适量羊毛脂吸收后再与基质混合均匀;不溶于油脂、水或甘油的药物可先制成细粉,再与基质混合均匀。

（3）栓剂中基质用量的确定

通常情况下栓剂模型的容量一般是固定的，但它会因基质或药物的密度不同可容纳不同的质量。而一般栓模容纳质量（如 1 g 或 2 g）是指以可可豆脂为代表的基质质量。加入药物会占有一定体积，特别是不溶于基质的药物。为保持栓剂原有体积，就要考虑引入置换价。药物的质量与同体积基质质量的比值称为该药物对基质的置换价。可以用下述方法和公式（13.1）求得某药物对某基质的置换价：

$$DV = \frac{W}{G-(M-W)} \tag{13.1}$$

式中　G——纯基质平均栓重；

　　　M——含药栓的平均质量；

　　　W——每个栓剂的平均含药质量。

测定方法：取基质作空白栓，称得平均质量为 G，另取基质与药物定量混合做成含药栓，称得平均质量为 M，每粒栓剂中药物的平均质量 W，将这些数据代入式（13.1），即可求得某药物对某一新基质的置换价。

用测定的置换价可以方便地计算出制备这种含药栓需要基质的质量 x，见式（13.2）：

$$x = \left(G - \frac{y}{DV}\right) \cdot n \tag{13.2}$$

式中　y——处方中药物的剂量；

　　　n——拟制备栓剂的枚数。

（4）制备栓剂时常用的润滑剂

制备栓剂时，其栓孔内所用的润滑剂通常有几种。脂肪性基质的栓剂常采用软肥皂、甘油各一份与 95% 乙醇五份混合所得作为润滑剂；水溶性或亲水性基质的栓剂则采用油性液体润滑剂，如液状石蜡、植物油等作为润滑剂。有的基质如可可豆脂或聚乙二醇类不沾模，可不用润滑剂。

（5）栓剂模具

栓剂模具一般由不锈钢、铝、铜或塑料制成，可拆开清洗。图 13.7 所示为实验室或小剂量制备栓剂时的栓剂模具。目前生产上常以塑料或复合材料制成一定形状空囊，既作为栓剂成型的模具，密封后又可作为包装栓剂的容器，即使存放时遇升温而融化，也会在冷藏后恢复原有的性状与硬度。栓剂的大规模生产采用自动化、机械化设备，从灌注、冷却、取出均由机器连续自动化操作完成。

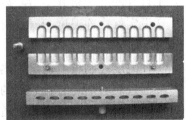

图 13.7　常见的栓剂模具图

13.2.2　栓剂生产工艺流程

大规模生产栓剂的工艺流程主要有配料、加热、均质、搅拌、灌封、冷却、封切和包装等过程。

1)栓剂生产管理要点

(1)称量及预处理

①从质量审核批准的供货单位订购原辅材料。原辅材料须经检验合格后方可使用。原辅材料供应商变更时通过小样试验,必要时要进行验证。

②原辅料应在称量室称量,其环境的空气洁净度级别应与配制间一致,并有捕尘和防止交叉污染的措施。

③称量用的天平、磅秤应定期由计量部门专人校验,做好校验记录,并在已校验的衡器上贴上检定合格证,每次使用前应由操作人员进行校正。

(2)配料

①配料人员应按生产指令书核对原辅料品名、批号、数量等情况,并在核料单上签字。

②原辅料称量过程中的计算及投料,应实行复核制度,操作人、复核人均应在原始记录上签字。

③基质融化时应水浴加热,水温不宜过高,如水温过高,基质颜色会逐渐加深。

④混合药液时一定要保证充分搅拌时间,且要搅拌均匀,保证原辅料充分混合。

⑤配好的药液应装在清洁容器里,在容器外标明品名、批号、日期、质量及操作者姓名。

(3)灌封

①应使用已验证的清洁程序对灌装机上贮存药液的容器及附件进行清洁。

②灌装前须检查栓剂壳有无损伤,数量是否齐全。

③灌装前应小试一下,检查栓剂的装量、封切等符合要求后才能开始灌装,开机后应定时抽样检查装量,灌装量不得超过栓剂壳上部封切边缘线。

④配好的药液应过滤后再加到灌装机加料器中,盛药液的容器应密闭。

(4)冷冻

①打开冷冻主机开关,观察承料盘旋转台是否正常运转。

②设定好冷冻温度,开机后检查设定的冷冻温度是否有变化。

(5)封切

①在温度控制仪上设定好热封温度,生产时温度应调整适当。

②通过旋转热封装置后部的调整螺钉调节压力,保证完整密封,又不过分压紧。

③切口的高度应调整到合适的位置,推片机构应调整适当,以保证每次推进栓剂时,切刀剪切的位置应处于两栓剂粒的正中间。

④封切前一定要检查批号是否正确。

⑤通过计数器设定好剪切的数量,设定后切刀即按设定的数量将栓剂壳带自动剪断。

⑥封切完后将合格栓剂转入中转站,将检出的不合格品及时分类记录,标明品名、规格、批号,置容器中将交专人处理。

(6)清场

①生产结束后做好清场工作,先将灌装机上搅拌浆御下清洗干净,用纯化水冲洗两遍。

②将灌装机走带轨道全部御下清洗干净。

③清场记录和清场合格证应纳入批生产记录,清场合格后应挂标示牌。

（7）填写生产记录

各工序应即时填写生产记录,并由车间质量管理及时按批汇总,审核后交质量管理部放入批档案,以便由质量部门专人进行批成品质量审核及评估,符合要求者出具成品检验合格证书,放行出厂。

2)栓剂生产流程

作为制剂技术,只讲原则的制备或生产流程。而各个药物的生产工艺又因药物性质的差异对原则工艺有所改变。因此在讲解时只讲原则的生产流程。在实例中具体到各种药。

（1）操作准备

①检查总电源及操作盘上各开关须置于关断位置,检查各工作站等运动部件间有无杂物,确保无误后接通电源开关。

②检查台秤和天平,进行水平调节调零。

③将灌装机储料桶上的塞子拔下,加入纯化水,打开加热器开关,待水温上升到50～80 ℃,保持药液所需的灌装温度。

（2）配料

①按照指令上处方量准确称量所用原、辅料,称量时须有 QA 复核。

②将称量好的混合脂肪酸甘油酯放入水浴中加热,水温在50～70 ℃。

③待基质完全融化后将苦参碱缓缓加入并搅拌至完溶解。

④将各种辅料按处方顺序依次加入（吐温80、无水 Na_2SO_3、纯化水）（注:待一种辅料完全溶解后再加入另一种辅料）,然后搅拌10～15 min,配好的药液应呈淡黄色。

⑤将配好的药液加入到灌装机加料器中,打开搅拌开关,搅拌25 min 左右开始灌装。

（3）灌装

①先将冷冻温度设定好（-5 ℃左右）,然后将冷冻开启。

②根据容器容积,调整好计量旋钮,并读出数据。

③将壳带卷置于灌装机承料盘上,旋动中间旋钮,以调整盘的高度与送带轨道下轨在一条水平线上。

④将壳带引入计量块下跑动导板,拨动旋钮调整下导件高度,使容器上部边缘接近销子底部并调整上轨道使之能自由滑动,调整好后将壳带开口对准喷嘴。

⑤打开变频器开关和走带开关,开始灌装。

（4）冷冻

①将冷冻开启,设定好所需固化的温度（-5 ℃以下）,观察冷冻线内承料盘旋转台是否正常转动。

②待旋转台正常运转后将灌装后的栓剂壳带送入冷冻机口,大约在冷机中停留20～30 min,承料盘转至出口位置与封切机相连进入封切机。

（5）封切

①开启主电机,调整好预热温度及热封温度（在正常生产条件下,预热温度应适当）。

②设定剪切的数量,将冷冻机中已冻结的栓剂壳带拉出送入封切机口,开始封切。

③将封切后合格的栓剂转入中转站。

13.2.3　栓剂的包装和贮存

栓剂通常是内外两层包装。每个栓剂都应包裹,不外露,栓剂之间要有间隔,不接触,防止运输和贮存过程中因撞击而碎破,或因受热而黏着、熔化造成变形等。目前使用较多的包装材料是无毒塑料壳(类似于胶囊剂有上下两节),将栓剂装好并封入小塑料袋中即得。

一般栓剂应贮存于 30 ℃以下干燥阴凉处,油脂性基质的栓剂应格外注意避热,最好贮存在冰箱中(−2 ~ 2 ℃)保存。甘油明胶类水溶性基质的栓剂及聚乙二醇栓,可室温阴凉处贮存,并应该密封于容器中以免吸潮、变形、变质等。

 知识链接

典型栓剂制备小知识

(1)甘油栓的制备

【处方】　甘油 1 820 g　硬脂酸钠 180 g　制成 1 000 粒。

【制法】　取甘油,在蒸汽夹层锅内加热至 120 ℃,加入研细干燥的硬脂酸钠,不断搅拌,使之溶解,继续保温在 85 ~ 95 ℃,直至溶液澄清,滤过,浇模(至稍微溢出模口),冷却成型,脱模,即得。

【处方分析】　甘油是主药,硬质酸钠是基质。

【注解】　本品以硬脂酸钠为基质,另加甘油混合,使之硬化呈凝胶状。由于硬脂酸钠的刺激性与甘油较高的渗透压,能增加肠的蠕动而呈现通便作用;加热时间不宜太长,加热温度不宜过高,以免变黄或产生泡沫;本品为无色或几乎无色的透明或半透明栓剂;制备时栓模中可涂液状石蜡作润滑剂。甘油栓主药用于年老体弱者便秘的治疗。对甘油栓过敏者禁用,过敏体质者慎用;甘油栓性状发生改变时禁止使用;请将甘油栓放在儿童不能接触的地方;儿童必须在成人监护下使用;如正在使用其他药品,使用甘油栓前请咨询医师或药师。

(2)蛇黄栓的制备

【处方】　蛇床子(9 号粉)1.5 g　黄连(9 号粉)0.5 g　硼酸 0.5 g　葡萄糖 0.5 g　甘油适量、甘油明胶适量,制成 10 粒。

【制法】　取蛇床子、黄连、硼酸、葡萄糖加适量甘油研成糊状,再将甘油明胶置水浴上熔化,将上述蛇床子等糊状物加入,搅拌使成均匀的混悬液,迅速浇入栓模中,至稍微溢出模口,冷后削平,脱模包装即得。

【处方分析】　蛇床子、黄连、硼酸、葡萄糖为主药,甘油和甘油明胶为基质。

【注解】　处方中硼酸、葡萄糖为辅药以增加疗效,因阴道滴虫适于 pH 值为 5 ~ 6 的环境中生长,正常人的阴道分泌液应保持 pH 值为 3.8 ~ 4.4,加入硼酸以调整至正常 pH 值,可以防止原虫以及病菌的生长。葡萄糖作为分解乳酸的糖原,可保持阴道的酸性。蛇黄栓具有清热、燥湿、止痒的作用。适用于妇女阴道炎引起的分泌物增多、有异味及外

阴瘙痒。未婚妇女禁用;已婚妇女月经期、妊娠期及阴道局部有破损者禁用。本品为外用药,禁止内服;忌食辛辣、生冷、油腻食物;治疗期间忌房事,配偶如有感染应同时治疗;绝经后患者应在医师指导下使用;外阴白色病变、糖尿病所致的瘙痒不宜使用;带下伴血性分泌物,或伴有尿频、尿急、尿痛者,应去医院就诊;注意卫生,用药前应先用温开水清洗外阴。药栓放入阴道不应超过 12 h,取出时拉出棉栓使不洁分泌物得以清除;用药 7 d 症状无缓解,应去医院就诊;对本品过敏者禁用,过敏体质者慎用;本品性状发生改变时禁止使用;请将本品放在儿童不能接触的地方;如正在使用其他药品,使用本品前请咨询医师或药师。

任务 13.3　栓剂的质量检测方法

根据《中国药典》(2015 版)的规定,制备好的栓剂须进行质量差异、融变时限(缓释栓剂应进行释放度检查,不再进行融变时限检查)和微生物限度等方面的检查。

13.3.1　质量差异检查

质量差异检查适用于栓剂。影响栓剂大小不一的因素较多,如生产过程中软材的注入量、温度和速度,以及冷却、固化、切削等步骤。检查的目的在于控制各粒质量的一致性,保证用药剂量的准确。凡规定检查含量均匀度的栓剂,不再进行质量差异检查。

除取供试品 10 粒外,其他同片剂的质量差异检查。若检验场所的室温高于 30 ℃时,应用适宜方法降温,以免栓剂因室温过高而融化或软化,难以操作。其他注意事项同片剂质量差异检查。记录每次称量数据。求出平均粒重,保留 3 位有效数字。按照表 13.1 规定的质量差异限度,求出允许粒重范围。

遇有超出允许粒重范围并处于边缘者,应再与平均粒重相比较,计算出该粒质量差异的百分率,再根据表 13.1 规定的质量差异限度作为判定的依据(避免在计算允许质量范围时受数值修约的影响)。每粒质量均未超出允许粒重范围;或与平均粒重相比较,均未超出质量差异限度;或超出质量差异限度的药粒不多于 1 粒,且未超出限度的 1 倍;均判为符合规定。每粒质量与平均粒重相比较,超出质量差异限度的药粒多于 1 粒;或超出质量差异限度的药粒虽不多于 1 粒,但超出限度 1 倍,均判为不符合规定。

表 13.1　栓剂质量差异限度表

平均质量	质量差异限度
1.0 g 以下或者 1.0 g	±10%
1.0 g 以上至 3.0 g	±7.5%
3.0 g 以上	±5%

13.3.2　融变时限检查

按照《中国药典》(2015 版)附录"融变时限检查法"(附录ⅩB)项下规定测定栓剂在体温 [(37±1)℃] 下软化、熔化或溶解的时间。取栓剂 3 粒,室温放置 1 h 后进行检查。油脂性基质的栓剂应在 30 min 内全部融化或软化或触压时无硬心;水溶性基质的栓剂应在 60 min 内全部溶解,如有 1 粒不合格应另取 3 粒复试,应符合规定。融变时限测定装置由透明的套筒与金属架组成。透明套筒由玻璃或适宜的塑料材料制成,高为 60 mm,内径为 52 mm,壁厚适当。金属架由两片不锈钢的金属圆板及 3 个金属挂钩焊接而成,每个圆板直径为 50 mm,具 39 各孔径为 4 mm 的圆孔;两板相距 30 mm,通过 3 个等距的挂钩焊接在一起,具体如图 13.8 所示。

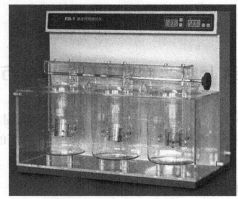

图 13.8　栓剂融变时限测定仪

13.3.3　熔点范围测定

油脂性基质的栓剂应测定其熔点范围,一般规定应与体温接近即 37 ℃ 左右。水溶性基质的栓剂其熔点对栓剂的吸收影响不大,故没有严格的要求。

13.3.4　药物的溶出速度与吸收实验

药物的溶出速度与吸收实验可作为栓剂质量检查的参考性项目。

1)溶出速度试验

将待测栓剂置于透析管的滤纸筒或适宜的微孔滤膜中,浸入盛有介质并附有搅拌器的容器中,于 37 ℃ 每隔一定时间取样测定,每次取样后应补充同体积的溶出介质,求出从栓剂透析至外面介质中的药物量,作为在一定条件下基质中药物溶出速度的参考指标。

2)体内吸收试验

先做动物实验,开始剂量不超过口服剂量,以后再而被或者 3 倍增加剂量。给药后按照一定的时间间隔抽取血液或者收集尿液,测定药物浓度,最后计算动物体内药动学参数。人体志愿者的体内吸收实验与上述方法类似。

13.3.5 缓释栓剂释放度检查

释放度测定是指测定药品从缓释制剂、控释制剂、肠溶制剂及透皮贴剂等在规定条件下释放的速率和程度。它是评价药品质量的一个指标,是模拟体内消化道条件,用规定的仪器,在规定的温度、介质、搅拌速率等条件下,对制剂进行药品释放速率试验,用以监测产品的生产工艺,以达到控制产品质量的目的。凡检查释放度的制剂,不再进行崩解时限检查。

13.3.6 稳定性和刺激性试验

1)稳定性试验

将栓剂在室温[(25±3)℃]和4℃下贮存,定期检查外观变化和软化点范围、主要含量及药物的体外释放。

2)刺激性试验

栓剂的刺激性试验一般选用动物黏膜为材料进行刺激性试验。将栓剂的基质检品粉末、溶液或者栓剂,施于家兔的眼结膜上或者纳入动物的直肠、阴道,观察有何异常反应。在动物试验的基础上,临床验证多在人体肛门或者阴道观察用药部位有无灼痛、刺激以及不适感觉等反应。

13.3.7 微生物限度检查

按照微生物限度检查方法[《药典中国》(2015版)附录ⅪJ]检查,应符合规定。

13.3.8 栓剂常见的质量变异现象

1)软化变形

由于基质的影响,栓剂在遇热、受潮后均能引起软化变形或者熔化走油,严重者不能再药用。

2)腐败

栓剂贮存时间过久或者密封不严并受热、光、氧及水分等外界因素影响,基质易酸败而产生刺激性,或者栓剂受到微生物污染、繁殖而腐败变质。

3)出汗

水溶性基质的栓剂,引湿性强,吸潮后表面附有水珠俗称"出汗"。比如做好的甘油明胶栓放置在室内12 h左右表面上会有水珠出现。

4)干化

由于栓剂贮存过久或者贮存环境过于干燥,栓剂基质中的水分蒸发,出现干化现象。表现为栓剂表面凹凸不平,颜色深浅不一。

5）外观不透明

因制备不当或者贮存中受潮吸水，水溶性基质的栓剂外表混浊泛白而出现不透明现象。

6）变色

栓剂中的成分因久贮，受到外界氧、热、水分等因素的影响，发生氧化反应，出现变色现象。

 综合测试

一、单项选择题

1. 下列关于全身作用栓剂的特点，叙述错误的是（　　）。

　　A. 可部分避免药物的首过效应，降低不良反应，发挥疗效

　　B. 不受胃肠 pH 或酶的影响，且栓剂的生产率较高，成本较低

　　C. 可避免药物对胃肠黏膜的刺激

　　D. 对不能吞服药物的患者可使用此类栓剂

2. 下列属于栓剂水溶性基质的有（　　）。

　　A. 可可豆脂　　　　　B. 甘油明胶　　　　　C. 半合成脂肪酸甘油酯　　　　　D. 羊毛脂

3. 下列属于栓剂油脂性基质的有（　　）。

　　A. 甘油明胶　　　　　B. 聚乙二醇类　　　　　C. 可可豆脂　　　　　D. S40

4. 栓剂制备中，软肥皂适用于做哪种基质的模具栓孔内润滑剂（　　）。

　　A. 甘油明胶　　　　　B. 聚乙二醇类　　　　　C. 半合成棕榈酸酯　　　　　D. S40

5. 栓剂制备中，液状石蜡适用于做哪种基质的模具栓孔内润滑剂（　　）。

　　A. 甘油明胶　　　　　　　　　　　　　　　　B. 可可豆脂

　　C. 半合成椰子油酯　　　　　　　　　　　　　D. 半合成脂肪酸甘油酯

6. 下列有关置换价的正确表述是（　　）。

　　A. 药物的质量与基质质量的比值　　　　　　　B. 药物的体积与基质体积的比值

　　C. 药物的质量与同体积基质质量的比值　　　　D. 药物的质量与基质体积的比值

7. 目前用于全身作用的栓剂主要是（　　）。

　　A. 阴道栓　　　　　B. 肛门栓　　　　　C. 耳道栓　　　　　D. 尿道栓

8. 全身作用的栓剂在应用时塞入距肛门口约（　　）为宜。

　　A. 2 cm　　　　　B. 4 cm　　　　　C. 6 cm　　　　　D. 8 cm

9. 栓剂的质量评价中与生物利用度关系最密切的测定是（　　）。

　　A. 融变时限　　　　　　　　　　　　　　　　B. 体外溶出速度

　　C. 质量差异　　　　　　　　　　　　　　　　D. 体内吸收试验

二、多项选择题

1. 下列关于栓剂的概述正确的叙述是（　　）。

　　A. 栓剂是指药物与适宜基质制成的具有一定形状的供人体腔道给药的半固体制剂

　　B. 栓剂在常温下为固体，塞入人体腔道后，在体温下能迅速软化、熔融或溶解于分泌液

　　C. 栓剂的形状因使用腔道不同而异

    D. 肛门栓的形状有球形、卵形、鸭嘴形等

2. 栓剂的一般质量要求(　　　)。

    A. 药物与基质应混合均匀,栓剂外形应完整光滑

    B. 栓剂应绝对无菌

    C. 脂溶性栓剂的熔点最好是 70 ℃

    D. 应有适宜的硬度,以免在包装、贮藏或用时变形

3. 下列属于栓剂油脂性基质的有(　　　)。

    A. 可可豆脂　　　　　　　　　　　B. 羊毛脂

    C. 凡士林　　　　　　　　　　　　D. 半合成脂肪酸甘油酯

4. 下列关于栓剂的基质,正确的叙述是(　　　)。

    A. 甘油明胶在体温下不融化,但能软化并缓慢地溶于分泌液中,故药效缓慢、持久

    B. 甘油明胶多用做肛门栓剂基质

    C. 聚乙二醇基质不宜与银盐、鞣酸等配伍

    D. S40 与 PEG 合用,可制得崩解、释放均较好,性质较稳定的栓剂

5. 栓剂的制备方法有(　　　)。

    A. 乳化法　　　　　　B. 研和法　　　　　　C. 冷压法　　　　　　D. 热熔法

6. 下列药物的理化性质影响直肠吸收的因素有(　　　)。

    A. 药物脂溶性与解离度　　　　　　B. 药物粒度

    C. 基质的性质　　　　　　　　　　D. 直肠液的 pH

7. 平均粒重小于或等于 1.0 g 栓剂的质量差异限度是(　　　)。

8. 平均粒重在 1.0 ~ 3.0 g 栓剂的质量差异限度是(　　　)。

9. 平均粒重在 3.0 g 以上栓剂的质量差异限度是(　　　)。

    [7—9]选项

    A. ±2%　　　　　　　　　　　　　B. ±5%

    C. ±7.5%　　　　　　　　　　　　D. ±10%

    E. ±12.5%

10. 关于直肠给药栓剂的正确表述有(　　　)。

    A. 对胃有刺激性的药物可直肠给药

    B. 药物的吸收只有一条途径

    C. 药物的吸收比口服干扰因素少

    D. 既可以产生局部作用,也可以产生全身作用

    E. 中空栓剂是以速释为目的的直肠吸收制剂

11. 下列关于直肠吸收的影响因素叙述正确的是(　　　)。

    A. 溶解的药物能决定直肠的 pH

    B. 粪便充满直肠时,栓剂中药物吸收量要比空直肠时多

    C. 脂溶性、解离型药物容易透过类脂质膜

    D. 该类栓剂一般常选用油脂性基质,特别是具有表面活性作用较强的油脂性基质

    E. 一般应根据药物性质选择与药物溶解性相反的基质

三、简答题

1. 简述栓剂的主要类型。
2. 简述栓剂的生产工艺流程。
3. 简述栓剂的主要质量检查项目。

技能训练 13.1　栓剂的制备

【实训目的】

掌握的栓剂制备方法及操作要点;能按操作规程正确使用栓模制备栓剂;能够对制备好的栓剂进行常规质量检查。

【实训内容】

【处方】

(1)制备甘油栓的处方

甘油 80.0 g　干燥碳酸纳 2 g　硬脂酸 8 g　纯化水 10.0 mL。

(2)制备醋酸洗必泰栓的处方

醋酸洗必泰 1 g　土温 80 4 g　冰片 0.05 g　乙醇 5 mL　甘油 120.0 g　明胶(细粒)54 g　蒸馏水加至 400.0 g。

【仪器与设备】

栓剂模具,蒸发皿,研钵,恒温水浴,分析天平,融变时限检查仪等。

(1)甘油栓的制备

①制法:干燥碳酸钠溶于水,加甘油混合置水浴上加热,缓缓加硬脂酸细粉,随加随搅,待泡沸停止,溶液澄明,倾入涂了润滑剂的栓模中(稍为溢出模口)。冷后削平,取出包装即得。

②附注:欲求外观透明,皂化必须完全(水浴上需 1.2 h)加酸搅拌不宜太快,以免搅入气泡。碱量比理论量超过 10.15%,皂化快,成品软而透明。水分含量不宜过多,否则成品浑浊,也有主张不加水的。栓模予热至 80 ℃左右,冷却较慢,成品硬度更适宜。

③用途:本品为润滑型泻药,用于便秘

(2)醋酸洗必泰栓制备

①制法:取处方量的明胶置称重的蒸发皿中,加蒸馏水 40 mL 浸泡约 30 min,使膨胀便软,再加入甘油,在水浴上加热使明胶溶解,继续加热使内容物质量达 36 g 为止。另取醋酸洗必泰溶于吐温 80 中,冰片溶于乙醇中,在搅拌下将两液混合后,再加入已制好的甘油明胶液中,搅拌均匀,趁热注入已涂好润滑剂(液体石蜡)的阴道栓模中(共注两枚),冷却、整理、启模即得。

②附注:醋酸洗必泰主要用于宫颈糜烂、化脓性阴道炎、霉菌性阴道炎等疾病的治疗,也适用于滴虫性阴道炎的治疗。本品与肥皂、碘化钾等配伍禁忌,因此栓剂模具上绝对不能涂抹肥皂醋。

【质量检查】

①外观色泽:本品为无色或几近无色的透明或半透明栓剂,外观应完整光洁。

②质量差异:栓剂的质量差异限度可按下法测定:取栓剂10粒,精密称定总质量,求得平均粒重后,再分别精密称定各粒的质量。每粒质量与平均粒重相比较,超出质量差异限度的栓剂不得多于1粒,并不得超出限度1倍,计算公式见式(13.3),具体参照表13.2。

$$质量差异限度 = \frac{每粒质量 - 平均质量}{平均质量} \times 100\% \qquad (13.3)$$

表 13.2　丸剂质量差异限度表

平均质量	质量差异限度
1.0 g 以下或 1.0 g	±10%
1.0 g 以上至 3.0 g	±7.5%
3.0 g 以上	±5%

③融变时限:取供试品3粒,在室温放置1 h后,分别在融变时限测定仪的3个金属架的下层圆板上,将金属架(专用网篮)装入透明套筒(有机玻璃支撑筒)内,并用挂钩固定后,除另有规定外,将上述装置垂直浸入盛有不少于4 L的(37.0±0.5)℃水的烧杯中,其上端位置应在水面下90 mm处,烧杯中装有一转动器(翻转器),每隔10 min在溶液中翻转该装置一次。除另有规定外,脂肪性基质的栓剂3粒均应在30 min内全部融化、软化或触压时无硬芯;水溶性基质的栓剂3粒均应在60 min内全部融化、软化或触压时,应另取3粒复试,均应符合规定。将以上制剂检查结果记录到表13.3。

表 13.3　栓剂质量检查结果

制　剂	外　观	质量/g	质量差异限度	融变时限
甘油栓	无色透明	1.8 g		
洗必泰栓剂	淡黄色透明	2.8 g		

项目 14　气雾剂、粉雾剂和喷雾剂生产

📖 **项目描述**

　　本项目从气雾剂的特点和分类入手,介绍气雾剂的吸收特点及影响药物在呼吸系统分布的因素,讲述构成气雾剂的抛射剂、附加剂、耐压容器和阀门系统的基本情况,重点介绍了气雾剂、粉雾剂、喷雾剂生产的工艺流程和质量评价方法。

📖 **学习目标**

　　掌握气雾剂的概念、组成;熟悉其特点、分类;掌握抛射剂的作用、要求和种类,熟悉各类抛射剂的适用性和选用;了解气雾剂药物的选用原则以及各种类型气雾剂的附剂;熟悉耐压容器的要求;知道阀门系统的组成;了解气雾剂的处方类型、制备工艺;熟悉抛射剂的填充方法、要求、适用性;掌握喷雾剂的定义,熟悉其特点;知道喷雾剂生产、贮存要求。

任务 14.1　气雾剂生产

　　气雾剂是指含药、乳液或混悬液与适宜的抛射剂共同装封于具有特制阀门系统的耐压容器中,使用时借助抛射剂的压力将内容物呈雾状物喷出,用于肺部吸入或直接喷至腔道黏膜、皮肤及空间消毒的制剂。

　　气雾剂概念最早源于 1862 年,是一种用气体的饱和溶液制备,经加压包装的气雾剂。到 1931 年,用液化气体制备了具有现代意义的气雾剂的原形。1943 年用二氯二氟甲烷作为抛射剂制备了便于携带的杀虫用气雾剂,这应该是气雾剂发展过程中最具有实际意义的重要进展。1947 年杀虫用气雾剂上市,当时需要很厚很重的耐压容器。随着低压抛射剂和低压容器的开发成功,气雾剂成本降低,并迅速发展起来。20 世纪 50 年代气雾剂用于皮肤病、创伤、烧伤和局部感染等,1955 年被用于呼吸道给药。近年来,该领域的研究越来越活跃,产品越来越多,包括局部治疗药、抗生素药、抗病草药等。此外,近年来新技术在气雾剂中的应用越来越多,首先是给药系统本身的完善,如新的吸入给药装置等,使气雾剂的应用越来越方便,病人更易接受。其次是新的制剂技术,如脂质体、前体药物、高分子载体等的应用,使药物在肺部的停留时间延长,起到缓释的作用。

14.1.1 气雾剂的特点

气雾剂的主要特点有：

①药物可以直接到作用部位或吸收部位，具有十分明显的速效作用与定位作用，尤其在呼吸道给药方面具有其他剂型不能替代的优势。

②药物封装于密闭的容器中，可保持清洁和无菌状态，减少了药物受污染的机会，而且停后残余的药物也不易造成环境污染。此外，由于容器不透明，避光，不与空气中的氧和水分直接接触，故有利于提高药物的稳定性。

③使用方便，一揿（吸）即可，老少皆宜，有助于提高病人的用药顺应性，尤其适用于 OTC 药物。

④全身用药可减少药物对胃肠道的刺激性，并可避免肝脏的首过效应。

⑤药用气雾剂等装有定量阀门，故给药剂量准确。

⑥因抛射剂有高度挥发性，故具有致冷效应，多次用于受伤皮肤上，可引起不适。

气雾剂与其他大多数剂型不同的是：这类制剂的包装需要耐压容器、阀门系统和特殊的生产设备，故产品成本较高。此外，作为气雾剂重要组成部分的抛射剂（主要是氟氯烷烃类）可破坏臭氧层，具有严重的环境保护问题，而且在动物或人体内达到一定的浓度都可以致敏心脏，造成心律失常。由 140 多个国家签订的《蒙特利尔条约》要求在 2005 年全面禁止使用氟氯烷烃类抛射剂，因此，开发性能优良的非氟氯烷烃类抛射剂面临着严峻的挑战。

14.1.2 气雾剂的分类

1）按分散系统分类

（1）溶液型气雾剂

固体或液体药物溶解在抛射剂中，形成均匀溶液，喷出后抛射剂挥发，药物以固体或液体微粒状态达到作用部位。

（2）混悬型气雾剂

固体药物以微粒状态分散在抛射剂中，形成混悬液，喷出后抛射剂挥发，药物以固体微粒状态达到作用部位。此类气雾剂又称为粉末气雾剂。

（3）乳剂型气雾剂

液体药物或药物溶液与抛射剂（不溶于水的液体）形成 W/O 或 O/W 型乳剂。O/W 型在喷射时随着内相抛射剂的汽化而以泡沫形式喷出，W/O 型在喷射时随着外相抛射剂的汽化而形成液流。

2）按给药途径分类

（1）吸入气雾剂

吸入气雾剂指用时将内容物呈雾状喷出并吸入肺部的气雾剂。吸入气雾剂还可分为单剂量包装或多剂量包装。

（2）非吸入气雾剂

非吸入气雾剂是指用时直接喷到腔道黏膜（口腔、鼻腔、阴道等）的气雾剂。

（3）外用气雾剂

外用气雾剂是指用于皮肤和空间消毒的气雾剂。

3）按处方组成分类

（1）二相气雾剂

二相气雾剂即溶液型气雾剂，由药物与抛射剂形成的均匀液相与抛射剂部分挥发的抛射剂形成的气相所组成。

（2）三相气雾剂

三相气雾剂中，两相均是抛射剂，即抛射剂的溶液和部分挥发的抛射剂形成的液体，根据药物的情况，又有3种：

①药物的水性溶液与液化抛射剂形成 W/O 乳剂，另一相为部分汽化的抛射剂。

②药物的水性溶液与液化抛射剂形成 O/W 乳剂，另一相为部分汽化的抛射剂。

③固体药物微粒混悬在抛射剂中固、液、气三相。

此外，气雾剂按是否采用定量阀门系统可分为定量气雾剂和非定量气雾剂。其中定量气雾主要用于肺部、口腔和鼻腔，而非定量气雾剂主要是用于局部治疗的皮肤、阴道和直肠。

知识链接

气雾剂、喷雾剂生产与贮藏规定

①药材应按各品种项下规定的方法进行提取、纯化、浓缩，制成药液。

②气雾剂、喷雾剂应在要求的洁净度环境配制，及时灌封于灭菌的洁净干燥容器中。

③可按药物的性质添加适宜的溶剂、增溶剂、抗氧剂、表面活性剂、防腐剂等附加剂，所加附加剂对呼吸道、皮肤或黏膜应无刺激性。

④气雾剂常用的抛射剂为适宜的低沸点液态气体。根据气雾剂所需压力，可将两种或几种抛射剂以适宜比例混合使用。

⑤溶液型气雾剂和喷雾剂的药液应澄清；乳状液型气雾剂和喷雾剂的液滴在液体介质中应分散均匀；混悬型气雾剂和喷雾剂应将药物细粉和附加剂充分混匀、研细，制成稳定的混悬液。在制备过程中，必要时应严格控制水分，防止水分混入以免影响成品的稳定性。吸入用气雾剂和喷雾剂的药粉粒度应控制在 $10~\mu m$ 以下，其中大多数应为 $5~\mu m$ 以下，一般不使用药材细粉。

⑥气雾剂的容器应能耐受气雾剂所需的压力，阀门各部件的尺寸精度和溶胀性必须符合要求，并不得与药物或附加剂发生理化反应。

⑦除另有规定外，气雾剂应能喷出均匀的雾滴（粒）。定量阀门气雾剂每揿压一次应喷出准确的剂量。非定量阀门气雾剂喷射时应能持续喷出均匀的剂量。喷雾剂每次揿压时应能均匀地喷出一定的剂量。

⑧气雾剂应标明每瓶的装量和主药含量或药液、药材提取物的质量,具定量阀门的气雾剂还应标明每瓶的总揿次和每揿喷量或主药含量。

⑨气雾剂须用适宜方法进行泄漏和爆破检查,以确保使用安全。

⑩除另有规定外,气雾剂应置凉暗处贮存,并避免曝晒、受热、撞击。

14.1.3　气雾剂的吸收

1) 肺部的吸收

气雾剂主要通过肺部吸收,吸收的速度很快,不亚于静脉注射。肺部吸收迅速的原因主要是由于肺部吸收面积巨大。肺由气管、支气管、细支气管、肺泡管和肺泡囊组成。肺泡囊的数目估计达 3 亿~4 亿,总表面积可达 70~100 m^2,为体表面积的 25 倍。肺泡囊壁由单层上皮细胞所构成,这些细胞紧靠着致密的毛细血管网,细胞壁或毛细血管壁的厚度只有 0.5 ~1 μm,因此肺泡囊是气体与血液进行快速扩散交换的部位,药物到达肺泡囊即可迅速吸收显效。

2) 影响药物在呼吸系统分布的因素

(1) 呼吸的气流

正常人 15~16 次/min,吸气量 500~600 cm^3/次,其中约 200 cm^3 存在于咽、气管及支气管之间,呼气时又被呼出,并未进行气体交换,称为"死腔"。当空气进入支气管以下部位时,气流速度逐渐减慢,多呈层流状态,易使气体中所含药物细粒沉积。药物进入呼吸系统的分布还与呼吸量及呼吸频率有关,通常粒子的沉积率与呼吸量成正比而与呼吸频率成反比。吸入呼吸道微粒沉积受重力沉降、惯性嵌入和布朗运动三种作用的影响。

(2) 微粒的大小

粒子大小是影响药物能否深入肺泡囊的主要因素。较粗的微粒大部分落在上呼吸道黏膜上,因而吸收慢,如果微粒太细,则进入肺泡囊后大部分由呼气排出,而在肺部的沉积率也很低。通常吸入气雾剂的微粒大小在 0.5~5 μm 范围内最适宜。

(3) 药物的性质

吸入的药物最好能溶解于呼吸道的分泌液中,否则成为异物,多呼吸道产生刺激。药物从肺部吸收是被动扩散,吸收速率与药物的分子量及脂溶性有关。小分子的药物容易吸收,脂溶性、油水分配系数大的药物吸收快,若药物吸湿性大,微粒通过湿度很高的呼吸道时会聚集增大,妨碍药物吸收。

14.1.4　气雾剂的组成

1) 药物和附加剂

液体、半固体及固体药物均可以开发成气雾剂。除抛射剂外,气雾剂往往需要添加能与抛射剂混溶的潜溶剂、增加药物稳定性的抗氧剂以及乳化所需的表面活性剂等附加剂。附加剂应视具体情况而定。

溶液型气雾剂,将抛射剂作溶剂,必要时可加入适量乙醇。有时为使药物与抛射剂混溶,也可加丙二醇、聚乙二醇等有机溶媒,但应注意所加入乙醇、丙二醇等的量对肺部的刺激性及气雾剂稳定性的影响。必要时需加入抗氧剂、防腐剂。

混悬型气雾剂适用于药物在抛射剂中不溶或溶解度差且无合适的潜溶剂使之溶解的情况。混悬型气雾剂相对于溶液气雾剂而言,药物稳定性好,但制备要求高。混悬型气雾剂常用的辅料有:

①固体润湿剂:如滑石粉、胶体二氧化硅等。

②表面活性剂:低 HLB 值的表面活性剂及高级脂肪醇类可使药物易分散于抛射剂中,常用的有油酸、司盘 85、油醇、月桂醇等,它们同时可润滑阀门系统。

③水分调节剂:如无水硫酸钙、无水氯化钙、无水硫酸钠的加入使水分控制在 $300×10^{-6}$ 以下,使用浓度为 0.1% ~ 0.5%。

④比重矫正剂:如超细粉末的氯化钠、硫酸钠、磷酸氢钠、亚硫酸氢钠、乳糖和硫酸等可调节药物的比重,使之与抛射剂的比重接近。

乳剂型气雾剂中的乳化剂的选用是比较关键的。乳化剂的选用应达到以下性能:

①振摇时即可充分乳化并形成很细的乳滴。

②喷射时能与药液同时喷出,喷出泡沫的外观呈白色、均匀、细腻、柔软,并具有需要的稳定性。

乳化剂可选用单一的或混合的表面活性剂。目前乳剂型气雾剂多采用水性基质为外相,抛射剂为内相,近年来这种 O/W 型气雾剂的非离子型表面活性剂使用较多。

用于此类气雾剂的典型非离子型表面活性剂包括:聚山梨酯类、脂肪酸山梨坦类、脂肪酸酯类和烷基苯氧基乙醇等。除乳化剂外,常常还需要加入防腐剂、香料、柔软剂、润滑剂等。注意所选的添加剂应对用药部位无刺激性。

2)抛射剂

抛射剂是直接提供气雾剂动力的物质,有时可兼作药物的溶剂或稀释剂。

由于抛射剂的蒸气压高,液化气体在常压下沸点低于大气压。因此,一旦阀门系统开放,压力突然降低,抛射剂急剧汽化,可将容器内的药液分散成极细的微粒,通过阀门系统喷射出来,达到作用或吸收部位。理想的抛射剂应具有以下特点:

①要有适当的沸点,在常温下其蒸气压应适当大于大气压。

②无毒、无致敏性和刺激性。

③不易燃易爆。

④不与药物或容器反应。

⑤无色、无臭、无味。

⑥价廉易得。

但一个抛射剂不可能同时满足以上各个要求,应根据用药目的适当选择。

(1)常用抛射剂

①氟氯烷烃类——氟里昂,不溶于水,可做脂溶性药物的溶剂,常用 F_{11}、F_{12}、F_{114},按不同

比例混合对大气臭氧层有破坏作用。

②碳氢化合物——丙烷、异丁烷、正丁烷，蒸气压适宜，虽然稳定、毒性不大，密度低，沸点较低，但易燃、易爆。不宜单用，常与氟氯烷烃类合用。

烷烃类抛射剂不会消耗臭氧层，也不会产生温室效应。烷烃类抛射剂较稳定，毒性低，具有较好的溶解性且来源广泛，价格低廉。特别适用于在用烃类作溶剂溶解药剂中的有效成分时使用，在制剂的主要成分为碳氧化合物时还可免去溶剂。烷烃类抛射剂并非新发现，目前在国内外已被广泛使用，并有较成熟的与包材相容性方面的技术支持。

③压缩惰性气体——CO_2、N_2、NO 等，液化后的沸点低，常压下的蒸气压过高，对容器的耐压性能要求较高；压力容易迅速降低，达不到持久的喷射效果。这类气体拥有独特的不易燃且无味无毒的安全性能，广泛存在于自然界中。价廉易得，基本不会造成污染环境。

压缩气体抛射剂在医药产品中的使用具有安全性。目前已用于消毒、肛肠、阴道、鼻腔、局部止痛等各类医用气雾剂中，且其理论和实际应用下处于取得重大突破的关键时刻。

④氢氟烷烃类（HFA）——四氟乙烷（HFA-134a）和七氟丙烷（HFA-227ea），目前是最合适的氟利昂替代品，它不含氯，不破坏大气臭氧层，对全球气候变暖的影响明显低于氯氟烷烃，并且其在人体内残留少，毒性小。

HFA 结构中不含氯原子，故不破坏大气臭氧层。与 CFC 相比，HFA 的温室效应也更小，且臭氧消耗潜值为 0。HFA 作为抛射剂在人体内残留少，毒性小。四氟乙烷与七氟丙烷的大气生命周期分别为 15.5 年和 30 年。HFA 作为一种新型抛射剂，它对许多化合物具有良好的溶解性。因此，四氟乙烷和七氟丙烷有较好的应用前景。

⑤二甲醚（DME）——惰性；无腐蚀性，无致癌性，低毒性；压力适宜；对极性和非极性物质有高度溶解性；水溶性好，尤其适用于水溶性的气雾剂；对环境的污染小；混合能够获得不燃性物质。二甲醚因其稳定的化学性质、优良的物理特性以及低毒性特别适合作为性能优越的气雾制品抛射剂。作为抛射剂二甲醚具有压力适宜，低毒性，对极性和非极性物质有高度溶解性，可与水混溶，不污染环境，对臭氧破坏系为零等优点。

烷烃，氧氟烷烃，二甲醚，压缩气体在作为抛射剂应用时，性质稳定，毒性较低，性能优良，可作为气雾剂抛射剂。表 14.1 是氢氟烷烃与氟利昂性质比较表。

表 14.1　氢氟烷烃与氟利昂性质比较（以三氯一氟甲烷为参照）

名　　称	三氯一氟甲烷	二氯二氟甲烷	二氯四氟乙烷	四氟乙烷	七氟丙烷
实验室代码	F_{11}	F_{12}	F_{114}	HFA-134a	HFA-227ea
分子式	$CFCl_3$	CF_2Cl_2	CF_2ClCF_2Cl	CF_3CFH_2	CF_3CHFCF_3
蒸气压/(kPa·20 ℃$^{-1}$)	−1.8	67.6	11.9	4.71	3.99
沸点/℃	−23.7	−29.8	3.6	−26.1	−15.6
密度/(g·mL^{-1})	1.49	1.33	1.74	1.23	1.41
介电常数	2.33	2.04	2.13	9.51	3.94
水中溶解度/ppm	130(30 ℃)	120(30 ℃)	110(30 ℃)	2 200(25 ℃)	610(25 ℃)
臭氧破坏作用	1	1	0.7	0	0
温室效应[*]	1	3	3.9	0.22	0.7

（2）抛射剂的用量

气雾剂的喷射能力强弱取决于抛射剂的用量及自身蒸气压。一般而言，抛射剂的用量大，蒸气压高，喷射能力强，反之则弱。合理设计抛射剂的组分及用量比对制备稳定而有效的气雾剂产品至关重要，一般多采用混合抛射剂再通过调整抛射剂用量和蒸汽压，便可达到其目的。

据道尔顿分压定律可知：系统的总压等于系统中不同组分分压之和，可计算混合抛射剂的蒸气压。计算抛射剂的蒸气压有三方面的作用：预计气雾剂处方的压力，以便选择适当容器。在要求压力条件下，可灵活选用不同用量和蒸气压的抛射剂，为处方设计提供依据。预计喷出物粒的性质。

①溶液型气雾剂：抛射剂的种类及用量比会直接影响雾滴大小。抛射剂在处方中用量比一般为20% ~70%（g/g），所占比例大者，雾滴粒径小。可根据所需粒径调节用量，如发挥全身治疗作用的吸入气雾剂，雾滴要求较细，以 1 ~ 5 μm 为宜，抛射剂用量较多；皮肤用气雾剂的雾滴可粗些，直径为 50 ~ 200 μm，抛射剂用量较少，为 6% ~ 10%（g/g）。

②混悬型气雾剂：除主药必须微粉化（<2 μm）外，抛射剂的用量较高，用于腔道给药，抛射剂用量为 30% ~45%（g/g），用于吸入给药时，抛射剂用量高达 99%，以确保喷雾时药物微粉能均匀地分散。此外，抛射剂与混悬的固体药物间的密度应尽量相近，常以混合抛射剂调节密度，如 F_{12}/F_{11} =35/65 时密度为 1.435 g/mL，适合一般固体药物。

③乳剂型气雾剂：其抛射剂的用量一般为 8% ~ 10%，有的高达 25% 以上，产生泡沫的性状取决于抛剂的性质和用量，抛射剂蒸气压高且用量大时，产生有黏稠性和弹性的干泡沫；若抛射剂的蒸气压低而用量少时，则产生柔软的湿泡沫。

抛射剂可随药物进入人体，其毒性直接影响安全用药，其可燃性与安全生产密切相关，选用时应注意。美国 Underwriter 实验室制订的气体毒性分级标准，是根据豚鼠在某浓度气体中致死或伤害等中毒时间定为 1 ~6 级，1 级是浓度为 0.5% ~1% 时，5 min 致死或严重伤害，6 级则为 20% 以上浓度，持续 2 h，毫无伤害。常用的各类抛射剂级别多在 5 级或 5 级以上，因此比较安全。

氟氯烷烃类抛射剂动物或人体内达到一定的浓度都可以致敏心脏，造成心律失常。因此使用 β-受体兴奋剂的气雾剂治疗哮喘时慎重，应适当减少用量和给药次数，或选用其他适宜的抛射剂。

3）容器

气雾剂的容器应对内容物稳定，能耐受工作压力，并且有一定的耐压安全系数和冲击耐力。用于制备耐压容器的材料包括玻璃和金属两大类。玻璃容器的化学性质比较稳定，但耐压性和抗撞击性较差，故需在玻璃瓶的外面搪以塑料层；金属材料如铝、马口铁和不锈钢等耐压性强，但对药物溶液的稳定性不利，故容器内常用环氧树脂、聚氯乙烯或聚乙烯等进行表面处理。在选择耐压容器时，不仅要注意其耐压性能、轻便、价格和化学惰性等，还应注意其美学效果。现在比较常用的耐压容器包括外包塑料的玻璃瓶、铝制容器、马口铁容器等。

4）阀门系统

阀门系统的基本功能是在密闭条件下控制药物喷射的剂量。阀门系统使用的塑料、橡胶、铝或不锈钢等材料必须对内容物为惰性，所有部件需要精密加工，具有并保持适当的强度，其溶胀性在贮存期内必须保持在一定的限度内，以保证喷药剂量的准确性。阀门系统一般由阀门杆、橡胶封圈、弹簧、浸入管、定量室和推动钮组成,并通过铝制封帽将阀门系统固定在耐压容器上。具体结构如图14.1所示。

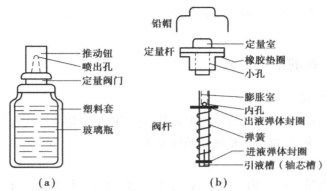

图14.1　气雾剂阀门系统结构图
(a)气雾剂外形;(b)定量阀部件

①封帽:其作用是把阀门固定在容器上,通常是铝制品,必要时涂以环氧树脂薄膜。

②阀门杆:是阀门的轴芯部分,通常用尼龙或不锈钢制成,包括内孔和膨胀室。若为定量阀门,其下端应有一细槽(引液槽)供药液进入定量室。

内孔是阀门沟通容器内外的极细小孔,位于阀门杆之旁,平常被弹性橡胶封圈封住,使容器内外不通。当揿下推动钮时,内孔与药液相同,内容物立即通过阀门喷射出来。膨胀室位于内孔之上阀门杆之内。容器内容物由内孔进入此室时,骤然膨胀,使抛射剂沸腾汽化,将药物分散,喷出时可增加粒子的细度,具体喷射过程如图14.2所示。

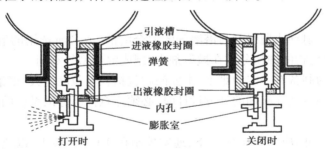

图14.2　气雾剂喷射原理图

③橡胶封圈:是封闭或打开阀门内孔的控制圈,通常用丁腈橡胶制成,有出液与进液两个封圈,分别套在阀门杆上,并定位于定量室的上下两端,分别控制内容物由定量室进入内孔和从容器进入定量室。

④弹簧:供给推动钮上升的弹力,套在阀门杆(或定量室)的下部,需要质量稳定的不锈钢制成,如静电真空小炉钢(Cr17Ni12Mo2T),否则药液易变质。

⑤浸入管:连接在阀门杆的下部,其作用是将内容物输送至阀门系统中,如不用浸入管而仅靠引液槽则使用时需将容器倒置。通常用聚乙烯或聚丙烯制成。

⑥定量室:也称定量小杯,起定量喷雾作用。它的容量决定气雾剂一次给出一个准确的剂量(一般为0.05~0.2 mL)。定量室下端伸入容器内的部分有两个小孔,用橡胶垫圈封住。罐装抛射剂时,因罐装机系统的压力大,抛射剂可以经过小孔注入容器内,罐装后小孔仍被垫圈

封住,使内容物不能外漏。

⑦推动钮:是用来打开或关闭阀门系统的装置,具有各种形状并有适当的小孔与喷嘴相连,限制内容物喷出的方向。一般用塑料制成。

14.1.5　气雾剂的生产工艺

1)处方设计及举例

气雾剂的处方组成,除选择适宜的抛射剂外,主要根据药物的理化性质,选择适宜附加剂,配制成一定类型的气雾剂,以满足临床用药的要求。

(1)溶液型气雾剂

如果药物本身能够溶解于抛射剂中,就可方便地制成溶液型气雾剂。但由于常用的抛射剂(如氟氯烷烃类)是非极性的,故相当一部分常用药物难以与之混溶,因此一般加入适量乙醇或丙二醇作潜溶剂,使药物和抛射剂混溶成均相溶液。

潜溶剂的选择是一个关键,虽然乙醇、聚乙二醇、丙二醇、甘油、乙酸乙酯、丙酮等可作为气雾剂的潜溶剂,但必须要注意其毒性和刺激性,尤其是用于口腔、吸入或鼻腔的气雾剂。在开发溶液型气雾剂时要注意以下问题:

①抛射剂与潜溶剂的混合对药物溶解度和稳定性的影响。

②喷出液滴的大小与表面张力。

③各种附加剂如抗氧剂、防腐剂、潜溶剂等对用药部位的刺激性。

④吸入剂中的各种附加剂是否能在肺部代谢或滞留。

(2)混悬型气雾剂

当药物不溶于抛射剂或抛射剂与潜溶剂的混合溶液,或者所选用的潜溶剂不符合临床用药的要求,可考虑将药物的细粉分散在抛射剂中,制成混悬型气雾剂。

混悬型气雾剂的制备有一定的难度,主要问题包括颗粒粒度变大、聚集、结块、堵塞阀门系统等。因此在进行混悬型气雾剂的处方设计时,必须注意提高分散系统的稳定性,还应注意以下5个问题:

①水分含量要极低,应在0.03%以下,通常控制在0.005%以下,以免遇水药物微粒聚结。

②吸入用药物的粒度应控制在5 μm以下,不得超过10 μm,而局部用气雾剂的最大粒度一般控制在40~50 μm。

③在不影响生理活性的前提下,选用在抛射剂中溶解度最小的药物衍生物(如不同的盐基),以免在储存过程中药物微晶变粗。

④调节抛射剂和(或)混悬固体的密度,尽量使二者密度相等。

⑤添加适当的表面活性剂或分散剂,以增加制剂的稳定性的助悬剂。

(3)乳状型气雾剂

乳状型气雾剂除含药物和抛射剂外,还含有乳化剂、水性和油性介质。药物可根据其性质溶解在水相或油相中,抛射剂不能与水混溶,但可与处方中的油性介质混溶,成型乳剂的内相(此时为O/W型)或外相(此时为W/O型)。O/W型乳剂经阀门喷出后,分散相中的抛射剂立即膨胀汽化,使乳剂呈泡沫状态喷出,故称泡沫气雾剂,这类气雾剂比较常用。

气雾剂应在避菌环境下配制,各种用具、容器等须用适宜方法清洁和消毒,整个操作过程应注意避免微生物的污染。

2) 气雾剂生产的一般工艺流程

容器阀门系统的处理与装配→药物的配制与分装→填充抛射剂→质量检查→包装→成品。

（1）容器与阀门系统的处理与装配

①玻瓶搪塑:先将玻瓶洗净烘干,预热至 120 ~ 130 ℃,趁热浸入塑料黏液中,使瓶颈以下均匀地粘上一层塑料液,倒置后于 150 ~ 170 ℃ 干燥 15 min,备用。对塑料涂层的要求是紧密包裹玻瓶,万一爆瓶不致玻片飞溅、外表平整、美观。

②阀门系统的处理与装配:将阀门的各种零件分别处理:橡胶制品可在 75% 乙醇中浸泡 24 h,以除去色泽并消毒,干燥备用;塑料、尼龙零件洗净再浸在 95% 乙醇中备用;不锈钢弹簧在 1% ~ 3% 碱液中煮沸 10 ~ 30 min,用水洗涤数次,然后用蒸馏水洗两三次,直至无油腻为止,浸泡在 95% 乙醇中备用。最后将上述已处理好的零件,按照阀门的装配。

（2）药物的配制与分装

按处方组成及所要求的气雾剂类型进行配制。溶液型气雾剂应制成澄清药液;混悬型气雾剂应将药物微粉化并保持干燥状态;乳剂型气雾剂应制成稳定的乳剂。将上述配制好的合格药物分散系统,定量分装在已准备好的容器内,安装阀门,扎紧封帽。

（3）抛射剂的填充

抛射剂的填充有压灌法和冷灌法两种:

①压灌法:先将配好的药液（一般为药物的乙醇溶液或水溶液）在室温下灌入容器内,再将阀门装上并轧紧,然后通过压装机压入定量的抛射剂（最好先将容器内空气抽去）。液化抛射剂经砂棒过滤后进入压装机。操作压力以 68.65 ~ 105.975 kPa 为宜。压力低于 41.19 kPa 时,充填无法进行。压力偏低时,抛射剂钢瓶可用热水或红外线等加热,使达到工作压力。当容器上顶时,灌装针头伸入阀杆内,压装机与容器的阀门同时打开,液化的抛射剂即以自身膨胀压入容器内,具体过程如图 14.3 所示。

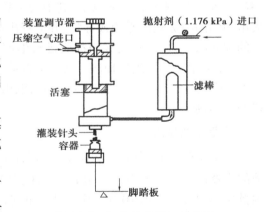

图 14.3　抛射剂压装机示意图

压灌法的设备简单,不需要低温操作,抛射剂损耗较少,目前我国多用此法生产,但生产速度较慢,且在使用过程中压力的变化幅度较大。国外气雾剂的生产主要采用高速旋转压装抛射剂的工艺,产品质量稳定,生产效率大为提高。

②冷灌法:药液借助冷却装置冷却至−20 ℃ 左右,抛射剂冷却至沸点以下至少 5 ℃。先将冷却的药液灌入容器中,随后加入已冷却的抛射剂（也可两者同时进入）。立即将阀门装上并扎紧,操作必须迅速完成,以减少抛射剂损失。

冷灌法速度快,对阀门无影响,成品压力较稳定。但需制冷设备和低温操作,抛射剂损失较多。含水品不宜用此法。在完成抛射剂的罐装后（对冷灌法而言,还要安装阀门并用封帽扎紧),最后还要在阀门上安装推动钮,而且一般还加保护盖,这样整个气雾剂的制备才算完成。

14.1.6　气雾剂的用途

气雾剂可用于局部或全身治疗作用。局部治疗作用诸如:治疗咽喉炎的咽速康气雾剂、治疗鼻炎的复方萘甲唑啉喷雾剂、治疗阴道炎的复方甲硝唑气雾剂、局麻止痛利多卡因气雾剂、治疗早泄的延时气雾剂有人初油气雾剂等;全身治疗作用诸如:β受体激动剂布地奈德气雾剂、抗心绞痛的硝酸甘油气雾剂、解热镇痛的吲哚美辛气雾剂等。

气雾剂用于多肽与蛋白质类药物的给药比较引人注目。多肽与蛋白质类药物由于分子量大难以从胃肠道吸收,而且不耐受胃肠道酶的破坏,只能注射给药,这对长期用药的患者是十分痛苦的。近年来,多肽与蛋白质类药物的非注射途径给药进展迅速,其中比较成功的就是将其制成气雾剂、粉雾剂或喷雾剂,通过肺部、口腔或鼻腔给药。如降钙素等药物的鼻腔给药系统已经上市;胰岛素的几种肺部、口腔或鼻腔给药系统均进入了临床研究阶段。

14.1.7　气雾剂的质量评价

气雾剂的质量评价,应首先对气雾剂的内在质量进行检测评定以确定其是否符合规定要求,如二相气雾剂应为澄清的溶液;三相气雾剂应为稳定的混悬液或乳液;吸入气雾剂的雾滴(粒)大小应控制在 $10\ \mu m$ 以下,其中大多数应为 $5\ \mu m$ 以下;非吸入气雾剂每撤压一次,必须喷出均匀的细雾状的雾滴或雾粒,并应释出准确的剂量;外用气雾剂喷射时应能持续释放出均匀的细雾状物质;所有气雾剂都应进行泄漏和爆破检查,确保安全使用。对于泄漏和爆破检查,一般采用水浴加热处理法。将气雾剂放入加盖的金属篓内,浸入水浴中保温一段时间[如 $(40\pm1)\,℃$ 加热 1 h,55 ℃加热 30 min],取出冷却至室温,检出泄漏、爆破或塑料层脱落等不合格的气雾剂。

1)每瓶总撤次

取供试品 4 瓶,分别除去帽盖,精密称重(W_1),充分振摇,在通风橱内,向已加入适量吸收液的容器内喷射最初 10 喷,用溶剂洗净套口,充分干燥后,精密称重(W_2);振摇后向上述容器内撤压阀门连续喷射 10 次,用溶剂洗净套口,充分干燥后,精密称重(W_3);在铝盖上钻一小孔,待抛射剂汽化后,弃去药液,用溶剂洗净容器,干燥后,精密称重(W_4),按式(14.1)计算每瓶总撤次,均应不少于每瓶标示总撤次。

$$总撤次 = 10\times\frac{W_1-W_4}{W_2-W_3} \tag{14.1}$$

2)泄漏率

取供试品 12 瓶,用乙醇将表面清洗干净,室温垂直(直立)放置24 h,分别精密称重(W_1),再在室温放置72 h(精确至30 min),分别精密称重(W_2),置4~20 ℃冷却后,迅速在铝盖上钻一小孔,放置室温,待抛射剂完全汽化挥尽后,将瓶与阀分离,用乙醇清洗,在室温下干燥,分别精密称重(W_3),按式(14.2)计算每瓶年泄漏率。平均年泄漏率应小于3.5%,并不得有1瓶大于5%。

$$年泄漏率 = \{[(365 \times 24)/2] \times (W_1 - W_2)/(W_1 - W_3)\} \times 100\% \qquad (14.2)$$

3)每揿主药含量

取供试品1瓶,充分振摇,除去帽盖,试喷5次,用溶剂洗净套口,充分干燥后,倒置于已加入一定量吸收溶剂的适宜烧杯中,将套口浸入液面下(至少25 mm),揿压喷射10次或20次(注意每次喷射间隔5 s并缓缓振摇),取出供试品,用溶剂洗净套口内外,合并溶剂,转移至适宜量瓶中并稀释成一定容量后,按各品种含量测定项下的方法测定,所得结果除以10或20,即为平均每揿主药含量。每揿主药含量应为每揿主药含量标示量的80%～120%,即符合规定。

4)有效部位药物沉积量

除另有规定外,照有效部位药物沉积量测定法检查,药物沉积量应不少于标示每揿主药含量的15%。图14.4所示为有效部位药物沉积量测定装置的结构图。

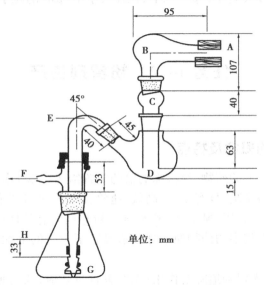

图14.4 有效部位药物沉积量测定装置结构图

A—橡胶接口,连接吸入装置;

B—模拟喉部,由改进的50 mL圆底烧瓶制成,入口为29/32磨口管,出口为24/39磨口管;

C—模拟颈;D—一级沉积瓶,由24/29磨口100 mL圆底烧瓶制成,出口为14、23磨口管;

E—连接管,由14磨口塞与D连接;F—出口,接流量计,上有塑料螺纹帽(内含垫片)使E与F密封;

G—喷头,由聚丙烯滤器制成;H—二级沉积瓶,24口250 mL锥形瓶

5)喷射速率

取供试品4瓶,除去帽盖,分别揿压阀门喷射数秒钟后,擦净,精密称定,将其浸入恒温水浴[(25±1)℃]中30 min,取出,擦干。除另有规定外,揿压阀门持续准确喷射5.0 s,擦净,分别精密称定,然后再放入恒温水浴[(25±1)℃]中,按上法重复操作3次,计算每瓶的平均喷射速率(g/s),均应符合各品种项下的规定。

6）喷出总量

取供试品 4 瓶，除去帽盖，精密称定，在通风橱内，分别揿压阀门连续喷射于已加入适量吸收液的容器 1 000 mL 或 2 000 mL 锥形瓶中，直至喷尽为止，擦净，分别精密称定。每瓶喷出量均不得少于标示装量的 85%。

7）微生物限度

照微生物限度检查法检查，应符合规定。供烧伤、创伤、溃疡用气雾剂照无菌检查法检查，应符合规定。

8）粒度

取供试品 1 瓶，充分振摇，除去帽盖，试喷数次，擦干，取清洁干燥的载玻片一块，置距喷嘴垂直方向 5 cm 处喷射一次，用约 2 mL 四氯化碳小心冲洗载玻片上的喷射物，吸干多余的四氯化碳，待干燥，盖上盖玻片，移置具有测微尺的 400 倍显微镜下检视，上下左右移动，检查 25 个视野，计数，药物粒径大多数应在 5 μm 以下，粒径大于 10 μm 的粒子不得过 10 粒。

任务 14.2　粉雾剂生产

14.2.1　粉雾剂的概念及特点

粉雾剂是指或一种以上的药物，经特殊的给药装置给药后以干粉形式进入呼吸道，发挥全身或局部作用的一种给药系统，具有靶向、高效、速效、毒副作用小等特点。根据给药部位的不同，可经鼻用粉雾剂和经口腔用（肺吸入）粉雾剂。粉雾剂可有效地用于低剂量和高剂量药物的吸入或喷入给药。粉雾剂中的药物通过呼吸道黏膜下丰富的毛细血管吸收，因而作为呼吸道黏膜吸收制剂。

粉雾剂的具体特点：无胃肠道降解作用；无肝脏首过效应；药物吸收迅速，给药后起效快；大分子药物的生物利用度可以通过吸收促进剂或其他方法的应用来提高；小分子药物尤其适用于呼吸道直接吸入或喷入给药；药物吸收后直接进入体循环，达到全身治疗的目的；可用于胃肠道难以吸收的水溶性大的药物；顺应性好，特别适用于原需进行长期注射治疗的病人；起局部作用的药物，给药剂量明显降低，毒副作用小。

14.2.2　粉雾剂的分类

根据临床给药途径不同，粉雾剂可分为吸入粉雾剂和非吸入粉雾剂。

1）吸入粉雾剂

吸入粉雾剂指微粉化药物或与载体以胶囊、泡囊或多剂量贮库形式，采用特制的干粉吸入装置，由患者主动吸入雾化药物至肺部的制剂，吸入粉雾剂中药物颗粒大小应控制在 10 μm 以下，其中大多数应在 5 μm 以下。吸入粉雾剂应在避菌环境下配制，各种用具、容器等须用适宜的方法清洁、消毒,在整个操作过程中应注意防止微生物污染。配制粉雾剂时,为改善吸入粉末的流动性,可加入适宜的载体和润滑剂。所有附加剂均应为生理可接受物质,且对呼吸道黏膜和纤毛无刺激性。粉雾剂应置于凉暗处保存,防止吸潮,以保持粉末细度和良好的流动性。

2)非吸入性粉雾剂

非吸入性粉雾剂指药物或以载体以胶囊或泡囊形式,采用特制的干粉给药装置,将雾化药物喷至腔道黏膜的制剂,其中鼻黏膜用粉雾剂较多。鼻用粉雾剂中药物及所用附加剂均应对鼻纤毛无毒性,且粉末粒径大多数应为 $30 \sim 150 \ \mu m$,以有利于药物的吸收。

14.2.3　粉雾剂的处方组成

根据药物与辅料的组成,粉雾剂的处方一般可分为:仅含微粉化药物的粉雾剂;药物加适量的辅料,如润滑剂和助流剂,以改善粉末之间的流动性;一定比例的药物和载体均匀混合体;药物、适当的润滑剂、助流剂以及抗静电剂和载体的均匀混合体。由于吸入制剂直接将药物吸入呼吸道和肺部,所以上述处方中加入的载体、辅料应对呼吸道黏膜和纤毛无刺激性、无毒性。

14.2.4　粉雾剂的处方研究

粉雾剂的处方应主要针对影响粉雾剂质量以及稳定性的因素加以研究。虽然粉雾剂的处方较简单,但影响处方的因素较多。这些都需要在处方研究中予以考虑,在粉雾剂的处方研究中主要考虑以下问题。

1)原料药的理化性质

主药的理化性质对制剂质量及制剂生产造成影响。在粉雾剂的处方研究中首先应对原料药的理化性质有清晰的了解和认识。影响粉雾剂的理化性质主要有 pH 值、pK_a 值、密度、粒度分布、粉末的表面特征、粉末形状、多晶型、晶型、无定型态、光学异构体、水分、溶解度、溶剂化/或水合状态、比旋度以及原料药在制剂生产过程中可能受生产环境的影响等因素。对于可能因为在粉碎或储存条件下发生的转晶的药物,应在微粉化处理过程中予以注意。对于影响粉雾剂质量的关键参数,诸如粉末的流动性、比表面积、粒度分布、堆密度、吸湿性、粉末的表面形态、荷电性等均应在处方研究前清楚掌握。此外,主药的质量标准如炽灼残渣、残留溶剂、杂质限度、纯度以及微生物限度等也应予以充分的考察。关于原料药的质量研究、杂质检查以及残留溶剂的检查详见有关指导原则。

2)辅料

（1）载体

粉雾剂常用的载体为乳糖,乳糖也是 FDA 唯一批准使用的粉雾剂的载体。乳糖作为药用辅料已收载于各国主要药典。在制剂工业乳糖广泛作为口服固体制剂的填充剂。其质量标准在药典也有明确的规定。但是作为粉雾剂的载体。除应符合药典的要求外,还应针对粉雾剂的剂型特点做出进一步的要求。例如,表面光滑的乳糖可能在气道中较易与药物分离;不同形态的乳糖和无定形态的乳糖,对微粉的吸附力可能不同,就可能导致粉雾剂在质量和疗效上的差异;所以作为粉雾剂的载体的乳糖除需要满足药典的要求外,还需要对乳糖的粉体学特点(形态、粒度、比表面积、堆密度、流动性)、含量、杂质、水分、微生物限度、热原/细菌内毒素、蛋白含量等进行规定。卵磷脂或磷脂酰胆碱也是粉雾剂常用的载体。由于卵磷脂的成分较复杂且不稳定,所以在用于粉雾剂的载体时,需要严格控制磷脂中磷脂酰胆碱、磷脂酰乙醇胺、磷脂酰肌醇以及降解产物甘油三酸酯、胆固醇、鞘磷脂、溶血性磷脂的含量。对于采用其他载体的粉雾剂,在处方筛选前需要明确这种载体是否可用于吸入给药这种给药途径,同时还应关注所选用的载体是否对呼吸道上皮细胞以及肺功能具有潜在的危害。

（2）其他辅料

粉雾剂除了加入一定量的载体外,有时为了改善粉末的粉体学特性、改善载体的表面性质以及抗静电性能,以便得到流动性更好、粒度分布更均匀的粉末,常在处方中加入一定量的润滑剂、助流剂以及抗静电剂等。以上辅料的使用也需要证明是否可用于吸入给药这种给药途径。对于国内外均未见在吸入制剂使用的辅料,需要提供相应的药理毒理的实验数据。

3）药物和辅料的微粉化

（1）药物的微粉化

对粉雾剂的处方筛选,首先需要对药物进行微粉化处理。常用的微粉化工艺有研磨法(球磨机、气流粉碎)、喷雾干燥法以及重结晶法。

药物理化性质不同,微粉化处理工艺也不相同。对于具有多晶型的药物,在使用研磨法进行微粉化处理时,药物晶型的变化值得关注。在利用喷雾干燥法进行微粉化处理,需要注意药物在溶剂中晶型和溶剂化物的产生,同时对于此过程可能产生的水分或其他有机溶剂也需要在处方筛选时严加控制。对于利用重结晶法得到微粉,除考虑微粉的粉体学特性外,重结晶溶剂的残留需要特别关注。

为说明微粉化处理后的粉体学特性,应对微粉化的粉末进行粉体学测定。粉体学参数一般包括:粉体的粒径以及分布测定,常用的粒度分析手段为激光粒度测定仪或显微镜法。上述方法各有优缺点,必要时应进行对比分析测定;粉末的形态分析可采用扫描电子显微镜(SEM)观察;粉体流动性测定,粉体的流动性可以用休止角表示;粉体荷电性的测定,不同的微粉化处理方法可能得到不同电荷的粉末,所以应该对粉体的表面电荷进行测定;临界相对湿度的测定,药物在进行微粉化处理后,由于比表面积的增大,吸湿性可能明显发生变化,而水分又是粉雾剂严格控制的检查项目,所以应测定微粉化药物的临界相对湿度(CRH);粉体的比表面积,药物经过微粉化处理后,由于其比表面积增大,存在较大的表面自由能,其吸附性会有明显的变化,不同的吸附能力对粉雾剂的质量会产生较明显的影响;粉体的密度和孔隙率测定,药物进行微粉化处理后,其堆密度、孔隙率均发生较大的变化。可能造成药物与辅料的密度差,造成混合均匀性上的困难。所以微粉化的药物应该进行粉体的密度和孔隙率测定。

（2）载体和辅料的粉碎

改善粉末流动性最常用的方法就是加入一些粒径较大的颗粒作为载体或辅料。不同粒度的载体对微粉化药物的吸附力不同。太细的载体或辅料与微粉化的药物吸附力太强,使药物和载体在呼吸道中难以分离,所以载体和辅料的粉碎粒度需要进行筛选。

4）药物与载体的比例

对于在处方中加入载体的粉雾剂,需要在处方筛选中考察不同比例的药物与载体对有效部位沉积量的影响。

5）药物与载体的混合方式

药物与载体混合的目的就是为了得到药物含量均匀的混合粉。混合方式可能有多种，不同的混合方式对粉雾剂有效部位沉积率有影响，所以在处方筛选中应注意混合方式和混合时间对产品质量的影响。

6）水分和环境湿度的控制

水分对粉雾剂的质量具有较大的影响，处方中的水分含量较高致使粉雾的流动性降低，粒度增大，影响产品的质量。所以在处方筛选过程中，应保证原料药的水分保持一定，对微粉化的药物及辅料的水分进行检查。同时在混合和灌装过程中，应控制生产环境的相对湿度，使环境湿度低于药物和辅料的临界相对湿度。对于易吸湿的成分，应采用一定的措施保持其干燥。吸入粉雾剂作为新型药物制剂，随着胰岛素肺部给药系统和全身作用机制的不断深入研究和成功上市，已逐渐成为制剂研发的热点。国内对于这类制剂的开发也较积极。

知识链接

粉雾剂在生产与贮藏期间应符合下列有关规定

①配制粉雾剂时，为改善粉末的流动性，可加入适宜的载体和润滑剂。吸入粉雾剂中所有附加剂均应为生理可接受物质，且对呼吸道黏膜和纤毛无刺激性、无毒性。非吸入粉雾剂及外用粉雾剂中所有附加剂均应对皮肤或黏膜无刺激性。

②粉雾剂给药装置使用的各组成部件均应采用无毒、无刺激性、性质稳定、与药物不起作用的材料制备。

③吸入粉雾剂中药物粒度大小应控制在10 μm以下，其中大多数应在5 μm以下。

④除另有规定外，外用粉雾剂应符合散剂项下有关的各项规定。

⑤粉雾剂应置凉暗处贮存，防止吸潮。

⑥胶囊型、泡囊型吸入粉雾剂应标明：

a.每粒胶囊或泡囊中药物含量。

b.胶囊应置于吸入装置中吸入，而非吞服。

c.有效期。

d.贮藏条件。

⑦多剂量贮库型吸入粉雾剂应标明：

a.每瓶总吸次。

b.每吸主药含量。

14.2.5　粉末雾化器

粉末雾化器也称吸纳器如图14.5所示，是简单的粉末药物吸入装置，其原理是病人吸入时使内装胶囊转动，药物粉末打入孔的胶囊两端释出，并随气流被吸入病人肺部。装置结构主

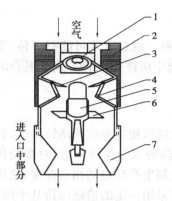

图 14.5 粉末雾化器结构图
1—弹簧杆;2—主体;
3—致孔针;4—不锈钢弹簧节;
5—药物胶囊;6—扇叶推进器;
7—口吸器

要由雾化器的主体、扇叶推进器和口吸器 3 部分组成。在主体外套有能上下移动的套筒,套筒内上端装有不锈钢针;口吸器的中心也装有不锈钢针,作为扇叶推进器的轴心及胶囊一端的致孔针。使用时,将吸入装置的 3 个部分卸下,现将扇叶套入口吸器的不锈钢针上,再将套有极细粉胶囊的深色盖端插入推进器扇叶的中心孔中,然后将三部分组装成整体,并使主体旋转与口吸器连接并试验其牢固性。压下套筒,使胶囊两端刺入不锈钢针,再提起套筒,使胶囊两端的不锈钢针脱开,扇叶内胶囊的两端已致孔,并能随扇叶自由转动。将装置夹于中、拇指间,在接嘴吸用前先呼气。然后接口于唇齿间,深吸并屏气 2 ~ 3 s 后再呼气。当吸嘴吸引时,空气由一端进入,经过胶囊将粉末带出,并由推进器叶扇扇动气流将粉末分散成气溶胶后吸入呼吸道起治疗作用。反复操作 3 ~ 4 次,使胶囊内粉末充分吸入,以提高治疗效果。最后应清洁粉末雾化器,并保持干燥状态。

14.2.6 粉雾剂的质量评价

粉雾剂的主要质量评定项目有:装量差异、含量均匀度、排空效率、每瓶总吸次、每吸主药含量、有效部位药物沉积量、微生物限度等,均应符合规定。

1)含量均匀度

除另有规定外,胶囊型或泡囊型粉雾剂,照含量均匀度检查法(2015 年版药典二部附录 X E)检查,应符合规定。凡检查含量均匀度的制剂,不再检查重(装)量差异。

除另有规定外,取供试品 10 片(个),照各药品项下规定的方法,分别测定每片以标示量为 100 的相对含量 X,求其均值 X 和标准差 S 以及标示量与均值之差的绝对值 $A(A = |100-X|)$;如 $A+1.80S \leq 15.0$,即供试品的含量均匀度符合规定;若 $A+S>15.0$,则不符合规定;若 $A+1.80S>15.0$,且 $A+S \leq 15.0$,则应另取 20 片(个)复试。根据初、复试结果,计算 30 片(个)的均值 X、标准差 S 和标示量与均值之差的绝对值 A;如 $A+1.45S \leq 15.0$,即供试品的含量均匀度符合规定;若 $A+1.45S>15.0$,则不符合规定。

如该药品项下规定含量均匀度的限度为 ±20% 或其他百分数时,应将上述各判断式中的 15.0 改为 20.0 或其他相应的数值,但各判断式中的系数不变。

在含量测定与含量均匀度检查所用方法不同时,而且含量均匀度未能从响应值(如吸收度)求出每片含量情况下,可取供试品 10 片(个),照该药品含量均匀度项下规定的方法,分别测定,得仪器测定法的响应值 Y(可为吸收度、峰面积等),求其均值 Y。另由含量测定法测得以标示量为 100 的含量 $X<[A]>$,由 $X<[A]>$ 除以响应值的均值 Y,得比例系数 $K(K=X<[A]>/Y)$。将上述诸响应值 Y 与 K 相乘,求得每片标示量为 100 的相对百分含量 $X(X=KY)$,同上法求其均值 X 和 S 以及 A,计算,判定结果,即得。

2)装量差异

除另有规定外,胶囊型及泡囊型粉雾剂照下述方法检查,应符合规定。

检查方法:除另有规定外,取供试品20粒,分别精密称定质量后,倾出内容物(不得损失囊壳),用小刷或其他适宜用具拭净残留内容物,分别精密称定囊壳质量,求出每粒内容物的装量与平均装量。每粒的装量与平均装量相比较,超出装量差异限度的不得多于2粒,并不得有1粒超出限度1倍,具体见表14.2。

表 14.2　粉雾剂装量差异限度表

平均装量	装量差异限度
0.3 g 以下	±10%
0.3 g 及 0.3 g 以上	±7.5%

凡规定检查含量均匀度的粉雾剂,一般不再进行装量差异的检查。

3)排空率

胶囊型及泡囊型粉雾剂照下述方法检查,排空率应符合规定。

检查方法:除另有规定外,取本品10粒,分别精密称定,逐粒置于吸入装置内,用每分钟(60±5)L的气流抽吸4次,每次1.5 s,称定质量,用小刷或适宜用具拭净残留内容物,再分别称定囊壳质量,求出每粒的排空率,排空率应不低于90%。

4)每瓶总吸次

多剂量贮库型吸入粉雾剂照下述方法检查,每瓶总吸次应符合规定。

检查方法:除另有规定外,取供试品1瓶,旋转装置底部,释出一个剂量药物,以每分钟(60±5)L的气流速度抽吸,重复上述操作,测定标示吸次最后1吸的药物含量,检查4瓶的最后1吸的药物量,每瓶总吸次均不得低于标示总吸次。

5)每吸主药含量

多剂量贮库型吸入粉雾剂照下述方法检查,每吸主药含量应符合规定。

检查方法:除另有规定外,取供试品6瓶,分别除去帽盖,弃去最初5吸,采用吸入粉雾剂释药均匀度测定装置(图14.6),装置内置20 mL适宜的接收液。吸入器采用合适的橡胶接口与装置相接,以保证连接处的密封。吸入器每旋转1次(相当于1吸),用每分钟(60±5)L的抽气速度抽吸5 s,重复操作10次或20次,用空白接收液将整个装置内壁的药物洗脱下来,合并,定量至一定体积后,测定所得结果除以10或20,即为每吸主药含量。每吸主药含量应为每吸主药含量标示量的65% ~ 135%。如有1瓶或2瓶超出此范围,但不超出标示量的50% ~ 150%,可复试,另取12瓶测定,若18瓶中超出65% ~ 135%但不超出50% ~ 150%的,不超过2瓶,也符合规定。

6)雾滴(粒)分布

吸入粉雾剂应检查雾滴(粒)大小分布。照吸入粉雾剂雾滴(粒)分布测定法(2015年版药典二部附录ⅩH)检查,使用品种项下规定的接收液和测定方法,依法测定。除另有规定外,雾滴(粒)药物量应不少于每吸主药含量标示量的10%。

7)微生物限度

照微生物限度检查法(2015年版药典二部附录ⅪJ)检查,应符合规定。

微生物限度检查法系指非规定灭菌制剂及其原、辅料受到微生物污染程度的一种检查方

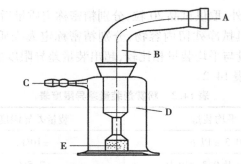

图 14.6 吸入粉雾剂释药均匀度测定装置

A—橡胶接口;B—模拟喉管;C—出口;

D—160 mL 玻璃容器;E—孔隙为 100 ~ 160 μm 烧结玻璃

法。包括染菌量及控制菌的检查。供试品应随机抽样。如遇有异常或可疑的样品,须选取有疑义的样品。一般抽样量为检验用量(2 个以上最小包装单位)的 3 倍量。供试品在检验前不得开启,在检查前及检查中应防止供试品污染菌受损、致死或繁殖。凡能从药品、瓶口(外盖内侧及瓶口周围)外观看出发霉、变质的药品,可直接判为不合格,无需再抽样检查。检查的全部过程均应严格遵守无菌操作,严防再污染。除另有规定外,本检查法中细菌培养温度为30 ~ 35 ℃,霉菌、酵母菌培养温度为25 ~ 28 ℃,控制菌培养温度为(36±1)℃ 。细菌、霉菌(酵母菌)计数和控制菌检查,均应作对照试验。

任务 14.3 喷雾剂生产

14.3.1 喷雾剂介绍

喷雾剂是指不含抛射剂,借助手动泵的压力将内容物以雾状等形态释出的制剂。按使用方法分为单剂量和多剂量喷雾剂,按分散系统分类为溶液型、乳剂型和混悬型三类。溶液型喷雾剂药液应澄清,乳剂型气雾剂液滴在分散介质中应分散均匀,混悬型气雾剂应将药物细粉和附加剂充分混匀,制成稳定的混悬剂。

压缩空气作动力其喷出的微粒大小为 20 ~ 60 μm,当人体吸入后能达到末端支气管;惰性气体作动力喷出的微粒大小为 10 μm 以下,吸入后可达到肺部深处。超声雾化器,其雾粒为 5 μm 以下占多数,吸入后能达到细支气管和肺泡内,该剂型又称气压制剂。如硫酸异丙肾上腺素喷雾剂(新气喘宁喷液),用于治疗支气管炎和哮喘等疾病。

14.3.2 喷雾剂的分类

按用药途径可分为吸入喷雾剂、非吸入喷雾剂及外用喷雾剂。按给药定量与否,喷雾剂还可分为定量喷雾剂和非定量喷雾剂。

14.3.3 喷雾剂质量评定

除另有规定外,喷雾剂应进行总喷次、每喷喷量、每喷主药含量、雾滴(粒)分布、装量差异、装量、无菌、微生物限度检查。

(1)喷射试验

取供试品4瓶,除去帽盖,分别揿压试喷数次后,擦净,精密称定,除另有规定外,揿压喷射5次,擦净,分别精密称定,按上法重复操作3次,计算每瓶每揿平均喷射量,均应符合各品种项下的规定。

(2)每瓶总喷次

多剂量喷雾剂照下述方法检查,每瓶总喷次应符合规定。

检查方法:取供试品4瓶,分别除去帽盖,精密称重(W_1),充分振摇,在通风橱内,照使用说明书操作,向已加入适量吸收液的容器内喷射最初10喷,用溶剂洗净套口,充分干燥后,精密称重(W_2);振摇后向上述容器内连续喷射10次,用溶剂洗净套口,充分干燥后,精密称重(W_3);打开储液灌,弃去药液,用溶剂洗净供试品容器,干燥后,精密称重(W_4),按式(14.3)计算每瓶总揿次,均应不少于每瓶标示总揿次。

$$总揿次 = 10 \times \frac{W_1 - W_4}{W_2 - W_3} \tag{14.3}$$

(3)每揿喷量

取供试品4瓶,除去帽盖,分别揿压阀门试喷数次后,擦净,精密称定,揿压阀门喷射1次,擦净,再精密称定。前后两次质量之差为1个喷量。按上法连续测出3个喷量;不计质量揿压阀门连续喷射10次;再按上法连续测出3个喷量;再不计质量揿压阀门连续喷射10次;最后再按上法测出4个喷量。计算每瓶10个喷量的平均值。除另有规定外,应为标示喷量的80%~120%。凡进行每揿主药含量检查的气雾剂,不再进行每揿喷量检查。

(4)每喷主药含量

除另有规定外,定量喷雾剂照下述方法检查,每喷主药含量应符合规定。

检查方法:取供试品1瓶,照使用说明书操作,试喷5次,用溶剂洗净喷口,充分干燥后,喷射10次或20次(注意喷射每次间隔5 s并缓缓振摇),收集于一定量的吸收溶剂中(防止损失),转移至适宜量瓶中并稀释至刻度,摇匀,测定。所得结果除以10或20,即为平均每喷主药含量。每喷主药含量应为标示含量的80%~120%。

(5)装量

装量照最低装量检查法(附录ⅫC)检查,应符合规定。

(6)装量差异

除另有规定外,单剂量喷雾剂装量差异,应符合规定,具体见表14.3。

表14.3 喷雾剂装量差异限度表

平均装量	装量差异限度
0.30 g 以下	±10%
0.30 g 及 0.30 g 以上	±7.5%

检查方法:除另有规定外,取供试品 20 个,照各品种项下规定的方法,求出每个内容物的装量与平均装量。每个的装量与平均装量相比较,超出装量差异限度的不得多于两个,并不得有 1 个超出限度 1 倍。凡规定检查含量均匀度的单剂量喷雾剂,不进行装量差异的检查。

(7)无菌

用于烧伤或严重创伤的气雾剂、喷雾剂照无菌检查法(附录ⅩⅢ B)检查,应符合规定。

(8)微生物限度

除另有规定外,照微生物限度检查法(附录ⅩⅢ C)检查,应符合规定。

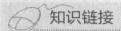

知识链接

小知识、基质和附加剂

典型制备小知识:主药加基质或附加剂(或只有主药)经相应药品生产设备生产出相应的剂型。

基质:常用基质分为油脂性、水溶性和乳剂型基质。

基质的要求:润滑无刺激,稠度适宜,易于涂布;性质稳定,与主要不发生配伍变化;具有吸水性,能吸收伤口分泌物;不妨碍皮肤的正常功能,具有良好释药性能;易洗除,不污染衣服。

常用的基质有三大类:油脂类基质,如动植物油脂、羊毛脂、凡士林等;乳剂型基质,如 O/W 或 W/O 型基质;水溶性基质,如聚乙二醇、纤维素衍生物类。

附加剂是药物制剂中除主药以外的一切附加材料的总称,也称辅料。

附加剂要求:对人体无毒害作用,几无副作用;化学性质稳定,不易受温度、pH 值、保存时间等的影响;与主药无配伍禁忌,不影响主药的疗效和质量检查;不与包装材料相互发生作用;尽可能用较小的用量发挥较大的作用。

附加剂包括防腐剂、抗氧化剂、矫味剂、着色剂、表面活性剂、合成高分子化合物、天然高分子化合物七大类。

实例解析1 盐酸异丙肾上腺素气雾剂——溶液型气雾剂

【处方】盐酸异丙肾上腺素 2.5 g 维生素 C 1.0 g 乙醇 296.5 g F_{12} 适量 共制成 1 000 g。

【分析】盐酸异丙肾上腺素为主药,F_{12} 为抛射剂,盐酸异丙肾上腺素在 F_{12} 中溶解性能差,加入乙醇作潜溶剂,维生素 C 为抗氧剂。

【制法】①将盐酸异丙肾上腺素与维生素 C 加乙醇制成溶液。②将制得的溶液分装于气雾剂容器中,安装阀门,轧紧封帽。③充装抛射剂 F_{12}。④分装,即得。

实例解析2　沙丁胺醇气雾剂

【处方】沙丁胺醇 26.4 g　油酸适量　F_{11} 适量　F_{12} 适量　共制成 1 000 瓶（20 g/瓶）。

【分析】处方中沙丁胺醇为主药，油酸为助悬剂，F_{11}、F_{12} 为抛射剂。

【制法】①取沙丁胺醇（微粉）与油酸混合均匀成糊状。②按量加入 F_{11}，用混合器混合，使沙丁胺醇微粉充分分散。③制成混悬液后，分剂量灌装，封接剂量阀门系统，分别压入 F_{12}，即得。④按要求检查各项指标，放置 28 d 后，再进行检测，合格后包装。

实例解析3　大蒜油气雾剂

【处方】大蒜油 10 mL　吐温 80:30 g　司盘 80:35 g　甘油 250 mL　十二烷基磺酸钠 20 g　F_{12}:962.5 mL　加蒸馏水至 1 400 mL。

【分析】①处方中大蒜油为主药。②吐温 80、司盘 80 及十二烷基磺酸钠为乳化剂，甘油为油溶剂，F_{12} 为抛射剂，蒸馏水为水溶剂。

【制法】①将大蒜油、甘油与蒸馏水混合。②混合液加吐温 80、司盘 80 及十二烷基磺酸钠乳化剂制成乳剂。③分装 175 瓶，每瓶压入 5.5 g F_{12}，密封而得。

 综合测试

一、单项选择题

1. 不代表气雾剂特征的是（　　）。

    A. 药物吸收不完全、给药不恒定

    B. 皮肤用气雾剂，有保护创面、清洁消毒、局麻止血等功能，阴道黏膜用气雾剂常用 O/W 型泡沫气雾剂

    C. 能使药物迅速达到作用部位

    D. 混悬气雾剂是三相气雾剂

    E. 使用剂量小，药物的副作用也小

2. 气雾剂中氟利昂（如 F_{12}）主要作用是（　　）。

    A. 潜溶剂　　　　B. 抛射剂　　　　C. 防腐剂　　　　D. 稳定剂　　　　E. 消泡剂

3. 关于气雾剂的表述错误的是（　　）。

    A. 药物溶于抛射剂及潜溶剂者，常配成溶液型气雾剂

    B. 药物不溶于抛射剂或潜溶剂者，常以细微粉粒分散手抛射剂中

    C. 抛射剂的填充方法有压灌法和冷灌法

    D. 气雾剂都应进行漏气检查

    E. 气雾剂都应进行喷射速度检查

4. 下列关于气雾剂的特点错误的是（　　）。

    A. 具有速效和定位作用

B. 由于容器不透光、不透水,所以能增加药物的稳定性

C. 药物可避免胃肠道的破坏和肝脏首过作用

D. 可以用定量阀门准确控制剂量

E. 由于起效快,适合心脏病患者使用

5. 气雾剂的质量评定不包括( )。

    A. 喷雾剂量   B. 喷次检查   C. 粒度   D. 泄漏率检查   E. 抛射剂用量检查

6. 混悬型气雾剂为( )。

    A. 一相气雾剂   B. 二相气雾剂   C. 三相气雾剂   D. 喷雾剂   E. 吸入粉雾剂

7. 乳剂型气雾剂为( )。

    A. 单相气雾剂   B. 二相气雾剂   C. 三相气雾剂   D. 双相气雾剂   E. 吸入粉雾剂

8. 关于气雾剂正确的表述是( )。

A. 按气雾剂相组成可分为一相、二相和三相气雾剂

B. 二相气雾剂一般为混悬系统或乳剂系统

C. 按医疗用途可分为吸入气雾剂、皮肤和黏膜气雾剂及空间消毒用气雾剂

D. 气雾剂是指将药物封装于具有特制阀门系统的耐压密封容器中制成的制剂

E. 吸入气雾剂的微粒大小以在 $5 \sim 50\ \mu m$ 范围为宜

9. 溶液型气雾剂的组成部分不包括( )。

    A. 抛射剂   B. 潜溶剂   C. 耐压容器   D. 阀门系统   E. 润湿剂

10. 混悬型气雾剂的组成部分不包括( )。

    A. 抛射剂   B. 潜溶剂   C. 耐压容器   D. 阀门系统   E. 润湿剂

二、多项选择题

1. 抛射剂在气雾剂中可起的作用为( )。

    A. 动力作用   B. 稳定剂   C. 溶剂   D. 稀释剂   E. 防腐剂

2. 有关气雾剂的正确表述是( )。

A. 气雾剂由药物和附加剂、抛射剂、阀门系统三部分组成

B. 气雾剂按分散系统可分为溶液型、混悬型及乳剂型

C. 目前使用的抛射剂为压缩气体

D. 气雾剂只能吸入给药

E. 抛射剂的种类及用量直接影响溶液型气雾剂雾化粒子的大小

3. 气雾剂的优点有( )。

A. 能使药物直接到达作用部位

B. 药物密闭于不透明的容器中,不易被污染

C. 可避免胃肠道的破坏作用和肝脏的首关效应

D. 使用方便,尤其适用于 OTC 药物

E. 气雾剂的生产成本较低

4. 吸入气雾剂起效快的理由是( )。

    A. 吸收面积大   B. 给药剂量大

    C. 吸收部位血流丰富   D. 吸收屏障弱

E. 药物以亚稳定态及无定形态分散在介质中

5. 溶液型气雾剂的组成部分包括(　　　)。

　　A. 抛射剂　　　B. 潜溶剂　　　C. 耐压容器　　　D. 阀门系统　　　E. 润湿剂

6. 下列关于气雾剂叙述正确的是(　　　)。

　　A. 气雾剂是指药物与适宜抛射剂装于具有特制阀门系统的耐压密封容器中而制成的制剂

　　B. 气雾剂是借助于手动泵的压力将药液喷成雾状的制剂

　　C. 吸入粉雾剂系指微粉化药物与载体以胶囊、泡囊或高剂量储库形式,采用特制的干粉吸入装置,由患者主动吸入雾化药物的制剂

　　D. 是指微粉化药物与载体以胶囊、泡囊储库形式装于具有特制阀门系统的耐压密封容器中而制成的制剂

　　E. 是指药物与适宜抛射剂采用特制的干粉吸入装置,由患者主动吸入雾化药物的制剂

7. 下列关于气雾剂的特点正确的是(　　　)。

　　A. 具有速效和定位作用

　　B. 可以用定量阀门准确控制剂量

　　C. 药物可避免胃肠道的破坏和肝脏首过作用

　　D. 生产设备简单,生产成本低

　　E. 由于起效快,适合心脏病患者使用

8. 关于气雾剂表述错误的是(　　　)。

　　A. 按气雾剂相组成可分为一相、二相和三相气雾剂

　　B. 二相气雾剂一般为混悬系统或乳剂系统

　　C. 按医疗用途可分为吸入气雾剂、皮肤和黏膜气雾剂及空间消毒用气雾剂

　　D. 气雾剂系指药物封装于具有特制阀门系统的耐压密封容器中制成的制剂

　　E. 吸入气雾剂的微粒大小以在 $0.5 \sim 5 \ \mu m$ 范围为宜

9. 溶液型气雾剂的组成部分包括(　　　)。

　　A. 抛射剂　　　　B. 潜溶剂　　　　C. 耐压容器　　　D. 阀门系统　　　E. 润湿剂

10. 关于气雾剂的正确表述是(　　　)。

　　A. 吸入气雾剂吸收速度快,不亚于静脉注射

　　B. 可避免肝首过效应和胃肠道的破坏作用

　　C. 气雾剂是指药物封装于具有特制阀门系统中制成的制剂

　　D. 按相组成分类,可分为一相气雾剂、二相气雾剂和三相气雾剂

　　E. 按相组成分类,可分为二相气雾剂和三相气雾剂

11. 下列关于气雾剂的叙述中错误的为(　　　)。

　　A. 脂/水分配系数小的药物,吸收速度也快

　　B. 气雾剂主要通过肺部吸收,吸收的速度很快,不亚于静脉注射

　　C. 吸入的药物最好能溶解于呼吸道的分泌液中

　　D. 肺部吸入气雾剂的粒径越小越好

　　E. 小分子化合物易通过肺泡囊表面细胞壁的小孔,因而吸收快

12. 气雾剂的组成包括(　　　)。

　　A. 抛射剂　　　　　　　　　　　　B. 药物与附加剂

C.囊材　　　　　　　　　D.耐压容器

E.阀门系统

三、名词解释

(1)气雾剂　　　　　(2)抛射剂　　　　　(3)喷雾剂　　　　　(4)粉雾剂

四、简答题

1.什么是气雾剂？有何特点？可分为哪几类？由哪几部分组成？

2.抛射剂有何作用？常用的是哪些？

3.气雾剂怎样制备？

4.气雾剂、喷雾剂和粉雾剂需作哪些质量检查？

5.何为二相气雾剂和三相气雾剂？

五、论述题

1.气雾剂与喷雾剂生产过程中质量控制有哪些？

2.气雾剂的四大组成是什么？各有什么作用？

第四部分
药物稳定性检查

项目 15 药物稳定性检查

📖 **项目描述**

　　药物制剂的稳定性是保证药物有效性和安全性的基础,我国《新药审批办法》明确规定,新药申请必须呈报有关稳定性资料。为了合理地进行处方设计,提高制剂质量,保证药品药效与安全,提高经济效益,必须重视和研究药物制剂的稳定性。本项目主要介绍研究药物制剂稳定性的任务,影响药物制剂稳定性的因素及增强药物制剂稳定性的措施,以及药物制剂稳定性试验方法。通过本项目的学习可满足药厂药物制剂在生产、运输、贮藏、周转中稳定性考察的要求。

📖 **学习目标**

　　掌握研究药物制剂稳定性的意义和任务;掌握影响药物制剂稳定性的因素和稳定化措施,能针对影响制剂稳定性因素提出稳定化措施;熟悉药物制剂稳定性试验方法;熟悉药物制剂的有效期和半衰期的计算;了解药物制剂稳定性的化学动力学基础。

任务 15.1 药物制剂的稳定性要求

15.1.1 研究药物制剂稳定性的意义

　　安全、有效、稳定是药物制剂应该符合的基本要求。药物若分解变质,不仅使药效降低,而且有些变质的物质甚至会产生毒副作用,因此稳定性是保证药物有效性和安全性的基础。药物制剂的稳定性是指药物制剂在生产、运输、贮藏、周转直至临床应用前的一系列过程质量变化的速度和程度。药物制剂的稳定性研究的目的是考察原料或者制剂的质量在温度、湿度、光线等条件的影响下随时间变化的规律,为药品的生产、包装、储存、运输条件和有效期的确定提供主要依据,其核心是提高产品的内在质量。

　　随着制药工业的发展,药物制剂的生产已基本实现机械化规模生产。若产品因不稳定而变质,不但会给企业在经济上可造成巨大损失,而且可能会危及生命,给个人带来极大的精神损失。因此,为了合理地进行处方设计,提高制剂质量,保证药品药效与安全,提高经济效益,必须重视和研究药物制剂的稳定性。我国的《新药审批办法》明确规定,新药申请必须呈报有关稳定性资料。

15.1.2　研究药物制剂稳定性的任务

药物制剂的稳定性一般包括化学、物理和生物学三个方面,其不仅指制剂内有效成分的化学降解,同时也包括导致药物疗效下降、不良反应增加的任何改变。

1)化学稳定性

化学稳定性是指药物由于水解、氧化等化学降解反应,使药物含量(或效价)、色泽产生变化。药物由于化学结构的不同,其降解反应也不一样,水解和氧化是药物降解的两个主要途径,其他如脱羧、异构化、聚合等反应也有发生。有时一种药物可能同时发生两种或两种以上的化学反应。

2)物理稳定性

物理稳定性,主要指制剂的物理性能发生变化,如混悬剂中药物颗粒结块、结晶生长,乳剂的分层、破裂,胶体制剂的老化,片剂崩解度、溶出速度的改变等。制剂物理变化的规律和机制较化学变化更复杂。

3)生物学稳定性

生物学稳定性一般指药物制剂由于受微生物的污染,而使产品变质、腐败。药物制剂受微生物污染后,会引起物理性状变化、热原产生、生成致敏物质、药效或者毒性改变等。一般内服或者外用的液体药物,罐装后并不进行灭菌,若防腐剂的抑菌浓度不够,放置后会很快霉败,特别是含糖、蛋白质等营养物质的液体制剂更易于微生物滋生。

药物制剂稳定性研究要综合考虑三方面的影响。有时伴随着化学稳定性的问题,也同时发生物理与生物稳定性的问题,其结果都将导致产品质量下降甚至不合格。

15.1.3　药物制剂稳定性的化学动力学基础

化学动力学是研究化学反应在一定条件下的速度规律、反应条件(浓度、压力、温度、介质、催化剂等)对反应速度与方向的影响以及化学反应的机制等。在药剂学中可以用化学动力学的原理评价药物制剂的稳定性,即用化学动力学方法测定药物降解的速度,从而预测药物的有效期;了解影响降解速度的因素,从而采取有效措施,防止和延缓药物制剂的降解变质。

研究药物的降解速度首先要考虑浓度对反应速度的影响。反应物浓度和反应速度之间的关系用反应级数来表示。反应级数有零级反应、一级反应、二级反应,以此类推,此外尚有伪一级和分数级反应。大部分药物与制剂的降解反应都可以按照零级反应、一级反应、伪一级反应处理。

1)零级反应

零级反应速度与反应物浓度无关,而受其他因素的影响,如反应物的溶解度、光照强度度等。零级反应的速率方程见式(15.1):

$$-\frac{dC}{dt}=k_0 \tag{15.1}$$

积分得式(15.2)：

$$C=C_0-k_0t \tag{15.2}$$

式中　C_0——$t=0$ 时反应物浓度；

C——t 时反应物的浓度；

k_0——零级速率常数。

C 与 t 呈线性关系，直线的斜率为$-k_0$，截距为 C_0。

半衰期($t_{\frac{1}{2}}$)：是指消耗一半反应物所需要的时间，记为 $t_{\frac{1}{2}}$。零级反应的半衰期为：

$$t_{\frac{1}{2}}=\frac{C_0}{2k_0} \tag{15.3}$$

有效期($t_{0.9}$)：常用药物降解 10% 所需的时间，即十分之一半衰期作为药物的有效期，记为 $t_{0.9}$。零级反应的有效期为：

$$t_{0.9}=\frac{C_0}{10k_0} \tag{15.4}$$

例1　某药物制剂降解为零级反应，已知其 $k_0=0.012$ mg/(mL·h)，药物配制浓度为 40 mg/mL，试预测其半衰期和有效期。

解：半衰期为 $t_{\frac{1}{2}}=C_0/2k_0=40/(2\times0.012)=1\,666.7$ h，约 69 d。

有效期为 $t_{0.9}=C_0/10k_0=40/(10\times0.012)=333.3$ h，约 14 d。

该药物制剂的半衰期和有效期分别为 69 d 和 14 d。

2）一级反应

一级反应速率与反应物浓度的一次方成正比，其速率方程见式(15.5)：

$$-\frac{dC}{dt}=kC \tag{15.5}$$

积分后得式(15.6)：

$$\lg C=-\frac{kt}{2.303}+\lg C_0 \tag{15.6}$$

式中　k——一级速率常数(1/时间)。以 $\lg C$ 与 t 作图呈直线，直线的斜率为$-k/2.303$，截距为 $\lg C_0$。

恒温时，一级反应的 $t_{\frac{1}{2}}$ 与反应物浓度无关，见式(15.7)。

$$t_{\frac{1}{2}}=\frac{0.693}{k} \tag{15.7}$$

恒温时，一级反应的有效期 $t_{0.9}$ 也与反应物浓度无关，见式(15.8)。

$$t_{0.9}=\frac{0.105\,4}{k} \tag{15.8}$$

例2　药物制剂 A 的降解为一级反应，B 的降解为零级反应，已知二者的药物配制浓度均为 50 mg/mL，A 药的 k 为 0.009 d，B 药的 $k_0=0.015$ mg/(mL·h)，比较 A 药物制剂和 B 药物制剂的有效期。

解：制剂 A 的有效期为 $t_{0.9}=0.105\,4/k=0.105\,4/0.009=11.7$ d，约 12 d。

制剂 B 的有效期为 $t_{0.9} = C_0 / 10k_0 = 50 / (10 \times 0.015) = 333.3$ h，约 14 d。

该药物制剂的半衰期和有效期分别为 12 d 和 14 d。

反应速率与两种反应物浓度的乘积成正比的反应，称为二级反应。若其中一种反应物的浓度大大超过另一种反应物，或保持其中一种反应物浓度恒定不变的情况下，则此反应表现出一级反应的特征，故称伪一级反应。例如酯的水解，在酸或碱的催化下，可按伪一级反应处理。

任务 15.2　增强制剂稳定性的方法

影响药物制剂稳定性的因素很多，一般主要从药物不稳定性因素、处方因素和外界因素进行分析。

15.2.1　影响药物制剂稳定性的因素

1）药物不稳定性因素

药物的化学结构是决定制剂稳定性的内因，药物化学结构不同，稳定性也不一样。稳定性差的药物容易发生化学降解，直接导致药物制剂的含量下降、疗效降低。影响药物稳定性的降解途径主要有水解、氧化、异构化、聚合、脱羧。

（1）水解

酯类（包括内酯）、酰胺类（包括内酰胺）等药物易发生水解反应。

①酯类药物的水解：酯类药物水解生成酸和醇。在 H^+ 或 OH^- 或广义酸碱的催化下，特别是在碱性溶液中，水解反应的速度加快。在酸碱催化下，酯类药物的水解常可用一级或伪一级反应处理。

盐酸普鲁卡因在碱性条件下水解生成对氨基苯甲酸与二乙胺基乙醇，此分解产物无明显的麻醉作用。同属此类的药物有盐酸丁卡因、盐酸可卡因、普鲁本辛、硫酸阿托品、氢溴酸后马托品等。硝酸毛果芸香碱，华法林钠均有内酯结构，易在碱性条件下水解开环。羧苯甲酯类也有水解的可能，在制备时应引起重视。酯类药物水解往往使溶液的 pH 下降，有些酯类药物灭菌后 pH 下降，即提示有水解可能。

②酰胺类药物的水解：酰胺类药物水解以后生成酸与胺。属于这类的药物有青霉素类、头孢菌素类、氯霉素、巴比妥类等。

a. 青霉素和头孢菌素类：β-内酰胺环是青霉素和头孢菌素类药物生物活性的必需结构，β-内酰胺环在 H^+ 或 OH^- 影响下很容易水解开环，从而导致药物失效。

氨苄青霉素在中性和酸性溶液中的水解产物为 α-氨苄青霉酰胺酸。本品只宜制成固体剂型（注射用无菌粉末）。注射用氨苄青霉素钠在临用前可用 0.9% 氯化钠注射液溶解后输液，不宜用 5% 葡萄糖注射液稀释。乳酸钠注射液对本品水解具有显著的催化作用，二者不能配合使用。

头孢唑啉钠（头孢菌素 V，Cefazolin）在酸与碱中都易水解失效，水溶液 pH4～7 较稳定，本品在生理盐水和 5% 葡萄糖注射液中，室温放置 5 d 仍然符合要求，即使 pH 略有上升，但仍在稳定 pH 范围之内。

b. 氯霉素：氯霉素比青霉素类抗生素稳定，但其水溶液仍很容易分解。氯霉素 pH 为 6 时最稳定，在 pH7 以下，主要是酰胺水解，生成氨基物与二氯乙酸。

目前常用的氯霉素制剂主要是氯霉素滴眼液，处方有多种，其中氯霉素的硼酸-硼砂缓冲液的 pH 为 6.4，其有效期为 9 个月，如调整缓冲剂用量，使 pH 由原来的 6.4 降到 5.8，可使本制剂稳定性提高。氯霉素溶液可用 100 ℃、30 min 灭菌，水解 3% ~4%，以同样时间 115 ℃ 热压灭菌，水解达 15%，故不宜采用。

c. 巴比妥类：也是酰胺类药物，在碱性溶液中容易水解。有些酰胺类药物，如利多卡因，邻近酰胺基有较大的基团，由于空间效应，故不易水解。

③其他类药物的水解：维生素 B、安定、碘苷等药物的降解，也主要是水解作用。阿糖胞苷在酸性溶液中，脱氨水解为阿糖脲苷。在碱性溶液中，嘧啶环破裂，水解速度加速。本品在 pH6.9 时最稳定，水溶液经稳定性预测 $t_{0.9}$ 约为 11 个月，常制成注射粉针剂使用。

（2）氧化

酚类、烯醇类、芳胺类、吡唑酮类、噻嗪类药物较易氧化变质。药物氧化分解常是自动氧化，即在大气中氧的影响下进行缓慢的氧化。药物氧化后，不仅效价损失，而且可能产生颜色或沉淀。有些药物即使被氧化极少量，亦会色泽变深或产生不良气味，严重影响药品的质量，甚至成为废品。

①酚类药物：具有酚羟基的药物如肾上腺素、左旋多巴、吗啡、去水吗啡、水杨酸钠等容易氧化变质。例如肾上腺素易被空气或其他弱氧化剂氧化生成红色的肾上腺素红，然后聚合成棕色的多聚体。

②烯醇类：维生素 C 是这类药物的代表，分子中含有烯醇基，极易氧化，氧化过程较为复杂。在有氧条件下，先氧化成去氢抗坏血酸，然后经水解为 2,3-二酮古罗糖酸，此化合物进一步氧化为草酸与 L-丁糖酸。在无氧条件下，发生脱水作用和水解作用生成呋喃甲醛和二氧化碳，呋喃甲醛聚合成黄色多聚体，这是维生素 C 在生产和贮存过程中变色的主要原因。

③其他类药物的氧化：芳胺类如磺胺嘧啶钠，吡唑酮类如氨基比林、安乃近，噻嗪类如盐酸氯丙嗪、盐酸异丙嗪等，这些药物都易氧化，其中有些药物氧化过程极为复杂，常生成有色物质。含有碳碳双键的药物，如维生素 A 或 D 的氧化是典型的游离基链式反应。易氧化药物要特别注意光、氧、金属离子对他们的影响，以保证产品质量。

（3）异构化

通常药物的异构化使生理活性降低甚至没有活性。异构化分为光学异构和几何异构两种。光学异构化可分为外消旋化作用和差向异构作用。莨菪碱的左旋体生理活性强，外消旋化后生成阿托品，其药效降低一半，但生产上很难制备左旋莨菪碱，因此临床上常用的是阿托品。肾上腺素的左旋体生理活性强，外消旋化后只有 50% 的活性。本品水溶液在 pH4 左右产生外消旋化作用。肾上腺素也是易氧化的药物，故还要从含量色泽等全面质量要求考虑，选择适宜的 pH。差向异构化指具有多个不对称碳原子的基团发生异构化的现象。例如在碱性条件下，毛果芸香碱 α-碳原子发生差向异构化，生成异毛果芸香碱而使药效降低。麦角新碱也能差向异构化，生成活性较低的麦角袂春宁。有些有机药物，反式异构体与顺式几何异构体的生理活性有差别。维生素 A 的活性形式是全反式，若在 2,6 位形成顺式异构化，活性降低。

（4）聚合

聚合是两个或多个分子结合在一起形成复杂分子的过程。青霉素水溶液在贮存过程中会发生聚合反应，生成的聚合物能诱发青霉素产生过敏反应的过敏原，因此青霉素注射剂要现用现配。塞替派在水溶液中易聚合失效，以 PEG-400 为溶剂制成注射液，可避免聚合，使本品在一定时间内保持稳定。

（5）脱羧

碳酸氢钠注射液热压灭菌时易分解产生二氧化碳，同时使溶液的 pH 升高，注射时产生刺激性。在配置和灌封时应通入二氧化碳，以增加药液的稳定性。普鲁卡因水解产物对氨基苯甲酸，也可慢慢脱羧生成苯胺，苯胺在光线影响下氧化生成有色物质，这就是盐酸普鲁卡因注射液变黄的原因。

2）处方因素

处方的组成可直接影响药物制剂的稳定性，因此制备任何一种制剂，首先要进行处方设计。处方设计时主要考虑 pH 值、广义的酸碱催化、溶剂、离子强度、表面活性剂等因素。

（1）pH 值的影响

药液的 pH 不仅影响药物的水解反应，而且影响药物的氧化反应。许多酯类、酰胺类药物常受 H^+ 或 OH^- 催化水解，这种催化作用也叫专属酸碱催化或特殊酸碱催化，此类药物的水解速度主要由 pH 值决定。例如盐酸普鲁卡因在干燥时稳定，在酸性水溶液中缓慢水解，如 pH 值为 3 时，100 ℃加热 30 min，不分解；pH 值为 6.5 时，100 ℃加热 30 min，分解率约 18%。氯霉素水溶液在 pH2~7 范围内，pH 对水解速度影响不大。在 pH>8 或者 pH<2 时水解速度加快，pH>8 还有脱氯的水解作用。

药物的氧化反应也受溶液 pH 影响，通常 pH 较低时溶液较稳定，pH 增大有利于氧化反应进行。如维生素 B_1 于 120 ℃热压灭菌 30 min，在 pH 为 3.5 时几乎没有变化，在 pH 为 5.3 时分解 20%，在 pH 为 6.3 时分解 50%。

（2）广义酸碱催化的影响

按照布朗斯坦-劳瑞（Brönsted-Lowry）酸碱理论，给出质子的物质称为广义的酸，接受质子的物质叫广义的碱。有些药物也可被广义的酸碱催化水解，这种催化作用称为广义的酸碱催化或一般酸碱催化。例如 HPO_4^{2-} 对青霉素 G 钾盐、苯氧乙基青霉素有催化作用。醋酸盐、磷酸盐、枸橼酸盐、硼酸盐均为广义的酸碱，因此要注意它们对药物的催化作用，应尽量选用没有催化作用的缓冲系统或低浓度的缓冲液。

为了观察缓冲液对药物的催化作用，可用增加缓冲剂的浓度，但保持盐与酸的比例不变（pH 值恒定）的方法，配制一系列的缓冲溶液，然后观察药物在这一系列缓冲溶液中的分解情况，如果分解速度随缓冲剂浓度的增加而增加，则可确定该缓冲剂对药物有广义的酸碱催化作用。

（3）溶剂的影响

根据药物和溶剂的性质，溶剂可能由于溶剂化、解离、改变反应活化能等而对药物制剂的稳定性产生显著影响，但一般情况下较复杂，对具体的药物应通过实验来选择溶剂。对于易水解的药物，有时采用非水溶剂，如乙醇、丙二醇、甘油等而使其稳定。含有非水溶剂的注射液，如苯巴比妥注射液、地西泮注射液等。

（4）离子强度的影响

在制剂处方中，往往加入电解质调节等渗，或加入盐（如一些抗氧剂）防止氧化，加入缓冲剂调节 pH 值。因而存在离子强度对降解速度的影响，这种影响可用式（15.9）说明：

$$\log k = \log k_0 + 1.02 Z_A Z_B \sqrt{\mu} \tag{15.9}$$

式中　k——是降解速度常数；

　　　　k_0——为溶液无限稀（$\mu=0$）时的速度常数；

　　　　μ——离子强度；

　　　　$Z_A Z_B$——溶液中药物所带的电荷。

以 $\log k$ 对 $\sqrt{\mu}$ 作图可得一直线，其斜率为 $1.02 Z_A Z_B$，外推到 $\mu=0$ 可求得 k_0，如图 15.1 所示。

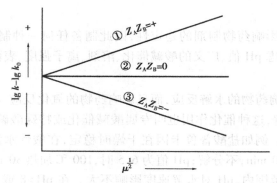

图 15.1　离子强度对反应速度的影响

由式（15.9）可知，相同离子间的反应，对于带负电荷的药物离子而言，如果受 OH⁻ 催化，则由于盐的加入会增大离子强度，从而使分解反应的速度加快；如果受 H⁺ 催化，则分解反应的速度随着离子强度的增大而减慢。对于中性分子的药物而言，分解速度与离子强度无关。

（5）表面活性剂的影响

一些容易水解的药物，加入表面活性剂可使其稳定性增加。如苯佐卡因易受碱催化水解，但在溶液中加入 5% 的十二烷基硫酸钠可明显增加稳定性，这是因为表面活性剂在溶液中形成胶束，苯佐卡因增溶在胶束周围形成一层所谓"屏障"，阻碍 OH⁻ 进入胶束，而减少其对酯键的攻击，因而增加苯佐卡因的稳定性。但要注意，表面活性剂有时反而使某些药物分解速度加快，如聚山梨酯 80 使维生素 D 稳定性下降。故须通过实验，正确选用表面活性剂。

（6）处方中基质或赋形剂的影响

一些半固体制剂，如软膏剂、霜剂中药物的稳定性与制剂处方的基质有关。栓剂基质聚乙二醇可以使乙酰水杨酸分解，产生水杨酸和乙酰聚乙二醇。一些片剂的润滑剂对乙酰水杨酸的稳定性也有影响，硬脂酸钙、硬脂酸镁可能与乙酰水杨酸反应形成相应的乙酰水杨酸钙及乙酰水杨酸镁，提高了系统的 pH 值，使乙酰水杨酸溶解度增加，分解速度加快。因此生产乙酰水杨酸片时不应使用硬脂酸镁这类润滑剂，而须用影响较小的滑石粉或硬脂酸。

3）外界因素

外界因素包括温度、光线、空气（氧）、金属离子、湿度和水分、包装材料等。这些因素对于制订产品的生产工艺条件和包装设计都是十分重要的。其中温度对各种降解途径（如水解、氧化等)均有较大影响,而光线、空气(氧)、金属离子对易氧化药物影响较大,湿度、水分主要影响固体药物的稳定性,包装材料是各种产品都必须考虑的问题。

(1) 温度的影响

一般来说,温度升高,反应速度加快。根据 Van't Hoff 规则,温度每升高 10 ℃,反应速度增加 2 ~ 4 倍。然而不同反应增加的倍数可能不同,故上述规则只是一个粗略的估计。温度对于反应速度常数的影响,Arrhenius 提出如下方程,见式(15.10):

$$k = A\mathrm{e}^{-\frac{E}{RT}}$$
(15.10)

式中　k——是速度常数;

　　　A——频率因子;

　　　E——活化能;

　　　R——气体常数;

　　　T——绝对温度。

这就是著名的 Arrhenius 指数定律,它定量地描述了温度与反应速度之间的关系,是预测药物稳定性的主要理论依据。

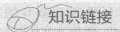

知识链接

药物制剂稳定性的预测

在药剂学中阿仑尼乌斯方程可用于制剂有效期的预测。根据 Arrhenius 方程以 $\lg k$ 对 $1/T$ 作图得一直线,此图称 Arrhenius 图,直线斜率为 $-E/(2.303 R)$,由此可计算出活化能 E,若将直线外推至室温,就可求出室温时的速度常数(k_{25})。由 k_{25} 可求出分解 10% 所需的时间(即 $t_{0.9}$)或室温贮藏若干时间以后残余的药物的浓度。

实验时,首先设计实验温度与取样时间,然后将样品放入各种不同温度的恒温水浴中,定时取样测定其浓度(或含量),求出各温度下不同时间药物的浓度变化。以药物浓度或浓度的其他函数对时间作图,以判断反应级数。若以 $\lg C$ 对 t 作图得一直线,则为一级反应。再由直线斜率求出各温度下的速度常数,然后按前述方法求出活化能和 $t_{0.9}$。要想得到预期的结果,除了精心设计实验外,很重要的问题是对实验数据进行正确的处理。化学动力学参数(如反应级数、k、E、$t_{\frac{1}{2}}$)的计算,有图解法和统计学方法,后一种方法比较准确、合理,故近年来在稳定性的研究中广泛应用。

(2)光线的影响

光是一种辐射能,易激发化学反应。光化降解是指物质受辐射(光线)作用使分子活化而产生分解的反应,其速度与系统的温度无关。易发生光降解的物质叫光敏感物质。药物结构与光敏感性可能有一定的关系,如酚类和分子中有双键的药物,一般对光敏感。光敏感的药物有硝普钠、氯丙嗪、异丙嗪、核黄素、氢化可的松、强的松、叶酸、维生素 A、维生素 B、辅酶 Q_{10} 等。

光敏感的药物制剂,在制备过程中要避光操作,选择包装甚为重要。这类药物制剂宜采用棕色玻璃瓶包装或容器内衬垫黑纸,避光贮存。

(3)空气(氧)的影响

大气中的氧是引起药物制剂氧化的主要因素。大气中的氧进入制剂的主要途径有:

①氧在水中有一定的溶解度,在平衡时,0 ℃为10.19 mL/L,25 ℃为5.75 mL/L,50 ℃为3.85 mL/L,100 ℃水中几乎没有氧。

②在药物容器空间的空气中也存在着一定量的氧。

各种药物制剂几乎都有与氧接触的机会,药物的氧化降解常为自动氧化,氧化降解会使药物失效、生成无生理活性的物质或有毒物质,制剂的颜色也不断加深。因此,除去氧气对于易氧化的品种,是防止氧化的根本措施。

(4)金属离子的影响

制剂中微量金属离子主要来自原辅料、溶剂、容器以及操作过程中使用的工具等。微量金属离子对自动氧化反应有显著的催化作用,如0.000 2 mol/L的铜能使维生素C氧化速度增大1万倍。铜、铁、钴、镍、锌、铅等离子都有促进氧化的作用,它们主要是缩短氧化作用的诱导期,增加游离基生成的速度。

(5)湿度和水分的影响

许多药物在干燥状态很稳定,有水存在时,则易分解失效,如乙酰水杨酸、青霉素G钠盐、氨苄青霉素钠、对氨基水杨酸钠。水分的存在不仅影响水解反应,对氧化、脱羧及其他降解反应也有影响。因此空气中湿度与物料中含水量对固体药物制剂的稳定性的影响特别重要。药物吸湿量的大小与其临界相对湿度(CRH)及环境的相对湿度有关。

(6)包装材料的影响

药物贮藏于室温环境中,主要受热、光、水汽及空气(氧)的影响。包装设计就是排除这些因素的干扰,同时也要考虑包装材料与药物制剂的相互作用。通常使用的包装容器材料有玻璃、塑料、橡胶及一些金属,这些包装材料对药物制剂的稳定性直接关系到药物制剂的质量。例如橡胶是制备塞子、垫圈、滴头等的主要材料。缺点是能吸附主药和抑菌剂,其成型时加入的附加剂,如硫化剂、填充剂、防老剂等能被药物溶液浸出而致污染,这对大输液尤应引起重视。

鉴于包装材料与药物制剂稳定性关系较大。因此,在产品试制过程中要进行"装样试验",对各种不同包装材料进行认真的选择。

15.2.2 药物制剂稳定性化方法

1)制成难溶性盐

将容易水解的药物制成难溶性盐或难溶性酯类衍生物,可增加其稳定性。水溶性越低,稳定性越好。例如青霉素G钾盐,可制成溶解度小的普鲁卡因青霉素G(水中溶解度为1∶250),稳定性显著提高。青霉素G还可以与N,N-双苄乙二胺生成苄星青霉素G(长效西林),其溶解度进一步减小(1∶6 000),故稳定性更佳,可以口服。

2）加入附加剂

（1）pH 调节剂

确定最确定的 pH 是溶液型制剂的处方设计中首先要解决的问题。一般是通过实验求得,方法如下:保持处方中其他成分不变,配制一系列 pH 值的溶液,在较高温度(恒温,例如 60 ℃)下进行加速实验。求出各种 pH 溶液的速度常数(k),然后以 $\lg k$ 对 pH 作图,就可求出最稳定的 pH。

pH 调节要同时考虑稳定性、溶解度和药效三个方面。如大部分生物碱在偏酸性溶液中比较稳定,故注射剂常调节在偏酸范围。但将它们制成滴眼剂时,就应调节在偏中性范围,以减少刺激性,提高疗效。一些药物最稳定的 pH 值见表 15.1。

表 15.1　一些药物的最稳定 pH 值

药　物	最稳定 pH 值	药　物	最稳定 pH 值
盐酸丁卡因	3.8	苯氧乙基青霉素	6
盐酸可卡因	3.5 ~ 4.0	毛果芸香碱	5.12
溴本辛	3.38	氯氮 zaozi001	2.0 ~ 3.5
溴化内胺太林	3.3	氯洁霉素	4.0
三磷酸腺苷	3.3	地西洋	5.0
羟苯甲酯	9.0	氢氯噻嗪	2.5
羟苯乙酯	4.0	维生素 B_1	2.0
羟苯丙酯	4.0 ~ 5.0	吗啡	4.0
乙酰水杨酸	4.0 ~ 5.0	维生素 C	6.0 ~ 6.5
头孢噻吩钠	2.5	对乙酰氨基酚	5.0 ~ 7.0
甲氧苯青霉素	3.0 ~ 8.0	（扑热息痛）	

（2）抗氧化剂

为了防止易氧化药物的自动氧化,在制剂中必须加入抗氧剂。一些抗氧剂本身为强还原剂,它首先被氧化而保护主药免遭氧化,在此过程中抗氧剂逐渐被消耗(如亚硫酸盐类)。另一些抗氧剂是链反应的阻化剂,能与游离基结合,中断链反应的进行,在此过程中其本身不被消耗。抗氧剂可分为水溶性抗氧剂与油溶性抗氧剂两大类,这些抗氧剂的名称、分子式和用量见表 15.2,其中油溶性抗氧剂具有阻化剂的作用。此外还有一些药物能显著增强抗氧剂的效果,通常称为协同剂(Synergists),如枸橼酸、酒石酸、磷酸等。焦亚硫酸钠和亚硫酸氢钠常用于弱酸性药液,亚硫酸钠常用于偏碱性药液,硫代硫酸钠在偏酸性药液中可析出硫的细粒,故只能用于碱性药液中,如磺胺类注射液。氨基酸抗氧剂优点是毒性小本身不易变色,但价格稍贵。

表 15.2　常用抗氧剂

抗氧剂	分子式(结构式)	常用浓度/%
水溶性抗氧剂		
亚硫酸钠	Na_2SO_3	0.1 ~ 0.2
亚硫酸氢钠	$NaHSO_3$	0.1 ~ 0.2
焦亚硫酸钠	$Na_2S_2O_5$	0.1 ~ 0.2
甲醛合亚硫酸氢钠	$HCHONaHSO_3$	0.1
硫代硫酸钠	$Na_2S_2O_3$	0.1
硫脲		0.05 ~ 0.1
维生素 C		0.2
半胱氨酸	$HSCH_2—CH(NH_2)COOH$	0.000 15 ~ 0.05
蛋氨酸	$CH_3—S—(CH_2)—CH(NH_2)COOH$	0.05 ~ 0.1
硫代乙酸	$HS—CH_2—COOH$	0.005
硫代甘油	$HS—CH—CHOH—CH_2OH$	0.005
油溶性抗氧剂		
叔丁基对羟基茴香醚(BHA)		0.005 ~ 0.02
二丁甲苯酚(BHT)		0.005 ~ 0.02
培酸丙酯(PG)		0.05 ~ 0.1
生育酚		0.05 ~ 0.5

　　油溶性抗氧剂如 BHA、BHT 等,用于油溶性维生素类(如维生素 A、D)制剂有较好效果。另外维生素 E、卵磷脂为油脂的天然抗氧剂,精制油脂时若将其除去,就不易保存。

　　使用抗氧剂时,还应注意主药是否与此发生相互作用。例如肾上腺素与亚硫酸氢钠在水溶液中可形成无光学与生理活性的磺酸盐化合物。邻、对-羟基苯甲醇衍生物类药物制剂不宜使用亚硫酸氢盐为抗氧化剂。

（3）金属离子络合剂

要避免金属离子的影响,应选用纯度较高的原辅料,操作过程中不要使用金属器具,同时还可加入螯合剂,如依地酸盐或枸橼酸、酒石酸、磷酸、二巯乙基甘氨酸等附加剂,有时螯合剂与亚硫酸盐类抗氧剂联合应用,效果更佳。依地酸二钠常用量为 0.005% ~ 0.05% 。

3）改进药物制剂或生产工艺

（1）制成固体制剂

凡是在水溶液中不稳定的药物,一般可制成固体制剂。供口服的制成片剂、胶囊剂、颗粒剂等。供注射的则制成注射用无菌粉末,可使稳定性大大提高。

（2）制成微囊或包合物

某些药物制成微囊可增加药物的稳定性。如维生素 A 制成微囊稳定性有很大提高,也有将维生素 C、硫酸亚铁制成微囊,防止氧化,有些药物可制成环糊精包合物来提高稳定性,如维生素 D_3 制成 β-CD 包合物稳定性增加。

（3）采用粉末直接压片或包衣工艺

一些对湿热不稳定的药物,可以采用粉末直接压片或干法制粒。包衣是解决片剂稳定性的常规方法之一,如氯丙嗪、异丙嗪、对氨基水杨酸钠等,均做成包衣片。个别对光、热、水很敏感的药物,如酒石麦角胺采用联合式压制包衣机制成包衣片,收到良好效果。

4）控制温度

药物制剂在制备过程中,往往需要加热溶解、灭菌等操作,此时应考虑温度对药物稳定性的影响,制订合理的工艺条件。有些产品在保证完全灭菌的前提下,可降低灭菌温度,缩短灭菌时间。那些对热特别敏感的药物,如某些抗生素、生物制品,要根据药物性质,设计合适的剂型（如固体剂型）,生产中采取特殊的工艺,如冷冻干燥,无菌操作等,同时产品要低温贮存,以保证产品质量。

5）选择合适的包装材料

包装材料的选择十分重要。玻璃的理化性能稳定,不易与药物相互作用,气体不能透过,为目前应用最多的一类容器。但有些玻璃释放碱性物质或脱落不溶性玻璃碎片等。棕色玻璃能阻挡波长小于 470 nm 的光线透过,故光敏感的药物可用棕色玻璃瓶包装。

塑料是聚氯乙烯、聚苯乙烯、聚乙烯、聚丙烯、聚酯、聚碳酸酯等一类高分子聚合物的总称。高密度聚乙烯的刚性、表面硬度、拉伸强度大,熔点、软化点高,水蒸气与气体透过速度下降,常用于片剂,胶囊剂的包装。为了便于成形或防止老化等原因,常常在塑料中加入增塑剂、防老剂等附加剂。有些附加剂具有毒性,药用包装塑料应选用无毒塑料制品。但塑料容器也存在3 个问题:

①有透气性:制剂中的气体可以与大气中的气体进行交换,以致使盛于聚乙烯瓶中的四环素混悬剂变色变味。乳剂脱水氧化至破裂变质,还可使硝酸甘油挥发逸失。

②有透湿性:如聚氯乙烯膜当膜的厚度为 0.03 mm 时,在 40 ℃、90% 相对湿度条件下透湿速度为 100 g/（mmd）。

③有吸附性:塑料中的物质可以迁移进入溶液,而溶液的物质（如防腐剂）也可被塑料吸附,如尼龙就能吸附多种抑菌剂。

金属具有牢固、密封性好等优点,但易被氧化剂、酸性物质腐蚀。

6) 充入惰性气体

生产上一般在溶液中和容器空间通入惰性气体如二氧化碳或氮气,置换其中的空气,延缓氧化反应的发生。若通气不够充分,对成品质量影响很大,有时同一批号注射液,其色泽深浅不同,可能是由于通入气体有多有少的缘故。配制易氧化药物的溶液时,通常用新鲜煮沸放冷的纯水配制,或在纯水中通入氮气或者二氧化碳除去水中的氧气。对于固体药物,也可采取真空包装等。

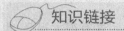

提高中药液体制剂稳定性的新技术与新方法

提高中药液体制剂稳定性的传统方法包括水提醇沉方法,醇提水沉方法,盐析法,传统表面活性剂增溶方法等,与传统方法相比,新方法具有使用量少,节约成本,对药液的成分损失量小等优点。

(1)絮凝沉淀方法

絮凝沉淀法也称吸附澄清方法,是指将中药提取液或提取后的浓缩液中加入絮凝沉淀剂,絮凝沉淀剂以吸附架桥和电子中和的原理与药液中的蛋白质、果胶、黏液质、鞣质等杂质发生分子间作用,使之沉降,经过滤去除溶液中的沉淀物质,以达到精制和提高制剂质量的一种新方法。目前常用絮凝剂的有壳聚糖、ZTC 系列、蛋清等。其中壳聚糖絮凝方法,ZTC 絮凝方法在控制中药液体制剂澄明度比较常用,具有广泛的应用前景。

(2)黄原胶增溶方法

黄原胶也称汉生胶或苦胶,是采用黄单胞菌属微生物对糖发酵作用后提炼成的一种生物高分子多聚糖,黄原胶在水中可以溶胀为胶体溶液,利用其性质,可以与溶液中的难溶成分结合,达到使溶液稳定的作用。目前国内黄原胶被大量应用在饮品中,可以增加液体黏度,增加口感,在以中药饮片为基础的中药保健品中应用也比较广泛。

(3)膜分离技术

膜分离技术是目前常用到的分离新技术,膜分离技术主要的原理是采用膜孔径的大小,将分子量或者分子直径大小不同的物质分离,从而达到保留有效成分,剔除杂质成分的目的,目前膜分离技术主要包括纳滤技术,超滤技术,微孔滤膜技术,反渗透技术以及电渗析等。但在提高中药液体制剂稳定性过程中主要采用的是纳滤技术,超滤技术。超滤膜主要的原理是在常温下通过改变药液自身流速与外界压力,使药液流经超滤膜面时利用物质分子量的大小实现分离,提高液体制剂澄明度。与传统技术相比,超滤技术具有去除杂质效果好,节能等优点。

任务 15.3 制剂稳定性试验方法

15.3.1 稳定性试验的目的

稳定性试验的目的是考察原料药或药物制剂在温度、湿度、光线的影响下随时间变化的规律,为药品的生产、包装、贮存、运输条件提供科学依据,同时通过试验建立药品的有效期。

15.3.2 稳定性试验的基本要求

稳定性试验的基本要求包括下述 6 个方面。

①稳定性试验包括影响因素试验、加速试验与长期试验。影响因素试验适用原料药的考察,用一批原料药进行。加速试验与长期试验适用于原料药与药物制剂,要求用三批供试品进行。

②原料药供试品应是一定规模生产的,其合成工艺路线、方法、步骤应与大生产一致;药物制剂供试品应是放大试验的产品,其处方与工艺应与大生产一致。药物制剂如片剂、胶囊剂,每批放大试验的规模,片剂至少应为 10 000 片,胶囊剂至少应为 10 000 粒。大体积包装的制剂如静脉输液等,每批放大规模的数量至少应为各项试验所需总量的 10 倍。特殊品种、特殊剂型所需数量,根据情况另定。

③供试品的质量标准应与临床前研究及临床试验和规模生产所使用的供试品质量标准一致。

④加速试验与长期试验所用供试品的容器和包装材料及包装应与上市产品一致。

⑤研究药物稳定性,要采用专属性强、准确、精密、灵敏的药物分析方法与分解产物检查方法,并对方法进行验证,以保证药物稳定性结果的可靠性。在稳定性试验中,应重视降解产物的检查。

⑥由于放大试验比规模生产的数量要小,故申报者应承诺在获得批准后,从放大试验转入规模生产时,对最初通过生产验证的 3 批规模生产的产品仍需进行加速试验与长期稳定性试验。

15.3.3 药物制剂稳定性试验方法

1)影响因素试验

影响因素试验,也称为强化试验,是在比加速试验更激烈的条件下进行的。其目的是探讨药物的固有稳定性、了解影响其稳定性的因素及可能的降解途径与分解产物,为制剂生产工艺、包装、贮存条件提供科学依据,同时也为新药申报临床研究与申报生产提供必要的资料。供试品可以用一批原料药或者制剂进行,供试品若为原料药,置适宜的开口容器中(如称量瓶或培养皿），摊成≤5 mm 厚的薄层，疏松原料药摊成≤10 mm 厚薄层；供试品如片剂、胶囊剂、注射剂（注射用无菌粉末如为西林瓶装，不能打开瓶盖，以保持严封的完整性），除去外包装，置适宜的开口容器中，进行以下实验。

（1）高温试验

供试品开口置适宜的密封洁净容器中，60 ℃温度下放置 10 d，于第 5、10 d 取样，按稳定性重点考察项目进行检测，同时准确称量试验后供试品的质量，以考察供试品风化失重的情况。若供试品有明显变化（如含量下降 5%），则在 40 ℃条件下同法进行试验。若 60 ℃无明显变化，不再进行 40 ℃试验。

（2）高湿度试验

供试品开口置恒湿密闭容器中，在 25 ℃分别于相对湿度（75±5）%及（90±5）%条件下放置 10 d，于第 5、10 d 取样，按稳定性重点考察项目要求检测，同时准确称量试验前后供试品的重量，以考察供试品的吸湿潮解性能。恒湿条件可在密闭容器如干燥器下部放置饱和盐溶液，根据不同相对湿度的要求，可以选择氯化钠饱和溶液［相对湿度（75±1）%、15.5～60 ℃］，硝酸钾饱和溶液（相对湿度 92.5%，25 ℃）。

（3）强光照射试验

供试品开口放置在光橱或其他适宜的光照仪器内，于照度为（4 500±500）lx 的条件下放置 10 d（总照度量为 120 lx·h），于第 5、10 d 取样，按稳定性重点考察项目进行检测，特别要注意供试品的外观变化，有条件时还应采用紫外光照射（200 whr/m²）。

关于光照装置，建议采用定型设备"可调光照箱"，也可用光橱，在箱中安装日光灯数支使达到规定的照度。箱中供试品台高度可以调节，箱上方安装抽风机以排除光源产生的热量，箱上配有照度计，可随时监测箱内的照度，光照箱应不受自然光的干扰，并保持照度恒定，同时还要防止尘埃进入光照箱。

以上影响因素为稳定性研究的一般要求。在进行药物制剂稳定性研究、筛选药物制剂的处方与工艺的设计过程前，首先应查阅原料药稳定性的有关资料，了解温度、湿度、光线对原料药稳定性的影响，进行必要的影响因素试验。根据药物的性质针对性地进行必要的影响因素试验，如 pH、氧、低温等因素对药物制剂稳定性的影响。对于需要溶解或者稀释后使用的药品，如注射用无菌粉末、溶液片剂等，还应考察临床使用条件下的稳定性。

2）加速试验

加速试验是在超常的条件下进行。其目的是通过加速药物的化学或物理变化，预测药物的稳定性，为新药申报临床研究与申报生产提供必要的资料。原料药物与药物制剂均需进行此项试验，供试品要求三批，按市售包装，在温度（40±2）℃，相对湿度（75±5）%的条件下放置 6 个月。所用设备应能控制温度±2 ℃，相对湿度±5%并能对真实温度与湿度进行监测。在试验期间第 1 个月、第 2 个月、第 3 个月、第 6 个月末分别取样一次，按稳定性重点考查项目检测，3 个月资料可用于新药申报临床试验，6 个月资料可用于申报生产。在上述条件下，如 6 个月内供试品经检测不符合制订的质量标准，则应在中间条件即在温度（30±2）℃，相对湿度（60±5）%的情况下，可用 NaNO₂ 饱和溶液（25～40 ℃、相对湿度 61.5%～64%）进行加速试验，时间仍为 6 个月。

加速试验，建议采用隔水式电热恒温培养箱（20～60 ℃），箱内放置具有一定相对湿度饱和盐溶液的干燥器,设备应能控制所需的温度,且箱内各部分温度应该均匀,若附加接点温度计继电器装置,温度可在控制±1 ℃范围内,而且适合长期使用,也可采用恒温恒湿箱或其他适宜设备。

对温度特别敏感的药物制剂,预计只能在冰箱(4~8 ℃)内保存使用,此类药物制剂的加速试验,可在温度(25±2)℃,相对湿度(60±5)%的条件下进行,时间为6个月。

溶液剂、混悬剂、乳剂、注射液等含有水性介质的制剂可不要求相对湿度。

乳剂、混悬剂、软膏剂、眼膏剂、栓剂、气雾剂,泡腾片及泡腾颗粒宜直接采用温度(30±2)℃、相对湿度(60±5)%的条件进行试验,其他要求与上述相同。

对于包装在半透性容器的药物制剂,例如低密度聚乙烯制备的输液袋、塑料安瓿、眼用制剂容器等,则应在温度温度(40±2)℃,相对湿度(25±2)%的条件(可用$CH_3COOK \cdot 1.5H_2O$饱和溶液,25 ℃,相对湿度22.5%)进行试验。

光加速试验的目的是为药物制剂包装贮存条件提供依据。供试品3批装入透明容器内,放置在光橱或其他适宜的光照仪器内于照度(4 500±500)lx的条件下放置10 d,于第5、10 d定时取样,按稳定性重点考察项目进行检测,特别要注意供试品的外观变化。试验的用光橱与原料药相同,照度应该恒定,并用照度计进行监测,对于光不稳定的药物制剂,应采用遮光包装。

3) 长期试验

长期试验,又称留样观察法,是在接近药品的实际贮存条件下进行,其目的是为制定药物的有效期提供依据。此法能准确地反映实际情况。缺点是周期较长,不易及时发现和纠正出现的问题。

原料药与药物制剂均需进行长期试验,供试品3批,市售包装,在温度(25±2)℃,相对湿度(60±10)%的条件下放置12个月。每3个月取样一次,分别于0、3、6、9、12个月,按稳定性重点考察项目进行检测。6个月的数据可用于新药申报临床研究,12个月的数据用于申报生产,12个月以后,仍需继续考察,分别于18、24、36个月取样进行检测。将结果与0月比较以确定药品的有效期。若未取得足够数据(如只有18个月),则应进行统计分析,以确定药品的有效期,统计分析方法见本节的经典恒温法。如3批统计分析结果差别较小则取其平均值为有效期限,若差别较大,则取其最短的为有效期,很稳定的药品,不作统计分析。

对温度特别敏感的药品,长期试验可在温度(6±2)℃的条件下放置12个月,按上述时间要求进行检测,12个月以后,仍需按规定继续考察,制定在低温贮存条件下的有效期。

对于包装在半透性容器中的药物制剂,则应在温度(25±2)℃、相对湿度(40±5)%,或(30±2)℃、相对湿度(35±5)%的条件进行试验,至于上述两种条件选择哪一种由试验者自己确定。

此种方式确定的药品有效期,在药品标签及说明书中均应指明在什么温度下保存,不得使用"室温"之类的名词。

对原料药进行加速试验与长期试验时所用包装可用模拟小桶,但所用材料与封装条件应与大桶一致。

4) 稳定性重点考查项目

原料药及主要剂型的重点考察项目表15.3,表中未列入的考察项目及剂型,可根据剂型及品种的特点制订。

表15.3　原料药及药物制剂稳定性重点考查项目表

剂　型	稳定性重点考查项目
原料药	性状、熔点、含量、有关物质、吸湿性以及根据品种性质选定的考查项目
片剂	性状,如为包衣片应同时考查片芯、含量、有关物质、溶解时限或溶出度
胶囊	性状、含量、有关物质、崩解时限或溶出度或释放度、水分,软胶囊要检查内容物有无沉淀
注射液	性状、含量、pH值、可见异物、有关物质,应考察无菌
栓剂	性状、含量、软化、融变时限、有关物质
软膏剂	性状、均匀性、含量、粒度、有关物质
乳膏剂	性状、均匀性、含量、粒度、有关物质、分层现象
糊剂	性状、均匀性、含量、粒度、有关物质
凝胶剂	性状、均匀性、含量、有关物质、粒度,乳胶剂应检查分层现象
眼用制剂	如为溶液,应考察性状、澄明度、含量、pH值、有关物质;如为混悬液,还应考察粒度、再分散性;洗眼剂还应考察无菌度;眼丸剂应考察粒度与无菌度
丸剂	性状、含量、有关物质、溶散时限
糖浆剂	性状、含量、澄清度、相对密度、有关物质、pH值
口服溶液剂	性状、含量、澄清度、有关物质
口服乳剂	性状、含量、分层现象、有关物质
口服混悬剂	性状、含量、沉降体积比、有关物质、再分散性
耳用制剂	性状、含量、有关物质,耳用散剂、喷雾剂与半固体制剂分别按相关剂型要求检查
散剂	性状、含量、粒度、有关物质、外观均匀度
气雾剂	泄漏率、每瓶主药含量、有关物质、每瓶总揿次、每揿主药含量、雾滴分布
粉雾剂	排空率、每瓶总吸次、每吸主药含量、有关物质、雾粒分布
喷雾剂	每瓶总吸次、每吸喷量、每吸主药含量、有关物质、雾滴分布
冲洗剂、洗剂、灌肠剂	性状、含量、有关物质、分层现象(乳状型)、分散性(混悬型),冲洗剂应考察无菌
颗粒剂	性状、含量、粒度、有关物质、溶化性或溶出度或释放度
透皮贴剂	性状、含量、有关物质、释放度、黏附力
鼻用制剂	性状、pH值、含量、有关物质,鼻用散剂、喷雾剂与半固体制剂分别按相关剂型要求检查
搽剂、涂剂、涂膜剂	性状、含量、有关物质、分层现象(乳状型)、分散性(混悬型),涂膜剂还应考察成膜性

注:有关物质(含其他变化所生成的产物)应说明其生成产物的数目及量的变化,如有可能说明,应说明有关物质中哪个为原料中间体,哪个为降解产物,稳定性试验中重点考察降解产物。

5)经典恒温法

前述实验方法主要用于新药申请,但在实际研究工作中,也可考虑采用经典恒温法,特别对水溶液的药物制剂,预测结果有一定的参考价值。

经典恒温法的理论依据是前述 Arrhenius 的指数定律 $k = Ae^{\frac{-E}{RT}}$,其对数形式见式(15.11):

$$\log k = -\frac{E}{2.303RT} + \log A \tag{15.11}$$

以 $\log k$ 对 $1/T$ 作图得一直线,此图称 Arrhenius 图,直线斜率为 $-E/(2.303R)$,由此可计算出活化能 E。若将直线外推至室温,就可求出室温时的速度常数(k_{25})。由 k_{25} 可求出分解10%所需的时间(即 $T_{0.9}$)或室温贮藏若干时间以后残余的药物的浓度。

实验设计时,除了首先确定含量测定方法外,还要进行预试,以便对该药的稳定性有一个基本的了解,然后设计实验温度与取样时间。计划好后,将样品放入各种不同温度的恒温水浴中,定时取样测定其浓度(或含量),求出各温度下不同时间药物的浓度变化。以药物浓度或浓度的其他函数对时间作图,以判断反应级数。若以 $\log C$ 对 T 作图得一直线,则为一级反应。再由直线斜率求出各温度的速度常数,然后按前述方法求出活化能和 $T_{0.9}$。

要想得到预期的结果,除了精心设计实验外,很重要的问题是对实验数据进行正确的处理。化学动力学参数(如反应级数、K、E、$T_{\frac{1}{2}}$)的计算,有图解法和统计学方法,后一种方法比较准确、合理,故近来在稳定性的研究中广泛应用。下面介绍线性回归法。

例如某药物制剂,在40、50、60、70 ℃ 4 个温度下进行加速实验,测得各个时间的浓度,确定为一级反应,用线性回归法求出各温度的速度常数,结果见表15.4。

表15.4 动力学数据表

$T/℃$	$1/T \times 10^3$	$k \times 10^5/h^{-1}$	$\lg k$
40	3.192	2.66	−4.575
50	3.094	7.94	−4.100
60	3.001	22.38	−3.650
70	2.913	56.50	−3.248

将上述数据($\log k$ 对 $1/T$)进行一元线性回归,得回归方程:

$$\log k = \frac{-4\,765.98}{T} + 10.64$$

$$E = -(-4\,765.98) \times 2.303 \times 8.319$$

$$= 91\,309.77(\text{J/mol}) = 91.31(\text{kJ/mol})$$

除经典恒温法外,还有线性变温法,Q10 法,活化能估算法等,在研究工作中,有时可以应用。

例3 某注射液含量为 20 mg/mL,室温放置 3 个月后,浓度降为 19.5 mg/mL,其降解为一级反应,求有效期和半衰期?

解:一级反应方程为:

$$\lg C = -\frac{kt}{2.303} + \lg C_0$$

$C_0 = 20$ mg/mL，$C = 19.5$ mg/mL，$t = 3$ 个月

$$\lg 19.5 = \lg 20 - \frac{3k}{2.303}$$

$k = 0.008\ 4$/月

$$t_{0.5} = \frac{0.693}{k} = \frac{0.693}{0.008\ 4} = 82\ 个月$$

$$t_{0.9} = \frac{0.105\ 4}{k} = \frac{0.105\ 4}{0.008\ 4} = 12\ 个月$$

该药物的有效期为 82 个月，半衰期为 12 个月。

例 4 某药物结构中含有烯醇基和酰胺键，为了增加稳定性，该药物的注射液在处方设计、生产、包装和贮存过程中应采取哪些措施？

解析：该药物结构中有烯醇基，故容易发生氧化反应；有酰胺键，溶液在一定 pH 条件下溶液发生水解反应。因此，该药物注射液的处方中应含有抗氧化剂、pH 调节剂。在注射液生产过程中应尽量避免氧气的干扰，如在溶液配制时用新沸的蒸馏水，在灌装时要通入二氧化碳或者高纯度氮气。

 综合测试

一、单项选择题

1. 药物的有效期是指药物含量降低（　　　）。

　　A. 10% 所需时间　　　　　　　　　　B. 50% 所需时间

　　C. 63.2% 所需时间　　　　　　　　　D. 5% 所需时间

　　E. 90% 所需时间

2. 易氧化的药物具有（　　　）结构。

　　A. 酯键　　　　　B. 酰胺键　　　　　C. 双键　　　　　D. 苷键

3. 酯类药物易产生（　　　）。

　　A. 水解反应　　　　B. 聚合反应　　　　C. 氧化反应　　　　D. 变旋反应

4. 关于留样观察法的叙述，错误的是（　　　）。

　　A. 符合实际情况　　　　　　　　　　B. 一般在室温下进行

　　C. 预测药物有效期　　　　　　　　　D. 不能及时发现药物的变化及原因

　　E. 在通常包装贮藏条件下观察

5. 影响化学反应速度的因素叙述错误的是（　　　）。

　　A. 温度升高反应速度加快　　　　　　B. 一级降解反应中药物浓度与反应速度成正比

　　C. pH 越高制剂稳定性越强　　　　　D. 固体吸湿后结块甚至潮解

　　E. 光线照射可能发生氧化反应

6. 不能延缓药物水解的方法是（　　　）。

A. 调节 pH

B. 降低温度

C. 改变溶剂

D. 制成干燥粉末

E. 控制微量金属离子

7. 加速试验法的常规试验法的试验条件（　　）。

A. (40±2)℃,相对湿度(75±5)%

B. (5±2)℃,相对湿度(75±5)%

C. (25±2)℃,相对湿度(75±5)%

D. (35±2)℃,相对湿度(60±5)%

E. (35±2)℃,相对湿度(75±10)%

8. 下列不属于药物降解途径的是（　　）。

A. 中和　　　　　B. 水解　　　　　C. 还原　　　　　D. 氧化　　　　　E. 异构化

9. 采用棕色玻璃瓶或在容器内衬垫黑纸包装等均是有效的（　　）。

A. 延缓水解

B. 防止氧化

C. 防止光敏感药物失效

D. 控制氧化反应速度

E. 降低温度

10. 充惰性气体可以（　　）。

A. 延缓水解

B. 防止氧化

C. 防止光敏感药物失效

D. 控制氧化反应速度

E. 降低温度

二、多项选择题

1. 药物制剂的基本要求是（　　）。

A. 安全性　　　　B. 有效性　　　　C. 方便性　　　　D. 稳定性

2. 药物制剂的降解途径有（　　）。

A. 水解　　　　　B. 氧化　　　　　C. 异构化　　　　D. 脱羧、聚合

3. 可反应药物稳定性好坏的有（　　）。

A. 半衰期　　　　B. 有效期　　　　C. 反应速度常数　　D. 反应级数

4. 影响药物稳定性的处方因素有（　　）。

A. pH　　　　　　B. 溶媒　　　　　C. 离子强度　　　　D. 温度

5. 影响药物制剂稳定性的外界因素有（　　）等。

A. 温度　　　　　B. 氧气　　　　　C. 离子强度　　　　D. 光线

6. 防止药物氧化变质的方法有（　　）

A. 调节 pH 值　　B. 驱逐氧气　　　C. 添加抗氧剂　　　D. 控制微量金属离子

三、简答题

1. 简述药物制剂稳定性试验的基本要求。

2. 简述影响制剂稳定性的因素及稳定化措施。

技能训练 15.1　维生素 C 注射液有效期的预测

【实训目的】

①掌握应用恒温加速试验法预测维生素 C 注射液有效期的方法。

②了解影响维生素 C 注射液稳定性的主要因素。

【实训内容】

维生素 C 又称为抗坏血酸,其分子结构中在羰基的毗邻具有极不稳定的烯二醇基,很容易氧化成双酮化合物。双酮化合物呈黄色,虽然仍有效,但迅速进一步氧化、断裂,生成一系列有色无效的物质。

实验证实,维生素 C 的降解反应为一级反应。影响维生素 C 注射液稳定性的因素主要有空气中的氧、金属离子、pH、温度及光线等。本实训通过加速试验法预测维生素 C 的有效期。

【仪器与材料】

仪器:恒温水浴,碘量瓶,滴定管等。

材料:维生素 C 注射液(2 mL:0.25 g),0.1 mol/L 碘液,蒸馏水,丙酮,稀醋酸,淀粉试液等。

【加速试验】

①将恒温水浴温度分别设置为 70,80,90,100 ℃。

②待水浴温度达到设定温度时,将同一批号的维生素 C 注射液(2 mL:0.25 g)分为 4 组,每组 5 支,用纱布包好分别放置于不同温度的恒温水浴中,立即取样,作为零时间样品,并开始计时。

③样品在 100 ℃水浴中放置 3,6,9,12 h;在 90 ℃放置 6,12,18,24 h;在 80℃放置 12,24,36,48 h;在 70 ℃放置 24,48,72,96 h 后取出,用冰浴冷却后立即进行含量测定或冷却后置冰箱保存待测。

④将每组中的 5 支维生素 C 溶液混合均匀,移液管精密量取 1 mL,置 100 mL 碘量瓶中,加入蒸馏水 15 mL,丙酮 2 mL,摇匀,放置 5 min,加稀醋酸 4 mL 与淀粉指示液 1 mL,用 0.1 mol/L 碘液滴定至溶液显蓝色并持续 30 s 不褪色(每 1 mL 0.1 mol/L 的碘液相当于 8.806 mg 的维生素 C),记录每次测定消耗碘液的毫升数 a 记录于表 15.5 中。

表 15.5　稳定性试验数据

温度/℃	取样时间/h	a/mL	C_r/%	lg C_r
70	0			
	24			
	48			
	72			
	96			

续表

温度/℃	取样时间/h	a/mL	C_r/%	$\lg C_r$
80	0			
	12			
	24			
	36			
	48			
90	0			
	6			
	12			
	18			
	24			
100	0			
	3			
	6			
	9			
	12			

【数据处理】

①根据公式(15.12)计算各时间点样品的相对浓度 C_r(%)

$$C_r(\%) = \frac{a}{a_0} \times 100 \tag{15.12}$$

式中　a——零时间样品所测得的维生素 C 含量(消耗碘液毫升数);

a_0——规定时间点所取样品测得的维生素 C 含量(消耗碘液毫升数)。

②将各试验温度的 $\lg C_r$ 对 t 作图,进行线性回归得直线方程,由直线的斜率求出各实验温度下的反应速度常数 k 记录于表15.6。

③以 $\lg k$ 为纵坐标,$(1/T \times 10^3)$ 为纵坐标作图,进行线性回归得直线方程,由直线斜率求出反应活化能 E 值,截距求出频率因子 A。

④将室温(25 ℃)的绝对温度的倒数值代入上述方程求出室温下的反应速度常数 k_{25}。

⑤根据下列公式计算出维生素 C 注射液在室温时的降解半衰期 $t_{\frac{1}{2}}$ 与有效期 $t_{0.9}$。

半衰期:
$$t_{\frac{1}{2}} = \frac{0.693}{k}$$

有效期:
$$t_{0.9} = \frac{0.105\ 4}{k}$$

表 15.6　各试验温度下的反应速度常数

T（绝对温度）	$1/T \times 10^3$	$k/\min^{-1}$	$\lg k$
343			
353			
363			
373			

【注意事项】

①实验中所用维生素 C 注射液应使用同意批号。为了使有效期预测结果的准确性提高，试验温度至少选取 4 个，取样间隔时间要依试验温度的高低来考虑，由于维生素 C 注射液在低温时降解比较慢，故取样间隔时间较长；温度较高时，间隔时间较短；取样点以 4~5 个为宜。

②测定维生素 C 含量所用的碘液，如果前后一致（即同一瓶碘液），则碘液的浓度不必精确标定，否则碘液的浓度必须精确标定。如碘液浓度一致，维生素 C 注射液的含量不必计算，只比较各次消耗的碘液毫升数即可。

③在维生素 C 的含量测定过程中，加丙酮的目的是消除维生素 C 注射液中其他强还原性成分对维生素 C 含量测定的影响。维生素 C 注射液中常加亚硫酸氢钠作为抗氧剂，而亚硫酸氢钠的还原性比烯二醇基更强，必定首先与碘发生反应而消耗碘液，从而影响维生素 C 的含量测定。而丙酮能与亚硫酸氢钠起反应，从而避免亚硫酸氢钠对测定的干扰。

④在含量测定时，维生素 C 分子中的烯二醇基具有还原性，被碘定量地氧化成二酮基，而且在碱性条件下更有利于反应的进行。但由于维生素 C 还原性极强，特别是碱性条件下，在空气中极易被氧化，故在测定维生素 C 含量时可加入一定量的醋酸，使保持一定的酸性，从而减少维生素 C 受碘以外其他氧化剂的影响。

第五部分
制剂新技术及新制剂

项目 16　制剂新技术及新制剂

📖 **项目描述**

　　随着我国科学水平的不断发展,新技术也逐渐用于制剂领域,生产出越来越多的新剂型,本项目主要介绍目前应用较多的制剂技术固体分散技术、环糊精包合物技术、微型包囊技术的概念和生产方法;新剂型缓控释制剂、靶向制剂以及透皮吸收制剂的特点、制备方法。

📖 **学习目标**

　　掌握固体分散体、环糊精包合物技术、微型包囊技术、缓控释制剂、靶向制剂以及透皮吸收制剂的概念和特点;熟悉固体分散体常用的载体材料;包合作用的影响因素;缓控释制剂设计中应考虑的因素;靶向制剂的分类;影响经皮吸收的因素,常用的渗透促进剂。了解固体分散体、环糊精包合物的制备方法,促进药物经皮吸收的新技术。

任务 16.1　固体分散技术

16.1.1　概述

　　固体分散体是指药物以分子、胶态、微晶等状态均匀分散在某一固态载体物质中所形成的分散体系。将药物制成固体分散体所采用的制剂技术称为固体分散技术。固体分散技术的主要特点:

　　①增加难溶性药物的溶解度和溶出速率,从而提高药物的生物利用度。

　　②控制药物释放,或控制药物于小肠释放。

　　③利用载体的包蔽作用,可延缓药物的水解和氧化。

　　④掩盖药物的不良嗅味和刺激性。

　　⑤使液体药物固体化等。

　　固体分散技术的主要缺点:药物分散状态的稳定性不高,久贮易产生。

16.1.2　载体材料

固体分散体的溶出速率取决于所用载体材料的特性。载体材料应具有：无毒、无致癌性、不与药物发生化学变化，不影响主药的化学稳定性，不影响药物的疗效与含量检测，能使药物也可以得到最佳分散状态或缓释效果、价廉易得。常用载体材料可分为水溶性、难溶性和肠溶性三大类，也可将几种载体材料可联合应用，以达到要求的速释或缓释效果。

1）水溶性载体材料

①聚乙二醇类（PEG）：聚乙二醇类具有良好的水溶性，亦能溶于多种有机溶剂，可使某些药物以分子状态分散，可阻止药物聚集。最常用的是 PEG-4000 和 PEG-6000。它们的熔点低，毒性较小，化学性质稳定（但 180 ℃以上会分解），能与多种药物配伍。当药物为油类时，宜用 PEG-12000 或 PEG-6000 与 PEG-20000 的混合物。采用滴制法成丸时，可加硬脂酸调整其熔点。

②聚维酮类（PVP）：聚维酮类为无定形高分子聚合物，熔点较高、对热稳定（150 ℃变色），易溶于水和多种有机溶剂，对许多药物有较强的抑晶作用，但贮存过程中易吸湿而析出药物结晶。

③表面活性剂类：作为载体材料的表面活性剂大多含聚氧乙烯基，其特点是溶于水或有机溶剂，载药量大，在蒸发过程中可阻滞药物产生结晶，是较理想的速效载体材料。常用泊洛沙姆 188、聚氧乙烯（PEO）、聚羧乙烯（CP）等。

④有机酸类：该类载体材料的分子量较小，如枸橼酸、酒石酸、琥珀酸、胆酸及脱氧胆酸等，易溶于水而不溶于有机溶剂。该类载体材料不适用于对酸敏感的药物。

⑤糖类与醇类：作为载体材料的糖类常用的有壳聚糖、右旋糖、半乳糖和蔗糖等，醇类有甘露醇、山梨醇、木糖醇等。它们的特点是水溶性好、毒性小，因分子中有多个羟基，可同药物以氢键结合生成固体分散体，适用于剂量小、熔点高的药物，尤以甘露醇为最佳。

⑥纤维素衍生物：如羟丙纤维素（HPC）、羟丙甲纤维素（HPMC）等，它们与药物制成的固体分散体难以研磨，需加入适量乳糖、微晶纤维素等加以改善。

2）难溶性载体材料

①纤维素类：常用的如乙基纤维素（EC），其特点是溶于有机溶剂，含有羟基能与药物形成氢键，有较大的黏性，作为载体材料其载药量大、稳定性好、不易老化。

②聚丙烯酸树脂类：含季胺基的聚丙烯酸树脂 Eudragit（包括 E、RL 和 RS 等几种）在胃液中可溶胀，在肠液中不溶，不被吸收，对人体无害，广泛用于制备具有缓释性的固体分散体。有时为了调节释放速率，可适当加入水溶性载体材料如 PEG 或 PVP 等。

③其他类：常用的有胆固醇、β-谷甾醇、棕榈酸甘油酯、胆固醇硬脂酸酯、蜂蜡、巴西棕榈蜡及氢化蓖麻油、蓖麻油蜡等脂质材料，均可制成缓释固体分散体，亦可加入表面活性剂、糖类、PVP 等水溶性材料，以适当提高其释放速率，达到满意的缓释效果。另有水微溶或缓慢溶解的表面活性剂如硬脂酸钠、硬脂酸铝、三乙醇胺和十二烷基硫代琥珀酸钠等，具有中等缓释效果。

3）肠溶性载体材料

①纤维素类：常用的有邻苯二甲酸醋酸纤维素（CAP）、邻苯二甲酸羟丙甲纤维素

（HPMCP）以及羧甲乙纤维素（CMEC）等，均能溶于肠液中，可用于制备胃中不稳定的药物在肠道释放和吸收、生物利用度高的固体分散体。由于它们化学结构不同，黏度有差异，释放速率也不相同。CAP 可与 PEG 联用制成固体分散体，可控制释放速率。

②聚丙烯酸树脂类：常用 Eudragit L100 和 Eudragit S100，分别相当于国产Ⅱ号及Ⅲ号聚丙烯酸树脂。前者在 pH6 以上的介质中溶解，后者在 pH7 以上的介质中溶解，有时两者联合使用，可制成较理想的缓释固体分散体。

3）固体分散体的类型

①简单低共熔混合物：药物与载体以适当的比例（最低共熔点时药物与载体之比），在较低的温度下熔融，得到完全混溶的液体，搅匀、速冷固化而成，此时药物仅以微晶形式分散在载体材料中成物理混合物，但不能或很少形成固体溶液。在该种体系中，药物一般以微晶形式均匀分散在固体载体中。

②固态溶液：药物以分子状态在载体材料中均匀分散，如果将药物分子看成溶质，载体看成是溶剂，则此类分散体具有类似于溶液的分散性质，称为固态溶液。按药物与载体材料的互溶情况，分完全互溶与部分互溶；按晶体结构，分为置换型与填充型。固态溶液中药物以分子状态存在，分散程度高，表面积大，在增溶方面具有较低共溶混合物更好的效果。

③共沉淀物：也称共蒸发物，是由药物与载体材料以适当比例混合，形成共沉淀无定形物，有时称玻璃态固熔体，因其有如玻璃的质脆、透明、无确定的熔点。常用载体材料为多羟基化合物，如枸橼酸、蔗糖、PVP 等。

4）固体分散体的制备方法

①熔融法：将药物与载体材料混匀，加热至熔融状态，也可将载体加热熔融后，再加入药物搅熔，然后将熔融物在剧烈搅拌下迅速冷却成固体，或将熔融物倾倒在不锈钢板上成薄膜，在板的另一面吹冷空气或用冰水，使骤冷成固体。为防止某些药物析出结晶，宜迅速冷却固化，然后将产品置于干燥器中，室温干燥。也可将熔融物滴入冷凝液中使之迅速收缩、凝固成丸，这样制成的固体分散体俗称滴丸。常用冷凝液有液体石蜡、植物油、甲基硅油以及水等。在滴制过程中能否成丸，取决于丸滴的内聚力是否大于丸滴与冷凝液的粘附力。冷凝液的表面张力小、丸形就好。

②溶剂法：溶剂法亦称共沉淀法。是将药物与载体材料共同溶解于有机溶剂中，蒸去有机溶剂后使药物与载体材料同时析出，即可得到药物与载体材料混合而成的共沉淀物，经干燥即得。常用的有机溶剂有氯仿、无水乙醇、95% 乙醇、丙酮等。本法的优点是可避免高热，适用于对热不稳定或挥发性药物。可选用能溶于水或多种有机溶剂、熔点高、对热不稳定的载体材料，如 PVP 类、半乳糖、甘露糖、胆酸类等。

③溶剂-熔融法：将药物用适当的溶剂溶解后，与熔融的载体混合均匀，蒸去有机溶剂，冷却固化而得。药物溶液在固体分散体中所占的量一般不超过 10%（w/w），否则难以形成脆而易碎的固体。本法可适用于液态药物，如鱼肝油、维生素 A、D、E 等，但只适用于剂量小于 50 mg 的药物。制备过程中一般不除去溶剂，受热时间短，产品稳定，质量好。但注意应选用毒性小、易与载体材料混合的溶剂。将药物溶液与熔融载体材料混合时，必须搅拌均匀，以防止固相析出。

④溶剂-喷雾（冷冻）干燥法：将药物与载体材料共溶于溶剂中，然后喷雾或冷冻干燥，除尽

溶剂即得。溶剂-喷雾干燥法可连续生产,溶剂常用 $C_1 \sim C_4$ 的低级醇或其混合物。而溶剂冷冻干燥法适用于易分解或氧化、对热不稳定的药物,如酮洛芬、红霉素、双香豆素等。此法污染少,产品含水量可低于 0.5%。常用的载体材料为 PVP 类、PEG 类、β-环糊精、甘露醇、乳糖、水解明胶、纤维素类、聚丙烯酸树脂类等。

⑤研磨法:将药物与较大比例的载体材料混合后,强力持久地研磨一定时间,不需加溶剂而借助机械力降低药物的粒度,或使药物与载体材料以氢键相结合,形成固体分散体。研磨时间的长短因药物而异。常用的载体材料有微晶纤维素、乳糖、PVP 类、PEG 类等。

⑥双螺旋挤压法:将药物与载体材料置于双螺旋挤压机内,经混合、捏制而成固体分散体,无需有机溶剂,同时可用两种以上的载体材料,制备温度可低于药物熔点和载体材料的软化点,因此药物不易破坏,制得的固体分散体稳定。

采用固体分散技术制备固体分散体应注意如下问题:

①适用于剂量小的药物,即固体分散体中药物含量不应太高,如占 5% ~ 20%。液态药物在固体分散体中所占比例一般不宜超过 10%,否则不易固化成坚脆物,难以进一步粉碎。

②固体分散体在贮存过程中会逐渐老化。贮存时固体分散体的硬度变大、析出晶体或结晶粗化,从而降低药物的生物利用度的现象称为老化。老化与药物浓度、贮存条件及载体材料的性质有关,因此必须选择合适的药物浓度及载体材料。常采用混合载体材料以弥补单一载体材料的不足,积极开发新型载体材料,保持良好的贮存条件,如避免较高的温度与湿度等,以保持固体分散体的稳定性。

任务 16.2 环糊精包合技术

16.2.1 概述

包合技术是指一种分子被包藏于另一种分子的空穴结构内,形成包合物的技术。这种包合物是由主分子和客分子两种组分组成,主分子即是包合材料,具有较大的空穴结构,足以将客分子(药物)容纳在内,形成分子囊。

药物作为客分子经包合后,溶解度增大,稳定性提高,液体药物可粉末化,可防止挥发性成分挥发,掩盖药物的不良气味或味道,调节释放速率,提高药物的生物利用度,降低药物的刺激性与毒副作用等。

包合物能否形成及其是否稳定,主要取决于环糊精主分子和药物客分子的立体结构和二者的极性。客分子必须和主分子的空穴形状和大小相适应。被包合的有机药物应符合下列条件之一:药物分子的原子数大于5;如具有稠环,稠环数应小于5;药物的分子量为 100 ~ 400;水中溶解度小于 10 g/L,熔点低于 250 ℃。无机药物大多不宜用环糊精包合。

包合物根据主分子的构成可分为多分子包合物、单分子包合物和大分子包合物;根据主分子形成空穴的几何形状又分为管形包合物、笼形包合物和层状包合物。包合物的稳定性主要取决于两组分间的 Vander Waals 力。包合过程是物理过程而不是化学反应。

16.2.2　包合材料

1)环糊精

环糊精指淀粉用嗜碱性芽胞杆菌经培养得到的环糊精葡萄糖转位酶作用后形成的产物,是由 6~12 个 D-葡萄糖分子以 1,4-糖苷键连接的环状低聚糖化合物,为水溶性的非还原性白色结晶性粉末,结构为中空圆筒形。经 X 射线衍射和核磁共振证实 CYD 的立体结构,经分析说明孔穴的开口处呈亲水性,空穴的内部呈疏水性。对酸不太稳定,易发生酸解而破坏圆筒形结构。常见有 α,β,γ 3 种,它们的空穴内径与物理性质都有较大的差别,见表 16.1。

表 16.1　3 种 CYD 的基本性质

项　目	α-CYD	β-CYD	γ-CYD
葡萄糖单体数	6	7	8
分子量	973	1 135	1 297
分子空穴(内径)/nm	0.45~0.6	0.7~0.8	0.85~1.0
分子空穴(外径)/nm	14.6±0.4	15.4±0.4	17.5±0.4
空穴深度/nm	0.7~0.8	0.7~0.8	0.7~0.8
$[\alpha]_D^{25}(H_2O)$	+150.5°±0.5°	+162.5°±0.5°	+177.4°±0.5°
溶解度(20 ℃)/(g·L^{-1})	145	18.5	232
结晶形状(水中)	针状	棱柱状	棱柱状

2)环糊精衍生物

衍生物更有利于容纳客分子,并可改善 CYD 的某些性质。近年来主要对 β-CYD 的分子结构进行修饰,如将甲基、乙基、羟丙基、羟乙基、葡糖基等基团引入 β-CYD 分子中(取代羟基上的 H)。

(1)水溶性环糊精衍生物

常用的水溶性环糊精衍生物是葡萄糖衍生物、羟丙基衍生物及甲基衍生物等。在 CYD 分子中引入葡糖基(用 G 表示)后其水溶性显著提高,如 β-CYD、G-β-CYD、2G-β-CYD 溶解度(25 ℃)分别为 18.5 g/L、970 g/L、1 400 g/L。葡糖基-β-CYD 为常用的包合材料,包合后可提高难溶性药物的溶解度,促进药物的吸收,降低溶血活性,还可作为注射用的包合材料。如雌二醇-葡糖基-β-CYD 包合物可制成注射剂。

(2)疏水性环糊精衍生物

疏水性环糊衍生物常用作水溶性药物的包合材料,以降低水溶性药物的溶解度,使其具有缓释性。常用的有 β-CYD 分子中羟基的 H 被乙基取代的衍生物,取代程度越高,产物在水中的溶解度越低。乙基-β-CYD 微溶于水,比 β-CYD 的吸湿性小,具有表面活性,在酸性条件下比 β-CYD 更稳定。

16.2.3 包合作用的影响因素

1)药物的极性或缔合作用的影响

由于 CYD 空穴内为疏水区,疏水性或非离解型药物易进入而被包合,形成的包合物溶解度较小;极性药物可嵌在空穴口的亲水区,形成的包合物溶解度大。自身可缔合的药物,往往先发生解缔合,然后再进入 CYD 空穴内。

2)包合作用竞争性的影响

包合物在水溶液中与药物呈平衡状态,如加入其他药物或有机溶剂,可将原包合物中的药物取代出来。

16.2.4 包合物的制备方法

①饱和水溶液法:将 CYD 配成饱和水溶液,加入药物(难溶性药物可用少量丙酮或异丙醇等有机溶剂溶解)混合 30 min 以上,使药物与 CYD 形成包合物后析出,且可定量地将包合物分离出来。在水中溶解度大的药物,其包合物仍可部分溶解于溶液中,此时可加入某些有机溶剂,以促使包合物析出。将析出的包合物过滤,根据药物的性质,选用适当的溶剂洗净,干燥即得。

②研磨法:取 β-CYD 加入 2~5 倍量的水混合,研匀,加入药物(难溶性药物应先溶于有机溶剂中),充分研磨成糊状物,低温干燥后,再用适宜的有机溶剂洗净,干燥即得。

③冷冻干燥法:此法适用于制成包合物后易溶于水、且在干燥过程中易分解、变色的药物。所得成品疏松,溶解度好,可制成注射用粉末。

④喷雾干燥法:此法适用于难溶性、疏水性药物,如用喷雾干燥法制得的地西泮与 β-环糊精包合物,增加了地西泮的溶解度,提高了其生物利用度。

⑤超声波法:将环糊精和水溶液中加入客分子药物溶解,混合后用超声波处理,将析出沉淀经溶剂洗涤、干燥即得稳定的包合物。

⑥液-液法和气-液法:主要用于中药中提取的挥发油或芳香化合物的蒸汽或冷凝液直接通入 β-CYD 溶液中,进行包合,经过滤、干燥即得包合物。

任务 16.3 微型包囊技术

16.3.1 概述

微型包囊技术是利用天然的或合成的高分子材料(囊材)作为囊膜壁壳,将液态药物或固态药物(囊心物)包裹而成药库型微型胶囊,简称微囊。若使药物溶解和(或)分散在高分子材料基质中,形成骨架型的微小球状实体则称微球。

药物微囊化的目的包括:

①掩盖药物的不良气味及口味。

②提高药物的稳定性。

③防止药物在胃内失活或减少对胃的刺激性。

④使液态药物固态化便于应用与贮存。

⑤减少复方药物的配伍变化。

⑥控制药物释放速率。

⑦使药物浓集于靶区,提高疗效,降低毒副作用。

⑧将活细胞、疫苗等生物活性物质包囊不引起活性损失或变性。

16.3.2 囊心物与囊材

1)囊心物

囊心物是被包囊的特定物质,除主药外可以包括提高微囊化质量而加入的附加剂,如稳定剂、稀释剂以及控制释放速率的阻滞剂、促进剂和改善囊膜可塑性的增塑剂等。囊心物可以是固体,也可以是液体。通常将主药与附加剂混匀后微囊化;亦可先将主药单独微囊化,再加入附加剂。若有多种主药,可将其混匀再微囊化,亦可分别微囊化后再混合。这取决于设计要求,药物、囊材和附加剂的性质及工艺条件等。采用不同的工艺条件,对囊心物也有不同的要求。

2)囊材

对囊材的一般要求是:

①性质稳定。

②有适宜的释药速率。

③无毒、无刺激性。

④能与药物配伍,不影响药物的药理作用及含量测定。

⑤有一定的强度、弹性及可塑性,能完全包封囊心物。

⑥具有符合要求的黏度、渗透性、亲水性、溶解性等特性。

常用的囊材可分为天然的、半合成或合成的高分子材料。

16.3.3 微囊的制备方法

1)物理化学法

物理化学法制备微囊是在液相中进行,囊心物与囊材在一定条件下形成新相析出,故又称相分离法。其微囊化步骤大体可分为囊心物的分散、囊材的加入、囊材的沉积和囊材的固化4步。相分离法现已成为药物微囊化的主要方法之一,它所用设备简单,高分子材料来源广泛,可将多种类别的药物微囊化。相分离法分为单凝聚法、复凝聚法、溶剂-非溶剂法、改变温度法和液中干燥法。

①单凝聚法:是相分离法中较常用的一种,它是在高分子囊材溶液中加入凝聚剂以降低高分子材料的溶解度而凝聚成囊的方法。

> **知识链接**
>
> 影响成囊的因素:常用凝聚剂有各种醇类和电解质。用电解质作凝聚剂时,阴离子对胶凝起主要作用,强弱次序为枸橼酸>酒石酸>硫酸>醋酸>氯化物>硝酸>溴化物>碘化物;阳离子也有胶凝作用,其电荷数愈高胶凝作用愈强。药物与明胶要有亲和力,吸附明胶的量要达到一定程度才能包裹成囊。为了使制得的微囊具有良好的可塑性,不粘连、分散性好,常加入增塑剂,如山梨醇、聚乙二醇、丙二醇或甘油等。

②复凝聚法:是使用带相反电荷的两种高分子材料作为复合囊材,在一定条件下交联且与囊心物凝聚成囊的方法。复凝聚法是经典的微囊化方法,它操作简便,容易掌握,适合于难溶性药物的微囊化。可作复合材料的有明胶与阿拉伯胶(或 CMC 或 CAP 等多糖)、海藻酸盐与聚赖氨酸、海藻酸盐与壳聚糖、海藻酸与白蛋白、白蛋白与阿拉伯胶等。

③溶剂-非溶剂法:该法是在囊材溶液中加入一种对囊材不溶的溶剂(非溶剂),引起相分离,而将药物包裹成囊的方法。常用囊材的溶剂和非溶剂的组合,见表16.2。使用疏水囊材,要用有机溶剂溶解,疏水性药物可与囊材溶液混合,亲水性药物不溶于有机溶剂,可混悬或乳化在囊材溶液中。然后加入争夺有机溶剂的非溶剂,使材料降低溶解度而从溶液中分离,除去有机溶剂即得。

表 16.2　常用囊材的溶剂与非溶剂

囊　材	溶　剂	非溶剂
乙基纤维素	四氯化碳(或苯)	石油醚
苄基纤维素	三氯乙烯	丙醇
醋酸纤维素丁酯	丁酮	异丙醚
聚氯乙烯	四氢呋喃(或环己烷)	水(或乙二醇)
聚乙烯	二甲苯	正己烷
聚醋酸乙烯酯	氯仿	乙醇
苯乙烯马来酸共聚物	乙醇	醋酸乙酯

④改变温度法:本法不加凝聚剂,而通过控制温度成囊。EC 作囊材时,可先在高温溶解,后降温成囊。使用聚异丁烯(PIB,$Mav = 3.8 \times 10^5$)作稳定剂可减少微囊间的粘连。

⑤液中干燥法:从乳状液中除去分散相挥发性溶剂以制备微囊的方法称为液中干燥法,亦称乳化溶剂挥发法。

2) 物理机械法

物理机械法制备微囊是将固态或液态药物在气相中进行微囊化,需要一定设备条件。

①喷雾干燥法：又称液滴喷雾干燥法，可用于固态或液态药物的微囊化。该法是先将囊心物分散在囊材的溶液中，再将此混合物喷入惰性热气流使液滴收缩成球形，进而干燥，可得微囊。溶解囊材的溶剂可以是水，也可以是有机溶剂，以水作溶剂更易达到环保要求，且可降低成本。

微囊的干燥过程中注意静电引起的粘连，囊材中加入聚乙二醇作抗黏剂，可降低微囊带电而减少粘连。处方中使用水或水溶液，或采用连续喷雾工艺，均可减少微囊带电而避免粘连；当包裹小粒径的囊心物时，在囊材溶液中加入抗黏剂，可减少微囊粘连。常用的抗黏剂见表16.3。二氧化硅、滑石粉及硬脂酸镁等亦可以粉状加在微囊成品中，以减少贮存时的粘连，或在压片及装空心胶囊时改善微囊的流动性。

表 16.3　包囊时使用的抗黏剂及其常用量

抗黏剂	囊材溶液中的质量分数/%	微囊成品中质量分数/%
滑石粉	20～100	1～3
硅胶	3～20	1～3
硬脂酸镁	10～50	0.5～3
单硬脂酸甘油酯	1～3	

②喷雾冻凝法：该法是将囊心物分散于熔融的囊材中，再喷于冷气流中凝聚而成囊的方法，称为喷雾冻凝法。常用的囊材有蜡类、脂肪酸和脂肪醇等，在室温均为固体，而在较高温下能熔融。

③空气悬浮法：也称流化床包衣法（Fluidized bed coating），是利用垂直强气流使囊心物悬浮在气流中，将囊材溶液通过喷嘴喷射于囊心物表面，热气流将溶剂挥干，囊心物表面便形成囊材薄膜而成微囊。

④多孔离心法：是指利用离心力使囊心物高速穿过囊材的液态膜，再进入固化浴固化制备微囊的方法称为多孔离心法。它利用圆筒的高速旋转产生离心力，利用导流坝不断溢出囊材溶液形成液态膜，囊心物（液态或固态）高速穿过液态膜形成的微囊，再经过不同方法加以固化（用非溶剂、冻凝或挥去溶剂等），即得微囊。

⑤锅包衣法：该法是利用包衣锅将囊材溶液喷在固态囊心物上挥干溶剂形成微囊，导入包衣锅的热气流可加速溶剂挥发。

3）化学法

化学法是指利用溶液中的单体或高分子通过聚合反应或缩合反应生成囊膜而制成微囊的方法。本法的特点是不加凝聚剂，先制成 W/O 型乳状液，再利用化学反应或用射线辐照交联固化。主要分为界面缩聚法和辐射化学法两种。

①界面缩聚法：该法也称界面聚合法，是在分散相（水相）与连续相（有机相）的界面上发生单体的缩聚反应。

②辐射化学法：该法是将明胶在乳化状态下，经 γ 射线照射发生交联，再处理制得粉末状微囊。该工艺的特点是工艺简单，不在明胶中引入其他成分。

16.3.4　微球的制备方法

微球是药物与高分子材料制成的基质骨架的球形或类球形实体。药物溶解或分散于实体中,其大小因使用目的而异,通常微球的粒径范围为 1 ~ 250 μm。微球的制备方法与微囊的制备有相似之处。根据材料和药物的性质不同可以采用不同的微球制备方法。现将几种常见微球的制备方法简介如下。

①明胶微球:用明胶等天然高分子材料,以乳化交联法制备微球。以药物和材料的混合水溶液为水相,用含乳化剂的油为油相,混合搅拌乳化,形成稳定的 W/O 型或 O/W 型乳状液,加入化学交联剂(如产生胺醛缩合或醇醛缩合反应),可得粉末状微球。其粒径通常为 1 ~ 100 μm。也可用两步法制备微球,即先采用本法(或其他方法)制备空白微球,再选择既能溶解药物、又能浸入空白明胶微球的适当溶剂系统,用药物溶液浸泡空白微球后干燥即得。两步法适用于对水相和油相都有一定溶解度的药物。

②白蛋白微球:白蛋白微球可用上述的液中干燥法或喷雾干燥法制备。制备白蛋白微球的液中干燥法以加热交联代替化学交联,使用的加热交联温度不同(100 ~ 180 ℃),微球平均粒径不同,在中间温度(125 ~ 145 ℃)时粒径较小。

喷雾干燥法将药物与白蛋白的溶液经喷嘴喷入干燥室内,同时送入干燥室的热空气流使雾滴中的水分快速蒸发、干燥,即得微球。如将喷雾干燥得的微球再进行热变性处理,可得到缓释微球。由于热变性后白蛋白的溶解度降低,所以微球的释放速率亦相应降低。

③淀粉微球:淀粉微球可用甲苯、氯仿、液状石蜡为油相,以脂肪酸山梨坦 60 为乳化剂,将 20% 的碱性淀粉分散在油相中,形成 W/O 型乳状液,升温至 50 ~ 55 ℃,加入交联剂环氧丙烷适量,反应数小时后,去除油相,分别用乙醇、丙酮多次洗涤干燥,得白色粉末状微球,粒径范围 2 ~ 50 μm。

④聚酯类微球:聚酯类微球可用液中干燥法制备。以药物与聚酯材料组成挥发性有机相,加至含乳化剂的水相中搅拌乳化,形成稳定的 O/W 型乳状液,加水萃取(亦可同时加热)挥发除去有机相,即得微球。

⑤磁性微球:首先用共沉淀反应制备磁流体。取一定量 $FeCl_3$ 和 $FeCl_2$ 分别溶于适量水中,过滤后将两滤液混合,用水稀释,加入适量分散剂,置超声波清洗器中振荡,同时以 1 500 r/min 搅拌,在 40 ℃下以 5 mL/min 滴速加适量 6 mol/L NaOH 溶液,反应结束后 40 ℃保温 30 min。将所得混悬液置于磁铁上使磁性氧化铁粒子沉降,弃去上清液后加适量分散剂搅匀,再在超声波清洗器中处理 20 min,过 1 μm 孔径筛,弃去筛上物,得黑色胶体,即为磁流体。再制备含药磁性微球。如取一定量明胶溶液与磁流体混匀,滴加含脂肪酸山梨坦 85 的液状石蜡,经乳化、甲醛交联、用异丙醇洗脱甲醛、过滤,再用有机溶剂多次洗去微球表面的液状石蜡,再真空干燥、60 ℃灭菌,得粒径为 8 ~ 88 μm 的无菌微球。最后在无菌操作条件下静态吸附药物,制得含药磁性微球。

16.3.5　影响粒径的因素

粒径是衡量微囊、微球质量的重要指标。口服粒径小于 200 μm 的微囊或微球(与黏性的液体或食物共服)时,在口腔内无异物感。粒径还直接影响药物的释放、生物利用度、载药量、有机溶剂残留量以及体内分布与靶向性等。影响微囊、微球粒径的因素有:

①囊心物的大小:如要求微囊的粒径约为 10 μm 时,囊心物粒径应为 1~2 μm;要求微囊的粒径约为 50 μm 时,囊心物粒径应在 6 μm 以下。

②囊材的用量:一般药物粒子越小,其表面积越大,要制成囊壁厚度相同的微囊所需囊材愈多。

③制备时的搅拌速率:在一定速度范围内,高速搅拌粒径较小,低速搅拌粒径较大。但过高的搅拌速度,会使微囊、微球因碰撞合并而粒径变大。此外,搅拌速率又取决于工艺的需要。

④附加剂的浓度:采用界面缩聚法,在一定搅拌速率下,分别加入浓度为 0.5% 与 5% 的脂肪酸山梨坦 85,前者可得小于 100 μm 的微囊,后者则得小于 20 μm 微囊。

⑤囊材相的黏度:一般地讲,微囊的平均粒径随最初囊材相黏度的增大而增大,降低黏度可以降低平均粒径。如在成囊过程中加入少量滑石粉降低囊材相黏度,可减小微囊粒径以及微囊粘连。

任务 16.4　缓释、控释、靶向制剂

16.4.1　缓释制剂

缓释制剂指用药后能在较长时间内持续释放药物以达到长效作用的制剂。其中药物释放主要是一级速度过程,对于注射型制剂,药物释放可持续数天至数月;口服剂型的持续时间根据其在消化道的滞留时间,一般以小时计。

16.4.2　控释制剂

控释制剂是指药物能在预定的时间内自动以预定速度释放,使血药浓度长时间恒定维持在有效浓度范围的制剂。广义地讲,控释制剂包括控制释药的速度、方向和时间,靶向制剂、透皮吸收制剂等都属于控释制剂的范畴。狭义的控释制剂则一般是指在预定时间内以零级或接近零级速度释放药物的制剂。

缓释、控释制剂近年来有很大的发展,主要是由于其具有以下特点:

①对半衰期短的或需要频繁给药的药物,可以减少服药次数,提高病人服药的顺应性,使用方便。

②使血药浓度平稳,避免峰谷现象,有利于降低药物的毒副作用。

③可减少用药的总剂量,因此可用最小剂量达到最大药效。

缓释、控释制剂不利的一面包括:

①在临床应用中对剂量调节的灵活性降低,如果遇到某种特殊情况(如出现较大副反应),往往不能立刻停止治疗。

②缓释制剂往往是基于健康人群的平均动力学参数而设计,当药物在疾病状态的体内动力学特性有所改变时,不能灵活调节给药方案。

③制备缓释、控释制剂所涉及的设备和工艺费用较常规制剂昂贵。

虽然缓释、控释制剂有其优越性,但并不是所有药物都适合制成缓控释制剂,如剂量很大(>1 g)、半衰期很短(<1 h)、半衰期很长(>24 h)、不能在小肠下端有效吸收的药物,一般情况下,不适于制成口服缓释制剂。对于口服缓释制剂,一般要求在整个消化道都有药物的吸收,因此具有特定吸收部位的药物,如维生素 B_2,制成口服缓释制剂的效果不佳。对于溶解度极差的药物制成缓释制剂也不一定有利。

16.4.3　靶向制剂

靶向制剂又称靶向给药系统,是指载体将药物通过局部给药或全身血液循环而选择性地浓集定位于靶组织、靶器官、靶细胞或细胞内结构的给药系统。

将药物制成靶向制剂,可提高药效,降低毒副作用,提高药品的安全性、有效性、可靠性和患者的顺应性。此外,靶向制剂还可以解决药物在其他制剂给药时可能遇到的以下问题:

①药剂学方面的稳定性低或溶解度小。

②生物药剂学方面的吸收小或生物不稳定性(酶、pH 值等)。

③药物动力学方面的半衰期短和分布面广而缺乏特异性。

④临床方面的治疗指数(中毒剂量和治疗剂量之比)低和解剖屏障或细胞屏障等。

靶向制剂大体可分为下述 3 类。

(1)被动靶向制剂

被动靶向制剂即自然靶向制剂。载药微粒被单核-巨噬细胞系统的巨噬细胞(尤其是肝的细胞)摄取,通过正常生理过程运送至肝、脾等器官,若要求达到其他的靶部位就有困难。被动靶向的微粒经静脉注射后,在体内的分布首先取决于微粒的粒径大小。通常粒径在 2.5 ~ 10 μm 时,大部分积集于巨噬细胞。小于 7 μm 时一般被肝、脾中的巨噬细胞摄取,200 ~400 nm 的纳米粒集中于肝后迅速被肝清除,小于 10 nm 的纳米粒则缓慢积集于骨髓。大于 7 μm 的微粒通常被肺的最小毛细血管床以机械滤过方式截留,被单核白细胞摄取进入肺组织或肺气泡。除粒径外,微粒表面性质对分布也起着重要作用。

(2)主动靶向制剂

主动靶向制剂是用修饰的药物载体作为"导弹",将药物定向地运送到靶区浓集发挥药效。如载药微粒经表面修饰后,不被巨噬细胞识别,或因连接有特定的配体可与靶细胞的受体结合,或连接单克隆抗体成为免疫微粒等原因,而能避免巨噬细胞的摄取,防止在肝内浓集,改变微粒在体内的自然分布而到达特定的靶部位;也可将药物修饰成前体药物,即能在活性部位被激活的药理惰性物,在特定靶区被激活发挥作用。如果微粒要通过主动靶向到达靶部位而不被毛细血管(直径 4 ~ 7 μm)截留,通常粒径不应大于 4 μm。

(3)物理化学靶向制剂

物理化学靶向制剂是应用某些物理化学方法可使靶向制剂在特定部位发挥药效。如应用磁性材料与药物制成磁导向制剂,在足够强的体外磁场引导下,通过血管到达并定位于特定靶区;或使用对温度敏感的载体制成热敏感制剂,在热疗的局部作用下,使热敏感制剂在靶区释药;也可利用对 pH 敏感的载体制备 pH 敏感制剂,使药物在特定的 pH 靶区内释药。用栓塞制剂阻断靶区的血供和营养,起到栓塞和靶向化疗的双重作用,也可属于物理化学靶向。

任务 16.5　经皮给药制剂

16.5.1　概述

经皮给药系统(TDDS)或透皮吸收制剂是指经皮肤贴敷方式用药,药物由皮肤吸收进入全身血液循环并达到有效血药浓度、实现疾病治疗或预防的一类制剂,又称为贴剂或贴片。该制剂经皮肤敷贴方式给药,药物透过皮肤由毛细血管吸收进入全身血液循环达到有效血药浓度,并在各组织或病变部位起治疗或预防疾病的作用。经皮给药系统除贴剂外还可以包括软膏剂、硬膏剂、涂剂和气雾剂等。与常用普通剂型如口服片剂、胶囊剂或注射剂等比较,TDDS 具有以下优点:

①可避免肝脏的首过效应和药物在胃肠道的灭活,提高了治疗效果。

②维持恒定有效血药浓度或生理效应,避免口服给药引起的血药浓度峰谷现象,降低毒副反应。

③减少给药次数,提高治疗效能,延长作用时间,避免多剂量给药,改善病人用药的顺应性。

④使用方便,患者可自主用药,也可随时撤销用药。

TTDS 也具有其局限性,如起效较慢,且多数药物不能达到有效治疗浓度,尤其是水溶性药物的皮肤透过率非常低,虽然可以通过扩大给药面积或多次给药来增加透过程度,但这种方法容易增加对皮肤的刺激,患者顺应性差;TDDS 的剂量较小,一般认为每日超过 5 mg 的药物就已经不容易制成理想的 TDDS;对皮肤有刺激性和过敏性的药物不宜设计成 TDDS。另外,TDDS 生产工艺和条件也较复杂。

16.5.2　经皮给药系统的分类及组成

1)复合膜型

复合膜型经皮给药系统由背衬层、药物贮库、控释膜、胶黏层和保护膜组成。这类给药系统的组成材料是:背衬层常为铝塑膜;药物贮库膜是药物分散在聚丁烯等压敏胶中,加入液状石蜡作为增黏剂;控释膜常为聚丙烯微孔膜或均质膜,膜的厚度、微孔大小、孔率等及填充微孔的介质可以控制药物的释放速率;胶黏层亦可用聚异丁烯压敏胶,加入药物作为符合剂量,使药物能较快达到治疗的血药水平;保护膜常用复合膜,如硅化聚氯乙烯/聚丙烯/聚对苯二甲酸乙酯等,如可乐定经皮贴剂。

2)充填封闭型

充填封闭型经皮给药系统由背衬层、药物贮库、控释膜、胶黏层和保护膜组成,但药物储库是液体或半固体的软膏和凝胶,填充封闭于背衬层和控释膜之间,控释膜是乙烯-醋酸乙烯共聚物(EVA)的均质膜。该类系统中药物从贮库中分配进入控释膜,改变膜的组成可控制系统的释药速率,如雌二醇经皮贴剂。

3)聚合物骨架型

聚合物骨架型经皮给药系统用水性聚合物材料作骨架,如天然的多糖与合成的聚乙烯醇、聚乙烯吡咯烷酮、聚丙烯酸酯和聚丙烯酸胺等,骨架型中还含有一些润湿剂如水、丙二醇、聚乙二醇等。含药的骨架粘贴在背衬材料上,在骨架周围涂上压敏胶,加保护膜即成。该类系统是通过亲水性聚合物骨架与皮肤紧密贴合润湿皮肤促进药物吸收。这类系统的药物释放速率受聚合物骨架组成与药物浓度的影响,如硝酸甘油 Nitro-Dur 经皮贴剂。

4)胶黏剂分散型

胶黏剂是将药物分散在胶黏剂中,铺于背衬膜上,加保护膜而成。这类系统的特点是剂型薄、生产方便,与皮肤接触的表面都可输出药物。常用的胶黏剂有聚丙烯酸酯类、聚硅氧烷类和聚异丁烯类压敏胶。可以采用成分不同的多层胶黏剂膜,与皮肤接触的最外层含药,底、内层含药量高,使药物释放速率接近于恒定。

16.5.3　影响药物经皮吸收的因素

1)生理因素

①皮肤的水合作用:水合使角质细胞发生膨胀和减低结构的致密程度,水合使药物的渗透变得更容易。角质层的含水量达50%药物的渗透可增加 5～10 倍,水合对水溶性药物的促进吸收作用较脂溶性药物显著。

②角质层的厚度及毛囊的疏密:人体不同部位角质层的厚度及毛囊的疏密不同。一般角质层厚、毛囊稀少的部位药物不易透入,反之则较易透入。

③皮肤条件:完整皮肤与破损皮肤的吸收不同,破损皮肤的屏障作用受到破坏,如皮肤受到损伤、烧伤、皲裂或患湿疹、溃疡等症时,可使物质自由地进入真皮,吸收的速度和程度大大增加,往往引起疼痛、过敏及中毒等副作用,如一般溃疡皮肤对许多物质的渗透性为正常皮肤的 3～5 倍。皮损面积的大小也有很大影响,如大面积烧伤涂用 10% 盐酸甲灭脓冷霜后有发生酸中毒的危险。

④皮肤的结合与代谢作用:结合作用是指药物与皮肤蛋白质或脂质等的结合,结合作用延长药物渗透的时滞,也可能在皮肤内形成药物的贮库,药物与组织结合力越强,其时滞和贮库的维持也越长。

另外,皮肤温度也影响药物吸收,温度升高,药物的渗透速度也升高。

2)药物及剂型因素

①药物剂量:TDDS 的首选药物一般是剂量小、作用强的药物,日剂量最好在几毫克的范围内,不超过 10～15 mg;半衰期短需要频繁给予的药物;常规口服或注射给药的药效不可靠或具严重副作用的药物。虽然一些药物可通过增加释药面积以增加渗透量,但面积过大以及长期使用,患者不易接受。

②分子大小及脂溶性:分子量大于600的物质较难通过角质层。药物的扩散系数与分子

量的平方根或立方根成正比,分子量越大,分子体积越大,扩散系数越小。同样,由于从 TDDS 至皮肤的转运伴随着分配过程,分配系数的大小也影响药物从 TDDS 进入角质层的能力。如果 TDDS 中的介质或者某组分对药物具有很强的亲和力,且其油水分配系数小,将减少药物进入角质层的量,进而影响药物的透过。

③pH 与 pKa:很多药物是有机弱酸或有机弱碱,它们以分子形式存在时有较大的经皮透过能力,而离子型药物一般不易透过角质层。表皮内的 pH 值为 4.2 ~ 5.6,弱酸性环境,而真皮内的 pH 值约为 7.4,故可根据药物的 pKa 值来调节 TDDS 介质的 pH 值,使其离子型和分子型的比例发生改变,提高其透过性。选用与离子型药物所带电荷相反的物质作为介质或载体形成电中性离子对也利于药物在角质层的透过。

④TDDS 中药物的浓度:药物在皮肤中的扩散是依赖于浓度梯度的被动扩散,其推动力是皮肤两侧的浓度梯度,TDDS 中的药量对维持该浓度梯度具有重要作用。但增加浓度的方法在低浓度范围内具有实际意义,而对于那些溶解度已经较高的药物或浓度较高的系统则意义不显著。

⑤药物的熔点:熔点低的药物易通过皮肤。但脂溶性很强的药物,生长表皮和真皮的分配也可能会成为其主要屏障。所以,用于经皮吸收的药物在水及油中的溶解度最好比较接近,而且无论在水相或是在油相均应有较大的溶解度。

⑥制剂组成和剂型的影响:给药系统的剂型能影响药物的释放性能,进而影响药物的经皮速率,药物释放越快,越有利于药物的经皮。一般凝胶剂、乳浊膏型储库中药物释放较快,骨架型经皮贴片中药物释放较慢。制剂的组成亦影响药物的释放性能。溶解和分散药物的介质能影响药物在贮库中热力学活性,即影响药物的溶解、释放和药物在给药系统与皮肤之间的分配;有的介质会影响皮肤的可透性,介质在穿经皮肤的过程中与皮肤相互作用,从而改变皮肤的屏障性能。制剂处方中的成分如表面活性剂、系统的 pH、药物的浓度与系统的面积等都会影响药物的经皮吸收。

16.5.4　渗透促进剂在 TDDS 中的应用

渗透促进剂是指那些能加速药物渗透穿过皮肤的物质。理想的经皮吸收促进剂应具备以下条件:

①对皮肤及机体无药理作用、无毒、无刺激性及无过敏反应。

②应用后立即起作用,去除后皮肤能恢复正常的屏障功能。

③不引起体内营养物质和水分通过皮肤损失。

④不与药物及其他附加剂产生化学作用。

⑤无色、无臭。

常用的经皮吸收促进剂有:有机酸、脂肪醇类;月桂氮卓酮;醇类化合物;角质保湿剂;表面活性剂;其他渗透促进剂。

16.5.5　经皮给药系统的高分子材料

(1)膜聚合物和骨架聚合物

常用的膜聚合物和骨架聚合物有乙烯-醋酸乙烯共聚物;聚氯乙烯;聚丙烯;聚乙烯;聚对

苯二甲酸乙二醇酯;

（2）压敏胶

压敏胶是指在轻微压力下即可实现粘贴同时又容易剥离的一类胶粘材料,起着保证释药面与皮肤紧密接触以及药库、控释等作用。药用 TDDS 压敏胶应对皮肤无刺激、不致敏、与药物相容及具有防水性能等要求。

（3）背衬材料、防粘材料与药库材料

①背衬材料:是用于支持药库或压敏胶等的薄膜,应对药物、胶液、溶剂、湿气和光线等有较好的阻隔性能,同时应柔软舒适,并有一定强度。常用多层复合铝箔,即由铝箔、聚乙烯或聚丙烯等膜材复合而成的双层或三层复合膜。其他可以使用的背衬材料还有 PET、高密度 PE、聚苯乙烯等。

②防粘材料:这类材料主要用于 TDDS 粘胶层的保护。常用的防粘材料有聚乙烯、聚苯乙烯、聚丙烯、聚碳酸酯、聚四氟乙烯等高聚物的膜材,有时也使用表面经石蜡或甲基硅油处理过的光滑厚纸。

③药库材料:可用的药库材料很多,可以用单一材料,也可用多种材料配制的软膏、水凝胶、溶液等,如卡波姆、HPMC、PVA 等均较为常用,各种压敏胶和骨架膜材也同时可以是药库材料。

16.5.6　促进药物经皮吸收的新技术

为了使更多的药物特别是一些亲水性较强及分子量较大的药物,如多肽及蛋白质药物能经皮吸收,TDDS 研究的极为重要的内容就是寻找改进药物透过皮肤屏障的有效方法。

（1）离子导入技术

离子导入技术是利用电流将离子型药物经由电极定位导入皮肤或黏膜,进入局部组织或血液循环的一种生物物理方法。

①离子导入:离子型药物经皮吸收的途径主要是通过皮肤附属器官,如毛囊、汗腺、皮脂腺等支路途径,这些亲水性孔道及其内容物是电的良导体。当在皮肤表面放置正、负两个电极并导入电流时,电流经由这些通道透过皮肤在两电极间形成回路,皮肤两侧具有的电位差即成为药物离子通过皮肤转运的推动力,离子型药物通过电性相吸原理,从电性相反电极导入皮肤。

②电渗析:当在皮肤上施加电流时,皮肤两侧的液体将产生定向移动,液体中的离子即随着进入皮肤,此即电渗析现象。同时在生理 pH 值下,阳离子比阴离子获得更大的动量,在阳离子移动方向上引起净体积流,进而引起渗透压差,形成药物扩散的又一驱动力。

③电流诱导:当电流加到皮肤上时,孔道处的电流密度相对其他部位要高得多,从而引起皮肤组织结构的某种程度上的变化,形成新的孔道。

（2）超声波技术

超声波促进药物经皮吸收的作用机制可分为两种:一种为超声波改变皮肤角质层结构,另一种为通过皮肤的附属器产生药物的传递透过通道。前者主要是在超声波作用下角质层中的脂质结构重新排列形成空洞,而后者主要是在超声波的放射压和超微束作用下形成药物的传递通道。影响超声波促进药物吸收的因素主要有超声波的波长、输出功率以及药物的理化性质。一般用于促进药物透皮吸收的超声波波长选择为 90～250 kHz 范围内。

（3）无针注射系统

无针注射系统有两种，即无针粉末注射系统和无针液体注射系统。无针粉末注射系统是利用超高速无针注射系统经皮导入固体药物的方法，该方法是利用氦气的超高速流体通过对固体粒子进行加速的方法，将药物粉末透过角质层释放到表皮和真皮表面，这个系统的最大特点是无需在角质层上做功就可以把固体药物粉末通过皮肤释放到体内。无针注射系统的特点是患者可以自行给药，可以避免由注射针头带来的病毒、微生物等物质的感染。同时，可以把不易透过皮肤的大分子物质、蛋白质类、固体粉末直接打入到皮肤中产生吸收。无针液体注射系统是通过压力的作用，经装置中的微小细孔把药物溶液打入到皮下或皮内，药物溶液在皮内形成药物贮库，使贮库中的药物达到缓慢释放和吸收的目的。

综合测试

一、填空题

1. 固体分散体是指药物以_____、_____、_____等状态均匀分散在某一固态载体物质中所形成的分散体系。

2. 固体分散体的类型包括_____、_____、_____。

3. 包合物的制备方法包括_____、_____、_____、_____、_____和_____。

4. 用于制备微囊的天然高分子材料有_____、_____、_____和_____。

5. 脂质体的特点包括_____、_____、_____、_____和_____。

二、单项选择题

1. 缓释制剂中延缓释药主要应用于（　　　）。

　　A. 口服制剂　　　　B. 注射制剂　　　　C. 黏膜制剂　　　　D. 皮肤制剂　　　　E. 直肠制剂

2. 对透皮吸收的错误表述是（　　　）。

　　A. 皮肤有水合作用　　　　　　　　　B. 透过皮肤吸收起局部治疗作用

　　C. 释放药物较持续平稳　　　　　　　D. 透过皮肤吸收起全身治疗作用

　　E. 根据治疗要求，可随时中断给药

3. 渗透泵型片剂控释的基本原理是（　　　）。

　　A. 减小溶出

　　B. 减慢扩散

　　C. 片外渗透压大于片内，将片内药物压出

　　D. 片剂膜内渗压大于片剂膜外，将药物从细孔压出

　　E. 片剂外面包控释膜，使药物恒速释出

4. 关于TTS的叙述不正确的是（　　　）。

　　A. 可避免肝脏的首过效应　　　　　　B. 可以减少给药次数

　　C. 无皮肤代谢和贮库作用　　　　　　D. 可以维持恒定的血药浓度

　　E. 使用方便，可随时中断给药

5. 缓、控释制剂不包括（　　　）。

A. 分散片   B. 胃内漂浮片   C. 渗透泵片   D. 骨架片   E. 植入剂

6. 以明胶为囊材用单凝聚法制备微囊时,常用的固化剂是( )。

A. 甲醛   B. 硫酸钠   C. 乙醇   D. 丙酮   E. 氯化钠

三、多项选择题

1. 减少溶出速度为主要原理的缓释制剂的制备工艺有( )。

A. 制成溶解度小的酯和盐   B. 控制粒子大小

C. 溶剂化   D. 将药物包藏于溶蚀性骨架中

E. 将药物包藏于亲水性胶体物质中

2. 口服缓释制剂可采用的制备方法有( )。

A. 增大水溶性药物的粒径   B. 与高分子化合物生成难溶性盐

C. 包衣   D. 微囊化

E. 将药物包藏于溶蚀性骨架中

3. 环糊精包合物在药剂学中常用于( )。

A. 提高药物溶解度   B. 液体药物粉末化

C. 制备靶向制剂   D. 提高药物稳定性

E. 避免药物的首过效应

4. 适合制成缓释或控释制剂的药物有( )。

A. 硝酸甘油   B. 苯妥英钠

C. 地高辛   D. 茶碱

E. 盐酸地尔硫卓

5. 骨架型缓、控释制剂包括( )。

A. 骨架片   B. 压制片   C. 泡腾片   D. 生物黏附片   E. 骨架型小丸

6. 属缓、控释制剂的是( )。

A. 胃内滞留片   B. 植入剂   C. 分散片   D. 骨架片   E. 渗透泵片

7. 可用作透皮吸收促进剂的有( )。

A. 液体石蜡   B. 二甲基亚砜

C. 硬脂酸   D. 山梨酸

E. 月桂氮卓酮

8. 影响透皮吸收的因素是( )。

A. 药物的分子量   B. 药物的低共熔点

C. 皮肤的水合作用   D. 药物晶型

E. 透皮吸收促进剂

9. 不具有靶向性的制剂是( )。

A. 静脉乳剂   B. 毫微粒注射液

C. 混悬型注射液   D. 脂质体注射液

E. 口服乳剂

四、是非题

1. 醋酸纤维素酞酸酯是半合成高分子材料。   ( )

2. 羟丙甲纤维素不能溶于冷水,溶于热水,长期贮存稳定。   ( )

3. 控释制剂是指药物能在预定的时间内自动以预定速度释放,使血药浓度长时间恒定维持在有效浓度范围的制剂。 （　　）

4. 在小肠下端有效吸收的药物,一般情况下,不适于制成口服缓释制剂。 （　　）

5. 将药物制成靶向制剂后,可提高药效,降低毒副作用,提高药品的安全性、有效性、可靠性和患者的顺应性。 （　　）

五、简答题

1. 固体分散技术的主要特点有哪些?

2. 透皮吸收制剂具有哪些优点?

技能训练 16.1　薄荷油微囊的制备

【实训目的】

掌握用复凝聚法制备微囊的基本原理,方法及影响因素。

【实训内容】

薄荷油微囊的制备。

①处方:薄荷油 1.0 g　10% 醋酸适量　明胶(A 型)2.5 g　20% 氢氧化钠液适量　阿拉伯胶 2.5 g　硬脂酸镁适量　37% 甲醛 1.25 mL　蒸馏水适量。

②制法:取阿拉伯胶 2.5 g,并溶于 50 mL 蒸馏水中(60 ℃),加入薄荷油 1.0 g 于组织捣碎机中乳化 1 min。将之转入 500 mL 烧杯并放入 50 ℃ 恒温水浴锅中。另取明胶 2.5 g,溶于 50 mL 蒸馏水中(60 ℃)。将明胶液在搅拌下加入上述乳浊液中,用 10% 的醋酸调 pH4.1 左右,显微镜下观察见到油珠外层有一层薄薄的膜,即已成囊(此时囊形并不圆整,大小不一)。加入蒸馏水 200 mL(温度应不低于 30 ℃),不断搅拌直到 10 ℃ 以下。加入 37% 甲醛 1.25 mL(以蒸馏水 1.25 mL 稀释),搅拌 15 min,用 20% 氢氧化钠液调 pH 8 ~ 9,继续搅拌冷却半小时,除去悬浮的泡沫,滤过,用水洗涤至无甲醛臭,pH 中性即可。抽滤,加 3% 硬脂酸镁制粒,过一号筛,于 50 ℃ 烘干,即得。

【注意事项】

①为准确得知所制备的微囊的量,在实验中应先固化、洗涤后为加入辅料制粒。

②为防止凝聚囊粘连成团或溶解,制备时蒸馏水的温度应控制为 30 ~ 40 ℃。

附　录

附录 1　实践报告

班级		姓名		学号		时间	
实践项目							
实践目的							
实践步骤							
实践结果							
结果分析							

附录2　药用辅料

名　称	性　状	功　能
乙基纤维素	本品为白色颗粒或粉末;无臭,无味。本品5%悬浮液对石蕊试纸呈中性。本品在甲苯或乙醚中易溶,在水中不溶。	包衣材料和释放阻滞剂等
玉米朊	黄色或淡黄色薄片,有光泽;无臭,无味,易溶于80%～92%乙醇和70%～80%丙酮,不溶于水或无水乙醇。	包衣材料和释放阻滞剂等
卡波姆	白色疏松状粉末;有特征性微臭;有引湿性。	软膏基质和释放阻滞剂等。
甲基纤维素	为白色或类白色纤维状或颗粒状粉末;无臭,无味。在水中溶胀成澄清或微浑浊的胶体溶液;在无水乙醇,三氯甲烷或乙醚中不溶。	黏合剂和助悬剂等
交联羧甲基纤维素钠	白色或类白色粉末,有引湿性。在水中溶胀并形成混悬液,在无水乙醇、乙醚、丙酮或甲苯中不溶。	崩解羽和填充剂等
交联聚维酮	白色或类白色粉末,几乎无臭;有引湿性。在水、乙醇、三氯甲烷或乙醚中不溶。	崩解剂和填充剂等
纤维醋法酯	白色或灰白色的无定形纤维状或细条状或粉末;略有醋酸味。在二氧六环、丙酮中溶解,在水、乙醇中不溶,在pH6以上的水溶液中溶解。	包衣材料和释放阻滞剂
阿拉伯胶	为白色至微黄色薄片、颗粒或粉末,在乙醇中几乎不溶。	助悬剂和增黏剂等
泊洛沙姆188	为白色至微黄色半透明蜡状固体;未有异臭。本品在水、乙醇中易溶,在无水乙醇或乙酸乙酯中溶解,在乙醚或石油醚中几乎不溶。	供口服用,增溶剂和乳化剂等
果胶	白色至浅黄色的颗粒或粉末。	增稠剂、胶凝剂
海藻酸钠	为白色至浅棕黄色粉末,几乎无臭,无味。在水中溶胀成胶体溶液,在乙醇中不溶。	助悬剂和释放阻滞剂等
黄原胶	类白色或浅黄色的粉末;微臭,无味。在水中溶胀成胶体溶液,在乙醇、丙酮或乙醚中不溶。	黏合剂、增稠剂、助悬剂
胶囊用明胶	微黄色至黄色、透明或半透明微带光泽的薄片或粉粒;无臭、无味;在热水中易溶,在醋酸或甘油与水的热混合液中溶解,在乙醇中不溶。	用于空心胶囊的制备

名 称	性 状	功 能
羧甲基纤维素钠	白色或类白色至微黄色纤维状或颗粒状粉末;无臭,无味;有引湿性。水中溶胀成胶状溶液,在乙醇、乙醚或三氯甲烷中不溶。	崩解剂和填充剂等
羧甲淀粉钠	本品为白色或类白色粉末;无臭;有引湿性。	崩解剂和填充剂等
预胶化淀粉	本品为白色粉末;无臭,无味。	崩解剂和填充剂等
聚乙烯醇	白色至微黄色粉末或半透明状颗粒;无臭,无味。本品在热水中溶解,在乙醇中微溶,在丙酮中几乎不溶。	成膜材料和助悬剂等
糊精	本品为白色或类白色的无定形粉末;无臭,味微甜。在沸水中易溶,在乙醇或己醚中不溶。	填充剂和黏合剂等
淀粉	为白色粉末;无臭。本品在冷水或乙醇中均不溶解。	填充剂和崩解剂等
微晶纤维素	白色或类白色粉末;无臭,无味。在水、乙醇、丙酮或甲苯中不溶。	填充剂和崩解剂等
醋酸纤维素	白色、微黄白色或灰白色的粉末或颗粒;有引湿性。在甲酸、丙酮及甲醇与二氯甲烷的等体积混合液中溶解,在水或乙醇中几乎不溶。	释放阻滞剂和包衣材料等
羟丙纤维素	为白色或类白色粉末;无臭,无味。本品在水中溶胀成胶体溶液;在乙醇、丙酮或乙醚中不溶。	崩解剂和填充剂等
羟丙甲纤维素	为白色或类白色纤维状或颗粒状粉末;无臭。在无水乙醇、乙醚、丙酮中几乎不溶;在冷水中溶胀成澄清或微浑浊的胶体溶液。	释放阻滞剂和包衣材料等
琼脂	线形琼脂呈细长条状,类白色至淡黄色;半透明,表面皱缩,微有光泽,质轻软而韧,不易折断;干燥后,脆而易碎;无臭,味淡;粉状琼脂为鳞片状粉末,无色至淡黄色;用冷水装置,在显微镜下观察,为无色不规则多角形黏液质碎片;无臭,味淡。	助悬剂和释放阻滞剂
聚丙烯酸树脂Ⅱ	为白色条状物或粉末,在乙醇中易结块。	包衣材料和释放阻滞剂等
聚维酮 K30	为白色至乳白色粉末;无臭或稍有特臭,无味;有吸湿性。在水、乙醇、异丙醇或三氯甲烷中溶解,在丙酮或乙醚中不溶。	黏合剂和助溶剂等
聚乙二醇 400	为无色或几乎无色的动稠液体;略有特臭。在水或乙醇中易溶,在乙醚中不溶。相对密度本品的相对密度为 1.110 ~ 1.140。	溶剂和增塑剂等

附录 3　SOP 操作规程

一、鸡胚孵化岗位标准操作规程

文件名称:鸡胚孵化岗位操作规程	编制者:　　　年　月　日
	审核者:　　　年　月　日
文件类别:SOP	批准者:　　　年　月　日
文件编号:	执行日期:　　年　月　日
编订依据:《GMP》	共 3 页
颁布部门:质量部	
分发部门:质量部、化验室、档案室	

1)目的

建立鸡胚孵化岗位标准操作规程,规范鸡胚孵化岗位操作。

2)适用范围

生产工程部、质量管理部、生产车间鸡胚孵化岗位。

3)责任

质量主管、QC 主管、QC 检验员对本 SOP 的实施负责。

4)程序

(1)胚孵前准备

①操作人员按十万级区更衣程序更衣后进入十万级区。

②按《全自动孵化机清洁消毒规程》对孵化机进行清洁消毒。

③将清场合格证正本附入生产记录。

(2)孵化操作

①按生产指令填写"领蛋单"含日期、数量、用途、批号、种蛋来源、品种。

②按生产检验用种蛋清洗、消毒、熏蒸标准操作规程处理种蛋。

③打开熏蒸间内侧门,将推蛋车直接推入孵化箱。

④确认设置孵化箱的温度在 38.5 ~ 39 ℃,湿度为 55% ~ 60%。

⑤按《全自动孵化机使用操作规程》开启机器,关闭机门进行孵化。

⑥每隔 2 h 检查温度、湿度一次;自动翻蛋 2 h 一次、检查风机运行是否正常;储水器是否需要补水。由操作人填写孵化运行记录。

⑦在孵化第 5 天、第 10 天各照蛋一次,剔除无精蛋和死胚,由操作人填写记录。

二、孵化机操作规程

文件名称:94F-504 孵化机操作规程	编制者:	年 月 日
	审核者:	年 月 日
文件类别:SOP	批准者:	年 月 日
文件编号:	执行日期:	年 月 日
编订依据:《GMP》	共 3 页	
颁布部门:质量部		
分发部门:质量部、化验室、档案室		

1)目的

制定 94F-504 孵化机操作规程,规范该设备操作。

2)适用范围

生产工程部、质量管理部、生产车间鸡胚孵化岗位。

3)责任

质量主管、QC 主管、QC 检验员对本 SOP 的实施负责。

4)程序

(1)使用前检查工作

①各部件的紧固件有无松动现象;

②各运动部件有无相碰撞或卡死现象,是否需加润滑油;

③所提供的电源是否符合要求(220 V±10% ,50 Hz 即不得低于 198 V 或高于 242 V);

④孵化机的箱体是否可靠接地。

⑤检查完毕后,可通电进行试运转,首先使用前的试转时间不小于 1 h,以后每次使用前试运转时间不小于 0.5 h。试运转时,先观察风扇转向是否正确,然后观察有无机械杂音等异常现象,若运转正常方可使用。

(2)孵化机试运行

①首先将控制面板上风扇开关按向"关"位,翻蛋开关按向"水平"位,合上主"电源开关",此刻控制面板上翻蛋倒计时、温度显示为当前的实际值。关好箱门后即可对设备送电,打开风扇开关之后,给温开关自动启动。

②孵化周期结束后,孵化转入出雏,将落盘种蛋依次装入出雏机中,进行出雏。

③孵化作业完毕后,设备停止使用时,必须切断主电源开关,清除电气设备上的灰尘。

④每次孵化、出雏结束后,需对设备内部、蛋盘、出雏盘、蛋架等部件进行清洗消毒,以备下次使用。

(3)操作使用注意事项

①注意观察显示窗上温度值,每 1~2 h 记录一次,要经常与机内温度计进行比对,若其值

有变化,应及时按要求校准。

②风门控制十分重要,尤其在出雏期间,要经常观察风门实际位置。

③注意风扇运转是否正常。

④要经常检查翻蛋是否正常,蛋位及翻蛋倒计时是否正确。

⑤翻蛋机构要定时检查,以确保运转灵活。

⑥每年需对整机机械及电器部分全面进行检修,修整损坏或带病运行零部件。

⑦设备清洗消毒时保护好温度传感器,避免造成损失。

⑧设备外壳必须按规定位置可靠接地。

⑨温度校正及静差调整电位器不要随意调整。

三、无菌检验操作规程

文件名称:无菌检验操作规程	编制者:	年　月　日
	审核者:	年　月　日
文件类别:SOP	批准者:	年　月　日
文件编号:	执行日期:	年　月　日
编订依据:《GMP》		共2页
颁布部门:质量部		
分发部门:质量部、化验室、档案室		

1)目的

无菌检验操作程序。以保证产品质量。

2)范围

适用于无菌检验或纯粹检验。

3)责任

质量主管、QC 主管、无菌检验操作者,QC 检验员对本 SOP 的实施负责。

4)程序

(1)检验的准备

设备仪器:干燥箱、普通恒温培养箱、100 mL 三角烧瓶、试管、试管架、5 mL 玻璃注射器或 5 mL、2 mL 吸管。

(2)培养基

①无菌检验

a.厌氧性及需氧性细菌的检验:用硫乙醇酸盐培养基(T.G)及酪胨蛋白(G.A)。

b.霉菌及腐生菌检验:葡萄糖蛋白胨汤培养基(G.P)。

c.活菌纯粹检验:用适于本菌生长的培养基。

②抽样:随机抽样并有代表性,成品的无菌或纯粹检验应按每批或每个亚批进行,每批按

瓶数百分之一抽样,但不应少于 5 瓶,最多不超过 10 瓶。

③检验用器械按检验品需要放入专用盒内经干热灭菌后备用。

(3)检验方法及结果判定

①细菌原菌液及活菌苗半成品的纯粹检验:取样接种 T. G 小管及适宜于本菌生长的其他培养基斜面各 2 支,每支 0.2 mL,1 支置 37 ℃培养;1 支置 25 ℃培养,观察 3~5 d,应纯粹。

②病毒原毒液和其他配苗组织乳剂、稳定剂及半成品的无菌检验:取样接种 T. G 小管及 G. A 斜面各 2 支,每支 0.2 mL,1 支置 37 ℃培养;1 支置 25 ℃培养,观察 3~5 d,应无菌生长。

③含甲醛、苯酚、汞类等防腐剂和抗生素的制品:用 T. G 培养基 50 mL,接种样品(冻干制品先做 10 倍稀释)1 mL,置 37 ℃培养,3 d 后自小瓶中吸取培养物。分别接种 T. G 小管和 G. A 斜面各 2 支,每支 0.2 mL,1 支置 37 ℃;1 支置 25 ℃,另取 0.2 mL,接种 1 支 G. P 小管置 25 ℃,均培养 5 d,应无菌生长。

如制品允许含一定数量非病原菌,应进一步作杂菌计数和病原性鉴定。

①细菌性活疫苗(冻干制品恢复原量)及不含防腐剂、抗生素的其他制品或稀释液,将样品直接接种 T. G 小管、G. A 斜面或适于本菌生长的其他培养基各 2 支,每支 0.2 mL,1 支置 37 ℃;1 支置 25 ℃,均培养 5 d。细菌性活疫苗应纯粹,其他制品应无菌生长。

②如培养后混浊不易判定时,可移植一次,再判定。

③每批抽检的样品必须全部无菌或纯粹生长。如发现个别瓶有杂菌生长或结果可疑时,可重检原瓶(如为安瓿瓶或冻干制品,可重抽样品),如无均或无杂菌生长,可作无菌或纯粹通过。如仍有杂菌,可抽取加倍数量的样品重检,个别瓶仍有杂菌,则作为污染杂菌处理。

④记录检验结束,及时如实详细填写检验记录。

四、半成品检验员岗位职责

①拟定公司冻干苗半成品检验标准与操作规程,确定冻干苗半成品检验项目,负责对冻干苗半成品的取样、检验、留样、出具检验报告书。

②负责对冻干苗的验收,编制冻干苗月质量报表并上报相关领导与归档以及提出改进意见,决定冻干苗的投料、出库、贮存期、贮存条件,进行冻干苗质量稳定性分析。

③负有对配制试液正确性职责。

④负有对各类原始记录保管、归档的职责。

⑤履行对留样制度的职责。

⑥履行制定和修订的内控标准和检验操作规程的职责。

⑦履行制定检验用设备、仪器、试剂、试液、标准品(或对照品)、滴定液、培养基等管理办法的职责。

⑧履行评价冻干苗半成品的质量稳定性,为确定物料贮存期药品有效期提供数据的职责。

⑨履行生产全过程质量管理和检验的职责。

⑩负有对实验动物饲养、观察的职责。

⑪批准或否煊起始冻干苗半成品审定批记录,作出成品是否出厂的结论。

⑫因质量管理上的需要,会同有关部门组织编写冻干苗新的技术标准或修正技术标准。

⑬对冻干苗新产品研制、工艺改进的中试计划及结论进行初核。

⑭编制上报兽药监督管理部门的有关冻干苗质量书面材料。

⑮领导交办的其他工作。

附录4　生产记录表

一、××××生产指令

下发时间：　　　　　　　　　　　　　　　　编号：

编码	材料名称	单位	理论用量	备注
制定人		审核人		执行人

二、孵化机运行记录表

孵化机型：　　　　　　所在区域：　　　　　　房间编号：

温度设定值：　　　　　　　　　　　　　　　湿度设定值：

日期时间	温度/℃		湿度/%	翻蛋次数及位置	风门	运行情况	值班员	备注
	屏显	门表						

日期时间	温度/℃		湿度/%	翻蛋次数及位置	风门	运行情况	值班员	备注
	屏显	门表						

三、灭菌记录

设备型号：　　　　　　　　班组名称：　　　　　　　　年　月　日

灭菌程序		灭菌压力/MPa		灭菌温度/℃		复核人
开始时间		结束时间		操作人		
预热时间/min		真空次数/次		升温时间/min		
灭菌时间/min		干燥时间/min		冷却温度/℃		
序号	灭菌物名称	规格型号	装量	数量	单位	备注

续表

序号	灭菌物名称	规格型号	装量	数量	单位	备注

四、无菌检验记录

产品名称：　　　　批号：

样品序号	接种日期	移植日期				判定
	T.G 小瓶接种 1.0 mL，37 ℃培养 3 d 结果	T.G 小管接种 0.2 mL，培养 5 d 结果		G.A 小管接种 0.2 mL，培养 5 d 结果		G.P 小管接种 0.2 mL，培养 5 d 结果	
		37 ℃培养	25 ℃培养	37 ℃培养	25 ℃培养	25 ℃培养	
1							
2							
3							
4							
5							
6							
7							
8							
9							
10							

审核人：　　　　　　　　　　　　　　　　　检验人：

日　期：　　　　　　　　　　　　　　　　　日　期：

五、半成品检验报告单

半成品名称		生产日期	
		送检日期	
半成品批号		出报告日期	
检验项目	检验结果		
无菌检验			
支原体检验			
毒价测定			
红细胞凝集价测定			

结论：

负责人：　　　　　　审核人：　　　　　　　　　　　　　　　检验人：

日　期：　　　　　　日　　期：　　　　　　　　　　　　　　日　　期：

参考文献

[1] 韦超,侯飞燕.药剂学[M].郑州:河南科学技术出版社,2012.

[2] 苏国琛.中药药剂学[M].北京:中国医药科技出版社,2011.

[3] 胡兴娥,刘素兰.药剂学[M].北京:高等教育出版社,2006.

[4] 郭孟萍.制药工程与药学专业实验[M].北京:北京理工大学出版社,2011.

[5] 张琦岩.药剂学[M].2版.北京:人民卫生出版社,2013.

[6] 刘建平.生物药剂学与药物动力学[M].北京:人民卫生出版社,2011.

[7] 高建青.药剂学与工业药剂学实验指导[M].杭州:浙江大学出版社,2012.

[8] 王沛.制药原理与设备[M].上海:上海科学技术出版社,2014.

[9] 张健泓.药物制剂技术[M].北京:人民卫生出版社,2010.

[10] 张洪斌.药物制剂工程技术与设备[M].2版.北京:化学工业出版社,2010.

[11] 胡英,周广芬.药物制剂[M].2版.北京:中国医药科技出版社,2013.

[12] 张媛.中医制剂技术[M].郑州:河南科学技术出版社,2012.

[13] 路振山.药物制剂设备[M].北京:化学工业出版社,2013.

[14] 宋小平.药物生产技术[M].北京:科学技术出版社,2014.

[15] 商传宝,彭金咏.药物分析及实验技术[M].北京:人民军医出版社,2012.

[16] 黄家利.药物制剂实训教程[M].北京:中国医药科技出版社,2010.

[17] 杜月莲.药物制剂技术[M].北京:中国中医药出版社,2013.